"十二五"普通高等教育本科国家级规划教材
高等教育安全科学与工程类系列教材
消防工程专业系列教材

火灾调查

第 2 版

主　编　刘　玲　李　阳　张　焱
参　编　邓　亮　张嬿妮　刘洪永　王秋华
　　　　裴　蓓　彭徐剑　孙佳奇
主　审　刘义祥

机械工业出版社

火灾调查是消防工程专业的核心课程之一。此次修订，本书在上一版的基础上进行了部分结构调整和相关内容更新，反映了近年来消防行业相关政策的调整和消防火灾调查相关技术的发展变化。本书在系统阐述火灾调查询问、火灾现场勘验、火灾痕迹物证、火灾调查分析基本理论的基础上，详细介绍放火、电气、自燃、汽车、爆炸、森林等类型火灾的调查方法及应用以及火灾物证鉴定等相关内容。

本书上一版为"十二五"普通高等教育本科国家级规划教材，此次修订不仅保留了上一版的特色，还构建了新的知识体系，并增加了丰富的实践素材，力求做到学科专业系统性和实战工作特殊性的有机结合，积极推进专业教学的发展。

本书主要作为高等院校安全科学与工程及消防工程等专业的本科教材或其他相关专业的教学参考书，也可供火灾调查等相关专业人员学习参考。

图书在版编目（CIP）数据

火灾调查 / 刘玲，李阳，张焱主编. -- 2 版.
北京：机械工业出版社，2024.8. --（"十二五"普通高等教育本科国家级规划教材）(高等教育安全科学与工程类系列教材)(消防工程专业系列教材).
ISBN 978-7-111-76307-9

Ⅰ. TU998.12
中国国家版本馆 CIP 数据核字第 2024LQ4406 号

机械工业出版社（北京市百万庄大街22号　邮政编码100037）
策划编辑：冷　彬　　　　　责任编辑：冷　彬
责任校对：郑　婕　李　婷　封面设计：张　静
责任印制：常天培
北京科信印刷有限公司印刷
2024年9月第2版第1次印刷
184mm×260mm・21.25印张・482千字
标准书号：ISBN 978-7-111-76307-9
定价：68.00元

电话服务　　　　　　　　　网络服务
客服电话：010-88361066　　机　工　官　网：www.cmpbook.com
　　　　　010-88379833　　机　工　官　博：weibo.com/cmp1952
　　　　　010-68326294　　金　书　网：www.golden-book.com
封底无防伪标均为盗版　　　机工教育服务网：www.cmpedu.com

前　言

火灾发生后，及时调查认定火灾原因，总结教训，对防范类似火灾的发生、保护当事人的合法权益、依法处理火灾责任人都非常重要。由于火灾的发生涉及不同的场所、可燃物，火灾调查工作会涉及自然科学和社会科学等多个学科，是消防专业学生必须掌握的一门专业知识。作为消防工作的基础性工作之一，火灾调查日益受到消防工作者及社会各界的重视。为满足消防工程高等教育跨越式发展的需求，本书在第1版（2012年出版）的基础上进行了结构调整和内容更新，在编写过程中力求吸纳最新科研成果和实践成果经验，做到学科专业系统性和实战工作特殊性的有机结合。

本书根据火灾调查的特点，并结合国内外对火灾调查研究的最新进展，系统地阐述了火灾调查的相关基本理论知识，并详细介绍了放火、电气、自燃、汽车、爆炸、森林等类型火灾的调查方法及应用。全书力求既突出理论性，又强调实践性，旨在使读者系统认识和理解火灾调查科学，掌握开展火灾调查的基本理论知识，具备开展火灾调查的能力。

本次修订，为加快推进党的二十大精神进教材，在各章现有学习要求的基础上，深入挖掘火灾调查员应当具备的核心能力与素质，在部分章节通过二维码的形式引入课程思政拓展案例，融入二十大精神，将课程思政教育与专业知识深度融合，方便教师开展教学。

本书由刘玲、李阳、张焱担任主编。全书共分12章，具体编写分工如下：中国人民警察大学刘玲编写第1、2、12章；中国人民警察大学李阳编写第3章；唐山市消防救援支队孙佳奇编写第4章；中国人民警察大学邓亮编写第5章；河南理工大学裴蓓编写第6、10章；中国矿业大学刘洪永编写第7章；西安科技大学张嬿妮编写第8章；中南大学张焱编写第9章；西南林业大学王秋华、南京森林警察学院彭徐剑共同编写第11章。刘义祥教授担任本书主审，对本书的编写提出了很多宝贵的意见与建议，在此向他表示感谢。

本书的编写和出版得到了中国人民警察大学侦查学院、机械工业出版社等单位的大力支持；在编写本书过程中编者参阅了参考文献中所列的著作和文献，在此向上述单位和参考文献作者表示感谢。

由于编者水平有限，书中难免有疏漏和不妥之处，敬请广大读者批评指正。

编　者

目 录

前 言

第 1 章 绪论 / 1
1.1 概述 / 1
1.2 火灾调查的证据 / 7
1.3 火灾调查应查明的主要情况 / 9
1.4 火灾和火灾原因的分类 / 12
复习题 / 13

第 2 章 火灾调查询问 / 14
2.1 概述 / 14
2.2 询问的对象和内容 / 17
2.3 询问的程序和方法 / 22
2.4 言词证据的审查与判断 / 35
2.5 询问笔录 / 38
复习题 / 40

第 3 章 火灾现场勘验 / 41
3.1 概述 / 41
3.2 火灾现场保护 / 46
3.3 火灾现场勘验程序 / 49
3.4 痕迹物证的提取 / 61
3.5 现场实验 / 65
3.6 现场勘验记录 / 67
3.7 火灾视频分析 / 73
复习题 / 77

第 4 章 火灾痕迹物证 / 79

4.1 烟熏痕迹 / 79
4.2 木材燃烧痕迹 / 84
4.3 液体燃烧痕迹 / 88
4.4 玻璃破坏痕迹 / 92
4.5 金属受热痕迹 / 96
4.6 混凝土受热痕迹 / 102
4.7 倒塌痕迹 / 106
4.8 电气线路故障痕迹 / 109
4.9 其他痕迹 / 119
复习题 / 125

第 5 章 火灾调查分析 / 126

5.1 概述 / 126
5.2 火灾性质的分析 / 130
5.3 起火方式的分析 / 131
5.4 起火时间的分析 / 133
5.5 起火点的分析 / 137
5.6 起火原因的分析 / 146
5.7 灾害成因分析与延伸调查 / 155
复习题 / 166

第 6 章 放火火灾调查 / 167

6.1 概述 / 167
6.2 放火火灾现场勘验 / 171
6.3 放火嫌疑火灾的分析认定 / 178
复习题 / 184

第 7 章 电气火灾调查 / 185

7.1 概述 / 185
7.2 配电盘的勘验 / 191
7.3 电气线路火灾调查 / 194
7.4 用电器具火灾调查 / 198

复习题 / 210

第 8 章　自燃火灾调查 / 211

8.1　概述 / 211
8.2　自燃火灾认定要点和根据 / 214
8.3　自燃火灾的调查方法 / 216
复习题 / 237

第 9 章　汽车火灾调查 / 238

9.1　燃油汽车结构及常见火灾原因 / 238
9.2　新能源汽车结构及常见火灾原因 / 246
9.3　汽车火灾现场勘验与询问 / 248
9.4　汽车火灾原因的分析与认定 / 255
复习题 / 258

第 10 章　爆炸火灾调查 / 259

10.1　爆炸的分类 / 259
10.2　可燃气体爆炸调查 / 260
10.3　粉尘爆炸调查 / 269
10.4　固体物质爆炸调查 / 275
10.5　容器爆炸火灾调查 / 280
复习题 / 286

第 11 章　森林火灾调查 / 287

11.1　森林火灾的特点 / 287
11.2　森林火灾痕迹特征 / 295
11.3　森林火灾起火点的查找方法和步骤 / 301
11.4　森林火灾原因认定 / 303
11.5　雷击火的调查 / 305
复习题 / 307

第 12 章　火灾物证鉴定 / 308

12.1　火灾物证鉴定的程序 / 308

12.2 电气火灾物证鉴定 / 313
12.3 易燃液体物证鉴定 / 319
12.4 其他火灾物证鉴定 / 326
复习题 / 329

参考文献 / 330

第 1 章
绪　论

火灾调查是研究、收集、利用火灾现场留下的信息，分析认定火灾事实的一门专门知识。由于火灾调查涉及学科领域多，而且火灾原因繁多、火灾现场容易遭到破坏、火灾证据易毁坏和灭失，因此火灾调查工作难度大，是法庭科学中最难以付诸实践的科目之一。同时，火灾调查还是实践性较强的工作，需要在实践中积累一定的经验。在长期的实践和科学研究中，火灾调查工作者不断探索，总结出了许多宝贵的经验，形成了本课程的基础理论。

1.1　概述

1.1.1　火灾与火灾调查的基本概念

火灾是在时间或空间上失去控制的燃烧所造成的灾害。现代燃烧理论认为，燃烧需要具备三个条件，即可燃物、火源（温度）、环境条件。可燃物燃烧产生的热量通过热辐射、传导、对流的方式，引燃周围空间的可燃材料，同时产生 CO、NO_2、HCN 等有毒有害气体和高温烟气，造成财产损失和人员伤亡，此时火就演变为火灾。火灾的发生伴随着社会发展的全部进程，既有自然的原因，也有人为的因素。在各类灾害中，火灾是最经常地威胁公众安全和社会发展的一种灾害，经常伴随人员伤亡和财产损失。随着我国经济的发展和人民生活水平的提高，城市化、工业化程度的提高，新材料、新技术的广泛应用，诱发火灾发生的因素明显增多，因火灾造成的经济损失和人身伤害持续上升，给经济建设和社会稳定带来严重影响。了解火灾发生的原因，更好地总结经验教训，预防和控制火灾，减少灾害发生，是消防工作者的主要任务，是建设更高水平平安中国的需要。因此，火灾发生后，查明火灾原因，显得日益重要。

作为一门专门知识，火灾调查主要研究如何在火灾现场中发现证据，并利用这些证据分析火灾发生、发展的过程，认定火灾事实。火灾调查工作是火灾调查人员依照有关法律法规的规定，通过调查访问、现场勘验、技术鉴定等，分析认定火灾原因和火灾责任，对火灾事故进行依法处理的过程。《中华人民共和国消防法》（简称《消防法》）第五十一条规定："消防救援机构有权根据需要封闭火灾现场，负责调查火灾原因，统计火灾损失。"由此可见，火灾调查是一项行政执法工作，具有法律的严肃性，它是根据《消防法》赋予的权限，依法履行职责的行为；从工作内容看，调查访问、现场勘验和技术鉴定需要专门的知识和技能，是专业性、技术性较强的工作。火灾调查是认识火灾发生发展规律的重要手段，是修订新的更加科学的技术规范和制定消防安全防控措施的基础。同时，查明火灾原因往往也是认定火灾事故责任的前提和必要条件，而火灾事故责任的认定是处理火灾责任者、打击违法和犯罪行为的依据，准确认定火灾原因是维护当事人合法权益的前提，关乎社会公平正义，是人民至上理念的具体体现。因此，火灾调查工作是消防工作的关键组成部分。

1.1.2 火灾调查的发展

我国开展火灾调查工作的历史非常悠久，最早有记录的案例，可以追溯到三国时期，浙江省句章县发生一起火灾，现场有一人死亡，当时的县令采用一头活猪和一头死猪做火灾实验，发现死后被烧的猪口腔中没有烟尘，从而认定案中死者为死后被烧。两晋南北朝时期，在洛阳武库火灾调查中，记录了利用现场痕迹分析认定火灾原因是油脂自燃，说明当时已经掌握了植物油在一定条件下会发生自燃的知识。在不同朝代都由地方官员负责火灾调查工作，且火灾调查的技术和痕迹应用有了一定的发展。20世纪初，清末政府建立巡警，成立了天津巡警总局的消防队，明确了火灾调查的管理、实施机构和调查内容等。新中国成立后，明确由公安机关消防机构负责火灾调查工作；2018年政府机构调整，由应急管理部消防救援机构负责火灾调查工作；2023年成立了国家消防救援局，负责火灾调查工作。经过多年建设，我国已经形成了系统的法规、标准体系，成功调查、认定了一系列重特大火灾，为总结火灾教训，提高消防工作水平，建设平安中国做出了贡献。

20世纪70年代，一些国家开始火灾调查技术工作的研究，如美国利用金相法对火灾中的铜导线痕迹特征进行分析，用其外观形貌和金相组织特征来鉴别导线短路痕迹和火烧痕迹；瑞士提出导线熔痕外表面成分分析法，用以鉴别导线的短路熔痕和火烧熔痕。我国的火灾调查科研工作起步较晚，改革开放以后，消防工作开始受到党和政府的高度重视及社会的普遍关注，火灾调查科学研究和教育事业迅速发展，火灾调查工作也取得了显著的进步。国家和各地消防救援机构均设置了专门负责火灾调查的部门，利用高等院校和实践积累，培养了一大批火灾调查专门人才，并且成立了专业的司法鉴定机构。当前，国内有一批专业人员从事火灾调查研究和实践工作，推动着技术发展，特别是现场勘验技术、痕迹检验和物证鉴定技术的进步。在火灾调查专业人员的共同努力下，火灾调查的知识体系不断完善，形成了多学科交叉融合，具有明显特色的专门技术。从目前看，火灾调查涉及的知识主要包括：①火灾科学，包括物质的燃烧特性、引燃条件，火灾动力学，烟气流动规律和火势蔓延规律等；②消防工程知识，包括建筑防火设计、消防设施等；③电气知识，包括供配电知识、常见电气故障原理等；④现场勘验技术，包括火灾现场痕迹识别、提取技术，现场记录技术等；⑤法庭科学，主要是火灾物证鉴定技术；⑥其他知识，包括化学危险品知识、心理学知识及相关法律知识等。

1.1.3 火灾调查的工作内容

火灾调查是一项专业性很强的工作，必须采用科学的方法，规范的程序，才能确保调查结果真实可靠。科学方法的基本理念可以简单地概括为观察、记录、假设、检验、重新评估和总结。科学方法包括成熟的火灾科学与消防工程原理，同时涵盖同行的研究与测试内容，被认为是开展火灾现场分析和重建的最佳方法。具体是指：根据火灾现场基本情况明确调查重点；开展现场勘验和询问收集证据；利用科学理论开展分析；提出可能的火灾原因（假设）并进行验证；认定火灾原因。应该注意的是，在调查过程中，收集到充足的证据之前，不要提出任何假设或者可能的原因，避免调查人员依据经验和所谓"直觉"先入为主。火灾调查工作内容包括：

（1）封闭火灾现场

火灾现场保留着能够证明起火点或起火部位、起火时间、起火原因等火灾事实的痕迹物证。这些痕迹物证一旦受到人为和自然因素破坏，就会增加火灾调查的难度，甚至导致起火原因和火灾责任无法查清。所以，发生火灾后要根据需要封闭火灾现场，排除现场险情，保障现场勘验工作的顺利进行。

（2）制定调查内容及计划

根据火灾现场的情况，对火灾进行初步判断分析，具体工作包括：火灾现场类别、范围、是否有人员伤亡等，组成调查小组，确定调查人员，制订调查计划，明确调查重点和分工。

（3）勘验火灾现场

火灾现场勘验是指现场勘验人员运用科学方法和技术手段，依法对与火灾有关的场所、物品、人身、尸体表面等进行勘查、验证、查找、检验、提取物证的活动。在现场勘验过程中，需要利用绘图、照相、摄影等方式，进行完整的记录。同时研究和发现火灾现场痕迹与物品的成因及与火灾的关系，为分析起火原因和火灾责任提供线索和实物证据。

（4）调查询问

火灾调查人员根据调查需要，依照有关规定，对相关知情人员进行询问活动。必要时，可以要求被询问人员到火灾现场进行指认。询问的目的是获取有关起火点、起火时间、起火原因、火灾责任等重要信息，为分析起火原因和火灾责任提供线索和证据。

（5）检验、鉴定

现场发现的与火灾事实有关的痕迹、物品，应当依法提取。需要进行技术鉴定的痕迹、物品，应当委托依法设立的鉴定机构进行鉴定并做出鉴定意见，鉴定意见可以作为法定的证据使用。对有人员死亡的火灾，应立即通知公安机关刑事技术部门进行尸体检验，并要求他们出具尸体检验报告。对有人员受伤的火灾，卫生行政主管部门许可的医疗机构及其具有执业资格的医生出具的加盖公章的诊断证明，可以作为认定人身伤害程度的依据。

（6）开展调查分析

根据现场勘验、调查询问和有关检验、鉴定意见等获得的证据，如果怀疑是放火案件，应该及时移交公安机关办理。排除放火后，提出可能的火灾原因（假设），并进行综合分析、比较鉴别、排除和推理，做出火灾事故认定结论，认定起火原因，分析灾害成因，制作火灾事故认定书。对已经查清起火原因的，应当认定起火时间、起火部位、起火点和起火原因；对无法查清起火原因的，应当认定起火时间、起火点或者起火部位及有证据能够排除的起火原因。

灾害成因分析的主要内容包括：火灾报警、初期火灾扑救和人员疏散情况，以及火灾蔓延、损失情况；与火灾蔓延、损失扩大存在直接因果关系的违反消防法律法规、消防技术标准的事实。

（7）统计火灾损失

火灾损失情况是确定火灾案件性质的重要依据，科学准确核定火灾损失非常重要，消防救援机构应当根据受损单位和个人的申报与调查核实情况，按照国家有关火灾损失统计规定，对火灾直接经济损失和人员伤亡情况进行数据核实、统计。

如果当事单位或个人不按规定申报，消防救援机构应当根据火灾现场调查和核实情况，进行火灾直接经济损失统计。依法设立的价格鉴定机构出具的火灾直接经济损失鉴定意见，可以作为统计依据。受损单位或个人因民事赔偿或保险理赔等需要的，可以自行收集有关证据，或者委托依法设立的鉴定机构对火灾直接经济损失进行鉴定。

（8）处理火灾事故

即根据火灾调查获取的证据，依照有关的法律法规，认定火灾责任人所承担的法律责任。涉嫌失火罪、消防责任事故罪，或者涉嫌其他犯罪的，移交公安机关，按照公安机关办理刑事案件有关规定立案侦查。涉嫌违反消防法律法规行为的，按照办理行政案件有关规定调查处理。涉嫌其他违法行为的，及时移送有关部门调查处理。经过调查发现不属于火灾事故的，消防救援机构应当告知当事人处理途径并记录在案。

本书主要讲授火灾原因的调查与认定方法，没有涉及火灾损失统计和火灾事故处理相关知识。

作为消防工作的重要组成部分，火灾调查工作时间紧、任务重、工作环境较为恶劣，在实际工作中要学习公而忘私、患难与共、百折不挠、勇往直前的抗震精神，这是中华民族精神的重要体现。"我国的应急救援体系在风险防范化解机制、应急救援队伍建设、应急管理装备技术等方面不断健全，应急管理的科学化、专业化、智能化、精细化水平不断提高。"有关国家地震灾害紧急救援队搜救专家胡杰的介绍，请扫码观看"精神的追寻——中国共产党人精神谱系之抗震救灾精神"。

中国共产党人精神谱系之抗震救灾精神

1.1.4 火灾调查的作用

做好火灾调查工作，对消防的各项工作都具有积极的促进作用，主要体现在以下几个方面：

1）可以有效地指导防火工作。通过火灾调查，总结火灾发生发展的规律，可以制定本地区的防火对策和工作重点，有针对性地加强消防监督检查工作，预防同类火灾的再次发生。

2）可以改进灭火工作。火灾调查工作可以逆向地对火灾控制过程进行反思，对于总结灭火工作的成败得失，深入总结和认识火灾，为改进灭火工作提供素材和经验；为调整灭火作战计划、增加新装备、研究新战术、采取新对策等提供依据。

3）可以为完善和健全法律法规体系提供基础数据。火灾调查工作可以找出火灾中暴露出的有关法律法规存在的缺陷和不足及技术规范等不健全的问题，通过分析诸多火灾存在的共性问题和规律，为修改和完善有关法律和规范提供依据。

4）可以为消防宣传提供素材，提高宣传教育的效果，使群众受到启发和教育，提高群众的防火安全意识。

5）为依法追究火灾责任者的责任提供证据，使责任者受到应有的惩罚，减少同类犯罪案件的发生。可以为维护当事人合法权益提供支持，维护社会公平正义，保护人民群众的生命和财产安全。

6）可以及时分析消防设施和产品在火灾发生、发展过程中发挥作用情况，为提高产品质量提供依据，为消防科研部门提供研究课题，创造新成果，使消防工作更好地纳入科学管理的轨道。

7）可以为国家提供精确的、时效性强的火灾信息和统计资料，为制定中长期的消防安全对策服务。

1.1.5 火灾调查的基本原则

火灾调查应当坚持及时、客观、公正、合法的基本原则。

1. 及时性原则

火灾调查是一项时效性较强的工作，随着时间的推进，证人关于火灾事实的记忆可能遗忘，现场的痕迹可能会因为种种原因被破坏。因此，火灾发生后，应该及时展开火灾调查。依据目前的相关规定，明确规定消防救援机构应当自接到火灾报警之日起三十日内做出火灾事故认定；情况复杂、疑难的，经上一级消防救援机构批准，可以延长三十日。火灾调查中需要进行检验、鉴定的，检验、鉴定时间不计入调查期限。

2. 客观性原则

火灾调查是消防工作的基础，确保其结论正确非常重要。因此，在火灾调查工作中，无论是调查询问、现场勘验、提取物证，还是制作法律文书，都要坚持客观态度，根据火灾现场的实际情况，注重证据，深入了解引起火灾的各种可能性，认真加以排除和认定，只有这样才能正确认识火灾，获得准确的调查结果和做出正确的结论。应该注意的是，由于火灾现场的复杂性，必须客观分析火灾过程，根据火灾现场实际得出结论。客观地讲，并不是所有的火灾都能查清事实，如果存在疑问或者证据不充分，则不能认定火灾原因。

3. 公正性原则

火灾调查涉及当事人的合法权益，涉及打击违法犯罪行为，维护社会公平正义，必须保证公正。公正性原则包括程序公正与实体公正两方面的要求。

调查程序公正的前提和基础是保障当事人必要的调查知情权。程序公正除了要求消防救援机构在进行火灾调查时，与火灾事实有利害关系的调查人员应当主动回避外，还包括消防救援机构在对火灾进行认定与处理前，应当事先通知火灾当事人，并听取当事人对火灾事实的陈述、申辩的要求。

调查实体公正的内容包括：要求消防救援机构依法调查、不偏私，平等对待火灾当事人，以及合理处理火灾事故，不专断等。

4. 合法性原则

火灾调查合法性原则主要包括调查主体合法与调查职权合法两部分内容。

调查主体合法即要求消防救援机构能以自己的名义拥有和行使行政调查职权，并能够对调查行为产生的法律后果承担法律责任。调查职权合法是指火灾调查员应当具备相应资格，由消防救援机构的行政负责人指定，负责组织实施火灾现场勘验等火灾调查工作。在火灾调查中实施的方法、手段要符合法律法规的规定，同时要求按照法定的程序，保证及时开展调查，收集到有效、合法的证据，提出火灾事故认定意见。

1.1.6 消防救援机构与公安机关火灾调查的协作

按照应急管理部、公安部印发的《消防救援机构与公安机关火灾调查协作规定》，消防救援机构与公安机关应当在各自职责范围内依法办案，建立分工负责、协作配合和共享信息的工作机制。上级消防救援机构与公安机关应当加强对下级单位火灾调查协作工作的监督、协调和指导。法律、行政法规对森林、草原的消防工作另有规定的，从其规定。消防救援机构负责火灾调查工作的部门与公安机关刑侦部门具体负责火灾调查协作工作，成立火灾调查协作领导小组，开展日常工作沟通，协调解决火灾调查协作的分歧和重大、疑难问题。火灾调查协作领导小组由消防救援机构分管火灾调查工作的领导与公安机关分管刑侦工作的领导共同担任组长。火灾调查协作领导小组应当建立联席会议制度。消防救援机构和公安机关定期轮流组织召开会议，开展联合培训，进行业务交流研讨。

接到火警通知后，公安机关应当派员到场维护火灾现场秩序，根据需要协助保护火灾现场，排查询问火灾知情人及依法控制火灾肇事嫌疑人。消防救援机构负责调查火灾原因，在火灾调查中发现具有下列情形之一的，应当及时通知具有管辖权的公安机关派员协助调查：疑似放火的；受伤人数、受灾户数或直接经济损失预估达到相关刑事案件立案追诉标准的；有人员死亡的；国家机关、广播电台、电视台、学校、医院、养老院、托儿所、幼儿园、文物保护单位、宗教活动场所等重点场所和公共交通工具发生火灾，造成重大社会影响的；其他火灾需要协作的。

公安机关在协助开展调查时，应当根据需要依法开展以下工作：①询问知情人员；②盘问、检查和传唤有关人员或对犯罪嫌疑人采取强制措施；③查明与火灾有关人员的情况；④及时查明死亡人员身份，依法进行尸体检验，确定死亡原因，出具鉴定文书；⑤固定、提取和鉴定有关痕迹物品；⑥调查、核实放火嫌疑线索；⑦调取、恢复和分析视听资料、电子数据；⑧根据火灾调查需要，采取适当侦查手段获取重点人员活动轨迹等火灾相关信息；⑨其他需要协作的事项。

对共同调查确定涉嫌放火犯罪的案件，消防救援机构应当及时移送有管辖权的公安机关依法处理。对涉嫌其他刑事犯罪的案件，消防救援机构应当在火灾原因调查结束后及时将案件移送有管辖权的公安机关依法处理。

1.2 火灾调查的证据

火灾调查的证据是证明火灾事实是否存在的依据,是以火灾调查中一些已知事实来证明未知问题的。火灾调查涉及事故认定、行政案件和刑事案件办理,涉及证据的种类较多。所有的证据必须符合相关法律要求才能使用。

1.2.1 火灾调查证据的基本要求

1. 客观性

证据是不以任何人的主观意志而改变的客观存在的事实。任何火灾的发生在一定的时间、地点、条件下,必然会带来种种变化,留下各种痕迹、物品,或反映在人的意识中。这些与火灾有关的各种痕迹、物品、文书或者人们看到的情况,都是客观存在的事实。火灾调查的工作任务之一就是发现收集这些事实作为证据,以查明火灾原因。任何想象、估计、分析、猜测、推论等,均不得作为火灾调查证据。

2. 关联性

关联性是指证据与火灾事实之间存在着内在的必然联系。火灾证据上的关联性包含两方面的含义:火灾证据对火灾事故事实来说,具有能证性;火灾事故事实对火灾证据来说,具有需证性,即属于待证事实。火灾证据与火灾事故事实的联系必须是客观联系,不允许将本来与火灾事故事实毫无联系的材料,人为地在主观上将它与火灾事故事实联系起来,作为火灾证据使用。需要对火灾调查中收集的各种材料进行审查,分析其是否与火灾事实具有内在的联系,确定是否对火灾事实具有证明作用,进而判断能否作为证据使用。

3. 合法性

合法性也称证据的法律性。火灾调查证据的合法性要求调查人员在收集证据时,必须按照法定程序进行,必须有合法的来源,并具有法定形式,经法定程序查证属实。例如,现场勘验必须有两名以上勘验人员进行,提取现场痕迹物品必须要有勘验人员、证人或者当事人签字;询问相关人员时,询问笔录必须交由询问对象确认并签字(按手印)。

1.2.2 火灾调查证据的种类

证据的种类又称证据的法定形式,是指表现证据事实内容的各种外部表现形式。证据的种类是法律规定的,火灾调查证据可能作为刑事案件证据,也可能作为行政案件证据,共分为以下几类:

(1)物证

对案件事实具有证明作用的物品、痕迹等。物证是以其外部特征、属性、存在情形等证明案件事实的。外部特征包括物体的大小、形状、颜色、光泽和图案等;属性是指物体的物理属性(密度、弹性等)、化学成分和内部结构;存在情形则是指物体所处的空间位置、环境、状态及其他物体的相互关系等。

(2) 书证

书证是以文字、符号、图画记载或者表述的内容含义证明案件事实的书面材料。从广义上讲，书证也属于物证，例如动火许可证、消防监督检查记录、责令改正通知书等消防监督法律文书、账目等，一般是火灾发生前业已存在的。

(3) 视听资料、电子数据

视听资料是以录音、录像或者电子设备如计算机、手机等储存，以及计算机磁盘、储存器作为其特殊载体，并通过一定的设备播放或者演示，才能显示其内容。电子数据是指借助现代信息技术或电子设备而形成的，或者以电子形式表现出来的能够证明火灾事实的一切证据，如监控录像、火灾自动报警设备记录数据等。视听资料和电子数据具有高度的准确性和逼真性，具有言词证据所不具备的直感性，具有实物证据所不具备的动态连续性。当前大量监控录像设备的设置，可为现场调查提供视频证据。但是视听资料可以由人为制作，应该对其真实性进行审查核实。

(4) 证人证言

证人就自己所了解的与火灾有关的情况，向火灾调查人员所做出的书面或者口头陈述。对口头陈述的证言，应该制作询问笔录，证人核对后签字或盖章。证人证言可以是证人亲自看到或听到的情况，也可以是间接知道的情况。

(5) 当事人陈述

当事人陈述是指火灾当事人以口头或书面方式就火灾发生、发展及造成的后果等火灾事实向消防救援机构及其火灾调查人员所做的陈述。在火灾调查工作中，当事人是指与火灾发生、蔓延和损失有直接利害关系的单位和个人。

(6) 鉴定意见

鉴定意见是指鉴定人员根据消防救援机构的委托或者指派，运用自己的专门知识和技能，对火灾事实或者火灾调查中需要解决的专门性问题进行的鉴定后所做的分析判断。鉴定意见属于言词证据，是鉴定人员的专业技术判断。

(7) 火灾现场勘验笔录

火灾现场勘验笔录是指火灾调查人员对与火灾有关的场所、物品、尸体、人身等进行现场勘验活动的客观描述或者记录。现场勘验是火灾调查中的重要环节，调查人员可通过现场勘验发现、提取现场物证，分析现场痕迹。现场勘验笔录属于实物证据、间接证据，现场勘验除了勘验笔录外，还通常使用现场绘图、现场照片和录像等方式进行辅助。

另外，按照证据来源进行分类，火灾调查证据可分为原始证据和传来证据。直接来源于火灾现场的证据称为原始证据。间接获得的证据就是通常所说的第二手或者第三手材料，称为传来证据。按照证据与火灾事实的关系进行分类，可分为直接证据和间接证据，直接证据是直接证明火灾事实的证据，间接证据是只能从某一侧面证明火灾中的某一局部事实或者个别情节，而不能单独直接地证明火灾的主要事实的证据。按照证据的存在形式，分为实物证据和言词证据，实物证据是以实物形态和客观存在的自然状况为表现形式的证据，言词证据是以口头或者书面陈述为表现形式的证据。

1.2.3 火灾证据的审查

证据必须经过查证属实,才能作为定案的根据。火灾调查人员应当围绕证据的合法性、关联性和真实(客观)性,对全部证据进行逐一审查和印证审查,确定证据材料与案件事实之间的证明关系,排除非法证据和不具有关联性的证据。

1. 证据审查的内容

1)证据的资格:审查证据采集和证据内容的合法性。

2)证据的证明力:审查证据的客观性或者真实性,以及证据在实质内容上与火灾的关联程度。

2. 证据审查的标准

(1)单一证据审查判断标准

1)证据的形式、来源是否符合法律规定。

2)证据是否为原件、原物,复制件、复制品与原件、原物是否相符。

3)证据与本案事实是否相关。

4)证据的内容是否真实。

5)证人或者提供证据的人与火灾当事人有无利害关系。

(2)非法证据排除标准

非法证据主要是指严重违反法定程序收集的证据材料。

1)以偷拍、偷录、窃听等手段获取侵害他人合法权益的证据材料。

2)以利诱、欺诈、胁迫、暴力等不正当手段获取的证据材料。

3)不能正确表达意志的证人提供的证言。

4)不具备合法性和真实性的其他证据材料。

(3)全案火灾证据的审查认定

全案火灾证据的审查认定是火灾调查人员对全案事实做出最终认定结论必须达到的标准,其主要内容是查明火灾证据是否充分。所以,火灾证据是否充分,是对证据进行审查认定时所必须解决的问题,是据以定案的证据,必须要形成一个完整的证明体系。全案火灾证据需满足以下两个要求:①火灾证据达到一定的数量;②火灾证据之间协调一致,能得出唯一性的结论。

1.3 火灾调查应查明的主要情况

火灾调查的首要任务是调查、认定火灾原因。为了保证此项任务的顺利完成,需重点查明如下情况。

1.3.1 起火时间

起火时间是火灾过程中起火物发出明火的时间,对于自燃、阴燃则是发热、发烟量突变的时间。引火时间是指火源接触可燃物的时间,此时可燃物可能立即起火,也可能过一段时间才能起火。人们发现火灾，通常是看到浓烟，甚至火焰窜出门窗或屋顶时才意识到发生火灾的，这是发现起火时间。它与实际的起火时间通常有一段时间间隔，因为从开始着火到成为火灾有一个过程。

确定起火时间的目的是为了区分火灾的性质和划定调查范围。如果存在人为因素，就要以确定的时间为基础，采用定人、定时、定位的方法进行查证，以便从中发现可疑线索。有的火灾确定起火时间比较困难，这就要求调查人员认真听取群众的反映，细致分析、推算起火时间，必要时还应恢复起火前现场局部的原貌，进行模拟试验。

1.3.2 起火点和起火部位

起火点是指最先开始起火的具体位置。起火部位是包含起火点的大致的局部范围。火灾调查的实践证明，起火点是认定起火原因的出发点和立足点，在现场勘验中，一般应首先确定起火点，然后在此基础上再确定起火源和首先着火物质，进而准确查明起火原因。

火灾现场勘验中究竟将起火点确定为多大范围为宜，主要由火灾现场的客观情况来决定。一般燃烧痕迹比较集中，残留物及痕迹特征比较清楚，能够看出火源的位置和火势蔓延方向时，起火点的范围可压缩得小些；相反，则大些。

起火点通常只有一个，但有时也可能存在几个。现场存在多个起火点时，应考虑放火、电源线路故障、爆燃起火和飞火等的可能性。

1.3.3 起火前的现场情况

查明起火前现场情况的目的是为了从起火前和起火后现场情况相对照的过程中发现可疑点，找出可能引起火灾的因素。主要应查明以下几方面情况：

（1）建筑物的平面布局

建筑物的平面布局，主要指如建筑物范围大小，每个房间的用途，室内物品、设备的摆放情况，管线等设施布置情况，建筑物的耐火等级及使用年限等，现场开口的位置及其状态。查清这些情况是为了研究这个建筑物起火后可能发生的变化，与现场状况之间是否存在差异及差异产生的可能原因。例如，哪些地方可能成为火灾的蔓延途径，开口状态对火灾现场通风的影响；哪些地方可能遭到严重破坏，而现场的现状究竟如何，为什么会这样。若房间内存有机密文件或大量钱财，并且此房间烧得特别严重，应考虑放火的可能。

（2）火源、电源情况

现场内火源所处的位置及与可燃材料、物体的距离，平时使用情况，是否有防火措施；敷设电源线路的部位、走向，电线的材料、规格及使用年限，线路是否损坏、有无漏电现象，负荷是否正常，近期检查维修情况；用电设备的性能、使用情况和发生过的故障都应了解清楚，以便推断出可能引起火灾的物质和设备。

（3）储存物资情况

起火房间或库房内储存物品的种类、堆放情况，进出库情况，化学物品或自燃性物品是否存在混储情况；可燃物品与电源、火源的接触情况；库内通风是否良好，温度、湿度是否适当，仓库是否漏雨、雪等。

(4) 消防设施、防火安全制度及落实情况

发生火灾的单位是否按照规范要求设置消防设施，消防设施的检测情况、运行状态，有无防火安全制度、消防安全组织、重点岗位的防火措施、安全操作规程等；有关制度是否落实，平时检查情况及发现的问题。

(5) 曾经发生火灾的情况

起火单位以前是否发生过火灾，在什么地点、因什么原因发生火灾，事后采取过哪些预防措施及对火灾隐患的整改情况。

(6) 现场存在的不正常现象

起火前，有无灯光闪动、异响、异味、升温和机械运转不正常等现象。

1.3.4 火灾后现场情况

火灾后现场情况包括：现场烧毁情况；起火时气象条件及火势蔓延方向；遭受火灾破坏比较严重的部位及周围的情况；现场存在的同火灾有关的痕迹和物品；现场中消防设施自动记录的数据，火灾中发挥作用情况；当事人或其他人中有无反常情况；火灾现场及周围的监控信息等。

1.3.5 灭火行动对现场的影响

灭火行动往往对火灾现场产生很大的影响，尤其是灭火中抢救财物、营救人员和破拆等会使现场的面貌发生很大的变化。为了对火灾现场有正确全面的认识，必须弄清灭火的全部过程，并分析灭火措施对火场产生的影响。

1.3.6 群众对火灾的反映

起火单位的职工、附近的群众对发生火灾的场所比较熟悉，他们对火灾的反映往往可提供许多可供参考的线索。收集这些信息，对查明火灾原因、火灾责任有很大的帮助。但每个人受观察问题的角度所限，反映的问题有时会有不准确的成分，因此调查询问时，一方面要注意听取群众的反映，另一方面也要结合其他材料进行全面分析印证。

1.3.7 火灾事故责任

如果单位或者个人的行为造成了火灾发生或发展，那么他们将为火灾的发生或发展负一定的责任，需要承担对己不利的法律后果，这就是火灾事故责任。

承担火灾事故责任的前提条件是，单位或个人的行为对火灾的发生或发展起到了一定的作用，即行为和火灾事故之间存在一定的因果关系。这里的行为包括作为和不作为两方面：作为是指某人直接实施了某种具体的行为，而这种行为导致了火灾的发生或者发展；不作为是指某人赋有某种职责而不履行或不正确履行职责，造成了火灾的发生或者发展。如果火灾事故是由单一行为造成的，则实施单一行为的人为火灾事故责任者；如果火灾事故是由同时

发生的互不关联的多个行为造成的，则同时实施多个行为的人均为火灾事故责任者；如果火灾事故是由依次发生的且存在因果关系的行为造成的，则最初的行为人为火灾事故责任者。

1.4 火灾和火灾原因的分类

研究各种火灾发生的规律是科学制定防火措施的前提条件。在火灾统计、消防科学研究、学术交流、消防教育及其他工作中，按照不同划分标准将火灾及其原因分成几种不同的类别。

1.4.1 火灾的分类

1. 根据损失情况分类

根据相关规定，火灾按照损失情况分为四类：特别重大火灾、重大火灾、较大火灾和一般火灾四个等级。

特别重大火灾，是指造成30人以上死亡，或者100人以上重伤，或者1亿元以上直接财产损失的火灾。

重大火灾，是指造成10人以上30人以下死亡，或者50人以上100人以下重伤，或者5000万元以上1亿元以下直接财产损失的火灾。

较大火灾，是指造成3人以上10人以下死亡，或者10人以上50人以下重伤，或者1000万元以上5000万元以下直接财产损失的火灾。

一般火灾，是指造成3人以下死亡，或者10人以下重伤，或者1000万元以下直接财产损失的火灾。

注："以上"包括本数，"以下"不包括本数。

凡在火灾和火灾扑救过程中因烧、摔、砸、炸、窒息、中毒、触电、高温、辐射等原因造成的人员伤亡列入火灾伤亡统计范围。火灾死亡人数统计以火灾发生后7天内的死亡为限，伤残统计标准按照劳动部的有关规定认定。

2. 根据物质燃烧特性分类

参照《火灾分类》（GB/T 4968）的规定，火灾根据可燃物的类型和燃烧特性分为A、B、C、D、E、F六类。

A类火灾：固体物质火灾。这种物质通常具有有机物质性质，一般在燃烧时能产生灼热的余烬。如木材、煤、棉、毛、麻、纸张等火灾。

B类火灾：液体或可熔化的固体物质火灾。如煤油、柴油、原油、甲醇、乙醇、沥青、石蜡等火灾。

C类火灾：气体火灾。如煤气、天然气、甲烷、乙烷、丙烷、氢气等火灾。

D类火灾：金属火灾。如钾、钠、镁、铝镁合金等火灾。

E类火灾：带电火灾。物体带电燃烧的火灾。

F类火灾：烹饪器具内的烹饪物（如动植物油脂）火灾。

3. 根据火灾发生的场所分类

根据火灾发生的场所，可以将火灾分为化工火灾、建筑火灾、隧道火灾、森林火灾、公众聚集场所火灾、船舶火灾等。

1.4.2 火灾原因的分类

火灾原因的分类方法很多，不同的国家有不同的方法。我国目前主要从火灾统计和火灾调查的角度进行分类。

1. 从火灾统计的角度分类

现行的火灾统计方法中将火灾分为放火、电气、违章操作、用火不慎、吸烟、玩火、自燃、雷击、原因不明、其他等十类。

2. 从火灾调查的角度分类

由于火灾性质不同，社会危害程度不同，调查的主体不同，对火灾事故的处理方式不同，在火灾调查中，将火灾原因分为放火、失火和意外火灾。

（1）放火

放火是指行为人为达到个人的某种目的，在明知自己的行为会引起火灾的情况下，希望或放任火灾结果发生的行为。精神病人在不能辨认或不能控制自己行为时的放火除外。放火是一种严重危害公共安全的故意犯罪行为，属于刑法严厉打击的范畴。根据放火的原因和目的可以将放火分为政治目的的放火、为掩盖犯罪事实的放火、报复放火、为经济利益放火、自杀放火、精神病人放火、变态狂放火等。

（2）失火

失火是指行为人应当能预见到自己的行为可能引起火灾，但由于疏忽大意而没有预见；或者已经预见到但由于过于自信，轻信能够避免；或者不负责任、玩忽职守，以致火灾发生。失火是最常见的一类火灾，在火灾类别中占有相当大的比例，也是火灾调查工作查处的重点。这类火灾大多是由于用火不慎、管理不当、电气设备安装或使用不当，违反安全操作规程等因素所致。

（3）意外火灾

意外火灾是指由于不可抗拒或者不能预见的原因所引起的火灾。不可抗拒的火灾是指由于人类所不能控制的原因，如地震、海啸、雷击等自然灾害引起的火灾。不能预见的火灾是指由于人们在生产、生活和科研过程中未曾经历过或未掌握其规律而无法预见的火灾。

另外，也有按照起火物的类型、起火源、起火原因分类的，此处不再赘述。

复 习 题

1. 火灾调查的主要任务有哪些？
2. 火灾调查的作用有哪些？
3. 火灾调查应该查明哪些问题？
4. 简述火灾的分类方式。

第 1 章练习题
扫码进入小程序，完成答题即可获取答案

第 2 章
火灾调查询问

　　火灾调查询问是依靠群众查明起火原因的有效方法，是火灾调查工作的一个必要手段，是火灾事故调查工作的主要内容之一。正确利用调查询问来还原火场情况，可在起火原因认定、损失统计、事故责任分析、进行法律宣传等方面发挥多种作用，尤其对原因认定起到提供线索、明确调查方向、验证现场情况、帮助发现、判断痕迹物证，分析判断案情等重要作用。因此，火灾调查人员在进行火灾调查的过程中，要充分利用一切机会，广泛深入地进行调查询问。

2.1 概述

2.1.1 火灾调查询问的概念

　　火灾调查询问是火灾调查人员依照法定程序向了解案件情况的人进行查询，并取得证词、发现线索、收集证据的活动。火灾调查人员深入发生火灾的单位、起火场所及有关联的部门，通过对火灾发现人、报警人、当事人、责任者和证人的调查询问，全面收集线索和证据，有利于查明起火时间、起火点及火灾的发生和发展过程，更有利于现场勘验、认定起火原因和火灾责任。调查询问主要包括三个部分：询问前的准备、谈话、审查与判断。

2.1.2 火灾调查询问的作用

1. 为现场勘验提供线索和指明方向

　　复杂火场，特别是烧损破坏情况比较严重的火场，有时只从燃烧痕迹、烟熏痕迹或其他蔓延痕迹上很难确定起火部位。即使能够通过现场勘验得出结论，也需要花费相当长的时间，付出巨大的人力物力。火灾初期形成的各类现场痕迹，在火灾发展蔓延后期可能会受到火焰或热辐射的破坏作用，在这种情况下单凭火场上燃烧留下的痕迹，要准确地判断起火点是非常困难的。但是，如果能够找到火灾发现人并进行询问，就可能获得有价值的线索，从而合理缩小勘验范围，做到有的放矢地进行勘验工作，大大加快工作进程。

2. 有助于分析判断痕迹物证

　　现场的痕迹物证的形成过程及其与起火原因、火灾过程的关系，有时单凭现场勘验并不能弄清楚，由于火灾当事人和周围群众可能了解火灾现场原有物品的种类、数量、性质及其位置关系，生产设备、工艺条件及故障情况，火源、电源的使用情况及其他情况，所以在调查询问时，可以让他们提供相关信息，如哪些地方有哪些物品，有关物证是否为原来现场所有，某些物证是否变动了位置，这些痕迹物证在火灾过程中是如何形成的等，由此可以帮助火灾调查人员分析认定痕迹物证的证明作用及其与起火原因和火灾责任的关系等。

3. 有利于分析判断案情

通过调查询问可以了解现场的人、物、事以及相互关系的详细情况，获得火灾发生时群众的所见所闻。这些材料和实地勘验材料是分析火灾案情的重要依据之一。有时根据证人提供的线索，有可能找到火灾的直接见证人。

4. 可以帮助验证现场情况

调查询问获取的线索，能弥补现场勘验的不足，有助于进一步深入细致地勘验现场。火灾现场情况是复杂的，由于火灾的破坏、灭火的影响及人为的故意破坏，使火灾现场较原始现场有所变化，这些变化往往会使现场勘验工作误入歧途。调查询问所获取的线索、证据互相配合、互相验证，可以明确现场勘验工作方向，使现场勘验更加深入细致。但是，群众对火灾的观察，由于发现的时间不同，观察的角度不同，个人的认识能力和知识水平及其他因素的影响，有的会比较片面，有的可能是错觉，有的甚至是不真实的，因此应尽量多收集群众提供的各种不同情况，并对其互相验证，加以分析，去粗取精，去伪存真，以得出正确的判断。

2.1.3 火灾调查询问的特点

火灾调查询问工作具有涉及面广、时效性强、要求严谨等特点。火灾调查活动在火灾案件发生之后进行，整个调查过程是一种回溯的逆推理过程，即从火灾结果推向起火原因。火灾结果的客观依据就是具体现场上的痕迹物证及与火灾有关的人员所能提供的火灾信息。火灾的破坏性和隐蔽性决定着调查询问在火灾事故调查中的独特作用。火灾本身就是对起火点的破坏，因此现场上遗留的痕迹和物证较少，物态变化大，因果关系不明了。这就需要火灾调查人员充分利用火灾现场暴露性的特点，通过调查询问，发掘火灾在当事人和周围群众头脑中所留下的"痕迹"，再现火灾发生和发现的过程，了解起火时间、起火点、火灾蔓延过程及各种变化情况，有效地收集勘验线索和与火灾有关的证据。

2.1.4 火灾调查询问的要求

调查询问要及时、全面、细致、客观、合法。

1. 及时

火灾发生后，凡是参与灭火或抢救物资的群众大都处在紧张的奔忙状态中，对于火灾初期或灭火、抢救物资中发现的某些情况，其记忆和印象往往被这种紧张心理干扰、排斥，时间稍长即被淡化。因此，应该抓住人们对火场情况尚记忆犹新的时机，及时开展调查询问，以保证获取比较准确的情况。

2. 全面

所谓全面不是企望从一个被采访者口中获得火场各方面的情况，而是一经询问即敏捷地分辨出被采访者比较清楚的方面或问题，不失时机地按照调查询问的提纲问清来龙去脉。同时，要耐心听取各种情况介绍，其中包括反面的意见，有益于以后的分析印证。

3. 细致

在调查询问中，不仅要注意那些明显的情节，而且要善于发现与火灾有关的细致环节，使调查的各种情况，包括时间、地点、情节都有完善性、联系性和逻辑性。

4. 客观

要有实事求是的科学态度，按照事件的本来面目去认识火灾过程。询问群众，分析判断案情，都应持客观态度，切勿先入为主，主观臆断。

5. 合法

火灾现场调查询问的法律性、政策性很强，要严格按照有关法律询问证人、获取证言。对于火灾事故的责任者和肇事者，应严格区分两类不同性质的矛盾，划清过失犯罪和放火罪的界限，划清询问与审讯的界线，依政策办事。

2.1.5 火灾调查询问的原则

询问的原则是由相关法律法规规定的，是火灾调查中必须遵循的行为准则。只有遵循这些原则，火灾调查工作才能正常进行。在火灾调查过程中，询问工作必须遵循的原则有：

（1）个别询问原则

我国法律明确规定，询问应当个别进行。同一起火灾案件有两个以上询问对象时，每次询问只能针对一个询问对象进行，其他证人或无关人员不能在场。不得把多个证人召集在一起进行集体询问，更不能采用开座谈会或集体讨论的方式进行询问。坚持个别询问不仅是法律本身的要求，而且还具有多方面的意义：一是有利于火灾调查人员根据询问对象的不同情况，有针对性地提出问题和进行思想教育；二是有利于询问对象排除相互间的干扰和影响，打消顾虑，如实陈述；三是有利于火灾调查人员对各个询问对象陈述的情况进行分析、对比和印证；四是有利于对询问对象的作证行为和提供的情况进行保密。

（2）依法询问原则

火灾调查是一项严肃的执法工作，整个过程都必须依法进行，调查询问当然也不能例外。依法询问就是在火灾调查中必须按照法律法规的有关规定对询问对象进行询问。我国相关法律法规对火灾证人、受害人和肇事嫌疑人的询问做出了明确规定。例如，调查询问必须由办案人员进行且办案人员不得少于两人；询问火灾证人和受害人、肇事嫌疑人应当个别进行；询问前向被询问人出示证明文件或调查人员的证件，表明执法身份；依法告知被询问人应当如实地提供证据、证言和有意做伪证或者隐匿罪证要负的法律责任；依法制作询问笔录等。严格执行依法询问原则，是确保询问活动和询问结果合法性和客观性的基本保证。

（3）及时询问原则

在火灾调查过程中，一旦发现知情人，应当及时进行询问，尤其是对那些重要的知情人、流动性较强的知情人以及伤病情严重的受害人，更应当立即进行询问。坚持及时询问原则，可达到以下积极的作用和效果：

1）可以防止被询问人遗忘所了解的火灾事实，趁其记忆清晰，及时收集到可靠的证言。

2）可以防止被询问人可能受到某些消极因素的影响，导致拒证和伪证现象的发生。迅速进行询问，使肇事嫌疑人来不及对证人实施影响，同样也使证人没有时间为保护某一方利益而相关串通，从而有效避免证人因为本身或他人的利益及影响而不提供有关火灾的真实情况，有助于快速查清火灾事实。

3）防止被询问人出走、逃逸或死亡，失去收集证言的条件。因此，调查人员应该抓住人们对火场情况记忆犹新的时机，及时开展调查询问，以保证获取比较准确的火灾情况，及时发现和控制肇事嫌疑人。

2.2 询问的对象和内容

火灾调查中要对所有知情人员开展全面询问，在实际调查中，凡是了解火灾经过，熟悉火场情况，以及能为查明起火原因提供帮助的人，都应被列为调查询问对象，重点是询问发现、扑救火灾的人员，熟悉起火场所、部位和生产工艺人员，火灾肇事嫌疑人和被侵害人等。询问的内容可因询问的对象不同而不同。

2.2.1 确定询问对象

调查询问的目的是为现场勘验提供线索，帮助发现和判断痕迹物证，获得能够证明起火原因的客观事实，为分析判断案情提供证据。因此，与火灾联系最密切的人是询问的重点，主要包括：①最先发现起火的人和最先报火警的人；②最先到达火灾现场灭火的人，包括消防救援人员和群众；③起火前后离开现场或起火时就在现场的人；④熟悉起火现场物品摆放或生产工艺的人；⑤火灾肇事者、责任者和起火单位的有关领导或受灾事主；⑥起火单位当班人员或保卫人员；⑦相邻单位目击者和附近群众；⑧熟悉火场原有情况的人；⑨其他与火灾有关联的人。

2.2.2 询问的主要内容

任何火灾都是由一些基本要素构成的，要了解火灾的主要事实，就要从了解和掌握这些要素入手。因此，在调查询问时，被询问对象可能会变化，但需要了解掌握的内容是固定不变的，这些内容通常被称为"七何"要素，即何事、何时、何地、何情、何故、何物、何人。

1. 何事

所谓"何事"即什么性质的火灾，而火灾的性质往往有多个层次。例如，当一起火灾发生时，首先要判断这起火灾是放火还是失火；如果确定为失火，则需要进一步判断过失引起火灾的原因，是疏忽大意而疏于管理造成火灾发生，还是轻信能够避免而维护不力造成火灾发生等。

2. 何时

任何火灾都是在一定的时间内发生的，因此时间是火灾的重要特征之一。"何时"有三层含义：一是火灾在客观世界时间进程中的顺序性，或是火灾是在什么时间发生的；二是火灾在客观世界时间进程中的连续性，或是火灾持续了多长时间；三是火灾在客观世界时间进程中的关联性，或是火灾与其他事件、人的行为的时间关系。询问时，要重点了解上述时间点、时间段与起火原因之间的关系，以及与相关人员行为之间的联系。

3. 何地

任何火灾都是在一定空间内发生的，因此空间也是火灾的重要特征之一。所谓"何地"就是指火灾的这种空间特征，表明了火灾现场所处的位置，以及各种物证在现场的相互关系。对于火灾调查而言，查明起火部位与起火点所处的位置对于认定起火原因具有十分重要的意义。因此，在询问时要重点了解与起火部位、起火点相关的信息。此外，还需要询问火灾现场的社会形态特征。火灾现场的社会形态特征主要是指火灾发生场所的社会属性，及其周围环境的政治、经济、文化、宗教等社会背景特征等。

4. 何情

"何情"指的是火灾发生时的情况，或者说火灾是在何种情况下发生的、是如何发生的。它包括火灾发生的方式和过程。任何火灾都是以一定方式表现出来的，而不同火灾的表现方式又有所不同。例如，同为电气火灾，其引火源又可分为线路、电源、用电设备等，因此，现场所呈现出来的特征也有所不同。询问火灾发生时现场物品颜色、形态、气味变化等情况，有助于准确把握火灾现场特征。

5. 何故

"何故"指的是火灾发生的原因，包括引发火灾的原因和火灾造成严重后果的原因。在询问实践中，直接向询问对象了解有关火灾发生的原因，往往很难取得较好的询问效果，因此，很少直接询问此类问题。但是，可以通过询问与起火原因相关的其他事实，如询问电气设备使用与故障情况、安全检查和巡视制度的制定及落实情况等内容，掌握有关火灾发生原因的信息，且询问效果较好。

6. 何物

所谓"何物"即与火灾有关的是什么物体。根据这些物体与火灾的关系，可以将其分为三类：第一类是火灾中的标的物，如火灾中被烧毁的财物等；第二类是火灾中的使用物，如放火火灾中使用的引火工具等；第三类是火灾中的关联物，如遗留有蔓延痕迹的物品等。由于这些物体都以不同方式记载着与火灾有关的信息，所以询问有关这些物体的信息对查明火灾事实具有重要意义。

7. 何人

所谓"何人"即与火灾有关的是什么人。根据这些人与火灾的关系，可以将其分为三类：第一类是火灾中的肇事嫌疑人；第二类是火灾中的受害人；第三类是火灾中的知情人。询问上述人员时，重点要解决三方面问题：一是确定被询问人与火灾的关系，进而确定哪些人是受害人、知情人,哪些人是肇事嫌疑人;二是确定被询问人所处的位置和具体活动,进而查明与起火原因的关系;三是确定被询问人与其他人员的相互关系,以便通过交叉询问,审查与判断其陈述内容。

2.2.3 针对不同询问对象的询问内容

1. 向发现火灾的人和报警人了解的情况

1) 发现起火的时间、地点,以及最初起火的部位,了解能够证实起火时间、部位的依据。

2) 发现起火的详细经过,即发现者在什么情况下发现,起火前有什么征兆,发现时主要燃烧物质有什么声、光、味等现象;动物对于火焰、气味及声响反应比人更灵敏,尤其在夜里,人们多处于熟睡状态,在刚刚发出火焰或异味及异响时,动物便会做出鸣叫或逃离反应。

3) 发现起火后火场变化的情况、火势蔓延方向、燃烧范围、火焰和烟雾的颜色变化情况。

4) 发现火情后采取过哪些灭火措施,现场有无发生变动,变动的原因和情况。

5) 发现起火时还有何人在场,是否有可疑的人出入火场,还有什么其他已知的情况等。

6) 发现起火时的电源情况,电灯是否点亮,设备是否运转等。

7) 发现起火时的风向、风力情况。

8) 报警时间、地点及报警过程。

2. 向在场的人和起火前最后离开起火部位的人了解的情况

1) 在场时的活动情况,离开起火部位之前是否吸烟或动用了明火,生产设备运转情况,本人具体作业或其他活动内容及活动的位置。

2) 离开时火源、电源处理情况,是否关闭燃烧气源、电源,附近是否有可燃、易燃物品及自燃性物品,及其种类、数量、性质。

3) 在工作期间有无违章操作行为,是否发生过故障或异常现象,采取过何种措施。

4) 其他在场人的具体位置和活动内容。何时、何故离去,有无其他人来往,来此的目的、具体的活动内容及来往的时间、路线。

5) 离开之前是否进行过检查,是否有异常气味和响动,门窗关闭情况。

6) 最后离开起火部位的具体时间、路线、先后顺序,有无证人。

7) 得知发生火灾的时间和经过,对起火原因的见解及依据。

3. 向熟悉起火部位周围情况的人、熟悉生产工艺过程的人了解的情况

1) 建筑物的主体和平面布置,建筑的结构耐火性能,每个车间、房间的用途,车间内的设备及室内陈设情况等;起火部位存放、使用的物品情况。

2) 火源、电源和热源等情况。火源分布的部位及与可燃材料、物体的距离,有无不正常情况,是否采取过防火措施;架设线路的部位;电线是否合乎规格,使用年限,有没有破损漏电现象；负荷是否正常。

3）设备及工艺情况和安全制度执行情况。近期检查、修理、改造情况，机械设备的性能、使用情况和发生的故障等情况。

4）储存物资的情况。起火部位存放、使用的物资、材料、产品情况（包括种类、数量、相互位置）。如起火的房间或库房内是否有性能互相抵触的化学物品和自燃性物品；可燃性物品与电源、火源的关系；库房内通风是否良好，温度、湿度是否适当，是否漏雨、漏雪等。

5）有无火灾史。曾在什么时间、部位、地点，由于什么原因发生过火灾或其他事故，事后采取过什么措施。

6）设备及工艺情况，以往生产及设备运转情况。

7）有无防火安全规定、制度和操作规程，实际执行情况如何，有关制度和规程是否与新工艺、新设备相适应。

8）有无不正常现象，如设备、控制装置及灯火闪动、异响、异味等。

4. 向最先到火场扑救的人了解的情况

1）到火场时火灾发展的形势和特点，冒火冒烟的具体部位，火焰烟雾的颜色、气味。

2）到达火场时，火势蔓延到的位置和扑救过程。

3）进入火场、起火部位的具体路线。

4）扑救过程中是否发现了可疑物品、痕迹和可疑人员出入情况。

5）起火单位的消防器材和设施是否遭到了破坏。

6）在扑救过程中起火部位附近火势如何，是否经过破拆或破坏，原来的状态怎样。

7）采用何种灭火方式，使用什么灭火剂，作用如何。

5. 向相邻单位目击起火的人和现场周围群众了解的情况

1）起火当时和起火前后，他们耳闻目睹的有关情况。如发现起火的范围、部位、火势情况、起火前火源、电源的异常情况，是否发现可疑物等。

2）群众对起火的各种反映、议论、情绪及其他活动。

3）当事人的有关情况。如政治、经济、作风和思想品质等，家庭和社会关系，火灾前后的行为表现等。

4）当地地理环境特点、社会风土民情、人员来往情况等。

5）以往发生火灾及其他事故和案件情况。

6. 向值班人员了解的情况

1）交接班的时间、记录。

2）值班期间进行防火安全检查的情况，包括检查时间、检查部位、检查路线、检查频次、有无异常反映及处理情况等。

3）用火、用电情况。如本人及其他人员吸烟、照明、烧水做饭等情况。

4）发现起火的过程、火势情况和采取的处置措施。

5）本单位的值班巡逻制度及具体落实情况。

6）有无其他人员进出单位及其进出的具体时间。

7. 向受害人了解的情况

1）对起火原因的看法，提供可疑人、重点人员情况。

2）起火前有无火灾隐患及整改情况。

3）过去发生火灾及其他事故的情况。

4）安全制度的执行情况。

5）火灾损失情况。

8. 向火灾肇事嫌疑人了解的情况

1）用火用电、操作作业的详细过程。包括有无因本人生产、生活用火、用电不慎，疏忽大意或违反安全操作规程引起火灾的可能；火灾发生时及火灾发生前嫌疑人在什么位置，火灾前后的主要活动。

2）起火部位起火物堆放情况。包括现场物品的品种、数量、理化性质及与火源的距离等。

3）起火过程及初期扑救情况。

4）本人在火灾中受伤的部位及原因。

5）社会关系、邻里关系，有无私仇等。

9. 向起火单位主要领导了解的情况

1）向起火单位领导了解其对起火原因的看法，如存在内部矛盾，提供可疑人、重点人等。

2）安全制度的执行情况。

3）生产中有无火灾隐患及整改情况。

4）以往火灾及其他事故方面的情况。

5）起火前火灾隐患及整改情况。

6）火灾损失情况。

10. 向消防救援人员及火场逃生人员了解的情况

1）到达火场时燃烧的具体位置及蔓延扩大的情况。如最先冒烟冒火的部位、塌落部位和燃烧最猛烈的部位。

2）燃烧特征，包括火场的烟雾、火焰、颜色、气味、响声等。

3）现场扑救情况及扑救过程中出现的异常现象。如有无死灰复燃的情况。

4）灭火中采取的措施。包括开关阀门、开关电源、门窗情况，破拆地板、墙壁、屋顶情况和具体部位等。

5）到达火场时门窗开闭的情况，有无强行进入的痕迹。

6）断电情况，包括起火场所的照明灯具是否亮着、机器设备是否运转等。

7）设施、设备的损坏情况。

8）引火源的状态，是否发现引火源及其他火种、放火遗留物，如布团、汽油桶等。

9）到达火场时，其他人员的活动情况。

10）抢救被困人员的经过和发现伤亡人员的位置、死亡人员的姿态。

11）在场其他人员反映的情况。

12）接到火警的时间和到达火场的时间，灭火时的天气情况，如风力、风向等。

2.2.4 特殊对象的询问要求

对未成年人、聋哑人和不通晓当地语言文字的人的询问，应特别遵循以下要求：

1）询问不满16周岁的未成年人，应当通知其父母或者其他监护人到场。如果经多方查找，确实无法通知到其父母或者其他监护人的，或者调查人员履行了通知义务，未成年人的父母或者其他监护人拒不到场的，调查人员应当在询问笔录中注明。询问笔录应由被询问人、被通知到场的人员签名或按指印。

2）询问聋哑人，应当聘请通晓手语的人员配合询问。同时，要在询问笔录上注明通晓手语人员的姓名、工作单位、住址和职业等基本情况，通晓手语人员应在询问笔录上签名或按指印。

3）询问不通晓当地语言文字的人，应当配备翻译人员。同时，要在询问笔录中注明翻译人员的姓名、工作单位、住址和职业等基本情况，并要求其签名或按指印。

此外，询问少数民族人员时，应告知其享有使用本民族语言和文字的权利。

2.3 询问的程序和方法

为了及时、全面、细致、客观、合法地做好询问工作，询问者必须严格遵循询问的程序要求，运用得当的询问方法和技巧。询问时要根据具体情况，随时调整询问策略，获取更多有用的线索。

2.3.1 调查询问的程序要求

1. 寻找确定被询问对象

被询问对象中，火灾受害人、报警人及扑救人员一般容易确定，而知情人的确定较为困难。确定知情人的方法主要有：

1）在现场周围围观的群众中寻找知情人。

2）在现场附近居住、工作、学习及经营人员中寻找知情人。

3）在当事人的社会关系中寻找知情人。

2. 全面熟悉火灾情况

1）火灾基本情况，包括火灾发生的时间、地点、火灾现场情况、扑救情况等。

2）被询问对象情况，包括姓名、年龄、住址、职业、文化程度、家庭状况、社会关系、个人简历、有无其他犯罪记录等。

3）现场及勘验情况，包括建筑结构、起火范围、起火部位、现场电源与火源、火灾损失等情况。

3. 拟定询问提纲

在询问之前，调查人员应对被询问对象进行初步摸底、分类，分析各类人员的心理特征，设想询问中可能遇到的问题，为拟定询问提纲和应对可能发生的情况做准备。询问提纲应包括：简要案情、被询问人情况、询问的目的和方法、询问的时间和地点、询问的顺序、询问的重点和突破口、如何结束询问等。

4. 询问步骤

1）向被询问人讲明身份，出示证件，提出询问的目的。

2）向被询问人讲明公民作证的义务，以及故意做伪证或者隐匿罪证应负的法律责任。

3）让被询问人根据提问自由陈述。

4）根据被询问人的陈述，提出应补充的情节问题，让被询问人做出补充回答。

5）核对询问笔录，让被询问人在笔录上签名。

2.3.2 调查询问的方法

1. 自由陈述法

自由陈述法是指询问中调查人员对需要询问的问题做出重点提问后，让被询问对象就所知道的火灾情况做详细叙述。这种询问方法一般在调查人员不了解询问对象对火灾的知情程度或者对火灾情况还未掌握确实证据的情况下采用。询问对象在自由陈述中，往往能无拘无束地陈述自己所知道的火灾情况，内容广泛、具体、详细。调查人员既可以掌握了解火灾事实的有关情况，又可以掌握询问对象的心理状况。通常在了解掌握了询问对象的基本情况后，调查人员就可以运用这种方法，进行提示，如"请把你知道的和这起火灾有关的情况说一说？"这样，询问对象就可以顺着话题陈述了。在运用自由陈述方法时，调查人员应注意以下问题：

1）让询问对象自由陈述的问题，主旨要明确、简单明了，最好能激发询问对象对问题的兴趣，以便能够准确如实地回答问题。

2）要耐心听取询问对象的陈述，即使陈述过程中暂时不得要领或者脱离主题，也不要随意打断其陈述。

3）自由陈述过程中，询问对象如果出现记忆暂时中断、遗漏重要情节或者陈述的内容完全与调查内容无关时，调查人员应当根据已经掌握的确凿情况，采取巧妙灵活的方法帮助询问对象回忆，或者把话题引到正题上来。

4）在询问对象自由陈述的过程中，调查人员要对其陈述内容进行整理、分析，使陈述更为系统。要注意从询问对象的陈述中发现有价值的、与火灾关系密切的事实和情节。

2. 广泛提问法

广泛提问法是火灾调查人员对询问对象进行范围广泛的提问的一种询问方式。这种方式一般在询问对象已做了系统的陈述之后采用，根据火灾案件情况和询问对象叙述中的疑点和遗漏，有目的地提问有关问题。如"你是什么时间离开工作车间的？"在具体操作中，应注意避免有"提示性"或"供选择性"的提问方式。

3. 联想刺激法

联想刺激法是火灾调查人员向询问对象提醒问题，促使其回忆起相关信息的一种询问方法。一件事物总是和许多事物相联系的，因而可能引起很多联想。对一件事物的感知首先引起什么联想，是受联系的强度和人的意向、兴趣等因素决定的。因此，在采用联想刺激法对询问对象进行询问时，应选择那些对询问对象刺激强度大、联系次数多、时间近的事物进行联想刺激，只有这样才能使询问对象获得良好的回忆效果，把以前产生的和火灾有关的事实情节反映出来。联想刺激法主要有如下几种：

（1）接近联想

接近联想是指由一种事物的感知或回忆，引起在空间或时间上接近事物的回忆。这种方法经常在询问对象记不清火灾的地点、时间及用火用电等情节时采用。因为在空间或时间上接近的事物，在经验中容易形成联系，从而由一事物回忆起另一事物。如"你当时在观看什么电视节目？"

（2）相似联想

相似联想是指由一事物的感知或回忆引起和它在性质上接近或相似的事物的回忆。例如对火灾现场上热辐射、烟气味道等的感受，可以让证人回忆生活中相类似的受热、其他刺激性味道等，进而联想到现场情况。

（3）对比联想

对比联想是指由某一事物的感知或回忆引起和它具有相反特点的事物回忆。利用对比联想对询问对象进行询问，常常可以从查询的问题的反面唤起询问对象对该问题清楚的回忆。

（4）关系联想

由事物的某种联系而形成的联想称为关系联想。反映事物的种种联想也是多种多样的。当询问对象对某一问题不清楚记忆的时候，可以从这一问题的多方面的联系中提醒询问对象进行认真的回忆。

4. 检查性提问法

检查性提问是从询问对象的叙述中发现矛盾，揭露谎言，确定信息的可靠性和准确性。此法是火灾调查人员对询问对象的陈述追根溯源的一种询问方式。

调查人员首先要向询问对象提出确定的和需要补充的问题，让询问对象进行具体的陈述，以便从中发现矛盾、揭露谎言，查明具有证据意义的重大问题。调查人员还要向询问对象询问其消息的可靠性和准确性。要详细查询当时的情况和条件，如时间、距离、火焰颜色、电灯亮或灭、风向等周围其他的事件等。调查人员必须用询问对象最容易理解的言语，提出明确、具体、简单的问题，以避免询问对象由于误解而做出不真实的叙述。同时注意为了检验其真实性，应进行重复性询问，如"你再说一下你是什么时间离开车间的？"

5. 质证提问法

质证提问法是根据掌握的物证、人证情况，对询问对象就之前问到的关键问题进行再次询问。此法是火灾调查人员巩固询问对象陈述的一种询问方法。在询问对象做了系统陈述或对某一重要事实、情节做了陈述之后，再让询问对象重述一遍。如"你刚才说你没有去车间,可是监控显示你在车间出现过,这是怎么回事?"应注意的是,应当允许询问对象推翻前述,但要说明原因,以便进一步开展调查工作。

以上几种询问方法是互相联系、密不可分的,不能把它们割裂开来,孤立地去运用其中的某一种方法,而应该把它们作为一个完整的方法体系,机动灵活地加以综合运用。只有这样,才能使取得的证言或其他证据材料更加真实可靠。

2.3.3 调查询问的技巧

1. 详细的摸底调查是询问的基础

在进行询问前,应进行详细的摸底调查,事先掌握一些基本的情况,有利于询问的正常开展。摸底调查可从以下几个途径进行:向首先到达现场的管区民警、当地治保人员、义务消防救援队员及其他知情而不影响案情的人进行了解;接到报警应及时进行现场勘验,对重要的物证进行分析,以消除疑问;对前期开展的工作进行深入、细致、认真地阅卷,多方进行比较。摸底调查主要了解以下情况:当地的一些风土人情及人们的生活习性;责任人、当事人的个人情况、家庭情况、社会关系等;火灾损失的基本情况,受灾户之间的关系;受灾人是否参加保险等。在询问开始时,不要急于询问,在此时应有一个很重要的"察言观色"阶段,可以从被询问人的坐姿、神情、语气等来判断他们的心理特征,这样有助于确定合适的询问方法和对策。

2. 善于旁敲侧击

绝大部分被询问人与火灾有直接利害关系时,处于被询问这样一个特殊环境中,往往会采取伪装、狡辩、沉默、对抗、戒备、蛮横、耍赖等方法来对抗询问。在询问时,可用自由的方式进行交谈、闲聊,以看似放松的状态来化解被询问人早已准备好的对抗手段,分散其对询问目的的注意,让其在丧失警惕的情形下露出马脚,以找到询问的突破口。不能刻意围绕询问目标,以免暴露询问意图,要尽量让被询问人侃侃而谈,适当的时候对被询问人注入同情心,可以使询问方与被询问方达到心理的"共鸣",从而使被询问人认为调查人员是一个"通情达理"的人而对调查人员产生认同和信任感,调查人员自身则要头脑清醒。

3. 针对不同对象采取不同方法

对一些案情较简单、证据掌握比较充分的火灾,在询问过程中不必人为地将询问方法复杂化,可采用直接询问的方式单刀直入,切入主题,教育引导被询问人正确认识自己行为与应受到处罚的关系,促使其坦白实情。

对一些火灾案情相对复杂、被询问人可能是火灾责任人的火灾,询问人员应该着重对其论理、论法、说理、说教。必要时可以高声痛斥、戳其痛处,使之明晓事情的严重性,让被询问人知道做伪证的严重后果,让被询问人的真实供述逐步深入。

对一些案情重大、情况特别复杂的火灾,被询问人每时每刻都在揣摩调查人员可能提出什么问题,如何回答这些问题。火灾调查人员在做询问准备时,应考虑到被询问人对提出的问题可能做出何种回答,还应熟悉已经掌握的证据材料,这样被询问人如果想掩盖事实真相、不愿交代问题,调查人员就可以从被询问人没有准备而自己却已经掌握了可靠证据的问题入手，出其不意地询问，以达到利用薄弱环节打开缺口的目的。

4. 察言观色，及时发现"伪证"

人的言行和面部表情可以表现出外界刺激对情感、情绪的影响，具体表现为：说话时语调的升高表示兴奋或说谎；音量大，拍桌子，摔东西，表示生气、发怒；音调非常高的赌咒发誓可能是欺骗的迹象；人在极度紧张时，会出现肌肉颤抖，额头冒汗，说话结巴甚至说不出话来等现象，这种情况会出现在调查人员说到其要害时；被询问人坐立不安，手足无措，表明其心神不宁，心中没底，拿不定主意；被询问人低头看地，身体前倾，双手交叉放在膝部或不停地摆动时，预示心理防线已经动摇；被询问人东张西望，似笑非笑，装着满不在乎、轻蔑的样子，可能是伪装。

2.3.4 询问中的心理分析

火灾调查人员正确运用心理分析方法，把握被询问人的心理特征及性格特点，掌握询问技巧，引导或迫使有关人员讲出事情真相。

1. 对嫌疑人的心理分析

火灾肇事嫌疑人是造成火灾的直接当事人，他对火灾发生的过程十分清楚，由于怕承担火灾责任受到处罚，赔偿受灾户（人）的财产损失或期望能从保险、供电、供气等相关单位得到赔偿，往往不愿交代起火的经过和火灾的真实原因，在调查中表现为漫无目的地说一些离题万里的话，故意编造情节，把调查人员的思维往他们想达到的目的上引诱，或是不言不语，拒不交代问题。分析其心理状态一般有以下几种：

（1）侥幸心理

肇事嫌疑人依据自己的经验、认识，认为火灾现场遭到严重破坏，不可能暴露起火原因或违法犯罪事实。侥幸心理越强，抗拒性越大，这是火灾调查工作的障碍。但这种侥幸心理伴有一种运气、幻想因素。由于不具备燃烧学等方面的专业知识，凭想象交代的问题往往前后矛盾，漏洞百出，不能自圆其说。

（2）畏惧心理

嫌疑人存在畏惧心理并在这种心理影响下感到紧张恐惧，意识到自己因违法事实被揭露而面临惩罚，不愿面对自己的违法事实及因惩罚所导致的名誉丧失、失去工作、连累亲友等情况。为了避免惩罚，嫌疑人会尽力为自己开脱，甚而编造谎言。

（3）抗拒心理

由于对火灾负有不可推卸的责任，供述与否涉及责任的承担问题，因而在心理上总是不同程度地存在幻想和抗拒，在调查中拒不交代，进行抵抗，对其他证人威胁、利诱、跟踪，急于打探别人交代了什么问题，态度蛮横，撒泼耍赖，时而嚎哭，时而怒骂。

（4）寄托心理

寄托心理也就是有恃无恐心理。这类人相信所谓"后台""关系"能解决问题，在调查中表现为漫不经心，顾左右而言他，抬出所谓的"关系""后台"，暗示调查人员不要追究责任。

心理学认为，消极的心理倾向，就在于嫌疑人在违法时出现了认识过程、情感过程、意志过程的缺陷。嫌疑人表现出的侥幸心理、抗拒心理、寄托心理都是消极心理影响的结果，在调查询问工作中，要及时帮助嫌疑人及其他做伪证的人员从以下三方面矫正消极心理：

① 纠正认识过程的缺陷。通过政治思想教育，法律法规教育，消防知识教育，改变他们认识问题的误区和片面性，打消他们的幻想，教育他们实事求是地对待问题。

② 纠正情感过程的缺陷。心理学认为，人都有善、恶两面的双重性格。平时所说的好人是善的一面占上风、主导地位，恶人则相反，是恶的一面占据个人意识主导地位。大多数人都是善良、通情达理的，只要调查人员设身处地替他们着想，理解他们做伪证的动机，在心理和情感上与他们求得共鸣，就能纠正情感过程的缺陷，从感情上改变他们好恶颠倒的倾向。

③ 纠正意志过程的缺陷。从意志上纠正他们的盲动性，利用他们个人的性格特点，对症下药，进行攻心，击垮其对抗的意志。

不同的火灾肇事嫌疑人由于其个性不同，经历不同，所承担的火灾责任不同，因而在询问中所表现的心理特点也不完全相同，即使同一个人，在询问的不同阶段，其心理也是有发展变化的。只要火灾调查人员动之以情、晓之以理，积极地宣传党的政策和法律法规，主动地矫正他们扭曲的心理，就可以促使他们的心理更快地变化。询问实践表明，火灾肇事嫌疑人在询问中的心理变化一般经过四个阶段，即试探摸底阶段、对抗相持阶段、动摇反复阶段和交代供述阶段。当然这四个阶段的划分并无绝对的界限，人与人之间的表现也有差别。

1）试探摸底阶段。在询问之初，火灾责任者由于对案件的进展情况、证据的暴露情况、同伙情况等无法知晓，往往心烦意乱、焦虑不安，他们会急于在与询问人员的接触中试探摸底，以了解调查人员对证据的掌握程度，同时也会注意观察和评价对手的特点及询问风格，以便制定应付询问的对策。这一阶段，火灾肇事嫌疑人，特别是那些有应询经验的人，常常会采取以静观动、以虚代实的姿态，或者有预谋地做些供述；或者投石问路，索要证据，以便进行试探摸底。

2）对抗相持阶段。经过初步询问，火灾责任者开始适应询问环境，对调查人员的能力、经验也有了初步的了解，自认为"心里有底"，在此阶段对抗意识上升。尤其是触及导致火灾的实质及涉及其切身利益时，往往引起激烈的对抗，这时便进入了对抗相持阶段。这种对抗的表现为，当调查人员穷追不舍地追问起火原因的具体情节时，他们不时地辩解，或极力地隐瞒，或回避、抵赖、否认、乱供、避重就轻等。这一阶段由于火灾肇事嫌疑人对抗心理正盛，容易使询问陷于僵局。

3）动摇反复阶段。由于调查人员善意引导，积极地宣传政策，巧妙地出示证据，火灾肇事嫌疑人的心理渐渐地出现动摇，侥幸心理、对抗心理暂缓。此时他们的思想斗争往往异常激烈，想抗拒到底，又怕受到惩处；想回避，又挡不住调查人员追问；想交代坦白事实真相，又怕同伙报复。所以，此时他们的心理活动处于动摇、矛盾、权衡利弊的阶段。在这个阶段，调查人员应该把握住时机，加以适当的引导，给他们指出坦白火灾真相是唯一的出路，此时他们的心理一般会朝着坦白交代的方向转化。如果方法不当，或未能把握住时机，就会延长僵持时间，使他们的对抗心理死灰复燃。

4）交代供述阶段。经过双方反复较量，火灾肇事嫌疑人渐渐感到如果对抗到底将对己无益,坦白火灾真相才是唯一出路。但由于畏罪心理和遗留的侥幸心理,他们心中仍存在着幻想,其表现为能少供就少供;有证据的便供,无证据的不供;询问紧的就供,一般询问的不供。

2. 对证人的心理分析

证人的做证行为是证人通过语言或者书面的形式向调查人员提供证言的行为。在调查工作中,经常发现证人做证行为千差万别,其表现形式归纳起来主要有三种,即主动做证、被动做证和拒绝做证。三种做证行为既是证人感知、记忆和陈述火灾事实的结果,也是证人做证动机的反映。证人感知、记忆和陈述火灾案情的过程及做证动机等,都影响着证人证言的真实性和可靠性。

(1) 主动做证的动机

主动做证是指了解火灾情况的证人,在火灾调查询问时,积极配合调查人员,主动陈述火灾情况的情形。主动做证的动机是指证人自身存在的、推动其主动做证行为的意愿和动力。

主动做证的动机主要有:

1) 伸张正义。这类证人大多有强烈的正义感和较强的社会责任感,对违法嫌疑人的恶劣行径十分痛恨,同情受害人的遭遇,能够主动提供证言,为社会和受害人伸张正义。

2) 具有做证的义务感。这类证人奉公守法,能够正确理解消防法律法规的有关规定及有关部门依法开展的火灾调查活动,在火灾发生后或者被要求做证时,往往能够积极主动地向调查人员提供证言。

3) 亲情关系。这类证人与火灾中的一方当事人有亲戚、朋友关系,为了保持人际间的正常交往,或为了达到为亲属朋友开脱罪责的目的,往往在火灾发生后主动出面做证。这类证人做证时带有一定的感情色彩,其证言一般都有利于他要维护的一方当事人。

4) 报复。这类证人与火灾中的一方当事人素有积怨,当其发现对方与火灾有关时,往往幸灾乐祸,产生报复心理,主动向调查人员提供证言,有的甚至捏造虚假事实,目的就是使与他有仇恨的一方当事人受到惩罚或蒙受冤屈。

5) 推卸责任。这类证人往往与火灾有间接的利害关系,例如因本人的工作疏忽或麻痹大意造成本单位消防安全制度不落实而导致失火,为了推卸责任而捏造或夸大事实,主动提供伪证。

(2) 被动做证的动机

被动做证是指证人主观上不愿意做证,但迫于消防救援机构或当事人的压力而做证的情形。

被动做证动机主要表现为:

1) 碍于情面。这类证人本意不愿做证,只是由于亲戚朋友求情,碍于情面而不得不出面做证。

2) 甘当和事佬。这类证人一般与火灾双方当事人都相识,既不想包庇或得罪违法嫌疑人,也不想得罪受害人,只是由于火灾的社会反响较大,调查人员多次询问,感到内心不安,萌生自责感,不得已出面做证。

3) 事不关己。这类证人与火灾双方当事人都没有利害关系,因而对任何一方的利益均持漠不关心的态度,只是由于调查人员多次询问及说服教育才同意做证。

4) 顾及个人私利。这类证人怕做证影响自己的切身利益。比如考虑到做证要耗费的交通、住宿等费用以及停工造成的经济损失等,因而不愿做证,后因调查人员教育迫不得已做证。

（3）拒绝做证的动机

拒绝做证是指了解和知道火灾情况的人，不主动向消防救援机构提供自己所了解的情况，而且在受到调查人员多次询问后，仍然拒不提供证言的情形。

证人拒绝做证的动机因素主要有：

1）碍于情面。这类证人担心做证会引起火灾当事人及其亲戚朋友的憎恨或报复，因而拒绝出面做证。

2）怕惹麻烦。调查人员为了查明火灾真相，要求同一证人多次出面接受询问的现象经常出现。有的证人感到一旦出面做证，就会招致调查人员的反复询问，增添麻烦，影响工作生活，因而拒绝做证。

3）贪图私利。这类证人由于贪图私利，以拒不做证来作为条件，索取或接受火灾当事人及其亲戚朋友的财物。

4）报答恩情。有的证人受过违法嫌疑人的一些恩惠，怕由于自己做证而使违法嫌疑人受到惩罚，担心自己背上"忘恩负义"的坏名声，因而拒绝做证。

5）抵触反感。有的证人与公安机关或消防救援机构有过接触，对公安机关、消防救援机构印象不好；有的证人对个别调查人员的询问态度、方式较为反感；这些都可能导致证人产生抵触情绪而拒绝做证。

除了以上几种常见动机外，还有少数拒绝做证者存在一些其他动机，如同情违法嫌疑人及其家人的不幸，担心未及时报火警而被追究法律责任等。

3. 对受害人的心理分析

受害人陈述是指受害者就自己遭受火灾损害的事实和有关违法嫌疑人的情况向调查人员所做的陈述。其内容一般包括两个方面的内容：一是关于自己遭受火灾损害的事实陈述；二是对火灾违法嫌疑人的控告。影响火灾受害人陈述的心理包括：

（1）积极主动陈述的心理

积极主动陈述的心理主要有以下两种情况：

1）挽回物质损失的需要。一般来说，火灾受害人对其受害的事实经过和违法嫌疑人以及与火灾有关的情况知道得比较清楚。火灾发生后，为了尽快查明起火原因、查出违法嫌疑人，挽回火灾造成的物质损失，他们往往会积极地配合调查人员开展的调查询问，也能够提供许多有价值的材料和线索。

2）情感宣泄的需要。对火灾受害人来说，严惩肇事人是对其郁积心底极度愤恨的情感的释放，是对其心灵创伤最好的抚慰。因此，受害人积极报案，希望调查机关能对肇事人行为加以严厉的惩罚、制裁，一般都会积极配合调查机关，如实主动地陈述自己了解的有关情况。

（2）夸大事实的心理

由于火灾受害人的人身或财产权益受到火灾的侵害，因而大多都有严惩违法嫌疑人和寻求经济赔偿的强烈要求，在陈述的时候，容易出现偏激行为，夸大火灾损失结果。

（3）谎报事实的心理

谎报事实的心理主要有以下几种具体情况：

1)报复。这类火灾受害人与违法嫌疑人之间往往存有旧怨,发生火灾后,为了报复他人而故意捏造违法事实,伪造证据。

2)掩饰自己的过错。这类火灾受害人往往自己在火灾中有违法或违规行为,为了掩饰自己在火灾中的过错,便企图以诬告的形式将自己的过错转嫁到他人身上。

3)骗取赔偿。这类火灾受害人在购买了财产保险后,为了骗取保险金,自己藏匿财物而故意放火烧毁财物,制造失火假象,或故意烧毁部分财物,向保险公司索取赔偿。

4)邀功请赏。这类火灾受害人大多为了捞取政治"资本"或经济利益把自己扮成"英雄",伪造坏人放火等现场,谎报自己"勇敢"地同违法分子搏斗等情况。

(4)不愿陈述的心理

不愿陈述的心理主要有以下两种情况:

1)破财免灾心理。此类火灾受害人对肇事人同样憎恨,对火灾造成的损失同样心痛,但对调查机关的帮助持有较深的偏见和不信任,进而不愿做证。

2)法外补偿心理。一方面,此类火灾受害人不愿因为火灾产生更多的纠纷和麻烦,希望尽快获得赔偿了结此事。另一方面,火灾肇事人在火灾发生后,主动与受害人达成某种默契或协议,从而导致受害人排斥调查机关对火灾的调查,是典型的法外交易心理。

2.3.5 心理测试技术在询问中的应用

心理测试技术是指运用心理学、神经生理学、生物电子学的原理,将人的某些心理特征数量化,来衡量个体心理因素水平和个体心理差异的一种科学测量方法,已逐渐成为案件侦办中的一种技术侦查方法。

1. 心理测试记录指标的生理学基础

心理测试技术是指由专业技术人员借助生理心理测试仪,测量、记录、分析受测人对相应问题刺激触发的生理心理反应。询问中,火灾肇事嫌疑人既企图以说谎来逃避罪责,又害怕谎言被揭穿,这些复杂心理会引起生理上的异常反应,这些生理反应受植物神经系统控制,而且难以受人的意识控制,是一种生理机能,即"心理刺激所触发的生理反应"。正是由于这一特点,才可以使用仪器进行测量,主测人通过观察分析生理心理测试仪器上的数据,研判后做出综合判断。采集记录的生理学指标主要有:

(1)皮电

皮电是皮肤电阻或电位的变化,某种刺激(例如痛刺激)引起反射性的皮电变化,称为皮电反射。生理学认为皮电反射是交感神经系统活动的一个灵敏指标,一般认为这种变化和皮肤汗腺的活动有密切关系。由于人类皮电反射可以灵敏地反映心理情绪反应,所以这一反射也称为心理电反射。

(2)动脉血压

动脉血压的形成,首先是由于封闭的心血管系统内有足够量的血液充盈。另一基本因素是心脏射血。植物性神经系统中交感神经的兴奋可以使心率加快,射血增加,外周血管收缩,而导致血压上升;副交感神经兴奋则起反作用,人在有压力的情况下,动脉血压会有规律性的变化。

(3) 指脉

这里主要指的是对大动脉的动脉搏动进行测量分析，由大动脉传导的动脉搏动反应在肢体远端的小动脉上，即检测到的指脉。

(4) 呼吸系统

呼吸运动是一种节律性的活动。正常情况下男性以腹式呼吸为主，女性以胸式呼吸为主。人可以控制呼吸，但是人在无意识控制呼吸时，呼吸的特征与人体验到的心理压力存在一定的对应关系。

2. 心理测试的原理

心理测试技术并非测试人是否说谎，而是探测被测试人有无对违法行为特殊事件的记忆痕迹。心理科学表明，人的大脑对外界刺激都会留下一定的记忆痕迹，记忆痕迹的深刻程度主要由对个体生活、生命意义的大小和经历事件刺激等因素决定。违法嫌疑人在实施违法行为过程中心理异常紧张，违法情节对他们的刺激相当强烈，违法过程中所感知的形象、体验的情绪、采取的行动都会在违法嫌疑人大脑中留下深刻而清晰的记忆，有些甚至是终生难忘。而且，由于受罪责感和法律威慑力的影响，使违法嫌疑人在心理上对违法事实相当敏感，而为保持心理平衡，又努力淡化这些记忆。当心理测试技术所设计的相关问题提起违法情节，违法事实的记忆痕迹就会立即在违法嫌疑人的大脑记忆区恢复起来。这种大脑记忆区的复活兴奋性变化，必然会引起情绪中枢的心理生物反应——血压、电压、脉搏等指标的变异。人的情绪中枢的心理生物反应，一般难以受到人的意识的控制。因此，被测试人无论是保持沉默，还是回答"是"或"不"，在相同测试题的言语刺激下，违法嫌疑人的心理生物指标的特异反应，相比无辜者都会非常显著地表现出来，被同时同步地显示在计算机屏幕上，从而把违法嫌疑人与无辜者区分开来。生理心理测试的原理具体有以下几方面：

(1) 生理心理相互统一原理

人的认知、情绪等心理反应会同步引起生理上的反应，包括肉眼明显可见的行为反应和只有用仪器才能检测到的细微变化，生理心理是相互统一的。

(2) 生理反应直接可检测原理

明显的生理反应用肉眼可以直接准确地进行观察，如面色发红、出汗、呼吸急促、眉开眼笑、双目睁大充血等；细微的生理反应可以通过仪器准确地进行检测，如血压上升、心率加快、皮肤电阻变化等。

(3) 心理的间接可知性原理

人的心理会同步引起生理上的反应，而生理反应能够准确检测，因此可以通过分析生理反应间接探知心理活动。当然此处所说的有心理反应的原因，不是唯一的原因，有心理引起的原因，也有生理方面引起的原因。

(4) 心理定向原理

心理活动是非常复杂的，而且多种心理活动的反应可以引起同一种（类）生理反应，这就需要调查人员对被测人进行心理定向，将其心理活动、思维引导到调查人员所要探测的问题上来，形成一对一的因果关系，通过语言提问刺激被测人，引起特定的心理反应、生理反应。

（5）威胁与反应强度成正比例原理

进行测试的问题对被测人来说是一个刺激，同时也是一个威胁。威胁会形成因认知而产生的条件反射并引起生理反应，威胁越小，刺激越弱，引起的反应也越弱；威胁越大，引起的反应越强，威胁与反应强度成正比例关系。

（6）威胁比较（权衡）原理

一个人受威胁时必然有认知、思维的参与，同时伴随着情绪反应。当同时受到两个或两个以上威胁时，就必然进行比较、权衡，通常人们会关注对自己威胁更直接或更大的方面。

3. 心理测试技术的作用和局限

（1）心理测试技术在调查询问中的作用

在我国，心理生理测试技术在刑事侦查、职务犯罪侦查中发挥了重要作用，在火灾调查中，心理测试可以作为一项突破重点人员的手段来使用，可以为原因调查提供重要的方向指引。

1）认定和排除违法嫌疑人，缩小调查范围。认定和排除违法嫌疑人是心理测试技术的基本功能。在调查工作初期的询问中，违法嫌疑人都会做极力辩解，否认违法行为，这其中有真的，也有假的，但都需要调查人员花费大量的时间和精力去查证。这时，如使用心理测试技术，就能够迅速地排除大量无辜的嫌疑人，筛选出重点嫌疑对象，条件允许的情况下还可以直接确定违法行为人，然后围绕重点嫌疑人开展询问，就可以事半功倍，大大提高调查率。

2）有利于突破违法嫌疑人的心理防线。使用心理测试技术本身就可以给违法嫌疑人造成一种心理压力。违法嫌疑人对科学技术了解越多，压力越大。这时，调查人员就可结合政策教育和使用证据等办法，促使违法嫌疑人的心理动摇瓦解，而如实陈述真相。

3）分析、解决陈述与证据、陈述与陈述之间的矛盾。在询问中，陈述与证据、陈述与陈述之间存在矛盾的现象很普遍。解决这些矛盾，根本上还是应该靠周密的调查取证。但是，在某种情况下，特别是调查取证相当困难时，就可以借助心理测试技术，利用测试结果来进行分析判断，从而进一步真正了解案情，分清是非。

4）有利于推动调查询问活动的纵深发展。根据心理测试的结果，研究分析出违法嫌疑人最害怕、最担心的问题是什么，思想压力最大的问题是什么，从而有目的地选择其防御体系中的心理弱点作为询问突破口，为突破全案创造条件。同时，心理测试时还可以编入题外问题，如发现测试结果的数据异常，可进一步深入调查。

（2）心理测试技术在调查询问中的局限

心理测试技术同其他调查技术手段一样，既有特殊的功能，也有其局限性。心理测试技术的局限性主要有：

1）心理测试只能用"是"或者"不"来回答，不能完全控制和解决违法嫌疑人复杂的心理问题。

2）心理测试中违法嫌疑人出现心理异常的原因是多方面的，如药物作用、个体生理差异等，均可导致心理异常。

3）编制心理测试题要在掌握一定证据材料的基础上进行，如果没有可靠的证据材料作为后盾，那么心理测试不仅不能击中违法嫌疑人的心理要害，反而会暴露调查人员掌握证据不足的底细，造成违法嫌疑人顽固抗审。

4）心理测试测出的数据即使异常，而且违法嫌疑人也供认了，还是需要用其他证据来印证，否则不能定案。

5）心理测试的准确率为95%左右，而办案的准确率要求为100%，哪怕是1%的差错，都会造成冤假错案。

4. 心理测试技术实践

（1）心理测试技术的主要方法

目前测试中多采用准绳问题测试技术（CQT）、犯罪情节测试技术（GKT）和紧张峰测试技术（POT）。

1）准绳问题测试技术（CQT）。该技术是在测试过程中向被测人测试三种问题：相关问题、准绳问题、无关问题。CQT的基本假定是：有罪者因为担心被惩罚而在相关问题上说谎，因担心谎言被揭穿而恐惧，这种情绪变化导致在相关问题上产生强烈反应。虽然有罪者在准绳问题上也可能会说谎，但他对相关问题的反应会强烈于他对准绳问题的反应，因为他知道自己正在被审讯，他更关心与其罪行有关的相关问题，而不是与其罪行无关的准绳问题。相反，无辜者会在准绳问题上而不是相关问题上产生更强烈的反应，因为无辜者清楚自己并未违法，却可能做过或想过准绳问题问及的事情，从而更会注意它。

2）犯罪情节测试技术（GKT）。GKT包含多组问题，每组问题中包含一个目标问题和多个陪衬问题。目标问题是正在调查的案件中某一特征或细节，陪衬问题与目标问题相似，但所涉及的内容不是正在调查的案件中的特征或细节。GKT的基本假定是：①有罪者了解罪行情节，而无辜者不了解；②专门针对具体罪行的细节材料，会使有罪者产生一种唤醒反应。因此，GKT是基于有罪者对具体罪行的关键特征的认知，而不是基于对惩罚和被揭穿的恐惧而设计的，它假定相关项只会引起有罪者的自主唤醒，其测试目的是从嫌疑人中鉴别出犯罪者，而不是单纯测谎。

3）紧张峰测试技术（POT）。POT测试由一组内容相似的问题组成，结果在一定测试范围之内，但没有一个明确的目标问题，每组问题中有可能有一个问题与案件的真实情况相符，这种测试的关键是确定一个范围，将各种可能的情况都包含在内。POT测试主要是寻找调查人员不知道的情节或某一环节的准确答案，目的是扩大线索，为调查提供方向或验证调查人员的分析判断。它是以"搜索"答案的方式进行测试的一种方法，所以又称搜索紧张峰问题测试法，在不能使用GKT法测试时，可用POT测试法进一步验证CQT法的测试结果，以增加测试效果的准确性。在实践中，对于点火工具、引火物种类和去向、放火动机等问题，在其他方法不具备测试条件时，POT法有时会起到意想不到的效果。

（2）心理测试在火灾调查中的"问题"设置

1）CQT测试问题的设置。准绳问题是指除与案件有关的问题之外，调查人员指导被测人必然要说谎回答或难以诚实回答的问题。准绳问题是关于被测人道德品质的问题，往往比较抽象、概括。准绳问题需要开发，如"你曾经做过不道德的事情吗？""你是否曾经向调查人员说谎?"将准绳问题与相关问题进行比较,可以判断被测人对相关问题的回答是诚实的还是说谎的,比较结果主要有下列三种情况:

① 相关问题的心理生理反应大于准绳问题,则对相关问题的回答是"说谎"。
② 相关问题的心理生理反应小于准绳问题,则对相关问题的回答是"诚实"。
③ 相关问题的心理生理反应与准绳问题相近,则对相关问题的回答不能得出结论。

2) GKT 测试问题的设置。

① 中性问题 I。中性问题是指与所调查的案件或事件无关,对被测人不会产生太强烈的心理刺激的问题。如"你是叫王华吗?""你是河南人吗?""你是汉族吗?""现在你正在接受测试吗?"

② 相关问题 R。相关问题是指与所调查的问题有关的各种问题,是测试所要解决的问题。一般有两种:一是直指所调查的案件或问题,如"是你用的电焊枪吗?""你扔烟头了吗?";二是与犯罪情节有关的问题,如火灾发生时间、地点、涉嫌放火或失火的人、放火动机、失火原因等。

3) POT 测试问题的设置。POT 测试的关键是确定一个范围,将各种可能的情况都包含在内,可用于寻求所调查的各种问题的答案。问题一般包含 5~7 种可能性,如起火原因是"有人放火""电线故障起火""蚊香引燃""电热毯故障起火""空调故障起火"。为了涵盖所有可能性,最后一个问题可以问:"起火原因在以上所说的原因之内吗?"多将可能性最大的问题放在中间位置。

(3) 测试过程

1) 测试前的准备工作。测谎能否成功,关键是要做好测试前的准备工作。测试前的准备工作包括以下内容:

① 明确测谎目的。即要明确通过此次测谎解决什么问题,达到什么目的。

② 熟悉案情。了解被测试人的生理、心理状况,收集编制各类问题的素材。对患有结核病、心脏病、哮喘病、咳嗽患者,精神病患者,智力低下者及孕妇等,不宜进行测谎。正式测试前一天,被测试人应当停止服用作用于神经系统的药物。

③ 编制测试计划和测试题。在熟悉案情和被测试人情况的基础上着手编制测试计划,计划应当包括测试分几次进行;每次所要测试的核心问题;测试、询问、调查如何配合等。编制题目应当用词准确、清晰、简单、无歧义,尽量精确描述被测人的行为,采用简单问句式描述。测试题目应该编制为可以回答"是"或者"不是"的形式。测试题目当中尽量避免使用法律术语、专业术语等。编制准绳问题测试法的测试题目时,准绳问题与相关问题的刺激程度应当相当。对被测人不能理解、理解有歧义的表述,或者与被测人习惯性表述不一致的题目,应当及时修改。编制测试题时,对涉及案情的时间、地点、任务的提问必须具体、准确,也要避免被测试人用"需要回忆一下"来逃避回答。提问的用词水平要符合被测试人的文化水平、职业习惯等,要让被测试人能够理解提问的意思。

④ 测试前谈话。正式测试前,测试人员应当与被测试人进行有针对性的谈话,谈话内容主要包括测试人员自我介绍,向被测人告知其权利,收集和核对被测人个人信息,向被测

人讲解测试原理、测试要求及注意事项，听取被测人对案件或事件的完整叙述，与被测人讨论目标问题和相关问题，确保双方对目标问题和相关问题的表述方式和理解一致。测试人员应按照技术规定的方式和内容与被测人进行测前谈话，尽量满足被测人的合理要求，并再次确认被测人是否自愿接受测试。谈话最好营造叙家常的气氛，语气要平和，态度要和蔼。

2）正式测试。根据不同火灾和不同测试的目的和要求，可灵活采用各种有效的测试方法。对于同一案件的同一被测人，每套测试题目应至少进行三轮测试，并调整每一轮的测试题目顺序。在测试数据收集过程中，正常情况下每一轮测试应当连续不中断，保证采集完整有效的数据。在测试数据收集过程中，如果出现干扰因素，应当实时记录下来。

正式测试的具体程序主要有以下几步：

① 测谎时让被测试人面对墙壁而坐，以免分心；给被测试人戴上探头，向其宣布注意事项。

② 按照预先编制的测试题提问，所有问题都要求被测试人用"是"或者"不"来回答，每组问题要重复回答三遍。

③ 测试人员的态度应保持严肃，语调应保持平稳，节奏适中，以免给被测试人造成额外的心理压力。提问中，测试人员还要注意观察被测试人的面部表情，供分析数据时参考。

④ 测试应当制作笔录，测试结束后，需要被测人在笔录上签字。

3）测试结论。测试完毕后，测试人员应当立即对测试数据进行分析，对下列疑点上升的被测人要及时进行询问：①被测人的回答与原来的陈述不符的；②被测人三次回答不一致的；③被测人申明需要做说明的；④对某些问题被测人拒绝回答的；⑤被测人对核心问题维持原来陈述，但测试数据在异常范围的。

4）证据印证。测试结果必须与其他证据相互印证。测试结论通常有"通过""不通过""不结论"三种：

① 通过。被测人无故意不合作行为；测试图谱无特征反应；测试图谱稳定并可解释；测试图谱无加工或干扰现象发生；测试图谱符合数据评判的相关数值标准。

② 不通过。被测人有故意不合作行为；测试图谱有特征反应；测试图谱稳定并可解释；测试图谱无加工或干扰现象发生；测试图谱符合数据评判的相关数值标准。

③ 不结论。被测人可能有故意不合作行为，但又不完全确定；测试图谱无法解释，如过低、过高、乱谱、不稳定、不连续等；测试图谱不符合数据评判的相关数值标准。

调查人员要利用心理测试结果提供的方向，及时展开询问，全面查清案件事实真相。心理测试技术只能作为一种辅助措施，不能强制实施，更不能代替调查和询问；测试结果也只能作为分析案情的参考，不能将其作为证据使用，也绝对不能作为定案的依据。

2.4 言词证据的审查与判断

证人在提供证言时，由于主、客观因素，往往存在证言与实际情况不相符的情况。因此，有必要对证人证言进行审查判断，去伪存真。

2.4.1 审查与判断言词证据的一般方法

审查与判断言词证据经常采用以下几种方法：

(1) 情理判断法

情理判断法是指通过火灾发生、发展、变化的一般规律和常识，对证据内容本身进行审查，鉴别其真伪和证明力的一种方法。证据内容是否合乎情理，需要与发生火灾时的环境、条件联系起来比较分析。

(2) 实验法

为了审查判断某一现象或事实在一定的时间内或一定的条件下能否发生或怎样发生，按现场原有条件将该现象或事实进行重演，得出可能或不可能发生的结论，这种方法称为实验法。例如，某起火灾中现场人员的死亡主要是由于舞厅内悬挂的化纤布条快速燃烧蔓延并放出大量有毒气体造成的。为了验证这些布条的燃烧速度，在现场仿照火灾前的布局，对布条进行燃烧实验，验证证言的真实性。

(3) 比较印证法

火灾调查人员对于证明同一问题或事实的几个证据进行对照分析，发现和区分异同，进而确定其中证据真伪和证明力的一种方法。将各个证据加以对照比较，在联系中考虑其是否一致，就比较容易发现矛盾，然后通过深入调查，鉴别其中的真伪，并在基本内容真实的证据中去除水分。比较印证的过程就是去伪存真、去粗取精的过程。在没有最后判明之前，不可带有主观上的倾向性，更不可盲目相信单方面的证据材料。运用比较印证法审查判断言词证据，应该注意的问题有：

1) 进行比较印证的证据必须具有可比性，即这些证据都是用来证明火灾中的某一个事实或有因果关系的事实的。

2) 否定的证据必须有足够的根据和理由；认定的证据彼此之间的一致、互相联系，必须是本质上的一致、客观上的联系。

3) 对证明同一事实，证明方向相反的证据，必须弄清各自的真伪及其与火灾案件的联系。

(4) 逻辑证明法

运用形式逻辑审查与判断言词证据的方法主要有：

1) 直接证明法，即从已知证据按照推理的规则直接得出案件事实结论的证明方法。

2) 反证法，即通过确定某证据为虚假来证明与之相反的证据为真实的证明方法。

3) 排除法，即把被证明的事实同其他可能成立的全部事实放在一起，通过证明其他事实不能成立来确认或推论需要证明的事实成立的方法。

2.4.2 对证人证言的审查与判断

1) 审查证人的年龄、性别、职业和个人成分，分析验证其提供情况的可信程度。因为一个人的年龄和职业，与其认识能力和判断能力关系密切。

2）审查证人发现起火的时间和他当时的位置与行动，以判断其所供证言是否符合客观事实。如所处的具体场所，与起火建筑的距离、天气情况、光线，有无影响视线的障碍物，精神是否紧张等。

3）审查报警人的报警动机，报警前后的时间、位置和行动。

4）审查证人证言形成的主客观因素是否影响其提供证言的客观性。从主观方面，要审查证人的感受能力、记忆能力、表达能力及精神状态、心理因素等，是否对证人证言的客观真实性有影响。从客观方面，要审查证人感觉事物时的客观环境，以及记忆时间、表述的环境条件，是否影响其证言的客观真实性。

5）审查证言来源。要审查判断证人所陈述的有关情况是直接看到、听到的，还是听别人讲述的，或者是猜想推测、道听途说。对来源不清、纯属道听途说或猜测推想的，均不得作为证据使用。

6）审查提供证言的过程，是证人主动提供的，还是在反复追问下被迫提供的。

7）审查证人与责任者或嫌疑人的关系。

8）审查证人的一贯表现和证言中的具体内容情节，分析是否符合客观事物发展规律。

9）审查证人前后几次证言，以及各个证人证言之间同其他证据之间的矛盾。当然，和其他证据不一致的，也不一定是证言不准确，要合理地分析矛盾。

2.4.3 对受害人言词证据的审查与判断

1）审查受害人与火灾肇事者的关系，特别是有无利害关系。主要审查受害人诬告陷害、故意夸大事实的情况，或者受害人隐瞒火灾的真实情况，为火灾肇事者开脱罪责的情况。

2）审查受害人陈述的来源。主要审查受害人提供的情况是怎样得知的，是直接感受的，还是别人转告的，或者是推测的。如果是直接感受的，还要了解感知、记忆、表达有关情况的主客观因素对其陈述真实性的影响，如果是他人转告的，要查清来源的可靠程度。

3）审查受害人陈述的内容前后是否一致，是否合情合理。如果发现受害人陈述前后矛盾或不合情理，应有针对性地进一步询问有关情况，让其做出具体解释，或进行调查核对。

4）审查受害人陈述时的精神状态、有无思想顾虑。要查明受害人是否受到威胁、引诱或欺骗，或者考虑自身的利益而不敢或不愿意陈述真实情况。发现可疑情况，应及时做好其思想工作，解除其顾虑，进一步做好调查核实工作。

5）审查受害人的思想作风、道德品质和一贯表现。这是影响其陈述真实可靠性的一个重要因素，但应结合其陈述来源和内容及火灾案件情况，具体情况具体分析。

2.4.4 对火灾肇事嫌疑人供述和辩解的审查与判断

1）审查火灾肇事嫌疑人供述和辩解的动机。出于何种动机进行供述和辩解，对其真实性有一定的影响。查明火灾肇事嫌疑人的动机，是正确判断火灾肇事嫌疑人供述和辩解真实性的一个重要方面。

2) 审查获取火灾肇事嫌疑人供述和辩解的程序与方法是否合法。审查火灾调查人员在询问火灾肇事嫌疑人时是否严格依法进行,火灾肇事嫌疑人的权利是否得到保障,在询问过程中是否有刑讯逼供、诱供的现象。凡是用刑讯逼供等严重违法手段获得的口供,不能作为定案的证据。

3) 审查火灾肇事嫌疑人供述和辩解的内容是否合乎情理。要根据火灾案件的具体情况,从火灾发生时间、起火部位、火灾肇事嫌疑人在火灾中的行为、火灾蔓延情况等方面,分析火灾肇事嫌疑人的陈述是否符合逻辑。

4) 审查火灾肇事嫌疑人供述和辩解与其他证据有无矛盾。对火灾肇事嫌疑人供述和辩解本身进行审查,有时难以辨明真伪,如果将其与其他证据联系起来并进行比较,就能发现矛盾,鉴别真伪。

5) 审查多名火灾肇事嫌疑人的供述和辩解是否一致。若一起火灾中存在两个以上肇事嫌疑人,要认真分析彼此供述是否一致。如果完全一致,查清是否存在询问前订立攻守同盟或互相串供的情况;如果不一致,矛盾点很多,则其中必然有虚假的供述。

2.5 询问笔录

询问笔录是一种文书,它一般有两种形式:一种是火灾调查人员根据询问对象的陈述制作的;一种是询问对象亲笔书写的。询问笔录对于确定起火原因、处理责任人都有重要意义,是认定起火原因的重要证据。

2.5.1 询问笔录的概念

询问笔录是指调查人员对证人、受害者和火灾肇事嫌疑人进行询问查证活动中,依法制作的如实记载调查人员提问和询问对象(被询问人)回答内容的文字记录。

询问笔录是一种具有法律效力的文字资料,经过核实确认的询问笔录,是认证案件事实的证据之一,是认定火灾事实的重要证据材料,是公安机关或消防救援机构及其调查人员查明起火原因、判别火灾性质和确定火灾嫌疑人的重要依据,具有启示和引导作用,经过查证核实的询问笔录是最终认定起火原因的重要证据。因此,做好询问笔录,对于查明起火原因、核定火灾损失、准确判别火灾性质、查处火灾责任者和总结吸取火灾教训,都具有十分重要的意义。

2.5.2 询问笔录的制作要求

制作询问笔录必须准确、客观、合法,并符合以下几项要求:

1) 必须由两名以上调查人员进行询问。

2) 对询问对象的陈述要按本人的语气记录,尽可能逐句记录,原则上按照其本人的语气记录,不能做任何修饰、概括或更改。

3) 对于询问时的问和答,应当逐句记录,必要时可以把被询问人应答时的语气、态度、动作、面部表情也记入笔录中。

4）询问结束时必须向询问对象宣读笔录内容，或让其亲自阅读，确认无误后签名、盖章或按手印。

5）询问笔录应按顺序编号，并由被询问人逐页签名确认或按指印，被询问人拒绝签名和按指印的，应当在笔录中注明。如果还有其他翻译人员、监护人员等参加的，也应在笔录末页末尾亲笔签名确认，询问人员也要签字。

6）每个询问对象的笔录单独制作，不允许将几个证人的证言写在一个笔录中。

7）询问笔录要求填充的项目必须填写，不能留有空项。正文中，记录的内容不能有空行，空白页和空白行在签字前应由询问人员画线填满。

8）记录的字迹要清楚、语言要准确，不能出现模棱两可的语句。

9）要用碳素或蓝黑墨水笔书写，严禁使用铅笔或圆珠笔制作询问笔录，目的是防止保存中变质或涂改。

10）在记录过程中，有涂改的地方，应当由被询问人按指印予以确认。

11）询问笔录可以用计算机制作，但是涉及签名或签署意见的内容，必须用能够长期保留笔迹的书写工具签写。同时，询问笔录的用纸必须符合要求。

12）必要时，在制作询问笔录的同时可以录音、录像，以固定询问对象的陈述，增加询问查证的法律效力。录音、录像是询问笔录的辅助手段，可作为笔录的附件存档。

13）询问对象请求亲笔书写证言或者陈述的，询问人员应当予以允许。

2.5.3 询问笔录的主要内容格式

询问笔录属于叙述性文书，由首部、正文和尾部三部分组成。

1. 首部

首部包括以下内容：

1）文书的名称。即"询问笔录"标题，一般都是统一印制的。

2）询问开始和结束的具体时间。填写起止时间时应当精确到分钟。

3）询问的地点。准确写明能够表述地点的名词。

4）询问人、记录人姓名。要求写明参加询问人员的姓名和工作单位。

5）询问对象的基本情况。包括姓名、性别、年龄、民族、文化程度、工作单位及职务、户籍所在地、现住址和联系电话，对火灾肇事人或违法嫌疑人，还应当注明其身份证件种类及号码。

2. 正文

正文是询问笔录的核心部分。在具体询问时，一般采取问答式的方法，将询问人员的提问和询问对象回答的内容真实、详细地记录下来。正文主要记载以下内容：

1）询问人员应当表明身份，告知被询问人依法享有的权利和义务，如对与本案无关的问题，有拒绝回答的权利，如实回答、不得故意隐瞒或者做伪证的义务等。

2）口头传唤火灾肇事嫌疑人应当注明通知家属的情况。

3）首次询问被询问人，要询问其是否曾受过刑事处罚、行政拘留或者劳动教养、强制戒毒等情况，必要时，还要问明其家庭主要成员、工作单位和文化程度等情况。火灾肇事嫌疑人若是外国人，还应该问明其国籍、出入境证件种类及号码、签证种类、入境时间和事由等有关情况，必要时，还应该问明其在华关系人等情况。

4）就火灾事实等情况展开询问。询问应当采用一问一答的方式，客观反映问话和答话，尽量记录被询问人的原话，既要记录被询问人的陈述，也要记录其申辩内容。

3. 尾部

询问结束时，询问人员应当将询问笔录交给被询问人核对。被询问人无阅读能力的，询问人员应当向其宣读。尾部主要记载以下内容：

1）确认询问对象有无补充，如有应继续询问，如果没有则注明"没有补充了"。

2）被询问人核对无误，由其在笔录末页最后一行写明："以上笔录我看过（向我宣读过），和我说的相符"，并在这句话的下方签名或按指印，写明接受询问的日期。被询问人拒绝签名或按指印的，询问人员应当在笔录上注明。

复 习 题

1. 火灾调查询问的要求有哪些？
2. 火灾调查询问的对象及内容分别是什么？
3. 询问中不同对象的心理特点分别是什么？
4. 对言词证据进行审查与判断的方法主要有哪些？

第 2 章练习题
扫码进入小程序，完成答题即可获取答案

第 3 章 火灾现场勘验

火灾现场勘验是火灾调查工作的重要组成部分，其工作涉及多学科的理论知识及对专业技术的精确把握。本章主要从火灾现场勘验的概念、任务、原则、方法及基本要求等方面进行详细介绍，并通过对实际火灾现场勘验中现场保护、勘验程序、痕迹物证的提取、现场实验、现场勘验记录及火灾视频分析中所涉及的相关知识、技术及方法进行详细解释说明，为实际火灾现场勘验工作提供科学的理论指导。

3.1 概述

3.1.1 火灾现场勘验的概念

火灾现场勘验是指现场勘验人员依法并运用科学方法和技术手段，对与火灾有关的场所、物品、人身、尸体表面等进行勘查、验证，查找、检验、鉴别和提取物证的活动。

现场勘验工作是火灾调查工作的重要组成部分。火灾现场勘验工作中，涉及物理、化学、力学、医学等自然科学的知识及燃烧、痕迹检验方面等专业知识，是以自然科学原理作为理论依据的，需要较为精深的专业技术知识。必要时，现场勘验过程中，发现提取的物证还要聘请具有专门知识的专家进行检验，并出具鉴定意见。

通过对火灾现场的实地勘验，可以发现和提取证明火灾发生、发展过程及火灾损失的痕迹物证，为认定火灾性质、起火部位、起火原因和相关责任提供可靠的科学证据。

目前，就火灾事故调查工作分工而言，火灾现场勘验的法定主体仍是消防救援机构的火灾调查人员，涉嫌刑事案件的火灾，公安刑侦人员也要参与现场勘验，有时也需要聘请有关专家、技术服务机构协助工作。

3.1.2 火灾现场勘验的主要任务、步骤及工作内容

1. 主要任务

火灾现场勘验的主要任务是：发现、收集与火灾事实有关的证据、调查线索和其他信息，分析火灾发生及发展过程，为火灾原因认定、办理行政案件、刑事诉讼提供证据。

2. 步骤

火灾现场勘验的具体步骤：第一是对火灾发生的具体场所和与火灾有关的场所进行认

真、详细的勘查和检验，确定与火灾有关的痕迹物证，发现调查线索及相关信息；第二是对发现的痕迹物证、调查线索和相关信息采取合适的方法进行提取和固定；第三是在充分认识痕迹物证的形成过程和调查线索及相关信息的可靠性后，对火灾发生、发展的过程进行分析推理，得出相应的结论；第四是综合火灾现场勘验发现的火灾事实，结合调查询问、检验鉴定、视频分析等结果，分析认定起火部位、起火原因及灾害成因，为火灾事故处理提供相应证据。

3. 工作内容

火灾现场勘验工作内容主要包括：现场保护、实地勘验、物证提取、现场分析、现场处理、现场实验等。

3.1.3 火灾现场勘验的原则

火灾现场勘验应当遵守"先静观后动手、先照相后提取、先表面后内层、先重点后一般"的原则。

1. 先静观后动手

在勘验火灾现场时，不要急于移动现场物品，应在仔细观察的基础上，制定勘验路线、步骤和方法。这样可以避免火灾现场遭受大的破坏，有利于寻找、发现有价值的线索。

"先静观后动手"的原则要求，火灾现场勘验人员在移动和变动火灾现场任何一个痕迹或物品之前一定要认真考虑，移动和变动此痕迹或物品可能对现场造成影响破坏。因为火灾现场勘验过程一般是不可逆的，在没有弄清楚现场具体情况之前，不可贸然行事，否则可能对现场造成不可恢复的破坏，从而影响后续的勘验工作。

2. 先照相后提取

在勘验过程中，发现火灾痕迹物证，不要立即提取，应将其在现场的原始位置、状态及与周边物体的关系拍照或录像固定下来，确保提取痕迹物证的有效性。

火灾现场的痕迹物证是记录火灾发生、发展和蔓延的载体，也是证明起火原因的重要证据。要想把存在于火灾现场中的痕迹物证作为证明火灾发生、发展及起火原因的证据来使用，在现场勘验过程中，就要按照证据的要求，对其进行固定和提取。在提取痕迹物证之前，先拍照或录像，用以说明该痕迹物证的出处，避免火灾当事人产生疑问。同时，通过照相或录像的方式记录痕迹物证，为火灾现场勘验人员重新勘验现场提供资料。

3. 先表面后内层

扒掘现场、清理塌落堆积物时，一般情况下，先从表面开始清理，边清理边注意观察塌落层次，这样可以推断火灾蔓延的先后顺序。

火灾现场大部分都是多层次的立体现场，因而火灾现场勘验人员在进入现场进行勘验时，首先应该从现场的表层开始勘验和清理，逐步深入，这样既可以通过记录塌落堆积的层次，推断火灾蔓延顺序，也可以对比不同层次、不同界面的烧毁破坏情况，为准确认定起火部位、起火点提供帮助。

4. 先重点后一般

有的火灾现场面积有几千、上万平方米，要对整个现场不分轻重缓急进行全面勘验，势必增加调查工作量，影响调查工作效率。为提高火灾现场勘验的工作效率，当火灾现场面积较大时，可以通过视频分析、主动防火系统提供的信息，缩小勘验范围，在此基础上对存在电源、火源及燃烧严重部位进行勘验，以便尽快地发现相关的痕迹物证，避免浪费人力和物力。

3.1.4 火灾现场勘验的方法

对火灾现场进行勘验，应按照环境勘验、初步勘验、细项勘验和专项勘验的步骤进行，但针对不同的火灾现场，可以根据现场范围、建筑结构、过火烧毁、痕迹分布等情况，可以对四步勘验进行适当调整。

1. 按照勘验中是否触动现场物品分类

按照勘验中是否触动现场物品分类，可将现场勘验分为静态勘验和动态勘验。

（1）静态勘验

静态勘验是指勘验人员在不触动现场物品的情况下，观察现场物品由于火灾的发生、蔓延和扩大而引起的变化，观察各种痕迹的特征、所在位置及相互关系，并对其进行拍照固定和记录。

（2）动态勘验

动态勘验是指勘验人员在静态勘验的基础上，对怀疑与火灾事实有关的痕迹、物品等进行翻转、移动的全面勘验、检查，其目的是深入地分析、研究痕迹的形成原因及其对火灾事实的证明作用。

2. 根据勘验工作开展过程分类

根据勘验工作开展过程分类，可将现场勘验方法分为以下几种：

（1）离心法

离心法是由现场中心向外围进行勘验的方法。这种方法适用于火灾现场范围不大，痕迹、物证比较集中，中心部位比较明显的火灾现场，也适用于在无风条件下形成的室外均匀平面火场。

（2）向心法

向心法是由现场外围向中心进行勘验的方法。这种方法适用于现场范围不大，痕迹、物证较为分散，可燃物燃烧均匀，中心部位不突出的火灾现场。

（3）分片分段法

分片分段法是根据现场情况，将现场分片分段进行勘验的方法，适用于范围较大或者狭长的火灾现场。当现场环境较为复杂时，为了寻觅痕迹、物证，特别是微小痕迹、物证，可以分片分段进行勘验。如怀疑现场存在多个起火部位、起火点，可以从各个重点部位分头进行勘验，或逐个进行勘验。

（4）循线法

循线法是沿着行为人进出现场的路线进行勘验的方法。对于放火现场，若现场上的痕迹反映较为清楚，放火嫌疑人进出火场的路线又容易辨别出来，或经过现场访问可查清放火嫌疑人进出的路线，即可沿着放火嫌疑人进出火场的路线进行勘验。

（5）立体火场勘验

根据火灾蔓延的规律，对于连续的立体火场，应从最下层开始进行勘验；对于中间间断的立体火场，一般应从上部火场中的低层开始勘验。

以上所列勘验顺序是勘验火灾现场的整体方法，并没有涉及每个勘验步骤中的具体方法，采用何种具体勘验方法，应根据火灾现场情况而定。

3.1.5 火灾现场勘验的基本要求

1. 要及时

火灾现场破坏严重，痕迹物证容易受到有意或无意的破坏而灭失，使现场失去勘验的条件，因而火灾调查人员在接到火警和出现场的命令后，应尽快赶赴现场，待火熄灭后，在现场勘验组的统一领导下及时勘验现场。

2. 要依法守纪

勘验现场是一种执法行为，勘验程序、内容、手段等方面都应依法进行。

火灾现场勘验有严格的程序，在公安部发布的《火灾现场勘验规则》中有具体规定。如果现场勘验过程中没有严格遵守相应程序，即使获得了证明火灾事实的证据材料，也可能因为程序不合法，而使证据材料失去证明力。

3. 要耐心细致

火灾现场勘验工作难度大，工作环境恶劣，火灾调查人员在勘验中要扎实认真工作，细致入微观察，冷静缜密思考，不放过任何可疑点。

火灾现场经历过高温火烧，可能受到灭火救援破坏。调查人员勘验火灾现场时，往往面对的是一个变动的火灾现场。火灾现场存在的物品，经过燃烧后可能变得与原始物品完全不同，加上消防射水、破拆救援、建筑倒塌等破坏，进一步加大了现场变动。因此，在现场勘验过程中，一定要耐心细致，不放过任何可疑的物品和痕迹，并力求将现场中的痕迹、物品与燃烧前的原始状态、形貌联系起来。

4. 要实事求是

火灾调查人员在勘验现场过程中要做到实事求是、客观公正，维护公平正义，尊重客观事实，对于痕迹物证的分析认定，要按照科学规律办事，切忌主观臆断。

火灾现场是客观存在的，但现场勘验人员具有主观性。勘验现场过程中，勘验人员要克服主观臆断、推测，切忌先入为主，按照火灾现场本来的面貌记录和反映现场情况，做到实事求是。

5. 要做好现场记录

勘验现场的同时，要做好记录。记录现场的方法有绘图、笔录、照相和录像等。记录现场要全面、客观、形象，从现场记录上能够真实地再现火灾现场的原貌。

现场勘验过程的开始阶段，勘验人员以观察现场为主，但随着勘验进程的深入，要对现场物品移动、检验、扒掘,要把勘验过程中相关物品的原始状况、变动情况全面客观地记录下来。原则上,勘验人员应客观、详实地记录勘验过程,做到多种记录方式的相互印证。

3.1.6 现场勘验职责

消防救援机构接到火灾报警后,应当立即派员赶赴现场,及时开展现场勘验活动,必要时第一时间通知共同开展调查、侦查工作的机构人员。勘验现场由现场勘验负责人统一指挥,勘验人员分工合作,落实责任,密切配合。火灾现场勘验负责人应当具有一定的火灾调查经验和组织协调能力,由负责管辖的消防救援机构或当地政府负责人在现场勘验开始前指定。

1. 火灾现场勘验负责人应当履行的职责

1)组织、指挥、协调现场勘验工作。
2)确定现场保护范围。
3)确定勘验、询问人员分工。
4)决定现场勘验方法和步骤。
5)决定提取火灾物证及检材。
6)审核、确定现场勘验见证人。
7)组织进行现场分析,提出现场勘验、现场询问重点。
8)审核现场勘验记录、现场询问、现场实验等材料。
9)决定对现场的处理。

2. 火灾现场勘验人员应当履行的职责

1)按照分工进行现场勘验。
2)进行现场照相、录像,绘制现场图,制作现场勘验笔录。
3)提取火灾物证及检材。
4)向现场勘验负责人提出现场勘验工作建议。
5)参与现场分析。

军事设施、矿井地下部分、核电厂的主管单位保卫部门勘验火灾现场时,需要消防救援机构予以协助的,应出具邀请函。

3.1.7 火灾现场勘验的要求

1)火灾现场勘验按照火灾调查管辖范围,主要由县级以上消防救援机构组织实施,必要时公安机关刑侦部门参加勘验。

火灾现场勘验也可以指派或者聘请火灾调查专家和其他具有专门知识的人员予以协助。根据需要,上级消防救援机构可对下级火灾现场勘验工作提供技术支持。

2)消防救援机构从事火灾现场勘验的人员应当具备从事消防监督岗位资格,持证上岗。

3)火灾现场勘验工作应当严格依照有关法律、法规和相关规定进行,做到及时、全面、客观、公正、合法、缜密,不受任何干扰,不损害他人的合法权益。

中国共产党人精神谱系之'三牛'精神

火灾现场勘验是火灾调查工作的关键一环,面对工作需要,要争当为民服务、无私奉献的孺子牛;面对新发展阶段的新挑战新任务,要争当创新发展、攻坚克难的拓荒牛;面对工作困难,要争当艰苦奋斗、吃苦耐劳的老黄牛。发扬三牛精神,将工作落实到位,请扫码观看"精神的追寻——中国共产党人精神谱系之'三牛'精神"。

3.2 火灾现场保护

火灾现场保留着证明起火部位、起火时间、起火原因等的痕迹物证,如不及时保护好火灾现场,现场的真实状态可能受到人为或自然原因的破坏,不但增加了火灾调查的难度,甚至可能永远无法查清起火原因。

消防救援机构接到火灾报警后,应当立即派员赶赴火灾现场,做好现场保护工作,确定火灾调查管辖后,由负责火灾调查管辖的消防救援机构组织实施现场保护。保护人员要有高度的责任心,坚守岗位,尽职尽责,保护好现场的痕迹物证,自始至终地保护好火灾现场。

3.2.1 基本要求

火灾现场是现场勘验的物质基础,是发现和提取火灾痕迹物证的场所。现场保护工作必须严密组织。勘验工作开始前,应该保持火灾现场为燃烧终止时的状态,以便为发现引火物和发火物或其残留物、燃烧蔓延痕迹、放火犯罪痕迹,以及分析起火原因、收集物证提供有利条件。因此,对现场保护工作提出以下要求:

1)火灾发生后,应根据火灾情况,成立由政府、公安、应急、消防等部门领导牵头的火灾事故调查组,领导和协调火灾现场保护及整个火灾调查工作。现场保护人员必须在事故调查组的领导下开展工作,一切行动听指挥。在火灾事故调查组成立之前,火灾现场的保护工作应该由现场组织灭火的最高指挥员负责。

2)消防救援机构在接到火灾报警后,应该及时派出火灾调查人员到达现场。火灾调查人员应该根据现场情况,确定现场保护范围,采取有效保护现场的措施,并组织辖区派出所、起火单位保卫人员、受灾户或参加救火的人员,参与现场保护工作。

3)现场保护人员应服从指挥,遵守纪律,不得随意进出现场,不准触摸、移动、拿取现场物品;必须阻止旁观者及无关人员进入现场和划定的警戒区域。

4)现场指挥员在指挥灭火、抢救人员和财产时,必须尽可能地保护现场或使现场的破坏降到最低程度,消防救援指挥员应随时记录火灾现场变化,记录采取的战术措施情况,以便总结灭火经验,并为火灾调查人员提供分析现场情况的依据。

5)基层消防管理单位、辖区派出所在接到火灾报警后,应尽快赶到现场,在组织群众灭火、抢救财产和人员的同时,布置好现场保护工作,避免人员随意出入火场。上级消防救援机构火灾调查人员到场后，应该向其汇报现场情况，共同做好现场保护工作。

6）起火单位和受灾户有义务保护火灾现场，并如实提供火灾情况，接受消防救援机构、公安机关的调查。

7）决定封闭火灾现场或解除封闭时，应当分别制作封闭火灾现场通知书、解除封闭火灾现场通知书，送达当事人，抄送现场保护人。必要时，可以公告送达。

3.2.2 保护范围

一般情况下，火灾现场的保护范围应该包括燃烧的全部场所及与火灾有关的一切地点。

在实际工作中，火灾调查人员应该根据起火特征、燃烧特点等火灾具体情况，合理确定火灾现场保护范围。保护范围过大，将对交通、生产和生活造成影响，也会给火灾现场勘验工作增加不必要的负担；保护范围太小，一些重要的痕迹物证可能在保护范围之外，受到不应有的破坏，同样会给火灾调查工作造成不利影响。

当起火部位、起火点非常明确时，在不影响认定火灾原因和火灾责任的情况下，保护范围应该缩小到最小限度。对于非保护区，则应尽快清理现场，以恢复正常的生产生活秩序。

在下列情况时，根据需要应该适当扩大保护范围：

1）起火点位置未确定。有以下情形之一时，应该认真听取各种意见，划定包括所有可能起火点的范围为保护区：起火部位不明显；对起火位置看法有分歧；初步认定的起火点与现场痕迹不一致；大面积坍塌等火灾现场。

2）电气故障引起的火灾。有时电气故障引起的火灾，起火点和故障点并不一致，甚至相隔很远，则保护范围应扩大到发生故障的场所。当怀疑起火原因为电气设备故障时，凡属于火场用电设备有关的线路、设备，如进户线、总配电盘、开关、灯座、电动机及其他用电设备和它们通过或安装的场所，都应列入保护范围。

3）爆炸火灾现场。爆炸火灾现场的保护范围应该包括爆炸中心及其爆炸抛射物落地点、存有爆炸冲击波破坏痕迹的地点，对于抛射物本身及其破坏痕迹应妥善保护，不得移动位置和随意破坏。在划定爆炸火灾现场的保护区时，与一般火灾划定保护区方法不同的是，并不是将爆炸（起）点到抛射物落地点或破坏痕迹之间的所有空间范围全部保护起来，只是将爆炸中心和现场上有破坏痕迹和抛射物的地方个别保护起来，用以分析爆炸物种类、数量和爆炸原因及起火原因。

3.2.3 保护时间

现场保护时间从发现火灾时起，到火灾调查工作结束止。火灾发生后，消防救援机构调查人员应该向负责火灾现场保护的单位或个人下达现场保护的书面通知，张贴封闭火灾现场公告。通知书上应明确规定火灾现场保护范围、保护时间和保护人员的职责。火灾调查工作结束后，应该下达解除现场保护的书面通知。对于道路、机动车火灾，消防救援机构应该尽快派出火灾调查人员，在现场拍照、提取物证等勘验工作结束后，尽快移走车辆等起火物，恢复现场交通秩序。

为了尽量减少火灾造成的间接损失，尽快恢复灾后正常的生产和生活秩序，在能够查明火灾原因及责任的情况下，应尽早解除火灾现场的保护。

火灾现场保护时间由负责火灾调查工作的领导根据火灾调查工作的具体情况确定。

3.2.4 保护方法

1. 灭火中的现场保护

消防救援指挥员在进行火情侦察时，应该注意发现起火部位和起火点。在灭火时，特别是消灭残火时，在这些部位尽可能使用开花水流，不要轻易破坏或变动这些部位物品的位置，应尽量保持燃烧后物品的自然状态。在拆除某些构件和清理火灾现场时，应该注意保护好起火部位物品的原状，对于有可能为起火点的部位，更要特别小心，尽可能做到不拆散已烧毁的结构、构件、设备和其他残留物。在翻动、移动重要物品及经确认已经死亡的人员尸体之前，应当采用编号并拍照或录像等方式先行固定。

2. 勘验前的现场保护

根据不同火灾现场情况，可采取如下现场保护方法：

（1）露天火灾现场

应首先在发生火灾的地点和留有与火灾有关的痕迹物证的一切处所的周围划定保护范围。起初应当把范围划大一些，待勘验人员到达后，可根据具体情况缩小。如果现场的范围不大，可绕以绳索划分警戒圈，对现场重要部位的出入口应设置屏障遮挡或布置看守。

（2）室内火灾现场

主要应在室外门窗下布置专人看守，或重点部位加以看守加封，必要时对现场的室外和院落也应划出一定的禁入范围，并对当事人做好安抚工作，劝其不要急于清理。

（3）大型火灾现场

可利用原有的围墙、栅栏等进行封锁隔离，待勘验时再酌情缩小现场保护范围。

3. 勘验中的现场保护

有的火灾现场需要多次勘验，因此在勘验过程中，不应有违反勘验纪律的行为。即使是烧剩下的一些构件或物体妨碍工作时，也不应该随意清理。在清理之前，必须从不同侧面拍照，以照片的形式保存和保护现场的原始状态。

4. 现场痕迹物证的保护方法

火灾痕迹物证不仅是认定火灾原因的依据，也是火灾诉讼案件的证据。因此，保护火灾痕迹物证是现场保护的重点。在现场保护中，对于已经发现的痕迹物证，要根据痕迹物证不同的特性，分别采取有针对性的现场保护方法，确保痕迹物证免遭破坏。

1）易消失和损毁的痕迹物证。汽油、煤油、酒精等一些易挥发的可燃液体，在光照风吹条件下很容易渗透、挥发，在火灾扑灭后，应尽快提取并密封；有些燃烧痕迹往往遗留在烧损严重的建筑物墙体等残垣断壁上，很容易倒塌损毁，对此类痕迹也应及早拍照固定。

2）为了防止留有痕迹物证的地面被践踏及自然因素的破坏，应该在发现痕迹物证的部位周围做出明显标记，如用白灰画线圈起来，室外现场应用塑料布等物体遮盖起来。

5. 现场尸体的保护方法

对于火灾、爆炸现场的尸体，如现场尚有火势蔓延危险或现场存在爆炸危险，尸体有遭到破坏的可能时，应及时设法将尸体移出现场。移出尸体时，应注意不要给尸体造成新的损伤或使尸体上原有的附着物脱落或黏附上新的其他物质，并记录尸体的原始位置和姿态。如果现场尸体较多时，可以用布条缠绕在尸体上并编上号，逐一记下尸体的原始位置。如果火灾已经扑灭，危险已经排除，则不必移动尸体，可等待法医到场后进行处理。

3.2.5 保护中的应急措施

现场保护人员不仅要对现场进行警戒，封闭现场，保护好现场和痕迹物证，还要时刻保持清醒的头脑，注意观察现场和人员，掌握现场动态，随时发现和处理好现场出现的一些紧急情况。

1）发现现场有人员伤亡时，除证实已经死亡的，必须留在现场不得搬动外，应对伤者全力组织抢救。

2）火灾扑灭后，如出现死灰复燃的情况，应采取有效的扑救措施，并根据情况报警。

3）对趁火打劫人员、放火嫌疑人、企图打探消息的可疑人员、反复窥视现场人员等，现场保护人员应格外提高警惕，留意观察，必要时可向公安机关报案。

4）现场发现易燃、易爆、有毒、腐蚀性、放射性等化学危险品时，应对危险区进行隔离，紧急疏散群众，严禁任何人进入现场，并采取果断的处理措施，如关闭泄漏的阀门、移开危险源等。处置有毒、腐蚀性和放射性危险品时，进入现场实施抢救的人员必须穿着防护衣，戴好防毒面具，并使用专用工具进行处理。所有现场人员应该处于有毒有害气体的上风方向，以防止中毒事件的发生。有毒液体发生泄漏、流淌时，应进行化学中和与填埋处理。

5）现场有带电的导线落地时，应立即切断电源，防止人员触电。

6）烧毁的建筑物有倒塌危险时，应对其进行加固处理。如不能固定时，可仔细观察并记录下倒塌前的烧毁情况、构件相互位置及可能与火灾原因有关的重要情况，最好在其倒塌前进行拍照记录。

采取以上措施时，应尽量使现场少受破坏，若需要变动时，事前应详细记录现场原貌。

3.2.6 现场勘验后的处理

现场勘验工作结束后，根据勘验收集的物证和调查访问所获得的信息进行分析判断，如果认定火灾原因的证据足够充分，现场没有必要保留时，可下达解除现场保护的通知并通知当事人清理现场；如果仍有很多疑点需进一步查清，或者需进一步收集痕迹物证，则必须做好继续保护现场的工作。

3.3 火灾现场勘验程序

火灾调查人员平时应做好现场勘验的准备工作，到达现场勘验之前，应当查明可能危害自身安全的险情，并及时予以排除。之后则按照环境勘验、初步勘验、细项勘验和专项勘验的步骤进行勘验,也可以由火灾现场勘验负责人根据现场实际情况确定勘验步骤。

3.3.1 现场勘验准备工作

火灾调查人员在勘验火灾现场前,要做好各项准备工作。准备工作中既包括平时文化知识的储备,还要有专业知识的储备、工作经验的积累和必要的器材保障。

1. 平时的准备工作

(1) 做好知识储备

火灾现场勘验工作涉及知识面广、学科跨度大,需要了解和掌握的知识很多。火灾现场勘验既需要火灾科学方面的专业知识,也需要物理、化学、力学、数学、建筑、医学等自然科学知识;既需要书本知识,也需要社会生活常识,还需要一定的工作经验。因而火灾调查人员平时要多学习科学、文化知识,做好知识的储备。

(2) 培养观察和思考的能力

一个优秀的火灾调查人员,应该是一个善于观察和思考的人。现场勘验能否收到预期的效果,很大程度上取决于火灾调查人员的经验和观察、分析问题的能力。同样的事物,在不同人的脑海里会留下不同的印象,其根本原因在于不同的人观察、思考问题的方法及对事物的关注度不同。火灾调查人员在工作中,要有意识地培养自己对事物的关注程度,细心观察,认真思考,不断提高分析和判断能力。

(3) 熟悉勘验器材

随着科技的发展,现代化的勘验器材越来越多,火灾调查人员必须熟练掌握各种勘验器材的用途,学会正确的操作方法和使用技巧。平时,还要注意维护好各种勘验器材,随时做好出现场的准备。

2. 临场的准备工作

火灾调查人员在到达现场后,应在统一指挥下,抓紧做好现场实地勘验的准备工作。

(1) 观察现场

火灾调查人员到达现场后,有时火灾尚未扑灭,这时应观察燃烧的状况,并记录起火燃烧的部位、冒出烟火的部位、燃烧面积和蔓延情况。此后,记录下各个阶段燃烧变化情况,建筑物门、窗、电源和气源等的开闭状况及灭火救援情况。有条件的话,还应选择一个便于观察整个现场的位置,观察并记录正在着火的部位、火焰颜色、火焰高度、烟的气味及颜色、建筑物及物品的倒塌情况。

(2) 了解情况

火灾调查人员要向火灾的发现人、报警人、现场保护人或周围群众等了解火灾的基本情况及火灾现场内部情况。火灾基本情况是指火灾发生发展的简要过程及扑救情况,例如,发现起火过程、报警过程、起火部位、火灾初期状况、火灾扑救情况、抢救人员及物资财产情况、火灾后现场人员的进出情况等。现场内部情况是指起火建筑物的布局、用途、现场内有无化学危险品,有无带电线路,现场内设备、管道、物品的位置,电源、火源、热源的位置及使用状况等。随着单位和个人安装的监控设施越来越多,火灾调查人员到达现场后还应向起火单位或周围群众了解火场内部或外围是否有摄像设备和监控设备。

（3）成立现场勘验组

根据火灾现场的具体情况，现场负责人可决定是否聘请专家协助，决定现场勘验组的组成人员及任务分工。现场勘验组人员除消防救援机构的火灾调查人员外，根据现场情况，还可以包括刑事技术、检察、安全监察、保险等部门的相关人员。

（4）邀请现场见证人

为了确保现场勘验的客观性、合法性，使勘验笔录和提取物证有充足的证据效力，现场勘验前，应该邀请两名与案件无关、为人公正的公民作现场勘验的见证人。见证人应自始至终参加现场的勘验，见证整个勘验过程，并在勘验笔录、提取物证清单上签字，必要时，能够出庭做证。勘验前，火灾调查人员应当向见证人讲清楚见证人的职责和现场勘验纪律，不能随意触摸现场上的痕迹、物品，不得随意向外泄露现场勘验情况。鉴于现场见证人在诉讼中的特殊地位，为保证诉讼证据的客观性和真实性，火灾案件的当事人及亲属、公检法机关的工作人员，不适合作为现场勘验的见证人。

（5）准备现场勘验器材和装备

勘验现场时常用的器材有勘验箱、照相器材、绘图器材、清理工具、提取物证的仪器和工具等。对于大面积坍塌现场，有时还需要大型起重机和铲车。对于存在有毒、腐蚀、放射性等危险品的现场，在事先排除险情后，还应配备个人防护装备。除了常规勘验器材外，火灾调查人员还可能用到以下专用现场勘验器材：

1）无人机。常用的是装配有高清摄像机的普通民用无人机，主要用于拍摄现场的全景照片，查看现场勘验人员无法抵达的部位。

2）红外热像仪。常用的是便携式的红外热像仪，主要是用于查看火灾现场中温度异常部位，在现场实验中用于检测温度实时变化。

3）X摄像透视仪。X摄像透视仪也称为工业CT探伤仪，主要用于医学检查、工业探伤和安全检验等方面，现场勘验中主要是在不损坏物证完整性的基础上，检验熔化塑料残骸中金属物质特征。

4）内窥镜。火灾现场勘验过程中，火灾调查人员常用的是工业内窥镜，主要用于查看人无法查看的细小孔洞内的细节特征。

（6）排除险情

现场勘验前，应该确认现场是否存在威胁勘验人员人身安全的情况。若存在以下险情，应事先排除，否则不能贸然进入现场。

1）建筑物可能倒塌、高处坠物的部位。

2）电气设备、金属物体是否带电。

3）有无可燃、有毒、腐蚀性等气体、液体泄漏，是否存在放射性物质和传染性疾病、生化性危害等。

4）现场周围是否存在运行时可能引发建筑物倒塌的机器设备。

5）其他可能危及勘验人员人身安全的情况。

（7）确定勘验步骤

现场实地勘验前，现场勘验指挥员应该根据火灾现场特点和实际情况，确定进入现场的路线、勘验的步骤和方法。一般情况下，需按照环境勘验、初步勘验、细项勘验、专项勘验的步骤进行，也可以由火灾现场勘验负责人根据现场实际情况确定勘验步骤。

3.3.2 环境勘验

1. 环境勘验的概念

环境勘验是指现场勘验人员在火灾现场的外围进行巡视，观察和记录火灾现场外围和周边环境情况的一种勘验活动。

环境勘验过程中，现场勘验人员主要是观察和记录，一般不触动现场的物品，勘验人员可以通过绘图、文字记录、照相或录像的方式记录现场及其周边环境。通过环境勘验，可以使勘验人员对火灾现场及周边环境情况有一个总体的把握。

2. 环境勘验的目的

1）确认火灾现场与周边事物的联系。查看火灾现场周围环境，明确其他建筑物与火灾现场的关系。

2）判定有无外来引火源的可能性。通过环境勘验，判断火灾有无外来火源、电气故障引燃的可能性；判断有无可能是外部人为因素引发火灾，有无其他可疑的痕迹；观察周围是否存在反映火灾事实的视频监控。

3）确定起火范围大小，划定勘验区域，确定勘验方法。通过环境勘验，确定火灾现场范围及火灾现场外部燃烧的特点，从整体上判断火灾现场各部位燃烧的轻重情况、火灾蔓延的大致方向，为下一步的勘验划定区域，确定勘验方法。

4）验证、核实关于现场有关情况言词证据的可靠性。火灾调查人员在开始勘验之前总会了解到一些关于火灾发生发展情况的证言，通过环境勘验，可以初步验证和核实这些证言的可靠性。

3. 环境勘验的要求

1）环境勘验不是对现场进行简单的巡视，而是一种勘验活动，是对现场周边情况一边查看、一边思考、一边分析的勘验活动，只看不思考、不分析的环境勘验是没有意义的。

2）环境勘验是对火灾现场周边的物证进行收集的过程。对已发现的物证，应及时进行收集、保全，而不应该等到环境勘验结束再回来提取证据，应第一时间收集、提取和固定反映火灾事实的视频资料，以备对其进行专门的火灾视频分析。

3）除非有必要，环境勘验一般不能破坏火灾现场现存的状态或改变物体的位置。

4）勘验中应该注意从外围观察火灾现场是否存在可能危及勘验人员安全的各种险情，如观察现场电气线路是否还带电，是否有倒塌危险，是否存在化学危险品等。

4. 环境勘验的内容

环境勘验包括对火灾现场周围环境的观察，同时还包括从火场周围向火场内部的观察。这两方面观察的具体内容如下：

（1）对火灾现场外部及周围环境的观察

1）火灾现场墙外及周围道路有无可疑人出入现场的痕迹，包括脚印、车辙、攀登痕迹、引火物残体和痕迹等，以判断有无放火的可能。

2）火灾现场周围烟囱的高度，与火灾现场的距离，锅炉燃料及燃烧情况；火灾现场周围是否有灰坑、灰堆等。结合起火时的风力风向判断有无飞火引起火灾的可能性。

3）进入火灾现场的电气线路、通信线路、视频监控等，结合火灾现场中的供电情况，判断是否有短路、漏电等引起火灾的可能性，判断视频监控系统所在的大致区域。

4）起火建筑物周围或直接通入现场的可燃气体和易燃液体管道及阀门等情况，以判断有无泄漏的可能。

5）若怀疑雷击火灾，应观察火场地形特征，分析有无雷击的可能性并注意查找雷击痕迹。

6）火场周围的临时建筑、可燃物堆垛等与现场的关系，判断是否由这些部位起火蔓延至中心现场。

7）现场周围视频监控，如场所监控、治安监控、交警监控、环保监控等，有的监控视频可能距离中心现场数公里远，也有的在周围建筑物内部，需要火灾调查人员认真仔细查找。

（2）从火场周围向火场内部的观察

1）建筑物的结构特点：是单层建筑、多层建筑，还是高层建筑；是钢筋混凝土结构、砖木结构，还是其他简易的临时建筑物、构筑物。

2）火灾现场的燃烧范围，燃烧终止部位，借以确定火灾的燃烧范围、火灾现场面积。

3）现场的破坏程度、破坏规律，哪一部分破坏最严重。

4）建筑的整体倒塌形式和方向。观察建筑物墙壁、楼板、屋顶等物件，倒塌的部位和方向等。

5）火场外表面的烟熏痕迹。如建筑物的门窗上方的烟熏痕迹，从烟熏痕迹的浓淡变化判断火灾蔓延方向等。

6）火场外表面低熔点固体熔化、滴落痕迹，如外墙上的沥青流淌痕迹等，可从中发现火灾的蔓延痕迹。

7）火灾现场的通道、开口部位变化情况。如建筑物的门窗、阳台铁围栏有无撬压变形等可疑痕迹；破碎玻璃散落方向，抛出物的分布等。

5. 环境勘验的具体方法

环境勘验时，在火灾现场周围进行巡视，从不同方向、不同的高度查看现场，必要时可以使用无人机进行整体观察。观察的顺序一般是先向外后向内，先看上后看下，先地面后地下。若发现可疑痕迹、物证，例如火场外部遗留的火种、攀登工具、容器等，应及时记录拍照并可以提取实物。火灾调查人员还要投入精力查找周围视频监控，监控中只要能够反映出细微的光影变化，都要第一时间收集、提取和固定。

环境勘验一般是在火灾现场周边进行巡视察看，但如果现场处于交通要道或繁华场所，应当从最容易受到破坏和有碍交通的地点开始勘验,这样勘验结束后可尽快恢复交通。

3.3.3 初步勘验

1. 初步勘验的目的和要求

初步勘验又称静态勘验,是现场勘验人员在不触动现场物体和不变动现场物体原来位置的情况下所进行的一种勘验活动。

(1)初步勘验的目的

1)查清火灾现场的全貌,核定环境勘验的初步结论。主要是查清现场的建筑结构、内部平面布局、物品设备的位置及它们被火烧毁、烧损的情况,印证在环境勘验中观察到的初步结论。

2)查清现场内部火源、热源、电源、气源、可燃物品和设备摆放的位置及使用状态等情况,重点查看室内所有视频监控的位置及拍摄角度,找到视频监控存储介质。

3)查清火势蔓延路线,确定起火部位。

4)初步验证当事人或证人提供的有关起火部位、起火物和引火源的情况。

(2)初步勘验的要求

1)检查现场每一个物体时应将其作为整体的一部分,从其用途、位置、状态、变化特征、有什么证明作用等方面去研究,要将其固定、保护和记录。

2)不能对所研究的物体或痕迹物证的位置进行改变或拆卸或破坏,应保持其原始状态,这样才便于分析、比较其在火灾前的位置、状态与火灾后现状的关系。

3)通过对现场物体和痕迹物证的研究,初步勘验结束后,应该对现场整体环境做出正确判断。

2. 初步勘验的内容

通过观察判断火势蔓延路线,确定起火部位和下一步的勘验重点。主要内容包括:

1)勘验现场有无放火痕迹物证,如门和窗被破坏的痕迹、物品被偷窃和不正常翻动的证据及可疑的引火源、引火物的物证等。

2)查清现场建筑内部门窗、过道、通风口和竖向管道情况。

3)查清现场整体和各部位被火烧毁、烧损的情况。包括哪些部位被火完全烧毁、哪些部位被火烧损及哪些部位只被烟熏等,确定现场各部位燃烧的轻重程度。

4)从整体上查清现场不同方向、不同高度、不同位置的烧损程度。

5)比较物品燃烧情况。不同部位各种物质的烧毁、烧损情况;同一物体不同方向的烧毁、烧损情况;同类物体在不同部位的烧毁、烧损情况。

6)重要物体倒塌的类型、方向及特征。

7)各种火源、热源的位置和状态。查明火灾现场的火源、热源的位置和使用情况,这有助于查明起火原因。

8)金属物体的变色、变形、熔化情况及非金属不燃烧物体的炸裂、脱落、变色、熔融等情况。

9)电气控制装置、线路位置及被烧状态。

10)现场中视频监控的位置、拍摄角度及完好程度。

11)其他需要勘验的内容。

大部分火灾现场,通过以上内容的观察能够判断火势蔓延的路线,并确定起火部位和下步勘验的重点。

3. 初步勘验的具体方法

1)在火灾现场内部找一个可以观察到整个火灾现场的制高点,火灾现场勘验人员在这个高点处对火灾现场从上到下、从远到近地反复观察,观察整个火灾现场的状况。

2)选择一条不会破坏和不需要移动现场物品的通道,火灾现场勘验人员从这条通道可以巡视整个火灾现场。勘验人员在巡视现场的过程中,对现场整体建筑结构、燃烧情况、存放的物品、电源、火源和生产工艺流程等,进行任何不加触动的观察,对发现的各种痕迹物证进行分析、研究和保全。

3)观察火灾蔓延终止部位周围的情况。因为火灾不都是由一点向四周蔓延的,例如一侧有砖墙,火势可能向一个方向蔓延,这时如果只注意周围严重的烧毁情况,忽视了停止部位附近的具体情况,就可能把起火点的位置搞错,漏掉真正的起火点,所以要观察火灾终止线的具体情况,分析判断为何在此终止。

4)观察整体蔓延情况。当一个建筑群中有几栋建筑物被烧,或者一栋建筑物的几层被烧,这时要仔细观察研究每栋、每层、每个房间起火蔓延的途径。栋与栋之间的火灾传播,一般在下风方向飞火蔓延,如果离得近,也可能由热辐射和热气对流综合作用引燃。因飞火引燃的建筑物也在引火物建筑下风向,引火点位置一般比起火建筑物低。层与层之间一般通过楼梯、送风管道及其他竖向孔洞蔓延,有时也通过窗口向上蔓延。如果楼层未烧毁,不会由上到下蔓延。同层各房间一般通过门、走廊蔓延,平房多通过闷顶蔓延。现场勘验时,根据火灾现场特点,寻找蔓延的痕迹,分析哪一层、哪一间先着火,进而再查找起火点。

5)从火灾现场内部观察火灾现场外围情况,分析有无外来火源的可能,观察内容与环境勘验内容一样,但观察角度不同。

6)根据现场访问提供的线索,对可能的起火点、发火物及危险物品存放的位置进行验证性勘验。

7)初步勘验以后,在不破坏现场的条件下,应该找出一条现场的路线,让参加现场询问的人员进入现场观察火场原始状态,为询问工作启发思路,使询问工作与勘验结合起来。有必要的话,可以让相关证人进入现场指证。

4. 初步勘验应注意的问题

1)勘验人员在每一个观察点要搞清楚自己观察的位置和方向。

2)要从各个方向观察现场物体被烧毁的状态。

3)现场存在的物体都要毫不例外地慎重对待,不可轻易抛弃。

4)对烧毁的建筑物及其内部物体要结合原来的状况进行考查研究。要索取火灾现场建筑物或设备安装的平面图及其他有关资料，以便对照分析。灭火中或灭火后被人移动过的物体，可按起火前的方位复原，按照起火前的本来面目和火灾中被烧的状态考查。

5）在初步勘验阶段，一般不要动手拆卸被烧的物体，不要剥离和翻动堆积物，只要起火部位没确定，一般不得挖掘现场。

6）注意发现特点。物体烧毁的状态一般是与火灾发展蔓延的规律分不开的，因此要认真细致观察每一个物体烧毁状态，认真发现其烧毁特点，分析其成因，参照其他调查资料综合比较，以取得比较可靠的结果。

3.3.4 细项勘验

1. 细项勘验的概念

细项勘验是指对初步勘验中确定的重要部位、重要痕迹物品进行扒掘、检验等。勘验时，对初步勘验过程中所发现的痕迹、物证，在不破坏的原则下，可以逐个仔细翻转、移动，进行勘验和收集。详细观察和研究火灾现场有关物体的表面颜色、烟痕、裂纹、燃烧余烬，测量、记录有关物体的位置，木材炭化程度，地面上的余温等，同时还可以运用现场勘验的各种仪器、技术手段发现和收集痕迹、物证。

2. 细项勘验的目的

1）核实初步勘验的结果，确定起火部位、起火点。

2）解决初步勘验中的疑点问题。对于初步勘验中发现的可疑状况进行认真勘查、检验，明确其产生原因、对火灾及事实的证明作用。

3）在起火部位处收集、保全证明起火物、引火源和起火原因的物证。

4）验证证人证言或当事人陈述中有关起火点、引火源和起火经过的火灾实事，以及询问中获得的有关起火物、起火点的情况。

5）确定专项勘验对象。

3. 细项勘验的要求

（1）准确确定扒掘的范围

扒掘的范围应根据引火物、最初燃烧物质及放火的痕迹所在的位置及其分布情况而定。这些痕迹一般应集中在起火部位、起火点的位置及其附近。扒掘时应以起火部位及其周围的环境为工作范围，这个范围不宜太大，以免浪费时间，分散精力，也不宜太窄，以免遗漏痕迹。

（2）明确扒掘目标，确定寻找对象

如果事先没有明确寻找目标，则极易迷失方向，影响勘验的速度。挖掘寻找的目标，通常是起火点、引火物、发火物、起火痕迹及与起火原因有关的其他物品、痕迹。对不同的火场，应该有不同的重点和目标，这些重点和目标不应主观臆断，要根据调查访问及初步勘验所得的经过分析和验证的材料确定。

（3）耐心细致，明察秋毫

扒掘过程，特别是在接近起火部位时，必须做到"三细"，即细扒、细看、细闻。应该使用双手或用钢丝制成的小扒子细细扒掘,绝对禁止在扒掘起火部位时使用锹、镐等较大的工具。在扒掘中发现堆层中有较大的物体或长形物件时,不能搬、撬或者拉出,防止搅乱了层次,应将它们保留,并且不要使它们自然跌落或翻倒,将这些物件表面上面和周围的堆积物清除,细心观察、检验得出结论后再将其搬出,继续扒掘。发现可疑的物质必须细心观察、嗅闻,辨别其种类、用途及特征。在清除发现物体的尘埃时,不要用手剥,应用毛刷或吹气轻轻除去;发现某些不能辨认的可疑物质,应迅速去检验。

(4) 注意物品与痕迹的原始位置和方向

起火点是根据物品与烧毁程度及痕迹特点确定的,如果物品移动了位置或变动了方向而未加查明,则会由此做出错误的判断。辨别物品是否改变了方向的方法一般是:询问事主、了解情况的人;根据物品原始的印痕加以辨认;有无被移动的痕迹;其所处位置是否正常。

(5) 发现物证不要急于采集

发现有关的痕迹和物证,做记录和拍照后,应使其保留在所发现的具体位置上,保持原来的方向、倾斜度等。总之,使之保留原来的状态,对它周围的"小环境"也要保护好,以待分析现场用,切不能随意处理。对于一个具体痕迹、物证,只有充分搞清了它的形成过程、各种特征及证明作用后,才能按一般提取物证的方法进行采集。关于起火点和起火原因的证据,必须在实地勘验工作结束前才能提取。提取物证时,应当填写提取物证清单,并由见证人签字。提取的实物证据要妥善保存,某些实物在使用完毕后应如数交还物主。

4. 细项勘验的内容

(1) 可燃物烧毁、烧损的状态

主要根据可燃物的位置、形态、燃烧性能、数量、燃烧痕迹,分析其受热或燃烧的方向。根据燃烧炭化程度或烧损程度,分析其燃烧蔓延的过程,进一步缩小起火部位区域,推断起火点。

(2) 起火部位建筑物和物品塌落的层次和方向

建筑物及室内的物体在火灾中会发生倾倒、塌落现象。例如,木结构屋架经过燃烧失去了强度就会倒塌;钢结构屋架也同样抵挡不了高温的破坏;存放物品的地板、货架、桌椅、柜橱经过燃烧,不仅本身会塌落或倾倒,放在上面的物品也会掉落。被烧木结构屋架和物体的塌落或倾倒是按照燃烧的顺序、程度形成层次和方向的,由此勘验人员可以分析首先燃烧的部位。

(3) 起火点处不燃物的破坏情况

火灾现场混凝土受热变色、开裂、剥落情况可反映其受热温度,电气线路及用电设备的熔痕有可能直接反映出起火原因和火势蔓延路线,有的金属、玻璃、塑料等物质因受热变形、熔化或同其他物质粘连在一起,这对分析火灾的发展过程有很强的证明作用。

(4) 建筑物结构和构件的耐火性能及其燃烧过程

火灾发展蔓延的速度与建筑结构和起火点周围构件的耐火性能有关,从起火到燃烧终止的全部燃烧过程,直接受到建筑结构和构件耐火性能的影响,这对确定起火部位和燃烧时间,是一个重要的参考因素。

（5）烟熏痕迹

要根据空间和建筑结构分析烟气流动方向与途径，根据烟熏痕迹的形态和颜色分析火灾的燃烧程度与蔓延过程。

（6）详细勘验并确认各种燃烧图痕的底部

燃烧图痕是火灾蔓延的反映。燃烧图痕的底部往往是火灾蔓延的源头，可能是起火点。

（7）起火部位的低位燃烧部位和燃烧物

对于起火部位的低位燃烧区域要分析判断其形成原因。一般而言，低位燃烧区域可能是与起火点相联系的。此外，低位燃烧区域的燃烧物又可能是起火物。

（8）准确确定起火点或附近火源、热源

查清火源、热源的种类、数量和特性；测量现场火源、热源、电气故障点与起火点之间的距离，并分析它们的使用状态。在确定为疑似引火源后，采取正确的方法进行提取。

（9）提取能证明为起火物的物证

在已判断为起火点处收集、提取燃烧残留物。

（10）勘验人员烧死、烧伤情况

由死者姿态和伤者的烧伤部位，可以判断死伤者遇难前的行动情况，从中推断火灾性质、火灾蔓延方向和起火部位，还可以确认肇事者或放火嫌疑人。

根据以上主要情况仔细研究每种现象和各个痕迹形成的原因，把现场中心与火灾蔓延有关联的各种事物和现象联系起来，就可以客观地、有根据地判断火灾发展蔓延途径、起火点的位置及在该部位可能出现的起火原因。

5. 细项勘验的具体方法

（1）剖面勘验法

在拟定的起火部位处，将地面上的燃烧残留物和灰烬扒开一个剖面，但在建立这个剖面时不要破坏原堆积物的层次。剖面勘验法的目的是收集发掘火灾垂直蔓延的燃烧痕迹和物证，并根据燃烧痕迹和起火物证寻找起火点所在立面层次。

（2）逐层勘验法

对火灾现场燃烧残留物的堆积层由上到下逐层剥离，观察每一层物体的烧损程度和烧毁的状态。

逐层勘验的目的是收集发掘火灾水平蔓延的燃烧痕迹和物证，并根据燃烧痕迹和起火物证寻找起火点所在位置。

（3）全面扒掘勘验法

全面扒掘勘验法是对需要详细勘验、范围比较大，只知道起火点大致的方位，但又缺乏足够的材料证明确切的起火点位置的火场采用的一种方式。根据火灾现场具体情形可分别采取围攻扒掘、分段扒掘或一面推进的方式。不管哪种扒掘形式，都要采用层层剥离的方法。

（4）复原勘验法

在询问证人的基础上，将残存的建筑构件、家具等物品恢复到原来位置和形状，以便于观察分析火灾发生、发展过程。复原勘验时可采用两种方法：残骸复原法和绘图复原法。残骸复原法是指收集现场物品残骸,根据证人证言及现场情况,将残骸拼接,分析其原始状态。绘图复原法是指按照证人提供的现场原始状况绘制现场复原图,了解起火前现场原始状态。

(5) 水洗勘验法

水洗勘验法就是用水清洗起火点底面或其他一些特定的物体和部位,发现和收集痕迹物证的方法。水洗勘验的主要对象,一是起火点处地面、清洗后可显现液体流淌的痕迹、炸裂痕、燃烧粘连物等,以判断是否有可燃液体燃烧,鉴别粘连物的种类;二是清洗可疑的部位和物体,观察是否有漂起物(如油类)和沉淀物(金属熔珠)。

(6) 筛选勘验法

对于细小物证,通常采取细看、细闻、细抓的方法,同时要在起火点周围使用筛子提取物证。有些现场烧毁比较严重,痕迹物证不清晰时可采用此法,例如短路喷溅熔珠、毛发、纤维等。

(7) 整体移动勘验法

在北方的冬季,火灾现场容易结冰,无法进行扒掘,可将冰破解成块并移到温暖的室内,按原来位置摆放好,待熔化后再扒掘勘验。

6. 初步勘验和细项勘验的关系

1)初步勘验和细项勘验是交替和结合进行的两个勘验阶段。初步勘验和细项勘验是检验现场痕迹物证的两个重要步骤,初步勘验是细项勘验的基础,细项勘验是初步勘验的深入。

2)初步勘验和细项勘验不是截然分开的两个勘验阶段。两者的关系并不是先进行一次初步勘验,再进行一次细项勘验,往往是经过初步勘验认定了起火部位后,在起火部位内进行细项勘验,进一步确定起火点;或者在初步勘验中发现了重要疑点,可以对这一部位展开细项勘验。

3.3.5 专项勘验

1. 专项勘验的概念

专项勘验是指对火灾现场找到的发火物、发热体及其他可以供给火源能量的物体和物质等具体对象的勘验。根据勘验对象的性能、用途、使用和存放状态、变化特征等,分析发生故障的原因或造成火灾的原因。

2. 专项勘验的目的

1)勘验、鉴别引火源、起火物的特征。

2)勘验生产工艺流程(或工作过程)形成引火源或故障的原因和条件。

3)勘验引火源与起火点、起火物的关系。引火源与起火点、起火物是否是一个有机的整体。

4)勘验引火源能量与起火物的性质,判定引火源的能量是否足以引燃起火物。

3. 专项勘验的内容

1) 各种疑似的引火源，根据其特征分析其来源。

2) 电热装置、电气设备及用电设备有无过热现场及内部故障，分析过热和故障的原因。

3) 电气线路短路、接触不良、过负荷痕迹，分析电气线路短路、接触不良和过负荷的原因。

4) 机械设备故障产生高温的痕迹及其故障原因。

5) 管道、容器泄漏物起火或爆炸的痕迹。

6) 自燃物质的自燃特征及自燃条件。

7) 起火物的残留物。

8) 动用明火的物证。

9) 需要进行技术鉴定的物品。

10) 其他需要勘验的内容。

4. 专项勘验的方法

（1）直观分析法

直观分析又称为直观鉴定，是指具有一定专业知识的人员根据自己的知识、经验，通过感官或运用简单仪表对物证直接进行的分析鉴定，以及对现场一些化工、电气、工艺流程、仪器设备的分析鉴定等。

（2）化学分析法和仪器分析法

化学分析法和仪器分析法主要用于分析起火点残留物中是否含有可燃性、易燃性、自燃性气体、液体或固体的成分，测定含有何种具体物质。

1) 测定混合物中各种物质的含量。

2) 测定某种物质的热稳定性、氧化温度、分解温度及其发热量。

3) 测定某种物质的闪点、自燃点。

4) 测定某一生产过程中能否产生不稳定的、敏感性物质。

5) 测定某一物质在某一温度下发生怎样的化学变化，反应程度如何。

6) 测试某一物质的自燃条件。

（3）物理鉴定法

1) 金相分析法。通过金属构件内部金相组织变化，分析发生这种变化的条件，从而判断火场温度及发生这种变化的原因，主要用于电气火灾、雷击火灾金属物证的鉴定。

2) 剩磁检测法。剩磁检测用来测定火场铁磁性物件的磁性变化，以判断该物体附近火灾前是否有大电流通过，主要用来鉴别有可能是雷击或较大电流短路造成的火灾。

3) 炭化导电测量法。电弧或强烈火焰可使木材等有机材料炭化导电，通过炭化层电阻的测量，鉴别电弧造成的火灾或分析火势蔓延的方向。

4) 力学性能测定法。力学性能测定主要是对材料包括焊缝的机械强度、硬度等方面的测定，以分析破坏原因、破坏力及火场温度。

5）断口及表面分析法。断口及表面分析主要是对金属材料破裂断面特征和材料内外表面腐蚀程度的观察检验，从而分析判断材料的破坏形式和破坏原因。

(4) 法医检验法

通过法医鉴定死、伤原因及与火灾的关系，借以判断火灾性质及火灾原因。

(5) 现场实验法

在火灾现场，按照发生火灾时的时间、气候条件、现场物品存在状况等相同或相近的参数，进行火灾起火可能性、蔓延时间、火灾途径、烟气毒性等方面内容的实验。实验结论可作为参考，但不能作为证据。

3.3.6 火灾现场尸体的勘验

对于火灾现场的尸体，火灾现场勘验人员应当对其进行表面观察，主要内容是尸体的位置、姿态、损伤、烧损特征、烧损程度、生活反应、衣着等。

火灾现场尸体勘验的方法有静态勘验和动态勘验两种方法。静态勘验主要是详细观察尸体所在的位置、姿态、与周围物品关系和相互距离，尤其是与起火点、引火源的关系。动态勘验是把尸体抬出现场，观察尸体损伤、烧伤程度，油迹和血迹情况，有无凶器和可疑致伤物及引火物。

在尸体勘验过程中，翻动或者将尸体移出现场前应当编号，通过照相或者录像等方式，将尸体原始状况及其周围的痕迹、物品进行固定。对于尸体周围有无凶器、可疑致伤物、引火物及其他可疑物品，也应该通过拍照或者录像等方式进行固定。

现场尸体表面观察结束后，消防救援机构应当通知公安机关刑事技术部门进行尸体检验，确定死亡原因。负责火灾现场勘验的消防救援机构应当及时将尸体检验报告存档。

3.4 痕迹物证的提取

3.4.1 火灾痕迹物证的概念和分类

1. 火灾痕迹物证的概念

火灾痕迹物证是指能证明火灾案件真实情况的一切痕迹和物品，包括由于火灾发生和发展而使火场原有物品产生的一切变化和变动。随着科学技术的进步，人们的生活方式也发生了一定的改变，除了有形物品产生的痕迹物证外，还存在着一些其他种类的物证，如电子物证、视频物证等。

2. 火灾痕迹物证的分类

(1) 根据物质形态分类

按物质形态分，痕迹物证可分为固态、液态、气态三种。在火灾现场，固态物证一般单独存在。液态物证可以单独存在，但大多数情况下吸附在某种固体上，例如吸附在地板上的残留可燃液体。同样，气态物证可以单独存在，也可能吸附在某种物质上。

（2）根据痕迹形成原因分类

按形成原因分类，痕迹可分为火灾作用形成的痕迹、电气故障痕迹和人员活动形成的痕迹等。火灾作用形成的痕迹是指在火灾发生和发展过程中，由于燃烧、热辐射、烟气流动等形成的痕迹。电气故障痕迹是指由于电气系统的某种故障，由电能转变为热能，在相关部件上产生的痕迹。人员活动痕迹是指在火灾现场由于人的行为所留下的痕迹。

（3）按痕迹物证燃烧性能分类

痕迹物证按燃烧性能分类，可分为可燃物痕迹物证、不燃物痕迹物证。

（4）从火灾调查的角度分类

按照火灾现场痕迹的表面特征分类，痕迹可分为燃烧图痕、变色痕迹、变形痕迹、开裂痕迹、分离移位痕迹、倒塌痕迹等；按形成痕迹物质分类，可分为混凝土痕迹、金属痕迹、木材痕迹等。按照调查中发挥的作用分类，痕迹物证可分为现场痕迹物证、电子物证和视频物证等。

3.4.2 物证的提取

1. 固态物证的提取

火灾现场经常提取的物证主要是固体实物，如火柴、电热器具、故障线路、与起火有关的开关、插销、插座，自燃物质的炭化结块，浸有油质的泥土、木块，带有摩擦痕的机件，有故障的阀门，爆炸容器的残片，爆炸物质的残留物、喷溅物、分解产物，被烧的布匹、纸张残片及灰烬，带有电子数据、视频资料的电子设备等。

（1）烟熏痕迹的提取方法

在烟熏较厚的情况下，可用竹片、刀片轻轻地刮取。在烟熏较薄的地方无法刮取时，可用脱脂棉擦取。当烟尘或爆炸物烟痕浸入物品内部或附着在玻璃表面时，可将物品全部或部分连烟尘一并提取。

（2）灰烬的提取方法

可燃物燃烧产生的灰烬可以直接收集后装入物证袋中保存。

（3）混凝土的提取方法

首先确定混凝土被火烧的部位，在被烧严重和轻微的部位各选一个采样点，每个采样点凿取长、宽各5cm、厚2.5cm的混凝土块作为检材，装入物证袋中。同时，在同一建筑构件上找一处未受火灾作用的部位，在其上面凿取同样大小的混凝土块作为空白对比样品。

（4）自燃火灾物证的提取方法

对于发酵自燃类火灾物证，应分别在自燃堆垛的中心、外围分别提取残留物。对于低自燃点物质，应在火灾现场寻找燃烧残留物或燃烧产物。对于其他类自燃火灾物证，应根据自燃性物质的特点，提取未烧尽的残留物或燃烧产物。

（5）电气线路火灾物证的提取方法

1）采用非过热切割方法提取检材。

2）提取金属短路熔痕时应当注意查找对应点，在距离熔痕10cm处截取，如导体、金属构件等不足 10cm 时应整体提取。

3）提取导体接触不良痕迹时，应当重点检查电线、电缆接头处，铜铝接头处，以及电器设备、仪表、接线盒和插头、插座等，并按有关要求提取。

4）提取短路迸溅熔痕时，采用筛选法和水洗法。提取时注意查看金属构件、导线表面上的熔珠。

5）提取金属熔融痕迹时，应对其所在位置和有关情况进行说明。

6）提取绝缘放电痕迹时，应当将导体和绝缘层一并提取，绝缘已经炭化的应尽量完整提取。提取过负荷痕迹，应当在靠近火场边缘截取未被火烧的导线 2~5m。

（6）电器类火灾物证的提取方法

对于小型电热器具，提取时首先要把电热器具残留物找全，然后连同电源线一起装入物证提取袋。对于其他类电器火灾物证，如体积较大的电冰箱、电视机等，可以在电器上寻找故障点，然后在故障点处提取合适的物证。

（7）电子设备的提取方法

存有关键电子数据信息、视频资料的电子设备，最好的方法是整体扣押、封存原始存储介质，在对储存介质整体提取、扣押和封存前，应确认设备关闭后，是否会造成数据丢失的情况。如果储存介质无法提取、扣押和封存，要现场提取电子数据；无法现场提取的，也可以拍照或录像固定。

2. 液态物证的提取

液态物证主要指易燃液体类物证，在火灾现场中一般也是以固体物证的形式存在的。

易燃液体痕迹、物品的提取，应当在起火点及其周围进行，提取的点数和数量应当足够多，同时在远离起火点部位提取适量比对检材，按照以下提取方法和要求进行：

1）提取地面检材采用砸取或截取方法。水泥、地砖、木地板、复合材料等地面可以砸取或将留有流淌和爆裂痕迹的部分进行切割。各种地板的接缝处应重点提取，泥土地面可直接铲取。提取地毯等地面装饰物时，要剪取被烧形成的孔洞内边缘部分。

2）门窗玻璃、金属物体、建筑物内外墙、顶棚上附着的烟尘，可以用脱脂棉直接擦取或铲取。严重炭化的木材、建筑物面层被烧脱落后裸露部位附着的烟尘不予提取。

3）燃烧残留物、木制品、尸体裸露的皮肤、毛发、衣物和放火犯罪嫌疑人的毛发、衣物等可以直接提取。

4）检材的提取数量：炭灰及地面每点不少于 250g；烟尘每点不少于 0.1g；毛发不少于 1g；衣物不少于 200g；指甲可以剪掉的部分全部提取。

3. 气态物证的提取

现场气态物证主要是残留的可燃气体、燃烧产生的气态产物、燃烧物产生的气态热分解产物、燃烧物质的挥发物。

采集气态物证的方法一般分为两大类：一类是以大量的空气通过液体或固体吸附剂，将被测物质吸收或阻留，使原来在空气中浓度很小的被测物质得到浓缩，这种方法称为抽气法；一类是当空气中被测物的浓度较高时，或测定方法灵敏度较高时，只需采集少量空气即可完成分析，这时可以直接提取现场空气。

采用抽气法时，根据吸收或阻留气态物证的物质不同，可以分为吸收液吸收法、固体吸收剂法、滤纸滤膜吸收法。吸收液吸收法采用水、水溶液、有机溶剂等做吸附剂，使空气通过吸收液时，被吸收物质溶于吸收液中或者与吸收液发生反应，从而留在吸收液中。固体吸收法是将多孔性或表面粗糙的固体颗粒，如硅胶、素陶瓷等装到采样管中，含被检测物质的空气通过检气管时，固体颗粒吸附被测物质的取样方法。而滤纸滤膜吸收法是利用滤纸、滤膜这种纤维状的吸附剂采样，该法特别适用于采集粉尘等。

当空气中被测物质的浓度较高，或者测定方法灵敏度较高，或者被测物质不易被吸收液或固体吸附剂吸收时，可以采用真空瓶法取样。取样时，将不大于1L的具塞玻璃瓶抽成真空，在取样地点打开活塞，使空气进入瓶中，然后密封送检。也可加入吸收液，以利于吸收被测物质。采取少量空气样品时，可以将采样器连接到抽气装置上，使之通过比采样器容积大6~10倍的空气，将原来的空气完全置换出来。或者在采样器中充满不与被测物质发生反应的液体，如水等，采样时放掉液体，被测空气即可充满采样器。

提取气溶胶物质时，可以采用静电沉降法。让空气样品通过12000~20000V电压的电场，在电场中气体分子电离产生离子附着在气溶胶粒子上，使粒子带负电荷，这种带电粒子在电场的作用下就沉降到收集电极上，将收集电极表面沉降的物质洗下即可检验。应该注意的是，现场有易燃易爆性气体、蒸汽或粉尘存在时，不能使用这种方法，以免发生意外。

采取气体试样时，应及时赶到现场，并要注意防止中毒。在收集气体样品时，要注意空气不易流通的部位，如收集比空气轻的样品时，应该在房间的上部收集；收集比空气重的气体时，应该到地面的低洼处、爆炸容器内部空间等气体容易滞留的地方发现和收集。对于被吸附于固体、溶解于液体中的气体物证，连其固体或液体一并收取。

3.4.3 现场提取痕迹物证的一般要求

1. 提取物证时必须准确

必须经过细致的现场勘验，对痕迹物证有一个初步的认知，能够确定物证可能的证明作用之后，再对物证进行提取。在火灾现场提取或者送检的物证，应当在拟认定的起火点或者起火部位提取。在拟认定的起火点或者起火部位以外提取物证的，应当在拟认定的起火点或者起火部位周围一定的空间范围内进行；提取电气线路熔痕物证的，应当与拟认定的起火点或者起火部位电气线路故障点处在同一回路。避免提取无用、无价值的物品，因为提取这样的物品既增加工作量，还会干扰对火灾事实的分析。

2. 提取物证要及时

火灾痕迹物证具有一定的时效性，火灾燃烧、水流冲击、抢救财物及时间、人为、天气等因素都有可能对物证的性质和形态造成影响，也就是说物证可能随时遭到破坏或灭失，特别是电子数据、视频资源对证据的实效性要求更高，务必要做到第一时间提取和固定。在现场勘验的过程中，客观上也可能对痕迹物证造成破坏，提取痕迹物证的机会可能只有一次。火灾现场勘验过程中发现对火灾事实有证明作用的痕迹、物品，应当及时固定、提取。发现排除某种起火原因的痕迹、物品时，也应根据需要收集或提取。现场中可以识别死者身份的物品应当第一时间提取。

3. 应详细记录

提取痕迹、物品之前，应当采用照相或录像的方法进行固定，量取其所在位置、尺寸大小，需要时绘制平面或立面图，详细描述其外部特征，归入现场勘验笔录。

4. 要妥善保存

提取后的痕迹、物品，应当根据痕迹物证的特点采取相应的封装方法，粘贴标签，标明火灾名称、提取时间、痕迹、物品名称、序号等。

检材盛装袋或容器必须保持洁净，不得与检材发生化学反应。

不同的物证应当单独封装。

现场提取的痕迹、物品应当妥善保管，建立管理档案，存放于专门场所，并由专人管理，严防损毁或者丢失。

5. 注意提取程序

火灾痕迹物证是用来证明火灾事实和火灾责任的重要证据，有时甚至可能作为诉讼证据使用。为了保证物证的合法有效性，证据的提取过程必须符合法律程序，必须由合法的人员采用合法的手段进行提取。

现场提取火灾痕迹、物品，火灾现场勘验人员不得少于两人，并应当有见证人在场。现场提取痕迹、物品应当填写火灾痕迹物品提取清单，由提取人和见证人签名。

3.5 现场实验

火灾调查中的现场实验，是为了审查判断某一火灾在一定的时间内或情况下能否发生，而依法将火灾发生的过程加以再现的一种实验，同时还是检验火场痕迹物证的一种手段，是验证起火原因及有关证言真实性的一种常用方法。

3.5.1 现场实验的目的

现场实验通常是在火灾现场或实验室内进行，根据火灾时起火部位的气象条件、可燃物状况等，通过现场实验认识燃烧痕迹的形成，对火灾的引燃起火、火势发展蔓延等过程，及火灾的总体过程，如顶棚射流、辐射换热、通风口、壁面、可燃物等影响因素，进行再现性实验，以验证或核实起火原因，研究火灾蔓延扩大过程，为分析判断火灾事实提供依据。

现场实验要解决什么问题，是根据火灾现场勘验的实际需要决定的。通过现场实验可以为最后确定起火原因提供科学依据，而且通过现场实验，一方面可以进一步了解火灾发生和发展的过程；另一方面可以验证目击者或知情人证言的真实性，从而有利于统一认识，查明和正确判定起火原因。

3.5.2 现场实验的内容

现场实验的内容很多，不同的起火原因，可燃物、建筑结构、气象条件，现场实验的内容就不一样。下面是几种常见内容：

1）某种火源能否引起某种物质起火。
2）某种火源距某种物质多远距离能够引起火灾。
3）某种火源引燃某种物质需要多长时间。
4）在什么条件（温度、湿度、遇酸、遇碱、混入杂质等）下某种物质能够自燃。
5）某种物质燃烧时出现什么现象（燃烧速率、外观状态）。
6）某种物质在某种燃烧条件下遗留什么样的残留物及其化学成分、痕迹特征。

3.5.3 现场实验的准备工作

现场实验的效果如何，取决于准备工作的好坏。因此，必须根据实验所要解决的问题做好充分的准备。

1）准确确定实验内容、次数和实验方案。
2）确定进行现场实验的时间和地点、环境条件。
3）做好参加实验人员的组织工作，必要时请某些专业人员参加。
4）准备好现场实验所必需的材料、工具、测量仪器及其他物品。

3.5.4 现场实验的基本要求

为尽可能准确地重现火灾场景，获得准确的数据和可靠的结论，现场实验应做到以下几点：

1）应当尽量在原来起火的地点进行，如果不具备在原地进行实验的条件，可另选择相似条件的地点进行。
2）实验时的自然条件，如时间、光线、温度、湿度、风速、风向等应尽量与起火时的自然条件相同或相近。
3）应使用火场原来的起火物品和与现场相同的引火源、起火物进行实验。如条件不具备，也要尽量选用相似的物品、引火源、起火物。
4）应坚持对同一情况进行反复实验，并变换实验方法，以得出可靠结论。

3.5.5 现场实验记录

正确、完整地记录实验过程和结果，对于查明火灾原因，应对可能涉及的诉讼活动，具有重要作用。所以对现场实验的结果，应该用笔录、拍照、绘图、做模型等方法加以记录和固定。

现场实验笔录应包括以下内容：

1）实验的时间、地点、参加人员。
2）实验要达到的目的，需要弄清的问题。
3）实验的过程，包括是如何组织进行的，实验的种类和方式，实验发生的现象，实验重复的次数和每次实验的结果等。

4）实验得出的数据及结论。

5）实验结束的时间，参加实验人员签名。

现场实验过程中所拍的照片和绘制的图样，可酌情穿插于实验记录中，或附在实验笔录后。

尽管现场实验具有针对性，但它毕竟不是起火的客观事实，现场实验的条件尽管与起火条件十分接近或相似，但是火灾规律具有确定性和随机性的双重特性，因此现场实验不可能完全再现起火过程。因此，不能以现场实验成功与否作为火灾结论的唯一依据，要结合其他证据进行深入细致的分析研究，综合判断出正确的结论。在现场进行实验时，必须经过负责火灾事故调查的消防救援机构负责人批准。

3.6 现场勘验记录

火灾现场勘验中，应详细做好各种记录，火灾现场勘验结束后，现场勘验人员应当及时整理现场勘验资料。现场勘验记录应当客观、准确、全面、翔实、规范描述火灾现场状况，各项内容应当协调一致，相互印证，符合法定证据要求。

现场勘验记录包括现场勘验笔录、现场绘图、现场照相和现场录像、录音、3D扫描建模等。

3.6.1 火灾现场勘验笔录

火灾现场勘验笔录是在现场勘验过程中火灾调查人员运用文字对现场、痕迹物证状态、空间关系和勘验过程的一种客观记录。现场勘验笔录是分析研究火灾现场、认定起火点和起火原因、认定火灾事故责任的有力证据之一，是具有法律效力的法律文书。因此，认真做好现场勘验笔录，对火灾调查工作具有十分重要的意义。现场勘验结束后，必须及时制作好现场勘验笔录。现场勘验笔录的记述要客观、全面、准确，手续要完备，符合法律程序，才能起到证据的作用。

现场勘验笔录应当与实际勘验的顺序相符，用语应当准确、规范。同一现场多次勘验的，应当在初次勘验笔录基础上，逐次制作补充勘验笔录。

1. 火灾现场勘验笔录的基本形式和内容

（1）绪论部分

该部分主要内容有起火单位的名称；起火和发现起火的时间、地点；报警人的姓名、报警时间；当事人的姓名、职务；报警人、当事人发现起火的简要经过；现场勘验指挥人、勘验人员的姓名、职务；见证人的姓名、单位；勘验工作起始和结束的日期和时间；勘验范围和方法、气象条件等。

（2）叙事部分

该部分主要写明在现场勘验过程中所发现的情况，主要包括：火灾现场位置和周围环境；火灾现场被烧主体结构（建筑、堆场、设备），结构内物质种类、数量及烧毁情况；物体倒塌、掉落的方向和层次；烟熏和各种燃烧痕迹的位置、特征；各种火源、热源的位置、状态，与周围可燃物的位置关系，以及周围可燃物的种类、数量及其被烧状态，周围不燃物被烧程度和状态；电气系统情况；现场死伤人员的位置、姿态、性别、衣着、烧伤程度；人员伤亡和经济损失；疑似起火部位、起火点周围勘验所见情况；现场遗留物和其他痕迹的位置、特征；勘验时发现的反常现象。

（3）结尾部分

结尾部分的内容包括：提取火灾物证的名称、数量；勘验负责人、勘验人员、见证人签名；制作日期；制作人签名等。

2. 火灾现场勘验笔录的制作方法

火灾现场勘验笔录的制作方法主要包括如下方面：

1）在现场勘验过程中随手记录，或利用录音的方法记录，待勘验工作结束后再整理正式笔录。现场勘验笔录应该由参加勘验的人员当场签名或盖章，正式笔录也应由参加现场勘验的人员签名或盖章。

2）在现场勘验过程中所记录的笔录草稿是现场勘验的原始记录，修改后的正式笔录一式多份，其中一份与原始草稿笔录一并存入火灾调查档案，以便查证核实。

3）多次勘验的现场，每次勘验都应制作补充笔录，并在笔录上写明再次勘验的理由。

4）火灾现场勘验笔录一经有关人员签字盖章后便不能改动，笔录中的错误或遗漏之处，应另做补充笔录。

5）火灾现场勘验笔录中应注明现场绘图的数量、种类，现场照片数量，现场摄像的情况，与绘图或照片配合说明的笔录应加以标注（在圆括号中注明绘图或照片的编号）。

3. 制作火灾现场勘验笔录注意事项

1）内容客观准确。

2）顺序合理。笔录记载的顺序应当与现场勘验的顺序一致，笔录记载的内容要有逻辑性，可按房间、部位、方向等分段描述，或在笔录中加入提示性的小标题。

3）叙述简繁适当。与认定火灾原因、火灾责任有关的火灾痕迹物证应详细记录，也可用照片和绘图来补充。

4）使用本专业的术语或通用语言。

3.6.2 火灾现场绘图

火灾现场绘图是现场勘查记录的重要组成部分。现场绘图的特点是：可以根据火灾现场的具体情况，灵活运用相应的形式，准确醒目地描绘出火灾后现场痕迹物证的形状、尺寸、位置及相互关系等，可以与其他记录方式相互补充。

火灾现场勘验人员可根据现场实际情况，制作现场方位图、现场平面图，根据现场情况选择制作现场示意图、建筑物立面图、局部剖面图、物品复原图、电气复原图、火场人员定位图、尸体位置图、生产工艺流程图和现场痕迹图等。

1. 绘制现场图的要求

绘制现场图可使用计算机绘图软件，采用 A4 型纸，并符合以下基本要求：

1）重点突出、图面整洁、字迹工整、图例规范、比例适当、文字说明清楚、简明扼要。

2）注明火灾名称、过火范围、起火点、绘图比例、方位、图例、尺寸、绘制时间、制图人、审核人，其中，制图人、审核人应当签名。

3）清晰、准确反映火灾现场方位、过火区域或范围、起火点、引火源、起火物位置、尸体位置和方向。

4）绘制现场平面图应当标明现场方位照相、概貌照相的照相机位置，统一编号并和现场照片对应。

2. 火灾现场方位图

现场方位图的绘制主要反映现场的具体位置，其基本内容为：

1）标明火灾区域及周围环境情况。

2）标明该区域的建筑物的平面位置及轮廓，并标记名称。

3）标明该区域内的交通情况，如街道、公路、铁路、河流等。

4）用图例符号标明火灾范围、起火点、爆炸点等的位置，或可能是引发火灾的引火源位置。

5）标明火灾现场的方位，发生火灾时的风向和风力等级。

6）火灾物证的提取地点。

3. 火灾现场全貌图

火灾现场全貌图又称为现场全面图，是以整个火灾现场为表现内容的一种图形，应表明火灾现场的范围，以及起火部位、起火点、火灾蔓延途径、人员伤亡和残留物等物体之间的位置关系。

4. 火灾现场局部图

火灾现场局部图是以起火部位或起火点为中心，表现痕迹、物体相互间关系的一种图形。现场局部图根据需要可绘制成三种形式。

（1）局部平面图

局部平面图是以平面的形式表示现场内的物体、痕迹的位置及相互关系。

（2）局部平面展开图

平面展开图的表现方法，一般是由室内向外展开，设想将四面墙壁向外推倒，把立面与室内的平面图结合为一张图，便于集中反映内部的各种情况。局部展开平面图能清晰地记录垂直墙面上的烟熏、断裂等痕迹特征。

（3）局部剖面图

局部剖面图反映火灾现场内某部位或某物体内部的状况。

5. 专项图

专项图主要是为配合火灾现场专项勘验而绘制的专项流程图、电气线路图、设备安装结构图等，帮助火灾调查人员分析火灾原因。

6. 火灾现场平面复原图

火灾现场平面复原图是根据现场勘验和调查访问的结果，用平面图的形式把烧毁或炸毁的建筑物及室内的物品恢复到原貌，模拟火灾发生前的平面布局。平面复原图是其他形式复原图的基础和依据。

火灾现场平面复原图的基本内容如下：

1）室内的设备和物品种类、数量及摆放位置，堆垛形式的物品，应以编号并列表说明。

2）起火部位及起火点。

3）应尽量按照原有的建筑平面图绘制火灾现场平面复原图。

7. 火灾现场立体复原图和立体剖面复原图

火灾现场立体复原图是以轴测图或透视图的形式表示起火前（或起火时）起火点（部位）、尸体、痕迹物证等相关物体空间位置关系的图。

立体剖面复原图是在立体复原图的基础上，用几个假设的剖切平面将部分遮挡室内布局的墙壁和屋盖切去，展示室内的结构及物品摆放情况的图形。

3.6.3 火灾现场照相

火灾现场照相是现场勘验的重要组成部分，它是运用照相技术，按照火灾调查工作的要求和现场勘验的规定，拍摄火灾现场一切与火灾有关的事物和火灾痕迹物证的记录手段。

现场照相的步骤一般按照现场勘验程序进行。勘验前先进行原始现场的照相固定，勘验过程中应对证明起火部位、起火点、起火原因物证重点照相。

现场照相可分为现场方位照相、概貌照相、重点部位照相和细目照相。

现场照片应当与起火部位、起火点、起火原因具有相关性，并且要求真实、全面、连贯、主题突出、影像清晰、色彩鲜明。

1. 火灾现场方位照相

火灾现场方位照相是以整个现场及现场周围环境为拍摄对象，反映火灾现场所处的位置及与周围事物关系的专门照相。现场方位照相应当反映整个火灾现场和其周围环境，表明现场所处位置和与周围建筑物等的关系。

这种照相由于包括的拍摄范围较大，且需反映现场与周围环境的毗连及交通情况，一般应选择在现场外围较高较远的位置，采用向下俯摄的方法，才能够把整个现场及周围的景物拍摄进去。现场范围较大时，经常使用无人机进行航空拍照，也可以广角镜头或采用连续回转拍照法，或从几个不同的方向拍照，以反映现场周围的全部状况。

反映现场方位需要将代表现场位置的、明显的、永久性的标志拍摄到画面里，如标志性建筑物、门牌号码、单位或车间名称等，必要时可以用特写镜头辅助说明。另外，在照片里或照片的文字说明中还应表示出照片的拍摄方向。

2. 火灾现场概貌照相

火灾现场概貌照相又称火灾现场概览照相，是以整个火灾现场或现场主要区域为拍照对象，反映火灾扑救过程中整个火场的火势蔓延情况和扑灭火灾后整个火灾现场的燃烧破坏情况，以及火灾现场内各个部分关系的专门照相。火灾现场概貌照相应当拍照整个火灾现场或火灾现场主要区域，反映火势发展蔓延方向和整体燃烧破坏情况。人们通过照片就可以了解火灾现场的燃烧范围大小、火势情况、火灾的性质、烧毁的主要建筑、设施、物品，以及各个部位的烧毁程度。火灾现场概貌照相分别从几个不同的地点和角度拍摄火场火点的分布、燃烧面积、火焰颜色、烟雾情况等，特别是在同一地点不同时刻火场的情况，能为分析火势发展、火灾蔓延提供定量的分析依据。

这种照相需要反映火场内各个部位的关系。露天大面积的开阔现场可以采用回转连续拍照法或用广角镜头拍照，宜选择在较高的位置向下拍照，尽量避免前景的遮挡；生产车间、仓库、建筑等内部火灾现场需要拍摄的画面较多，应逐个房（车）间拍照，并按照一定的顺序编排。

3. 火灾现场重点部位照相

火灾现场重点部位照相又称火灾现场中心照相或火灾现场重点照相，是以火灾现场重点部位为拍摄对象，反映火灾现场重点部位状态、特点及与火灾原因有关的火灾痕迹物证的位置及状态的专门照相。现场重点部位照相应当拍照能够证明起火部位、起火点、火灾蔓延方向的痕迹、物品。重要痕迹、物品照相时应当放置位置标识。

火灾现场重点部位一般包括：起火部位、烧损严重部位、炭化严重部位、坍塌痕迹部位、留有引火物和痕迹物证部位、烟气流动留下熏染痕迹部位、化学危险品和易燃品原来所处的位置、尸体的位置等一切与火灾发生、发展、蔓延有关物体、痕迹所处的位置；放火火灾现场包括犯罪分子进出现场的通道、对现场的破坏情况、抛弃的作案工具等一切痕迹物证所在的位置。

火灾现场重点部位照相是火灾现场照相的重要环节，通过火灾现场重点部位照相可以说明火灾案件的性质，分析出火灾发生、发展和蔓延的过程，对于认定火灾原因具有非常重要的意义。

需要反映痕迹物证大小或彼此相关事物间的距离时，应在拍摄位置放置米尺。为避免米尺表面反光，宜采用非金属米尺。放置时应将米尺拉直，照相机镜头光轴与被摄体表面应该垂直。

这种照相拍摄距离较近，在拍照时应选择好拍摄角度并尽量不使用广角镜头，以免被摄体变形。近距离拍照时景深较短，拍摄时尽量使用较大的光圈系数（小的光圈孔径），以增加景深，确保前后景物的清晰，正确地反映物体间的位置关系。在照明方面，应注意光线均匀和光照角度，以增强反差和立体感。

火灾现场重点部位照相与火灾现场概貌照相是局部与整体的关系。在火灾现场概貌照片中，可以看出重点部位在现场中所处的位置，但重点部位的具体内容无法清楚地反映，而只有在重点部位照片中才能反映出具体的内容。把现场概貌照相与重点部位照相有机地联系在一起，才能清楚地观察到火灾现场的全部情况和火灾的特点。重点部位照相可能是一幅画面，也可能是多幅画面，是由现场的复杂程度决定的。某些范围比较小的火灾现场，通过概貌照片可以看清重点部位照相的内容，可以省略重点部位照相。

4. 火灾现场细目照相

火灾现场细目照相又称火灾痕迹物证照相，是以火灾痕迹物证及与火灾有关的物品为拍摄对象，反映火灾痕迹物证的形状、大小、颜色、色泽等特征的专门照相。现场细目照相应当拍摄与引火源有关的痕迹、物品，反映痕迹、物品的大小、形状、特征等。照相时应当使用标尺和标识，并与重点部位照相使用的标识相一致。

这种照相一般拍摄距离很近，使用的多为中焦、标准镜头，对于细小的痕迹物证，还需要使用近摄接圈或近摄镜，拍摄时需要在被摄体表面放置比例尺并使镜头光轴与被摄体表面相垂直。

拍摄火灾痕迹物证，一定要将其在现场原来的位置及状态拍摄下来，以便分析痕迹的形成条件及与火灾原因的关系。提取火灾痕迹物证后，可以移到光线较好的位置或实验室拍照，提取及转移过程中应注意对物证的保护，不得造成损伤和破坏。

现场照片及其底片或者原始数码照片应当统一编号，与现场勘验笔录记载的痕迹、物品一一对应。

3.6.4 火灾现场录像

录像技术可以将火灾的发生、发展蔓延、火灾现场的勘验过程等各种复杂情况及其在时间和空间中的关系记录下来，以获得客观、真实、连续的视觉形象。录像技术不仅在火灾现场勘验、检验痕迹物证、提供犯罪证据和法律诉讼中，而且在信息传递、消防宣传教育、防火监督、战术讲评等方面起到特有的作用。

1. 火灾现场方位摄像

火灾现场方位摄像反映现场周围的环境和特点，并表现现场所处的方向、位置及其与其他周围事物的联系。这一内容一般用远景和中景来表现。摄像时，宜选择视野较为开阔的地点，把能够说明现场位置和环境特点的景物、标志摄录下来。常用的拍摄方法有摇摄法和推摄法。当火灾现场周围建筑物较多时，需要从几个不同的方向拍摄，反映其位置和环境。

2. 火灾现场概貌摄像

火灾现场概貌摄像是以整个火灾现场为拍摄内容，反映现场的基本状况。可分为两部分：

1）拍摄火灾扑救过程，如起火部位、燃烧范围、火势大小、抢救物资和疏散人员、破拆、灭火活动的镜头。

2）拍摄勘验活动的过程，如火灾现场范围及破坏程度、损失情况、火灾现场内各部位之间的关系等。

3. 火灾现场重点部位摄像

火灾现场重点部位摄像是以起火部位、起火点、燃烧严重部位、炭化严重部位和遗留火灾痕迹物证的部位为拍摄内容，反映其位置、状态及相互关系。火灾现场重点部位摄像是整

个现场摄像中的重要部分,常用的拍摄方法有:

1) 静拍摄,对现场的原貌进行客观记录。
2) 动拍摄,将勘验、现场挖掘和物证提取的过程一同拍摄。

4. 火灾现场细目摄像

火灾现场细目摄像是以火灾痕迹物证为拍摄内容,反映火灾痕迹物证的尺寸、形状、质地、色泽等特征,常采用近景和特写的方法拍摄。拍摄时,应选择适宜的方向、角度和距离,充分表现痕迹物证的本质特征。对各种痕迹物证拍摄时,应在其边缘位置放置比例尺。

5. 火灾现场相关摄像

火灾现场相关摄像包括:拍摄现场访问、现场分析会和对痕迹物证进行检验分析、现场实验等活动的过程,具体内容可根据火灾的具体情况而定。

3.7 火灾视频分析

火灾视频具有直观性、连续性和时效性等特点,在火灾调查工作中发挥了越来越重要的作用。火灾视频分析技术的应用,有助于调查人员对痕迹体系的理解及勘验思维的完善,提高火灾调查工作的效率、事故认定的准确性和科学性。火灾视频分析技术已成为火灾调查人员的必备技能和现场勘验重要手段,引领着火灾调查技术的发展和变革。

3.7.1 火灾视频分析基础

火灾视频是指记录火灾现场原貌及与火灾发生、发展和蔓延过程相关的一切视频资料,包括监控视频、知情人拍摄视频及网络视频等资料。火灾视频具有客观真实、时间持续、空间固定和反复使用等特性。

1. 火灾视频分析基本原理

火灾视频分析是通过研究建立在火灾视频图像上的时空关系,做出同一认定、种属认定,还原火灾发生、发展和蔓延全过程,从而认定起火部位(点)、查明起火原因和厘清事故责任的视频图像处理及分析方法。

(1) 建立在火灾视频上的时空关系

火灾的发生发展离不开时间和空间这两个因素,确定时空关系是查明火灾原因的前提条件。通过视频分析可将火灾的时空关系建立在获取的火灾视频资料上,使火灾时空与视频资料的时空重叠,分析研究火灾发生发展过程,从而认定起火部位(点)、起火原因和厘清事故责任。

(2) 建立在火灾视频图像上的同一认定和种属认定

火灾视频分析主要是针对外在形式和外表形象所做的同一认定或种属认定。例如,在火灾中不同时间与空间的客体图像与图像之间、客体与图像之间的同一认定或种属认定。客体包括人员、物品、部位、痕迹等。火灾视频中加载的音频信息也可以做同一认定或种属认定。

2. 火灾视频分析特点与作用

（1）火灾视频分析的特点

1）直观性。火灾视频可以实时直观记录火灾发生、发展和蔓延的全过程，为调查工作提供直观的线索资料。

2）时效性。火灾视频直接记录了与火灾发生发展变化相关的信息，可有效缩短火灾调查时间和缩小现场勘验范围，为火灾调查人员及时、准确、科学地认定火灾原因提供了支撑。

3）精确性。视频分析技术可以还原火灾发生发展过程的细节，精确锁定火灾的时间范围和空间位置。

4）关联性。火灾视频分析通过深度挖掘视频资料中与火灾起火部位、起火原因相关联的显性和隐形线索，有利于火灾当事人、责任人了解火灾发生、发展和蔓延的全过程，接受调查结论和厘清事故责任。

5）引领性。火灾现场被破坏程度大小决定了火灾调查工作的难易程度，以往准确还原现场原貌需要开展大量的调查询问、现场勘验等工作来实现，然而依靠火灾视频图像信息的直观形象特性，这些难题都迎刃而解，并为下一步火灾调查工作提供指引。

（2）火灾视频分析的作用

1）重现火灾现场。由于火灾的巨大破坏作用，以及灭火救援行动的破拆和翻动，火灾现场原貌会发生巨大变化，甚至有的火灾现场被完全清理，重现火灾现场原貌成为事故调查的首要工作。火灾调查人员可以借助起火前的视频图像（例如监控、手机、无人机、网络等视频图像），还原重现火场原貌。

2）认定起火部位。火灾视频所反映的空间关系与火灾发生、发展和蔓延的空间关系精确对应，有些火场的监控视频为高帧率的高清视频，起火前后视频图像位置比对定位的误差仅有数厘米，这为准确认定起火部位（点）提供了可能。

3）认定起火时间。火灾视频一般都设有时间戳，可准确记录火灾视频发生的时间，有些高清视频记录的时间精度可以达到毫秒级别，因此，可以通过对初期火灾的烟火现象进行识别，进而确定火灾发生的时间。需要注意的是，有些监控系统与北京时间不一致，需要在提取视频时对视频显示时间进行校准。

4）认定起火原因。火灾初期，受到引火源类型、可燃物种类、建筑物结构和通风条件等因素影响，火灾视频所表现出来的烟气蔓延速度和颜色变化、光影的强度变化及照射范围、火焰颜色转变规律等现象均不相同，通过分析火灾视频的这些特征（现象）能够直接或间接地获取认定起火原因线索，对查明起火原因起到不可替代的证明作用。

5）测绘火场面积。火灾视频不仅记录了火灾发生发展的过程和时空关系，同时也记录了现场及现场物体（物品）的几何尺寸信息。从成像原理来看，视频是对火灾现场的一种图像记录，遵循空间透视关系，因此可借助视频图像中的参照物或光影的位置与长度、角度信息，推算火场面积或者目标物的尺寸、角度信息。

6）验证证人证言。火灾发展瞬息万变，如何清晰还原起火前后的过程，调查询问是最便捷的途径，但是面对灾后人员伤亡、财产损失的严重后果，相关当事人、责任人在主观上都存在趋利避害心理，往往从保护自身利益的角度向调查人员反映所了解的"事实"，这些询问笔录中或多或少地存在谎言。如何验证证言真伪，以往采用多证人笔录比对、现场实地比对和火场勘验比对等方法，但都耗时耗力。火灾视频的获取和分析为验证证人证言提供了快捷有效的途径。

7）提供调查线索。由于火灾视频受到拍摄设备数量、视频质量、安装位置、拍摄角度和气象条件等客观因素的限制，获取的视频资料通常无法直接记录火灾发生、发展和蔓延的全过程，这些视频被认为是"没拍到起火部位"的无效视频。然而运用相应的视频分析方法，深度分析和挖掘火灾视频里的隐性信息，可能会获得意想不到的重要线索，有力推动调查工作的进展。

3.7.2 火灾视频的发现与提取

1. 火灾视频提取原则

视频图像的采集应遵循"及时、全面、有效、合法"的原则。

（1）及时采集视频数据

根据监控系统存储设备空间和视频数据重要程度的不同，视频的保留期一般为7~30天，火灾发生时和发生后，要在最短的时间内采集所有的火灾视频，避免视频被误删或覆盖而灭失。

（2）全面采集视频数据

火灾发生后，调查人员需对互联网网页、博客、朋友圈、论坛贴吧、网盘等网络平台发布的信息开展检索、采集和固定；采集监控视频时，要同步提取白天的比对视频以做参考；除采集起火区域的监控视频外，同时也要关注火灾现场周围区域的视频数据，包括火灾现场周边道路和出入口的视频资料。调查人员应尽可能多地提取视频，避免视频提取遗漏。

（3）有效采集视频数据

对火场周边的监控主机应逐一开机查看，有故障的要记录故障的时间、原因等信息，做到一台不漏，避免只询问、不查看；对于多通道监控摄像，要确认每个通道是否正常、是否与火灾相关联、是否有人为破坏行为，尽量减少不相干视频的提取。

（4）合法采集视频数据

在火灾调查中，务必注重视频证据的提取程序，防止火灾视频因提取程序违法失去法律效力，轻者造成重复性工作，重者将直接导致火灾原因无法查明。

2. 火灾视频的发现

应在初步了解情况的基础上，对火灾现场进行巡视，划定勘验范围，并围绕着勘验范围，发现周边存在的任何可能的视频。火灾视频的发现遵循"先中心后周边、先重点后一般"的原则，由现场中心逐渐向外围扩展，尤其要注意发现存在高处的视频资源。

应根据视频的可能来源,在火灾现场寻找和发现监控摄像头,如监控中心、监控室、车载监控、执法记录、行车记录、录像机、手机和网络,涉及公安、政府部门、社会、媒体和个人。

3. 火灾视频的提取

视频数据的采集方法主要包括倒库、拆卸硬盘、整机提取和特殊视频数据采集等。

(1) 倒库(硬盘克隆)

为尽可能多地保存现有的视频资料,防止被系统自动覆盖而消失,可以使用存储量较大的移动硬盘将数据进行全部备份暂存。对于明确起火时间的视频数据,可选择性导出至移动存储设备。

(2) 拆卸硬盘

短时间内需要提取视频资料时,可以选择直接拆卸硬盘。拆卸硬盘提取视频资料会破坏或暂停监控系统的正常使用,影响监控视频的时间校准,也需要拥有者的同意和专业技术人员的操作。

(3) 整机提取

出于完整的证据考虑,可以将整个监控系统的硬件、软件及数据内容一并作为完整的证据提取。

(4) 特殊视频数据采集

移动设备拍摄的视频可以通过有线、无线方法传输到计算机或下载储存;一些受软件限制无法导出的视频资料或由于工作条件的限制无法采用常用的方法进行视频资料采集的,可以使用摄像机拍摄监控屏幕画面或软硬件录屏的方式进行视频资料采集。

4. 视频时间的校准

火灾视频一般采用直接和间接两种方法校准时间。

(1) 直接校准法

校准方式主要有:①对联网开启时间自动同步的摄录设备,视频显示时间与北京时间无误差;②其他火灾视频,采用将设备系统时间与联网开启自动时间同步的移动电话、精确计时装置同屏拍摄照片或视频,实时逐帧影像比对的方式来校准。火灾视频误差的计算如下:

$$\triangle t_{火灾视频误差} = t_{北京时间} - t_{火灾视频显示时间} \tag{3-1}$$

(2) 间接校准法

间接校准法主要用于火灾视频的摄录设备无时间戳显示及摄录设备损毁的情形。校准方式主要通过截取火灾视频中特征影像(是指事件状态瞬间发生变化时的影像,例如爆炸闪光、短路打火),比对具有相同特征影像时参考视频或参考记录(设备运维记录、电网监控记录、网游记录)的显示时间和时间误差,从而间接校准火灾视频的时间误差,火灾视频误差的计算如下:

$$\triangle t_{火灾视频误差} = t_{参考视频(记录)显示时间} + \triangle t_{参考视频(记录)误差} - t_{火灾视频显示时间} \tag{3-2}$$

3.7.3 火灾视频分析方法

1. 火灾视频直接认定法

火灾视频直接认定法是指根据清晰记录火灾发生、发展和蔓延的局部或全部过程的火灾视频资料,直接证明火灾的起火部位(点)、起火原因和责任关系等事实的火灾视频分析方法。

2. 火灾视频时空锁定法

火灾视频时空锁定法是指通过锁定火灾视频资料中特征影像的时空关系,比对叠加火灾前后特征影像的时空关系,认定起火时间、起火部位(点)和起火原因的火灾视频分析认定方法。这种方法多应用于电气线路(设备)短路、爆炸、放火等发生突然,燃烧蔓延迅速的火灾视频分析。

3. 火灾视频特征比对法

火灾视频特征比对法是通过分析视频中火灾初期火光强弱、烟气浓淡、蔓延快慢和燃烧产物状态等起火燃烧的视频特征信息,认定引火源和可燃物种类,缩小现场勘验的范围,为认定起火部位和起火原因提供线索的火灾视频分析方法。这种方法比对的特征包括:火焰的颜色特征、烟雾的颜色特征、起火燃烧特征、放火火灾特征和特殊火行为。

4. 火灾视频光影追踪法

火灾视频光影追踪法是根据特征图像的光影位置、大小、浓淡、高度、速度等视频特征变化规律,认定起火部位、起火物和引火源的视频分析方法。光线在同种均匀介质中(例如空气)沿直线传播,燃烧产生的火光不能穿过不透明物体,会在遮挡的不透明物体旁边的平面和立面物体上形成明亮区、阴影区及明暗分界的光影轮廓线。火灾视频光影追踪法主要研究的就是明亮区、阴影区及光影轮廓线的位置、大小、浓淡、高度、速度等视频特征变化的规律,从而追踪起火最初区域、起火物种类和引火源类别。

5. 火灾视频量化数据法

火灾视频量化数据法是指通过测量、计算方式,获取火灾视频中所反映的与起火、燃烧和蔓延相关的时间、速度、距离和角度等时间空间量化数据,根据获取的量化数据分析认定起火部位(点)、起火原因的分析方法。可以通过火灾视频中的时间量化关系,分析计算火灾关键线索,例如,结合人的正常行走速度,可计算目标人物的行走距离,判断事故发生时人员所在位置;还可以通过计算视频画面中光影轮廓线夹角,认定起火部位。

复 习 题

1. 何谓火灾现场勘验?火灾现场勘验的任务是什么?
2. 火灾现场勘验过程中应遵守哪些原则?
3. 什么叫火灾现场保护?火灾现场保护的原则是什么?在什么情况下需要扩大火灾现场保护的范围?
4. 火灾现场勘验开始前的临场准备工作有哪些?
5. 什么叫环境勘验?环境勘验的目的是什么?

6. 什么叫初步勘验？初步勘验的目的是什么？
7. 什么叫细项勘验？细项勘验的目的是什么？细项勘验的具体方法有哪些？
8. 什么叫专项勘验？专项勘验的目的是什么？
9. 火灾现场提取痕迹物证的一般要求有哪些？
10. 火灾现场勘验常用的记录方式有几种？各有什么优缺点？
11. 火灾视频校准方法有哪些？
12. 火灾视频分析方法有哪些？

第 3 章练习题
扫码进入小程序，完成答题即可获取答案

第 4 章
火灾痕迹物证

火灾痕迹是指在火灾现场中，与火灾发生和发展有关的因素，作用在物体上留下的印迹。能证明火灾事实的火灾痕迹依附在物品上，所以通常将能证明火灾发生和发展的痕迹及物品统称为火灾痕迹物证。火灾现场的各种痕迹物证，根据不同的形成遗留过程和特征，可分别直接或间接证明火灾发生时间、起火点位置、起火原因、蔓延路线、火灾危害结果及火灾责任等。在利用痕迹物证证明过程中，必须利用多种痕迹物证及其他火灾证据共同证明一个问题，才能保证证明结果的可靠性。

4.1 烟熏痕迹

烟气是物质燃烧的产物，是散发在空气中能够被人们看到的悬浮的固体、液体的微小颗粒群。烟熏痕迹是指物质燃烧时产生的烟气，在流动过程中大量游离碳的烟微粒黏附于一些物体之上所形成的一种痕迹。在火灾调查中，烟熏痕迹是重要证据之一。

4.1.1 烟熏痕迹的形成

1. 烟气的产生

火灾过程中，燃烧产生的大量游离碳等微粒随受热空气流动，形成烟气。烟气的成分非常复杂，主要组成成分以碳微粒为主，还包括气相燃烧产物、未燃烧的气态可燃物，以及未完全燃烧的液、固相分解物和冷凝物微小颗粒等，例如氧化钙、氧化钠、小颗粒混杂物等。同一种有机可燃物燃烧时烟的成分主要取决于燃烧条件，如果通风条件好，供氧充足，就能完全燃烧，烟中含有二氧化碳、水蒸气及少量二氧化硫、五氧化二磷等完全燃烧产物。相反，通风条件不好，供氧不足，就形成不完全燃烧产物，烟气中含有大量游离碳粒和一氧化碳及其他复杂的有机物。

2. 烟气流动

室内空间内可燃物燃烧放出大量的热量和烟气，形成高温环境，因热烟气与周围环境空气之间的温差而形成的浮力，驱动烟气在火焰区正上方形成羽流竖直运动。热烟气上升后，周围各个方向的空气不断补充形成圆锥体形轴对称羽流。圆锥体形轴对称羽流的温度高且较稳定，主要通过热辐射向室内壁面或物体表面辐射大量的热。浮力烟羽流沿垂直方向的运动，在遇到顶棚后形成顶棚射流的水平运动，而顶棚射流触及侧壁而形成与浮力作用方向相反的反浮力射流流动，使其向下的速度趋于零，使房间顶部热烟气层逐渐加厚，并逐渐向房间中部扩展，在整个房间上部形成热烟气层。

3. 烟熏痕迹形成

当烟气中的颗粒接触固体表面时，在吸附等因素的作用下，附着在物体表面或进入物体孔隙内部，形成烟熏痕迹。实验发现，不同物质对烟尘的沉积能力不同，对于易燃液体燃烧烟尘来讲，烟尘在各板材中附着能力的大小依次为玻璃板、石膏板、水泥板、铝塑板、钢板、矿棉板。

火灾初期室内壁面或物体表面温度还处于自然温度，火羽流与相距一定距离的物体（该物体不影响轴对称火羽流的燃烧即为非限定空间内的燃烧）热交换梯度大，容易在这些物体上留下烟熏痕迹，由于火羽流与物体相距一定的距离，轴对称羽流不能完全将圆锥体形投影到物体上，而形成模糊的圆锥体形的纵剖面投影图形，即类似"V"形的烟熏痕迹。

高温的烟气流碰到上方顶棚阻力形成蘑菇状烟云区域，由于火灾初期顶棚表面温度还处于正常室内温度，热烟气与顶棚热交换梯度大。另外，根据烟气生成量分析，距离火源的高度越大处的羽流质量流量（烟气的质量生成率）越大，即顶棚处集聚的烟粒子多，且火源上方的烟气对流强度大，热辐射强，温度高。因此在起火点上方的顶棚处易形成浓密且带有方向性的圆形烟熏痕迹。同时，热烟气层在周围墙壁上形成一定高度的烟熏痕迹。

烟熏程度主要由烟浓度和烟熏时间决定。一般烟熏时间越长，烟熏痕迹越浓重。烟浓度与物质种类、数量、氧浓度、温度、湿度等多种因素有关。物质的化学组成是决定烟气产生量的主要因素，一般含碳量高的物质烟浓度较大，例如，在450~500℃，聚酯发烟量为木材发烟量的10倍；又如乙炔中碳氢比为1∶1，乙烯中碳氢比为1∶2，乙烷中碳氢比为1∶3，所以在扩散燃烧中乙炔生碳能力最大，乙烷最小，乙烯介于两者中间。可燃物分子结构对烟的生成也有较大影响，环状结构的芳香族化合物（如苯、萘）的生碳能力比直链的脂肪族化合物（烷烃）高。此外，氧气供给充分，碳原子与氧气生成一氧化碳或二氧化碳，碳粒子生成少，或者不生成碳粒子；氧供给不充分，碳粒子生成多，烟雾很大。同理，环境温度对烟浓度也有影响，例如，木材在400℃时发烟量最大，超过550℃时发烟量只为400℃发烟量的1/4。一定范围内，物质越潮湿，烟的浓度越大；烟浓度越大，烟熏痕迹越浓重。

4.1.2 烟熏痕迹的证明作用

烟熏痕迹是一种常见的痕迹物证，具有多种证明作用，是认定火灾事实的重要证据之一。在现场勘验中应及时发现烟熏痕迹并根据烟熏痕迹形成的规律和特征，确认其对某一事实的证明力，而后将其作为证据固定、提取。

1. 证明起火点

（1）根据"V"字形烟熏痕迹、圆形烟熏痕迹证明起火点

受燃烧条件和客观环境影响，起火点处通常会形成具有不同形状、有别于非起火点的烟熏痕迹。这是因为火灾初期燃烧不充分，发烟量较大，容易在墙面留下明显的烟熏痕迹。

"V"字形烟熏痕迹是烟气圆锥体与墙体等垂直表面相互作用而产生的痕迹。由于烟气向上垂直蔓延速度大于水平蔓延速度,所以在与火焰、烟气流平行的物体或与地面垂直的物体上会留有下窄上宽的"V"字形烟熏痕迹。"V"字形烟熏痕迹的底部可能就是起火点,如图4-1所示。斜面形烟痕可看做"V"字形烟痕的一半,起火点在斜面的底部。

圆形烟熏痕迹一般形成在火焰、烟气流流动的对应物体底面上。烟气在没有风扰动的情况下向上扩散,遇到上方的水平表面如顶棚时,由于烟气从火焰中心向外运动过程中温度不断降低,火焰上方的水平表面上更倾向于形成圆形的破坏痕迹,称为"牛眼"痕迹。圆形烟熏痕迹破坏最严重的部位位于

图 4-1　墙面上的"V"字形烟熏痕迹

火焰的正上方,因此,起火点一般位于圆形烟熏痕迹对应的底部。

(2) 根据"白点"证明起火点

在利用烟熏痕迹的形状、位置、分布及浓密程度判断起火点时,应注意是否有先期形成的烟熏痕迹被后期火焰烧掉的可能。这是因为起火点处产生的烟痕比较浓重,起火部位的燃烧时间一般比较长,当火势发展,燃烧条件良好时,在起火初期形成的烟痕可能受到热辐射、火焰灼烧等,使得这些部位黏附的碳颗粒重新燃烧,导致此处的烟痕颜色变淡而形成"白点"痕迹。例如,室内顶棚大部分烟熏均匀,而只有某个局部洁白发亮,则其下部可能是起火点。再如,室外各窗子上部墙面烟熏均匀连续,只有某间房间窗户上部没有烟熏痕迹,那么这间房间也可能是起火房间。

(3) 根据门窗上部烟痕证明起火点

在火灾初期,首先起火房间的顶棚、墙壁、门、窗玻璃内侧等部位上形成浓密均匀的烟痕。随着屋内压力的增加,部分烟气从开口处排出,在开口上部形成浓密烟痕。当火势突破起火房间向其他房间蔓延时,由于火势变大,燃烧充分,非起火房间内不易形成浓密均匀的烟痕,有时即使形成一些烟痕,也只是限于直接被熏的局部部位,不像首先起火房间那样形成的烟痕面积大,均匀浓密。因此,根据门窗上部明显的烟痕,可以证明首先起火房间,并能证明是室内首先起火。

(4) 根据顶棚(吊顶)上下烟痕证明起火点

顶棚(吊顶)上方起火,山墙上部分内侧烟熏痕迹浓密,棚下部分没有烟熏痕迹或痕迹稀薄,门、窗檐部、顶棚面、墙壁等部位一般没有烟熏痕迹,起火部位附近屋檐处局部有从里向外形成的明显烟熏痕迹。因此,如果吊顶内残存的山墙上烟熏浓密,而吊顶下面室内墙壁上烟熏稀薄,则说明吊顶内先起火;反之说明室内先起火。

2. 证明蔓延方向

火灾过程中,烟气的流动方向一般与火势蔓延方向一致,火灾后可依据烟熏痕迹的方向

判断火势蔓延方向。在火灾过程中，烟气流动的方向性使物体面向烟气流的一面先形成烟熏痕迹，浓密程度均匀，背面烟熏程度轻，因此根据烟熏痕迹浓重程度变化可以判断出火灾的蔓延方向。例如，根据玻璃两面烟熏情况的不同可以判断蔓延方向。即使玻璃已经破碎掉在地上，可以通过碎块上的腻痕确定玻璃原来的位置并进行判断。

另一方面，由于烟气流动的连续性，处在不同空间的物体表面，将先后连续形成烟熏痕迹（如高层建筑火灾，各层对应窗檐部、管道口等部位）。对这样的烟熏痕迹的连续性，要依据烟气流动规律和烟熏痕迹的形态特征来判定，其核心要素是需要确定连续烟熏痕迹的始点。火是由烟痕的始点开始向另一个烟痕的部位蔓延过去的。一排物体随着距初始发烟点距离的增加，其上面产生的烟痕越来越淡，根据这一点可以判断火灾蔓延方向。

此外，室内起火，尤其是吊顶内起火，在房顶没有烧塌的情况下，也会在墙壁上和未烧塌的屋顶、屋架上留下烟气流动方向的轮廓，这种轮廓指示了火焰与烟气的运动方向。根据这种烟气流动方向的轮廓，可以确定火灾的蔓延方向。

利用热烟气层痕迹，可以判断烟气在不同房间的流动次序，进而判断火势蔓延方向。当房间内热烟气层比较均匀，说明起火点不在这个房间，如图 4-2 所示；沿着烟气流动方向，不同房间的热烟气层越来越薄。

图 4-2 非起火房间热烟气层痕迹

3. 证明起火方式

根据起火时的特点和起火点留下的痕迹特征，火灾的起火方式分为阴燃起火、明燃起火、爆炸起火三种。不同的可燃物与不同的起火源相互作用，到发生明火形成持续稳定燃烧所需要的时间是不同的，因此烟熏程度也不同。一般情况下，可燃物被明火点燃，会立即燃烧，形成的烟熏痕迹比较轻；可燃液体蒸气、可燃气体与空气混合物爆炸起火，则一般烟熏痕迹很轻，甚至没有；而阴燃起火要经过较长时间的阴燃过程，由于这一过程中产生大量的烟，在周围物体的表面上会形成浓密、均匀的烟熏痕迹。

4. 证明可燃物种类

不同性质的可燃物，在燃烧过程中会产生不同数量和不同成分的产物，发烟量、烟的颜色、气味也不尽相同。油类、树脂及其制品因含有大量的碳，即使在空气充足、燃烧猛烈阶段也会产生大量浓烟，燃烧后在周围建筑物和物体上留下浓厚的烟熏痕迹，甚至在地面上也会落下一层烟尘；植物纤维类，如木材、棉、麻、纸、布等燃烧形成的烟熏痕迹中凝结的液态物很可能含有羧酸、醇、醛等含氧有机物；矿物油燃烧的烟熏痕迹中的液态凝结物多含有碳氢化合物；炸药及固体化学危险品发生爆炸、燃烧，在爆炸点及附近发现的烟熏痕迹中可能存在炸药或固体化学危险品的颗粒。由于烟尘中含有可燃物的残留物和热分解产物，可以通过烟尘成分分析鉴定可燃物种类。

5. 证明燃烧时间

根据不同部位烟熏痕迹的厚度、密度、附着牢固程度及烟尘颗粒的扩散深度比较分析，可证明燃烧时间。一般烟熏痕迹比较浓密，则说明该处烟气作用时间比较长。但是如果某处的烟熏痕迹尽管浓密，但容易擦掉，烟尘颗粒的扩散深度较浅，则说明火灾作用时间较短；反之，则说明火灾作用时间较长。

6. 证明开关状态

在现场勘验时，为了查明电气线路或电器通电状态，就要对其控制装置，如刀开关、插座等进行勘验，鉴别其火灾时的通电状态。由于火灾的破坏作用，以及扑救中或火灾后的人为因素影响，常造成控制装置的原部件解体、分离，在这种情况下可通过其部件表面颜色、烟熏痕迹情况来进行判定。以刀开关形成的烟熏痕迹为例，在通电状态下闸刀与静片接触部分表面及静片内侧，与其他部分颜色有区别，界线分明。这是因为在火灾条件下闸刀开关闭合，两个静片将动刀片夹紧，烟尘不易进入，因此在闸刀、静片接触部分没有烟痕或很轻，静片内侧很洁净，外部其他部位烟熏痕迹很重，形成明显界线。闸刀开关处于断开的状态时，动片没有插入两个静片之间，因此在动片和静片表面上都会形成连续均匀的烟熏痕迹，没有明显界线。其他非密封的开关，如插座、取电牌等也可以用同种方法鉴别是否接通。

7. 证明玻璃被打破时间

在火灾过程中，玻璃炸裂掉落之前已经受到烟熏作用，掉落到窗台或地面上之后，收集并拼接碎片，烟熏痕迹连续、均匀；起火前被打碎的玻璃，在火灾中受到烟熏作用的是已经掉落在地面上的玻璃碎片，所以使用同样的方法进行勘验，就不能拼接出连续、均匀的烟熏痕迹。特别是碎片贴地的一面由于在火灾中受到地面的保护，没有烟熏痕迹。

8. 证明容器或管道内是否发生燃烧

内装烃类物质的容器、反应器或管道内发生过燃烧或爆炸，其内壁上附有一层烟熏痕迹。电缆沟或下水道内如果发生过烃类易燃液体蒸气的爆炸或燃烧，在其内壁也会有烟熏痕迹。

9. 证明火场原始状态

现场勘验时，如果怀疑某件物品在火灾后被人为移动过，通过该物品表面因触摸被破坏的烟痕、浮灰，或者移动该物品，看它下面的物件表面上是否有和该物品底部形状一致、没有烟尘的轮廓就可以得到结论。如果一件物品在火灾后被人为从火场拿走，或一个物体从外部移入火场，都可用类似的方法进行判别。

根据热烟气层的变化痕迹还可以证明火灾现场开口的原始状态。房间内热层高度可以用墙面涂料或装修材料的炭化、起泡或变色情况来判断。当室内烟气相对静止时，这些痕迹一般处于一个水平面上，即到地板的距离是相同的。如果高度出现变化，说明此处在开口附近，如开启的门窗、墙或地板上的开口等。这是因为根据烟气流动规律，整个房间中热气层厚度趋于一致，只有在开口附近，达到开口高度的热烟气将通过开口向外流动。另外，门窗合页上的烟熏痕迹也可以用来判断门窗是否处于开启状态。

10. 判断火场内死者死亡原因

对火灾现场中发现的死者进行尸检，根据其气管、食道等部位有无烟尘及燃烧残留物，可判断死者是火灾前还是火灾中死亡。一般火灾前已经死亡的人，由于在火灾发生时已经停止呼吸，所以其口腔和呼吸道中没有烟尘；而在火灾中死亡的人，在呼吸时会吸入烟尘，沉积在口腔、鼻腔、呼吸道等处。

4.1.3 烟熏痕迹的提取与固定

烟熏痕迹的形状和特征，一般用拍照方式固定，以火场制图和勘验笔录辅助说明。需要收集烟尘进行鉴定时，烟痕浓密的可以用竹片、瓷片轻轻刮取；对于烟痕稀薄的，可用脱脂棉擦取；烟尘或爆炸物烟痕进入物体内部，可将烟尘连同物体一并采取。

4.2 木材燃烧痕迹

木材，包括木质板材，是一种常用的建筑和装修材料，在火灾中被引燃，会留下大量燃烧痕迹。由于引燃方式、燃烧过程不同，会留下不同特征的痕迹。可以通过分析研究这些痕迹，来判断火灾发生发展过程。

4.2.1 木材的基本特性

木材的物理和化学特性复杂。木材的密度与化学成分是影响其燃烧过程的基本特性。

1. 木材的密度

木材的密度是指单位体积木材的质量，通常以 kg/m^3 表示。树种不同，木材的密度有较大区别，这主要是由木材的孔隙度和含水量所决定的。孔隙度随着树木的品种、年龄、生长条件不同而不同。木材的平均密度为 $400 \sim 900 kg/m^3$，以 $450 kg/m^3$ 为界，密度大于 $450 kg/m^3$ 的为硬杂木（如槐木），密度小于 $450 kg/m^3$ 的为软杂木（如松木）。实验研究结果表明，木材的炭化率和炭化后的表面裂纹形态与密度有很大关系，一般来说，密度越大，木材的炭化速率越小，裂纹越密。

2. 化学成分

干木材主要含有纤维素、木素、多聚戊糖、脂和无机物等物质。其化学组成基本相同，主要由碳、氢、氧构成，还含有少量的氮和其他元素。现有的木制品可分为密度板、细木板、胶合板、纤维板等。

3. 木材的燃烧过程

木材受热后一般会经历干燥、热分解、炭化、燃烧等过程。由常温逐渐加热，首先是水分蒸发，当温度达到110℃时，水分基本蒸发完全，木材成为绝对干燥状态；再继续加热就开始热分解；到150℃左右开始焦化变色；当温度超过200℃时表面出现黑色，这个过程称为炭化。根据实验，木材的热分解速度从250℃开始急剧加快，热失重显著增加，275℃时最为显著，350℃热分解结束，木炭开始燃烧。

木材的燃点是指木材试样周围流过热空气时，由于受热分解出可燃性气体，当这些可燃性气体能够被一个小的外部点火源点燃时的热空气的最低温度。木材的燃点一般在200℃以上。

木材的自燃点是指热空气流过木材时，在没有点火源的条件下，木材自行燃烧时的最低热空气初始温度。木材的自燃点一般在400℃以上。几种常见木材的燃点和自燃点见表4-1。

表4-1 几种常见木材的燃点和自燃点

树种	燃点/℃	自燃点/℃
杉木	243~249	422~439
松木	241~250	436~460
楸木	250~260	440~460
水曲柳	255~292	450~470
榆木	266~275	450~480

低温条件下，木材也能放出部分热量，因而存在低温发热起火的危险。由实验可知，当木材温度达到210℃时，停止外部加热，并把这一温度维持20~30min，放热反应便可达到相当快的速度。这样因其本身放热，木材的温度也能慢慢达到260℃。通常260℃为木材着火的危险温度。这就是说，在低于其燃点温度下长时间受热，木材也会发生自燃，称为木材的低温自燃。

4.2.2 木材燃烧痕迹种类及特征

木材燃烧痕迹主要是受高温作用而形成的，但是在不同的热源作用下，木材燃烧痕迹的形成过程和所呈现的特征也有所不同。因此，根据木材燃烧痕迹的不同特征可以判断热源的种类，从而判断火灾发生、发展的过程。

1. 明火燃烧痕迹

在明火作用下，木材很快分解出可燃性气体并发生明火燃烧，在外界明火和木材本身明火的共同作用下，表面火焰按照向上、周围、下面的顺序很快蔓延。暂时没有着火的部分在火焰作用下进一步分解出可燃性气体，并发生炭化，同时表面的炭化层也发生燃烧，形成气、固两相燃烧反应。因为明火燃烧快，炭化层参与燃烧，所以其燃烧后残留炭化层薄。同时，若燃烧时间长，由于木材热分解速度快，木材快速失重，残留炭化层裂纹较宽、较深，呈大块波浪状痕迹，如图4-3所示。

图4-3 木质窗框明火燃烧留下的炭化痕迹

图4-3 彩图

2. 辐射着火痕迹

在热辐射作用下，木材经过干燥、热分解、炭化，受辐射面出现几个热点，然后由某个热点先行无焰燃烧，继而扩大发生明火燃烧。辐射着火痕迹的特征是：炭化层厚、龟裂严重、炭化层表面有光泽，炭化层表面裂纹随温度升高而变短。

3. 受热自燃痕迹

在长时间温度不高的受热过程中，木材经历长时间的热分解和炭化过程，最后发生自燃。受热自燃痕迹的特征是：炭化层深，有不同程度的炭化区，沿传热方向将木材剖开，可依次出现炭化坑、黑色的炭化层、发黄的焦化层。

木材接触 100~280℃ 甚至更低温度的热源，在不易散热的条件下，经过相当长时间也会发生的燃烧，称为低温燃烧。由于温度低，其热分解和炭化时间更长。低温燃烧痕迹的特征是：具有较深的不同程度的炭化区，炭化层平坦，呈小裂纹，沿传热方向将木材剖开，可依次出现炭化坑、黑色的炭化层、发黄的焦化层，其中焦化层居多。

4. 电弧灼烧痕迹

强烈电弧使木材很快发生燃烧。但由于电弧作用时间短，若灼烧后未发生明火燃烧或产生火焰后很快熄灭，则其所呈现的特征是：灼烧处炭化层浅，与非炭化部分界线明显，而且在电弧的瞬间高温作用下使炭化木材石墨化。石墨化的炭化表面具有光泽，并有导电性。

5. 炽热体灼烧痕迹

如热焊渣、通电发热的灯泡、电熨斗、电烙铁等高温体，虽然表面没有明火，但是温度很高，易引燃可燃物。炽热体灼烧痕迹的特征是：根据炽热体温度不同，炭化层厚薄不均，但都有明显的炭化坑、洞，炭化区与非炭化区界线明显。

4.2.3 木材燃烧痕迹的证明作用

木材燃烧痕迹的证明作用主要体现在五个方面。

1. 证明火势蔓延速度

当火势蔓延速度快时，火流很快通过，木材炭化时间较短，炭化层较薄。而火势蔓延速度比较缓慢的情况下，木材则会形成比较厚的炭化层，因此在一个火场当中，比较不同部位的同一种木材炭化层厚度及表面特征，可以证明火流的强度大小和火灾蔓延速度。如果炭化层薄，炭化与非炭化部分界线明显，说明火势蔓延快；如果炭化层厚，炭化与非炭化部分界线不清，说明火势中等；如果炭化层厚，且炭化与非炭化部分有明显的过渡区，则说明火势蔓延慢。

2. 证明蔓延方向

一般来说，在火灾现场中，沿着火势蔓延的方向，木材燃烧残留物烧损程度由重到轻变化。火势的蔓延方向有下列几种判断方法：

（1）根据多个木构件残余部分判断

由于火势在水平向前发展的同时向上蔓延，这会使木材被烧的位置沿着火势蔓延的方向越来越高。在火灾现场经常遇到若干并列木质构件（木梁、檩条木、吊顶木、间墙立柱、门窗、木楼梯扶手、栏杆等）被烧后留下的痕迹。在现场勘验中，观察比较每个物体的烧损程度可以判断火灾蔓延方向。由于燃烧的次序不同，会按火灾蔓延方向形成先短后长的迹象，如图 4-4 所示。

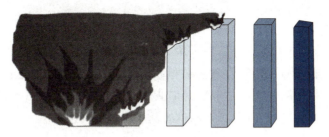

图 4-4　木材残留与火势蔓延示意图

（2）根据不同侧面炭化程度判断

由于先受火的一面受热时间比较长，所以炭化程度重的一面为迎火面。

（3）利用斜茬方向判断

木桩、门窗框等比较大的木材，由于先烧的一面比较低，后烧的一面比较高，留下两侧高低不同的斜茬，斜茬面为迎火面。

（4）利用木板上烧的洞的开口判断

由于先受火的一面其边缘烧损和炭化情况会比较严重，所以开口比较大的一面为迎火面。

3. 证明燃烧时间和温度

火场中木材被烧后，由于燃烧时间和温度的不同，其炭化深度和裂纹形态也有所不同。现场勘验时可以利用炭化深度和裂纹形态来判断燃烧时间和温度，结合现场情况判断出燃烧时间最长、受热温度最高的部位，进而判定起火部位。

（1）利用炭化深度计算

在耐火建筑（混凝土、砖混结构）火灾中，软杂木的炭化速率为 0.60~0.65mm/min，硬杂木的炭化速率为 0.50~0.55mm/min。木材炭化深度与燃烧时间成正比。利用炭化深度按下式计算出燃烧时间：

$$t = X/v \tag{4-1}$$

式中　X——炭化深度（mm）；

　　　v——炭化速率（mm/min）；

　　　t——燃烧时间（min）。

然后根据建筑标准升温曲线图可求得火场温度。

（2）利用炭化裂纹形态判断

木材炭化裂纹特征主要体现在裂纹长度、裂纹宽度和单位面积裂纹数目上，这些特征可以反映火灾中木材所受温度作用。

实验研究结果和多年现场勘验实践证明，裂纹长度的变化主要与加热温度有关，而与加热时间基本无关。随着温度的升高，横向裂纹长度变短；木材炭化裂纹的数量随温度的升高而增加；木材炭化裂纹宽度随加热温度的升高而变宽；木材炭化裂纹长度、数目、宽度还与木材的密度有关。在同样的加热条件下，随着木材密度的增加，木材炭化裂纹长度变短，数目增加，宽度变窄。

4. 证明起火点

如果在火灾现场中发现木间壁、木货架、木栅栏、木质装饰品等被烧成"V"字形豁口，或者烧成大斜面，则这个"V"字形豁口或大斜面的低点可能就是起火点。例如，一个商店发生火灾，现场勘验中发现某个墙壁的货架烧得最重，沿墙面布满的木货架烧成了"V"字形豁口，则说明这个"V"字形豁口的低点就是起火点。

5. 证明起火原因

根据木材燃烧痕迹还可以证明起火原因。如果在木质表面上留下了电弧灼烧痕迹，则说明该处发生过电气线路短路等电气故障。如果木材出现炭化坑，并且在其附近可以找到炽热体残骸，则说明可能是由于电熨斗、电炉子等炽热体而引起的火灾。

如果在桌子或木地板等木质表面上发现一部分炭化较深，深度比较均匀，炭化区与非炭化区界线分明，并且具有液体自然流淌的轮廓，则说明木质表面上面洒有液体燃料。

4.2.4 炭化深度的测量

木材炭化深度的测量是利用炭化深度测量仪测量木材上残留的炭化层深度，然后根据木材的原始尺寸计算出其实际炭化深度。实际炭化深度是被火烧掉的木材厚度与实测炭化层厚度之和。被火烧掉的木材厚度即火烧前木材厚度与火烧后木材厚度之差。火烧后木材厚度可用实际测量得到，火烧前木材厚度可由未烧部分（如埋在墙里的一段）得到。实测炭化层厚度可以由炭化深度测定仪或其他简单工具测得。测量针能够插进木炭的最深的距离即为实测炭化层厚度。简单工具测定法如图4-5所示。测量残留炭化深度时，应该注意不要使用太尖利的工具，且测量时注意用力不要太大。为了便于比较，一个火灾现场中最好由一个人进行测量。

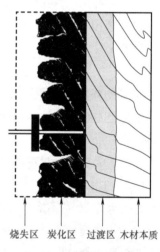

烧失区　炭化区　过渡区　木材本质

图4-5　简单工具测定法

4.3 液体燃烧痕迹

在火灾现场中存在的液体燃烧痕迹，主要是指处于容器之外的可燃液体燃烧而产生的痕迹。在现场勘验中发现并提取液体燃烧痕迹，对于确定火灾性质、火灾原因非常重要。

4.3.1 可燃液体燃烧规律

可燃液体燃烧时，并不是液体本身在燃烧，而是液体蒸发出来的蒸气在燃烧。可燃液体蒸气浓度受温度及可燃液体本身性质的影响。

当液体温度较低时，由于蒸发速度很慢，液面上蒸气浓度小于爆炸下限，蒸气与空气的混合气体遇到火源时不能被引燃。随着液体温度升高，蒸气浓度增大，当蒸气浓度增大到爆炸下限时，蒸气与空气的混合气体遇火源就能闪出火花，但随即熄灭，即闪燃现象。液体发生闪燃是因为其表面温度不高，蒸发速度小于燃烧速度，蒸气来不及补充，液面上的蒸气烧光后火焰便立即熄灭。但是闪燃已经表明液体有着火的危险。

可燃液体的温度被加热到闪点以上，蒸发速度加快，当蒸发速度等于或大于燃烧速度时，蒸气与空气的混合气遇火源便发生燃烧。由于蒸气能够源源不断地补充，故燃烧能持续进行下去，如图4-6所示。这种持续燃烧的现象即为可燃液体的着火燃烧过程。在不渗透的表面洒上易挥发液体（丙酮、酒精、汽油）遇到火源会很快发生闪燃，其液面厚度约为0.5mm，燃烧时液面下降速度为0.5~1mm/min。在液体燃烧过程中，液体正下方的物体承受的辐射热不高于液体的沸点，所以沸点越低，燃烧后表面受热破坏的程度越轻。

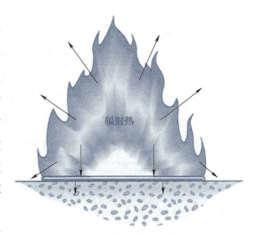

图 4-6 可燃液体燃烧示意图

由于液体的流动性，液体及其蒸气向低处流淌，可以从门下甚至木隔断的底座下流过，液体可以流入地板的接缝或裂缝中，部分液体得以残留。不易挥发的液体，沸点较高，液体的燃烧速度较慢，从而使液体有更多的时间在地板上流淌及渗透到裂缝或多孔的边缘处。

4.3.2 液体燃烧痕迹特征

由于液体本身特殊的性质和燃烧规律，火灾现场中液体燃烧的痕迹会呈现出以下特征：

（1）平面上的燃烧轮廓

如果易燃液体在材质均匀的、各处疏密程度一致的水平面上燃烧，无论是可燃物水平面的被烧痕迹，还是不燃物水平面上所留下的印痕，都呈现液体自然流淌的轮廓，形成一种清晰的表面结炭燃烧图形。对于地毯，使其干透后，用较硬的扫帚用力清扫其表面，将表面的烟尘和堆积物清理后，会使燃烧痕迹更明显；对于木地板，经过仔细清扫和擦拭，很容易显现炭化区的轮廓；对于水泥地面，由于液体具有渗透性，燃烧后遗留下来的重质成分会分解出游离碳，烧余的残渣及少量炭粒牢固地附在地面上，留下与周围地面有明显界线的液体燃烧痕迹（图4-7）。对于挥发性强的液体，如酒精、乙醚等，则不易在不燃地面上留下这种痕迹。

图 4-7 可燃液体在水泥地面上形成的燃烧轮廓

（2）低位燃烧

物质的燃烧由于周围空气受热蒸腾的作用，总是先向上发展，再横向水平蔓延，向下部蔓延的速度较慢，所以火场上靠近地面的可燃物容易保留下来。如果木地板发生燃烧，就可能是可燃液体造成的。由于液体的流动性，往往在不易烧到的低位发生燃烧。具体的低位燃烧有以下几种情况：烧到地板的角落，烧到地板边缘、接缝，烧到地板下面。

（3）烧坑和烧洞

由于液体的渗透性和纤维物质的浸润性，如果可燃液体被倒在棉被、衣物、床铺、沙发上燃烧，则这些物品会被烧成一个坑或一个洞。

在木地板上的桌子底下、门道以外、接近楼梯上下口的区域，由于人们经常脚踏摩擦，可将地板漆等局部磨损。如果可燃液体流到这些地板表面被破坏的区域，容易渗入木质内部，则发生燃烧后这些地方往往会造成烧坑。

（4）呈现木材纹理

如果可燃液体洒在桌面上，尤其是洒在没有涂漆的水平放置的木材上，由于木材本身生长速度不同导致疏密不均，存在纹理，其中，木质疏松的地方容易渗入液体，因此燃烧以后，这部分将燃烧得较深，使木材留下清晰的凹凸炭化纹理。

在木地板上，液体燃烧时由于汽化，地板表面不大可能被加热到该液体的沸点以上，只有在最后将燃尽时，地板表面温度瞬时提高，若地板严密，液体不能渗透到地板内部或地板下，则地板很少出现被点燃的情况，而是普遍造成地板表面褪色和轻微炭化现象。

4.3.3 形成低位燃烧痕迹的其他情况

液体燃烧痕迹的主要特征是燃烧破坏的位置比较低，即低位燃烧特征。但是，由于火灾现场情况的复杂性，其他一些条件下也可能产生低位燃烧痕迹。在进行现场勘验时，要注意以下情况：

（1）正在燃烧的可燃物掉落燃烧

在现场勘验时要注意室内上部原来是否有如窗帘、衣物、壁毯等悬挂物，在火灾过程中，它们在被点燃后掉落在地板上，在地板上继续燃烧，可以引起地板的燃烧，形成低位燃烧痕迹。

（2）起火点在地板上

如果起火点处于地板这一高度时，如地板上的电热器具引燃地毯、地板等，由于受热时间比较长，受热温度比较高，因此，可能会在起火点部位的地板上留下比较严重的烧损痕迹，产生类似于液体的低位燃烧痕迹。

（3）地板上的可燃物燃烧

如果火灾现场的地板上原来堆放有可燃物，如化纤地毯、木材等，因为化纤地毯和垫料在闪燃后的火灾中会熔化和燃烧，容易形成塑料燃烧后的熔坑，在破坏的地板周围产生局部不规则的破坏痕迹。实验发现，地板上的木材达到一定量，燃烧对水泥地板的破坏作用比可燃液体还要严重，这些痕迹有时可能被误以为是可燃液体燃烧后留下的。

(4) 轰燃后燃烧

轰燃后的室内火灾自由燃烧阶段，热辐射强度非常高（$120 \sim 150 kW/m^2$），室内的燃烧变得特别猛烈并且不稳定。强烈的热辐射可以引燃地板上的覆盖物及地板本身。轰燃后长时间的燃烧中，由于固态可燃物，如沙发、床等，在燃烧状态下掉落到地板上并继续燃烧产生的热辐射，甚至会烧穿地板。不同部位的燃烧情况虽然并不完全一样，但是轰燃后的燃烧破坏痕迹各处无明显特点，类似于可燃液体的低位燃烧痕迹。在实际火灾现场中，发现如窗帘或装饰家具一类的可燃物在轰燃后燃烧，能够使木地板局部被烧穿。

与可燃液体的低位燃烧痕迹比较，上述几种情况下产生的低位燃烧痕迹在可燃水平面的烧损深度决不会像液体燃烧时那样均匀。如果在火场上发现轮廓内燃烧深度不均匀，某个地方烧入层浅，甚至没烧着，而有的地方烧入层较深；或者在地板不平的情况下，这种轮廓不是出现在最低处，而是在较高的地面上出现；或者在这种轮廓中发现遗留下来的某些残骸，如衣扣或帘子的挂环等金属物，则可确认不是液体燃烧造成的，从而将这几种低位燃烧痕迹与液体低位燃烧痕迹区分开来。

4.3.4 液体燃烧痕迹的证明作用

液体燃烧痕迹的证明作用主要体现在三个方面。

(1) 证明起火部位、起火点

液体燃烧属于明火燃烧，火焰高、辐射强度大，因此，液体燃烧所在部位周围物体受到辐射热的作用，被烧后形成明显的受热面。受热面朝向都指向火源处，一般情况下起火部位就在该处。此外，液体流动性和渗透性所形成的痕迹，如低位燃烧痕迹处，局部烧出的坑、洞痕迹处，一般就是起火点。

(2) 证明起火原因

现场勘验时，在疑似液体燃烧痕迹处提取检材，鉴定确认含有易燃液体成分，经调查证实该处起火前没有易燃液体存在，排除其他因素后，就可认定是放火。停放车辆、油桶等部位，由于车辆的油管、开关、油箱或油桶渗漏，造成汽油流淌，遇到火源发生的火灾，现场勘验时通过液体流淌燃烧痕迹，寻找油管、油箱渗漏原因（如偷油者将油箱底螺栓拧开），就能确定起火原因。

(3) 证明肇事嫌疑或当事人

易燃液体闪点低，燃烧速度快，放火者和与起火部位易燃液体接触的人，如肇事嫌疑、操作人和当事人，在起火时其逃离的速度可能远低于液体燃烧的速度，多数人都来不及撤离现场就被烧伤。由于这些人员在现场中的位置、动作行为差异，在他们的不同部位就会留下不同特征的烧伤痕迹，如他们身上和手上沾上汽油，往往将衣服烧毁或皮肤烧脱。如果能够找到产生"人皮手套"或"人皮面罩"的人，往往就是肇事嫌疑或放火人。

4.3.5 液体物证的提取

需要提取样品进行分析鉴定时,应在易燃液体可能残存的部位进行取样。可以提取液体物证本身,也可以提取其浸润固体物质或溶液。在火灾现场中,液态物证的提取部位包括各种液体燃烧轮廓内;家具的下面和侧面、地毯、垫子等;地板的护壁板后、楼梯上、地板裂缝接缝;火灾后的死水面;各种生产装置和储存容器内等处。同时,注意提取液体燃烧痕迹上方的烟尘,利用烟尘可以鉴定是否存在可燃液体。

4.4 玻璃破坏痕迹

在许多火灾现场,特别是建筑火灾现场中,往往存在被破坏的玻璃。研究这些玻璃破坏痕迹,可以分析其破坏过程,证明一些火灾事实。

4.4.1 玻璃的基本特性

玻璃主要由二氧化硅及少量氧化钙、氧化钠、氧化铝等物质组成。作为一种常用的材料,玻璃具有许多优良的特性,如耐蚀性,玻璃对于大气中的水蒸气、水和弱酸等具有稳定性,不溶解也不生锈;绝缘性,在常温下玻璃的电导率很小,是绝缘体,但在高温下玻璃的电导率急剧增加;隔热性,玻璃是热的不良导体,可以起到一定的保温作用。玻璃同时还有一些弱点,例如一般的玻璃硬且脆,受力时易破碎。

建筑玻璃的密度一般为 $(2.45\sim2.55)\times10^3 kg/m^3$,抗拉强度为 $40\sim80MPa$,弹性模量为 $(6\sim6.75)\times10^4 MPa$,在室温达到 $100℃$ 时,其导热系数为 $0.40\sim0.82W/(m·K)$,热膨胀系数为 $(9\sim15)\times10^6 K^{-1}$。

常见的玻璃除了普通建筑玻璃外,还有钢化玻璃、双层玻璃等。

由于玻璃容易被破坏,在火灾现场中有多种原因可能导致其破碎。在火灾中,玻璃的破坏主要有三种原因:

1) 机械破坏。玻璃的机械破坏是指在外加机械应力的作用下,玻璃破碎、开裂。

2) 热炸裂。由于玻璃的导热性很差,在火灾条件下受热时,其各部位受热温度不均,会产生热应力,使玻璃开裂、破坏。

3) 熔融变形。一般玻璃在 $470℃$ 左右开始变形;$740℃$ 左右软化,但不流淌;随着温度升高,黏度降低,则开始出现流淌迹象,大约在 $1300℃$ 完全熔化成液体状态。

4.4.2 玻璃破坏痕迹的证明作用

在火灾调查中,玻璃破坏痕迹有以下几种证明作用。

1. 证明破坏原因

在火灾现场发现玻璃破坏痕迹时,首先应判断其为机械破坏还是热炸裂。

(1) 根据裂纹形状判断

由于边角处的热应力最大,被火烧、火烤炸裂的玻璃,裂纹从边角开始,裂纹少时,呈树枝状，裂纹多时，相互交联呈龟背纹状，如图 4-8 所示；机械力冲击破坏的玻璃，裂纹一般呈放射状，以击点为中心，形成向四周放射的裂纹，如图 4-9 所示。

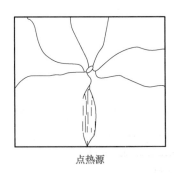

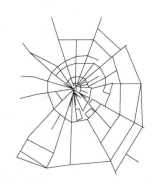

图 4-8 热炸裂玻璃裂纹形态　　　　　　　　　图 4-9 机械力破坏玻璃裂纹形态

当玻璃已破碎时，可根据碎片形状判断：机械破坏玻璃碎片较尖利，边缘平直，多为锐角；热炸裂玻璃碎片边缘弯曲，可存在钝角。

（2）根据断面形态判断

由于玻璃破裂的过程不同，两种原因的玻璃破碎断面特征不一样：机械破坏玻璃断面上存在弓形线；热炸裂玻璃断面上一般没有弓形线。

（3）根据落地点位置判断

机械打击玻璃时，由于应力较大，玻璃大多向着受力方向掉落，且距离较远；而另一侧的碎片数量较少。热炸裂玻璃，由于应力较小，向两侧掉落的概率差不多，且掉落位置较近。

（4）根据残留部分在框上的牢固程度判断

机械打击玻璃，玻璃在打击点受力最大，在玻璃破碎后应力迅速释放，边缘处受力较小，且时间短，如果窗框上有残留的话，仍比较牢固（主要是指用腻子固定的玻璃）。玻璃热炸裂后，其残留在框架上的玻璃附着不牢，在冷却后一般会自动脱落；这是因为热炸裂时，边角处应力较大，窗框上残留玻璃已经松动。

2. 证明受力方向

如果已经确定玻璃是机械打击破坏，则需要判断玻璃的受力方向，进而认定破坏过程。用来判断受力方向的特征如下：

（1）断面上的弓形线

弓形线是指破裂的玻璃新断面上的弧形痕。手持玻璃碎片，在阳光下变换角度，观察断面，这种弧形痕很容易看清。弓形线以一定的角度和断面的两个棱边相交。相邻的弓形线一端在一面棱边上汇集，另一端在另一面棱边上分开，对于放射状裂纹，弓形线汇聚的一面是受力面。对于切向裂纹，弓形线分开的一面是受力面，如图 4-10a 所示。

需要说明的是，由于钢化玻璃在制造过程中产生的残余应力，其表面存在残余压应力，中心存在残余拉应力。受到外力作用时，玻璃的断面中心首先产生裂纹，所以钢化玻璃断面上的弓形线不能判断受力方向，如图 4-10b 所示。

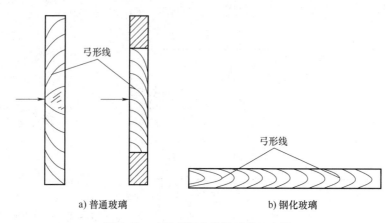

图 4-10 玻璃断面上的弓形线示意图

（2）碎齿痕迹

当玻璃表面产生裂纹较多时，裂纹之间的碎屑会飞溅，在玻璃断面上形成小缺口，称为碎齿痕迹。存在碎齿痕迹的一面为非受力面。

（3）未穿透裂纹

当打击力较小时，玻璃上存在放射状裂纹未穿透玻璃厚度方向的现象。因为放射状裂纹是从非受力面开始，向受力面一侧扩展的，所以裂纹未穿透的一侧为受力面。

玻璃在外力作用下不仅产生放射状裂纹，有的同时也产生同心圆状切向裂纹，这种裂纹也有上述三种特征。由于同心圆状裂纹是首先从受力这一面产生的，因此它所证明受力方向的痕迹特征，正好和放射状裂纹所指明方向的痕迹特征相反。

（4）凹贝纹痕迹

高速、小面积打击，如子弹、石子，使玻璃的一侧大量碎屑飞溅，产生凹陷，并产生大量切向裂纹，称为凹贝纹痕迹。存在这一痕迹的一侧为非受力面。

玻璃即使已经完全从框架上脱落下来，如果能够通过落在地上的玻璃碎片的腻子痕、灰尘、油漆、雨滴痕等分清原来位置（里外面），仍可以利用上述痕迹判断破坏力的方向。

3. 证明打破时间

当判明现场某个门窗的玻璃确为外力打破之后，常常还要弄清这块玻璃是火灾前还是火灾后被打破的。这对判断火灾性质、分析放火者的进出路线、受害人逃生行动及扑救顺序均有重要意义。根据不同情况，一般可从两个方面进行区别：

（1）堆积层不同

火灾前被打破的玻璃，因为先行掉落，其碎片大部分紧贴地面，上面是杂物、余烬和灰尘；起火后被打破的玻璃一般在一些杂物余烬的上面。

（2）烟熏情况不同

1）底面烟熏情况不同。起火前被打破的玻璃，所有碎片贴地的一面均没有烟熏；起火后被打碎的玻璃，一部分碎片贴地的一面有烟熏。只要有一块碎片贴地一面有烟熏，就说明它是起火后被打碎的。

2）断面烟熏情况不同。火灾前被打破的玻璃，其断面上往往有烟熏；火灾后打破的玻璃，其断面往往比较清洁或烟尘少。

3）碎片重叠部分烟尘不同。玻璃破坏时两块落地碎片叠压在一起，如果下面一块玻璃重叠部分上没有烟熏，而其他部分有烟熏，说明是火灾前被打破的；如果下面一块玻璃碎片上重叠和非重叠部分都有烟熏，则是起火后打破的。

4. 证明火势猛烈程度

由玻璃破坏机理可知，玻璃的炸裂并不取决于其整体温度高低，而主要取决于不同点或两平面的温度差，也就是取决于玻璃的加热速率和冷却速率。火场上玻璃所在处的温度变化速率越大，其两表面间的温度差值越大，玻璃的炸裂就越剧烈。因此，可以根据玻璃的炸裂程度判断燃烧速度或火势猛烈程度。玻璃炸裂细碎、飞散，说明燃烧速度快，火势猛烈；玻璃出现裂纹，还留在框架上，说明燃烧速度和火势为中等程度；玻璃仅是软化，说明燃烧速度慢，火势发展慢。当然，这里所说的火势猛烈程度，是对同一火场不同部位的火势比较而言。

5. 证明火势蔓延方向

根据火灾的发展规律，火势在发展蔓延的过程中越来越猛烈，从而使玻璃的受热速度越来越快，热应力越来越大，热炸裂程度越来越重。例如，在建筑火灾中，一排窗户上的玻璃，如果热炸裂痕迹由软化变形到细碎，说明火势在这一方向上越来越猛烈，从而证明火势蔓延方向。图 4-11 所示玻璃软化变形，说明此处火势较弱，距离起火点较近。

玻璃受热时，其受热的一面先发生膨胀，常常是玻璃向受热面弯曲。如果火灾温度达到 750℃时，玻璃开始熔化，受热面先软化，向着受热面下垂或流淌。在火灾现场中如果发现玻璃瓶、灯泡等玻璃制品的某一侧被火烧破坏，则破坏的一侧面向火势的来向。对于灯泡，如果受热时处于通电状态，灯泡内压会使灯泡迎火面向外凸起破坏；如果处于断电状态，则无此现象，如图 4-12 所示。

图 4-11 现场玻璃软化变形，
说明距离起火点较近

图 4-12 通电状态下玻璃灯泡
破坏痕迹，迎火面凸起破坏

双层窗玻璃按次序炸裂，直到受火面玻璃炸裂并从窗框上掉落为止，受火面玻璃保护另一层玻璃，如果受火面玻璃仅仅是炸裂而没有掉落，即使发生轰燃，一般外层玻璃也不会炸裂。

6. 证明火场温度

若玻璃发生轻微变形，即玻璃边缘或角上开始变形，出现轻微凸起或凹下，边缘圆滑，四角仍为直角形式，则其受热温度在300~600℃范围内；若玻璃发生中等变形，即玻璃面有明显的凹凸变化，边角已不再维持原形，但仍能推断出原来的形状，则其受热温度为600~700℃；若玻璃发生严重变形，即玻璃片卷曲、拧转，或者四个角全部弯成90°以上，有的已很难推测出原有的形状，则其受热温度一般为700~850℃；若玻璃发生流淌变形，即玻璃已熔融流淌，表面有大鼓包，有的外形呈瘤状，完全失去原形，则受热温度在850℃以上。

在利用火场玻璃受热变形特征比较火场不同点的温度时，应注意以下三个问题：

1) 玻璃变形程度大小，还与其厚薄和摆放形式有关。一般厚度大的玻璃变形较小，立放的比平放的变形严重。

2) 应取火场上相似位置的玻璃进行比较。例如，都是地面上的玻璃，或都是同一高度窗台上的玻璃，或是走廊里的壁灯。

3) 如果火场某处火势猛烈，该处玻璃易先炸裂。比较从同一高度窗上落在相应地面的玻璃，如果有的软化，有的没软化而有炸裂痕，要结合具体情况具体分析。不能直接肯定软化的玻璃所在位置的温度高，因为这种软化可能是在玻璃还未从窗上掉落之前就形成的，经软化变形后掉落；无软化的玻璃可能是后受火烧，即使温度高，但由于火势猛烈，玻璃还未软化就已炸裂而掉落，落地后便不易软化了。因此，即使同处于相应的地面上，也不能说明其所在处的火场温度。

4.5 金属受热痕迹

在火灾现场中，存在多种金属材料。这些材料可能用作建筑构件，也可能用作各种用具上的零部件。例如，钢铁材料主要用于钢结构、钢筋、防盗门窗、货架、水管、散热器等。火灾现场中的铜主要在电气系统中应用，关于这类痕迹，将在电气线路故障痕迹一节中再做介绍。铝及其合金主要用于铝合金门窗、铝质装饰品、厨房用具等。

4.5.1 金属受热痕迹的形成机理

在火灾高温作用下，金属会发生变色、变形、弹性丧失、熔化、金相组织变化等，留下相应的痕迹。

1. 氧化变色

在火灾条件下，金属表面的氧化反应较常温条件下快得多，并产生金属氧化物锈层。如果在高温并在水或水蒸气的作用下会生成一部分氢氧化物，在二氧化碳气氛中还会生成少量碱式金属碳酸盐。铁的氧化物、氢氧化物大多是红褐色，因此其锈层也是红褐色。如果烧红的铁制品受到水流冲击，则会使其表面发青色，并使氧化层剥脱。铜制品的锈层主要成分是氧化铜，呈黑色。在超过1000℃时，氧化铜分解失去部分氧转变成褐红色的氧化亚铜。铜在常温下产生的锈层因为含有碱式碳酸铜，所以呈现绿斑的形态。而火灾中铜锈层没有这种产物，即便生成铜的氢氧化物，只需70~90℃就分解变成黑色氧化铜了。在现场勘验时，应注意擦去留在铜件表面的烟尘，以便观察这些锈层颜色。

金属受热温度和时间不同，形成的氧化层颜色也不同。在火灾现场中，处于不同部位的金属，甚至同一金属物体上不同部位也可能存在温差，因此，在其表面上形成的颜色有明显的层次，特别是薄板型黑色金属。一般情况下，黑色金属受热温度高、作用时间长的部位形成的颜色呈各种红色或淡红色、浅黄色甚至白色，颜色变化层次明显，特别是温度超过800℃以上的部位，在其表面上还出现发亮的"铁鳞"薄片，质地硬而脆。起火点往往在颜色发红、淡红或形成铁鳞的附近或对应的部位。黑色薄板型金属表面颜色变化与温度之间的关系列于表4-2。

表4-2　黑色薄板型金属表面颜色变化与温度之间的关系

表面颜色	温度/℃
黄色	230
棕紫色	290
蓝色	320
淡红色	480
黑红色	590
橙红色	870
淡黄色	980
白色	1200

2. 变形

金属在火灾作用下产生变形的主要原因是高温下金属的强度降低，由于金属本身载荷的作用，或者金属自重的作用，金属会发生变形。同样的载荷下，受热温度越高，变形越严重。

由于金属的热膨胀系数较大，在火灾中受热后膨胀比较严重。金属两端受到限制或各面被固定的金属，可能产生膨胀变形痕迹。同种金属受热温度越高，热膨胀程度越大，产生的变形也越大。

盛放或输送液体或气体的容器或管道，在火灾作用下内部压力增加，受热部位强度降低，也会导致容器或管道局部变形甚至开裂。

3. 弹性丧失

在火灾现场中，有的金属部件有弹性，例如电气系统中的开关、插座等连接装置，为了保证连接的紧密性，需要有弹簧片、弹簧等作为静片；常见的席梦思床垫，主要使用的是高碳钢弹簧。这样的弹性金属在火灾中受热达到一定温度后，会产生退火，导致弹性丧失。

4. 熔化

金属受热温度达到金属熔点时，金属会熔化，并留下熔痕。在火灾热的作用下，一般钢铁构件不会被熔化，只有熔点较低的金属能够被熔化，如铝及其合金。如果发现钢铁构件上存在熔痕，一般来说是电弧作用的结果。

5. 组织结构变化

金属在不同的加温、保温和冷却条件下会形成不同的金相组织，因此通过已知的金相组织可以分析受热过程。某些金属材料，如钢板、角钢、钢筋、钢丝及铜铝导线等，都是由冷轧、冷拔加工制成的。冷拔加工后，金属内部的晶粒形状由原先的等轴晶粒改变为沿变形方向伸长的所谓纤维组织。在受热的条件下，由于原子扩散能力增大，变形金属发生再结晶，其显微组织发生显著变化，被拉长、破碎的晶粒转变为均匀、细小的等轴晶粒；同时，金属的强度和硬度明显降低而塑性和韧性大大提高。若温度继续升高或延长受热时间，则晶粒会明显长大，随后得到粗大晶粒的组织，使金属的力学性能显著降低。

4.5.2　金属受热痕迹的证明作用

根据金属的受热痕迹，可以分析判断金属的受热过程，从而证明火灾现场中的一些事实。

1. 证明火势蔓延方向

利用金属受热痕迹证明火势蔓延方向，主要是依据金属的变色痕迹、熔化痕迹、变形痕迹、金相组织变化等判断。

（1）利用变色痕迹证明

金属受热变色情况，与其受热温度有关，因此，可以通过比较不同部位金属变色情况，判断火势蔓延方向。另外，对于体积较大的金属，受热面和非受热面的受热程度不同，变色情况也存在差异，根据这一点可以判断火势蔓延方向。

（2）利用熔化痕迹证明

金属受热温度达到熔点时开始熔化，温度继续升高，作用时间增加时，其熔化面积扩大，长度变小，熔化程度变重。一般金属形成熔化轻重程度和受热面与非受热面差别的规律和可燃物（木材残留）是基本一致的。火灾现场中金属熔化时，面向蔓延方向的一侧受热温度高，熔化严重，而背火面熔化相对较轻。有时会产生类似于木材残留痕迹的斜茬痕迹，斜茬指向火源。由于火势向前蔓延的同时向上发展，有时会使一排金属残留越来越高，以此可以判断蔓延方向。利用金属熔化痕迹证明蔓延方向时，主要是利用铝及其合金等熔点较低的金属熔化痕迹证明。图 4-13 所示铝合金架子两侧的残留高度差异，可以证明火势是从左向右蔓延的。

（3）利用金属变形痕迹证明

在火灾中，金属的迎火面首先受到火灾热的作用，强度下降。起火点处温度高，受热时间长，变形相对严重，如图 4-14 所示。

图 4-13　铝合金熔化痕迹　　　　　　　图 4-14　变形严重的门框对应着起火点

在利用变形痕迹判断时，考虑金属强度变化的同时，还应该考虑金属的载荷，不仅要考虑金属的原始载荷，还要考虑火灾过程中可能产生的掉落物品砸、碰等造成的临时载荷对金属变形的影响。如果没有外加载荷，由于迎火面受热严重，金属受热强度下降更快，金属在重力的作用下变形，则其变形方向指向起火点，如图 4-15 所示。当金属受到正压载荷时，由于各方向受力一致，金属在荷载和重力共同作用下的变形，仍向着起火点。当受到偏压载荷时，金属在火灾中的变形与其载荷方向有关，即背向载荷大的一侧变形。

（4）利用金属构件金相组织变化证明

金属在受热情况下，会发生回复、再结晶和晶粒长大。受热温度越高，受热时间越长，晶粒变化越明显。因此，根据金属受热

图 4-15　竖直存放的床垫向着起火点变形

后晶粒的大小，可以推断其在火灾中所受的温度和作用时间。在火灾现场，比较一排同类型的钢铁构件的金相组织，观察晶粒大小变化规律，可以根据晶粒变化情况判断其受热情况，进而判断火势蔓延方向。

2. 证明起火点位置

火灾中金属的变化可以反映其受热温度，根据这一规律，可以判断不同部位金属的受热情况，根据受热温度的高低判断起火点的位置。

图 4-16 彩图

图 4-16　彩钢板屋顶受热变色痕迹

（1）利用金属变色痕迹证明

在火灾现场，由于不同部位金属的受热温度不同，可能形成明显的颜色梯度变化痕迹。根据

这一点，可以判断受热温度最高的部位，进而证明起火点位置。图4-16所示为彩钢板屋顶受热变色痕迹，变色严重处即对应起火部位。

在实际的火灾调查过程中，遇到的钢构件一般为有涂层钢构件，如果在现场发现钢构件表面颜色较原色变浅，表明此处火场温度在300℃左右；如果发现钢构件表面出现零星的红褐色锈斑，表明此处火场温度在500℃左右；如果发现钢构件表面出现大量成片的红褐色锈层，表明此处火场温度在700℃左右；如果发现钢构件表面呈灰黑色，表明此处火场温度在900℃左右。对于汽车火灾来说，车身钢板的变色痕迹可以证明起火点的位置。当起火点处于发动机舱内时，发动机盖受到下方热的作用，变色痕迹比较均匀；当起火点处于发动机盖上方时，发动机盖受热不均，导致各处变色痕迹出现明显差别。

利用变色痕迹证明起火点时，应该注意一些因素的影响。如果金属在火灾中接触了某些化学物质的话，其变色情况会发生改变；火灾后如果不能及时勘验，会产生新的锈层干扰火灾中的颜色变化。另外，烟熏痕迹对金属的颜色会起到干扰作用，观察时应注意去掉烟熏层。

（2）利用金属变形痕迹证明

一般认为，起火点处温度最高，受热时间最长。反映到金属上，则强度降低幅度最大，变形程度最严重。例如，图4-17所示某市场火灾后金属货架变形严重，明显下垂，说明此处受热温度最高，经调查判断此摊位为起火点。

在火灾现场，由于金属构件热膨胀受限制、受约束，首先受热和受热温度较高的部位，容易形成热膨胀变形痕迹。如两端被固定的钢架、镶嵌在墙体中的钢构件等，其某一部位受热膨胀产生的应力，会使其先出现变形痕迹，起火部位一般在变形最大部位或者热膨胀最明显的一侧。

（3）根据弹性变化痕迹判断

如果发现沙发、席梦思床垫的某一部位只有几个弹簧失去了弹性而塌落，那么这个部位一般情况下就是起火点，如图4-18所示。这类火灾多数是烟头等非明火火种引起阴燃，造成靠近起火部位阴燃时间比其他部位长，局部温度也高，使该部位的几只弹簧先受热失去弹性。当引起明火时，火势发展速度快，使其他部位弹簧受高温作用时间相对短些，因此比阴燃部位弹簧弹性强度降得少。

图4-17 某市场火灾后局部金属货架变形现场

图4-18 席梦思弹簧弹性丧失痕迹

(4) 利用金属熔化痕迹证明

火场中局部金属被熔化,如果排除电弧作用,说明此处受热最严重,可能为起火点。根据金属熔点的高低,依据不同种类金属熔化与未熔化或以同种金属在现场不同地点上熔化与未熔化的区别,可判定出火场温度范围或局部受温最高的部位。如图4-19所示,汽车火灾现场可见汽车的轮胎全部烧毁,铝合金轮毂熔化严重,说明此处燃烧猛烈。

图 4-19　铝合金轮毂熔化痕迹

3. 证明通电状态

(1) 利用开关静片间距证明

在火灾过程中,开关、插座静片的弹性将丧失。如果火灾中处于连接状态,动片处于两个静片之间,则静片间距等于动片的厚度。在火灾作用下金属片失去弹性,由于静片弹性丧失不会恢复原来位置,所以静片间距较大。如果两静片虽已失去弹性,但仍保持正常距离,说明火灾当时它们没有接通,处于断开状态。

(2) 利用金属变色痕迹证明

电热器具上的金属部件,如果在火灾中只受到火灾热的作用,其受热温度低于受到电热和火灾热共同作用,不同温度下金属颜色变化不同。所以根据受热变色痕迹,可以分析金属所受的温度,分析是否受到电热的作用,从而判断在火灾中是否处于通电状态。

(3) 利用金属熔化痕迹证明

由于一些金属的熔点较高,单靠火灾热的作用不易熔化,但在电热和火灾热的共同作用下则可能熔化。根据这一点,可以判断通电状态。

4. 证明盛装易燃液体容器原始状态

在现场还可能发现由于热膨胀或爆炸力而引起外部变形的金属容器或管道。根据这些物体变形情况,可以分析作用力是来自物体内部还是物体的外部及作用力的方向。盛装易燃液体的容器,例如油桶、液化石油气罐等,如果在火灾前是密封的,而且容器中盛有液体,在火灾中由于受热,液体大量蒸发,使容器内的压力大大增加,增加了容器的载荷。同时,金属制作的容器在受热后强度会迅速降低,在压力的作用下,容器会向外鼓胀变形,如果压力足够大,容器会在某个薄弱环节开裂。当压力迅速增加时,甚至会导致容器爆裂。现场中发现容器发生上述变化痕迹时,说明容器内存在液体,火灾中处于密封状态,而且说明是火灾导致容器破坏,而不是容器破坏发生泄漏而引发火灾。

4.5.3 金属受热痕迹的检验

对金属受热痕迹的检验,主要有直观检验法和金相分析法两种。直观检验主要是观察比较金属的变色、变形等宏观上的痕迹。金相分析则是通过检验金属的金相组织变化,分析金属的受热过程。利用金相分析法检验金属受热痕迹,提取金属样品时,要注意提取具有证明作用,能反映火灾事实的部位。提取时,特别是切割时,要注意样品的冷却,防止取样过程对金相组织的影响。制样观察时,应采用一致的浸蚀剂和放大倍数,以使金相照片具有可比性。

4.6 混凝土受热痕迹

混凝土是由凝胶材料、粗细骨料(或称集料)及加入的水,必要时加入的外加剂和矿物掺和料按适当的比例配合,凝结而成的人造石材。由于混凝土具有良好的力学性能和耐火性能,在建筑中得到广泛的应用。经历火灾之后,混凝土受热而发生物理和化学变化,遭到一定程度的破坏,形成受热痕迹。研究混凝土的受热变化过程和机理,可以根据混凝土受热痕迹分析判断其受热情况,进而分析火灾事实。

4.6.1 混凝土的组成

在混凝土成型时,水泥主要与水进行水化反应,水泥的水化物中含有不定型的水化硅酸钙,即从水泥组分中 C_3S 及 C_2S 中演化出来的凝胶体 C-S-H(C 表示 CaO,S 表示 SiO_2,H 表示 H_2O),凝胶体约占水化浆体总重的 70%;另一种主要组分是氢氧化钙 $Ca(OH)_2$,用 C-H 表示,它以晶体形式混合于凝结体中,该组分约占总重的 20%。混凝土的主要化学成分有:水化硅酸钙 $3CaO \cdot 2SiO_2 \cdot 3H_2O$、水化铝酸钙 $3CaO \cdot Al_2O_3 \cdot 6H_2O$、水化铁酸钙 $CaO \cdot Fe_2O_3 \cdot H_2O$、氢氧化钙 $Ca(OH)_2$、碳酸钙 $CaCO_3$ 等。

4.6.2 混凝土在火灾中的变化

混凝土受热之后,其化学成分会发生变化,从而导致其力学性能改变,留下了受热痕迹。

1. 成分变化

当混凝土受热温度达到100℃以后,混凝土毛细孔中游离的水分开始蒸发。当受热温度达到300℃时,混凝土中水化物开始脱水,失去其中的结晶水。当受热温度达到573℃时,混凝土中的 $Ca(OH)_2$ 晶体发生变化,产生 CaO 和 H_2O;受热温度达到900℃,$CaCO_3$ 分解,生成 CaO 和 CO_2。

2. 颜色变化

混凝土、钢筋混凝土构件受火灾作用后,在其外部形成不同颜色的受热痕迹。虽然不同的混凝土受热后生成的一些化合物含量不同（如铁的化合物），使颜色的变化程度有一些差别，但是总的变化规律基本上是一致的。这种颜色变化的规律，可以反映受火灾作用时的不同温度。表 4-3 是混凝土在不同温度作用下的颜色变化情况。

表 4-3　混凝土在不同温度下的颜色变化情况

受热温度/℃	颜色变化情况
100～300	无变化
300～600	淡红色或红色
600～800	灰色
800～1000	草黄色

3. 强度变化

在混凝土受热过程中，当温度超过 300℃ 以后，由于结晶水的失去、热膨胀系数差别导致骨料和水泥之间结合程度降低，使混凝土的强度开始下降。570℃ 以后，随着骨料中石英晶体发生晶型转变及氢氧化钙脱水，强度迅速下降。受热温度达到 900℃，强度基本丧失。与自然冷却强度相比较时，水冷却强度下降幅度较大。对于钢筋混凝土来说，不但是钢筋和混凝土的强度及弹性模量随着温度的升高而降低，高温后钢筋的强度恢复比较明显，但是钢筋和混凝土的黏结强度不再回升。所以在经历高温之后，钢筋混凝土的强度损失比普通混凝土更为严重，同时也大于高强混凝土的强度损失。

4. 外形变化

在受热过程中，由于混凝土强度的下降，会出现开裂、脱落、露筋、变形或断裂等外形变化。

（1）开裂

高温时，混凝土中会产生几种应力，主要包括：水泥砂浆与骨料之间的膨胀不同所引起的应力；钢筋混凝土之间的膨胀系数不同所产生的应力；因为截面尺寸和形状差异引起的温度梯度产生的应力；在冷却过程中的收缩受限而产生的应力；消防用水的突然冷却效应产生的应力；由于截面内部温度梯度的非线性产生的应力。在这几种应力的作用下，混凝土会发生开裂。

（2）脱落（剥落）

火灾中混凝土剥落大多发生在火灾过程中，也有很多发生在冷却阶段，混凝土多孔结构中的水分在受热时也会蒸发，水蒸气体积膨胀产生的压力也可导致剥落，特别是刚刚施工完的水泥或砖石剥落将更严重。图 4-20 所示为混凝土柱上的剥落痕迹。混凝土的骨料、浇筑时间、预应力的大小及升温速度和温度的高低不同，表面剥落的特征也不一样。

（3）露筋

露筋是指因混凝土在高温下发生爆裂或脱落而使内部钢筋裸露，实际上也是一种脱落痕迹。钢筋混凝土在火灾中受热，由于钢筋的膨胀系数大于混凝土的膨胀系数，钢筋的膨胀促使局部混凝土保护层剥落，使钢筋外露。钢筋混凝土的受热温度越高、时间越长，则露筋面积越大。图4-21所示为混凝土梁上的露筋痕迹，表明此处受热温度最高、时间最长。

图4-20 混凝土柱上的剥落痕迹

图4-21 混凝土梁上的露筋痕迹

（4）变形

由于高温下混凝土的弹性模量会下降，在载荷作用下，一些混凝土构件的形状会发生变化，产生变形痕迹，主要是指梁、板变形与墙、柱倾斜。发生变形主要原因是随着温度的升高，混凝土内部出现裂缝，组织松弛，加之空隙失水失去吸附力，从而造成弹性模量降低，变形增大。在高温下，混凝土的弹性模量的降低幅度要大于抗压强度的降低幅度，特别是温度相对较低时，两者差别更大。在荷载作用下，混凝土构件会发生弯曲甚至断裂。

4.6.3 混凝土受热痕迹的证明作用

在火灾现场，根据混凝土变化情况，可以判断混凝土的受热过程，根据受热情况判断火灾蔓延方向，进而判断起火部位、起火点。

1. 根据颜色变化证明

可以根据不同部位混凝土的颜色特征，分析不同部位受热温度、受热时间的差异，通过对比找出受热温度最高、时间最长的部位，则该处可能是起火部位。

2. 根据混凝土外观变化程度证明

在火灾现场，不同部位的混凝土由于受热温度不同，其强度变化程度不一样，形成开裂、起鼓、脱落、露筋、变形、熔结、折断等痕迹。根据混凝土受热温度不同产生外观变化程度的差别，也可以分析起火部位和起火点的位置。构件混凝土剥落和露筋的程度，应依据剥落的部位和范围大小综合评定，应注意辨别剥落和外露现象是否为本次火灾所造成的。

根据开裂情况判断受热程度时，应该注意勘验裂纹的数量、分布，以及裂纹的深度和宽度。勘验时应该注意，有时裂纹是抹灰层的裂纹，而非混凝土的裂纹，所以必要时可以铲掉抹灰层进行勘验。如果无法用肉眼直接判断变形量的差别时，可以借助水准仪或者经纬仪等测量仪器进行测量。

3. 根据强度、成分等变化证明

有时混凝土受热后外观变化不明显，可以通过检测其强度变化、成分变化等方法，判断不同部位的受热情况差异，进而推断起火部位和起火点的位置。

4.6.4 混凝土受热痕迹的检验

当混凝土的外观变化不明显，无法采用直观鉴定的方法判断其受热程度时，需要运用采样检验的方法进行鉴定。

1. 回弹值检测

回弹值检测作为一种无损检测方法，可以用来检测混凝土的质量。回弹值测量的原理是根据回弹值判断混凝土的表面硬度，分析其强度。在火灾高温作用下，混凝土的强度下降，表面硬度也随之下降，其下降程度与受热温度之间存在对应关系。在火灾现场，可以使用回弹仪测量混凝土的表面硬度，根据混凝土的硬度来判断其强度降低情况，进而判断受热情况。一般来讲，在同一现场中对同一构件的回弹值进行检测，回弹值最低的部位，其受热温度最高、受热时间最长。

进行回弹值测量时，要在选定的混凝土构件的某个局部至少选取 5 个样点进行测试，取其平均值作为该部位的回弹值。可以直接比较不同部位回弹值的数值进行判断。在火灾现场测量混凝土构件的回弹值时，应该注意以下事项：

1）被测表面应洁净。测量时应除去混凝土表面的覆盖物，避免表面覆盖物对测量结果产生影响。

2）由于灭火射水对混凝土强度有影响，所以测量时应该考虑避开遇水部分。表面潮湿也会影响测试结果，所以应待表面干燥后再测，或者在相同的条件下检测。

3）当混凝土发生脱落时，其暴露的表面不是混凝土的原始表面，而是距离表面有一定的厚度。考虑到混凝土的传热过程，发生过剥落的部位不能反映混凝土的实际受热时间，所以测量时应避开发生剥落部位。另外，表面存在蜂窝、麻面、气孔等缺陷的部位均不宜选作测试面。

4）混凝土浮浆多的部位回弹值偏低，有较大石子时回弹值偏高，因此测量时应该避开此类部位。

2. 化学鉴定

化学鉴定法的主要依据是，混凝土在受热过程中的两次分解反应，即氢氧化钙和碳酸钙的分解，是在一定的温度下发生的。通过鉴定混凝土成分的变化，分析是否发生过这两个分解反应，可以判断混凝土的受热温度。

（1）中性化测量

在混凝土中，存在大量的氢氧化钙晶体。当混凝土的受热温度达到 573℃，混凝土中的氢氧化钙分解为氧化钙和水，由碱性变为中性。测量中性化的深度，可以比较不同部位混凝土受热温度及时间。

具体方法是：在选定的部位去掉装饰层，将混凝土凿开露出钢筋，除掉粉末，然后用喷雾器向破损面喷洒1%的无水乙醇酚酞溶液，喷洒量以表面均匀湿润为准，稍等片刻便会出现变红的界线，从混凝土表面用尺子测出变红部位的深度，此深度即为中性化深度。通常受热时间越长，温度越高，则中性化深度越大。

注意：如果混凝土在灭火时遇水，CaO和水反应能够生成$Ca(OH)_2$，不能应用这种方法。

（2）CO_2和CaO含量测量

混凝土长期在空气中自然放置时，表面层中的$Ca(OH)_2$会吸附空气中的CO_2形成$CaCO_3$，称为混凝土的炭化，炭化层一般为2~3mm。炭化层内的CO_2含量随着受热温度和时间的增加而减少，利用这一点可以判断受热温度。

采用《煤中碳酸盐二氧化碳含量测定方法》（GB/T 218—2016）测定CO_2含量，在选定部位取样，粉碎后测量，以此推算受热时间和温度。

当混凝土受热温度达到900℃后，碳酸钙将分解为CaO和CO_2。因此，测量混凝土中CaO的含量，可以判断混凝土的受热情况。采用《水泥化学分析方法》（GB/T 176—2017）所规定水泥化学分析方法中氧化钙的测定方法测量，查表推算受热温度和时间。

注意：遇水部位的氧化钙会和水反应生成氢氧化钙，不能测量CaO含量。

3. 超声波检测法

超声波检测可以评价混凝土结构的内部结构情况，判断混凝土的强度变化，进而推断混凝土在火灾中的损伤情况。超声波法检测混凝土强度的基本原理是，超声波在混凝土中传播时，其纵波速度的平方与混凝土的弹性模量成正比，与混凝土的密度成反比。在一定受热温度下，混凝土受热时间越长，其声时越大，振幅和波速越小。由于超声波的声时、振幅和波速变化与混凝土的受热温度、受热时间存在明显的相关性，因此通过对火灾后混凝土结构的超声波检测，可以分析混凝土在受热后的损伤情况，进而得出混凝土的受热温度和受热时间。

检测前将混凝土表面磨平，并将污物除去，然后每隔5~20cm（根据试件大小而定）设一测点，每个试件测点不得少于10个，取其平均结果。每对测点必须互相对应，否则将会引起误差。为了使探头和测点表面保持良好声耦合，以减少声能耗损，应在每个测点处涂刷耦合剂，如黄油、凡士林、石膏浆等，然后将发射器和接收器压紧于互相对应的一对测点（透射法），从仪表中读出超声波透过试件所需的时间。然后根据首波时间判断混凝土的内部缺陷程度，推断不同部位混凝土的受火温度和受热时间。

4.7 倒塌痕迹

倒塌痕迹是指由于火灾的破坏作用，火场中的一些物体和建筑构件失去平衡状态，由原位置向失重的方向发生倾倒和塌落，或发生变形破坏，其残体在地面上形成塌落堆积状态。火灾过程中物体发生倒塌掉落，与火灾过程具有直接关系。

4.7.1 建筑结构的倒塌

1. 火灾中建筑结构倒塌原因

（1）高温作用引起倒塌

在钢结构建筑中，在火灾温度高于300℃时，钢材的屈服强度和弹性模量将随温度升高而降低，失去原有的屈服平台；达到400℃以上后，钢材的强度和弹性模量将急剧下降，直至钢材完全失去强度。钢结构在高温作用下很快出现塑性变形，耐火极限仅有15~20min，随着局部的破坏造成整体失去稳定而遭到破坏。木结构表面被烧蚀，削弱了荷重的断面，当表面炭化的深度较深，荷重断面缩小到一定程度时，木结构将失去稳定而导致破坏。在砖混结构建筑中，特别是预应力钢筋混凝土结构受热破坏后，容易失去预加应力从而降低结构的承载能力，由于钢筋伸长可能会出现较大变形，所以预应力钢筋混凝土构件的耐火能力比普通钢筋混凝土要差。消防射水喷射至高温砖石混凝土或钢筋混凝土结构表面，由于快速冷却收缩作用，可能造成结构表面开裂、表皮剥落，甚至导致承重构件出现结构损伤，造成混凝土结构失去平衡，过早出现结构性垮塌。

（2）爆炸引起建筑物倒塌

爆炸过程可能导致反应空间的压力急剧升高，从而使建筑的壁面瞬时破碎或者破裂，进而造成严重的破坏。火灾引起的爆炸，使火灾迅速扩大，而且会损坏建筑构件，甚至造成建筑坍塌。爆炸也可能引起火灾，对建筑结构造成一定程度的损伤，破坏了建筑的完整性，受损的构件更容易在高温下发生破坏，甚至坍塌。

（3）冲击引起建筑物倒塌

冲击主要是建筑上部构件的坍塌，巨大的冲量使下部结构超载而导致建筑破坏。另外，大口径的消防炮、消防水枪对承重结构的直接冲击，也可能造成建筑物的倒塌。

（4）附加荷载

火灾中建筑物的上部结构塌落到下面的楼板上，楼层内大量的灭火积水不能及时排除，或楼内储存物品（如棉花等）大量吸收灭火的水，或进入建筑的人员过多，这些都可导致建筑物荷载加大，当荷载超过原建筑构体的承载能力时，建筑物将会倒塌。

（5）违规设计、违章施工、违规使用

一些建筑物在火灾中发生倒塌的原因是建筑本身的质量问题。例如，降低建筑的承重能力和耐火等级；违规增加建筑层数和面积；在施工过程中偷工减料，偷梁换柱，采用不合格的原材料；私自拆除建筑内原有的承重结构，改变原有平面布局，使建筑结构受力发生改变；改变建筑的使用功能，如将商场改成仓库，增加了火灾荷载。

2. 建筑构件倒塌痕迹特征及证明作用

火场中建筑的倒塌归纳起来有四种形式。

（1）一面倒型

当屋架一面的支撑墙或柱子在火灾中被破坏时，屋顶向一面倒塌，称为一面倒型或斜面型倒塌痕迹，如图4-22所示。一面倒型痕迹说明建筑构件的某一面首先失去平衡，这一面受热最严重，其下面可能对应着起火点。

（2）两头挤型

某些具有共同间壁，并依靠间壁支撑房顶的建筑物，当间壁首先被烧毁，受其支撑的两边的檩条及房顶建筑材料就倾向中间倒塌，呈现两头挤型，这种倒塌形式也称为交叉型。依靠前后墙支撑的三角形屋架建筑，当其中部起火时，若起火部位的房架先行塌落，两边的屋架有时可能相向先行塌落的地方倒落，也呈现两头挤的形式。这种倒塌方式说明中间部位即交叉的部位首先受热破坏，这一部位下方很可能对应着起火点。

图 4-22 建筑物一面倒型痕迹

（3）漩涡型

由于火场中心的支柱首先被烧毁，受其支撑的物体从四面向支柱倒塌，呈现漩涡状。因此，这种倒塌形式的中央就是起火点所在的部位。

（4）无规则型

如果建筑物有几处同时起火，或火势发展很快，或建筑物结构特殊，各部分受力变化没有均匀性，这些都可导致不规则的倒塌；也可能是由于建筑结构各部分构件耐火极限不同，内部可燃物数量和种类等分布不均匀或不同，或是由于灭火射水的影响，而造成倒塌形式反常。因此，利用建筑物倒塌痕迹分析起火部位或起火点时，应考虑上述各种影响因素。

图 4-22 彩图

4.7.2 室内物品的倒塌

室内物品按照支撑方式的不同，分为支点类和平面类两种。支点类是指有三个以上独立支点的物体，如桌、椅等；平面类是指用平面作为支撑的物体，如箱子、衣柜、各种堆垛等。

1. 支点类物体的倒塌

室内的桌子、椅子等有腿的家具，如果火灾从某一方向的低处蔓延过来，这一侧的桌腿先破坏而失去支撑力，其余部分便倒向该侧，因此倾倒方向可以指明火势蔓延方向或起火点的方向。但是有些支撑面小的家具，如独脚圆桌，在火焰作用下，先烧的一侧失重，却会倒向背火的一侧。如果家具完全被烧毁，则应注意该家具上原来摆放的不燃物品，如烟灰缸、台灯座、小闹钟等，被抛离的方向是与家具的倾倒方向一致的。

2. 平面类物体的倒塌

堆垛等可以看作平面支撑的物体，在火灾中，这类物体发生倾倒，主体倒塌方向是指向起火部位或火势蔓延方向的，如图 4-23 所示。体积较大的木质纤维类物质堆垛（如草垛、棉布垛等），若其中部出现空洞塌陷，四周的单个物体向这个部位倾倒，说明起火点在这个中心部位。

图 4-23　木板垛被烧向右侧倒塌，证明起火点在右侧

图 4-23 彩图

4.7.3　塌落堆积层

当物质在火灾中被破坏失衡时，会向下掉落，在火灾现场塌落堆积。塌落堆积层是建筑构件和储存物品经过燃烧造成塌落形成的。一般来说，物品掉落的次序与被破坏次序相同。

图 4-24 彩图

由于起火点所处现场空间层次的不同，燃烧垂直发展蔓延的顺序也不同，建筑构件和物品塌落的先后不同，堆积物的层次也不同，各层次上燃烧痕迹也不同。这些痕迹的差异，为分析确定起火点所在的现场立面层次提供依据，可以判断起火部位、起火点。

起火部位的物品首先被破坏，首先掉落，因此一般处于堆积层的底层，如图 4-24 所示。起火点位置较高时，由于火势向下蔓延较慢，在起火物炭化或灰化痕迹下面可能残留一些未被破坏的物品。

图 4-24　起火后顶部墙体首先受损导致瓦砾集中在此处塌落

4.8　电气线路故障痕迹

电气线路故障是引发火灾的原因之一。常见引发火灾的电气线路故障有短路、过负荷、接触不良等，这些故障在线路上留下的痕迹，可以为判断火灾事实提供证据支持。

4.8.1　短路痕迹

短路是指电气线路中的不同相或不同电位的两根或两根以上的导线不经负载直接接触。在火灾调查中，将短路分为一次短路和二次短路两种。一次短路又称火灾前短路，是指导线由于自身故障于火灾发生前形成的短路。二次短路又称火灾中短路，是指带电导线在外界火焰或高温作用下，导线绝缘层失效而引发的短路。

1. 短路痕迹形成机理

(1) 电弧作用产生熔痕

导线发生短路时，常常伴随电弧的产生。由于短路电弧的温度远高于导线的熔点，会使短路点处金属导线熔化，产生熔痕。

(2) 热作用产生熔痕

由于短路时电流很大，因而产生的热量也较多，且短路持续的时间一般较短，产生的热量几乎全部用于升高导体的温度，高温会使接触点处的导体熔化，产生熔痕。

(3) 磁化痕迹

短路时导线内电流的瞬间变化会使周围产生较强的磁场，磁场会使导线周围铁磁性物质磁化，并且当短路电流消失后，铁磁性物质的磁性也不会马上消失，仍保留一定的磁性。

2. 短路熔痕种类

宏观上可见的短路痕迹一般是指短路熔痕，即在短路故障状态由于短路电弧或者电热作用，在线路上留下的熔化痕迹。由于短路电弧的瞬间温度可达几千摄氏度，远高于常用的金属导线的熔点（铜的熔点为 1083℃，铝的熔点为 660℃），因此，强烈的电弧高温作用可使导线局部迅速熔化、汽化，甚至造成导线金属熔滴的飞溅，产生熔化痕迹。常见的熔化痕迹有以下几种：

(1) 短路熔珠

短路熔珠是指短路瞬间导线被电弧作用熔断后留在熔断导线端头的圆珠状熔痕，如图 4-25 所示。短路熔珠的形成与短路电流大小、接触程度、短路时间长短等多种因素有关。发生短路不一定都能形成熔珠，尤其是在发生短路的两根导线上或断开的导线两端都形成熔珠的可能性更小。一般情况下是在一根导线或导线的一端形成熔珠，另一根导线或导线的另一端仅形成熔痕。短路时形成的熔珠可能处于导线端部的正前方，也可能偏向导线的一侧。

(2) 凹坑状熔痕

凹坑状熔痕是指导线短路时，在线径上留下的熔坑，如图 4-26 所示。它是在两根导线并行或互相搭接接触的情况下形成的熔痕，由于接触时间很短，不能使导线熔断，而只在短路点形成烧蚀坑。凹坑状熔痕通常出现在两根导线对应的位置上，熔痕的边缘会留有金属小毛刺或珠状的金属颗粒。

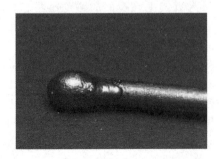

图 4-25 短路熔珠

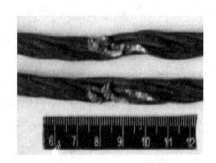

图 4-26 凹坑状熔痕

（3）喷溅熔珠

喷溅熔珠是指导线在短路时，从短路点飞出的金属液滴在运动中冷却而形成的小圆珠状熔痕，如图 4-27 所示为铜导线短路形成喷溅熔珠飞溅过程高速摄影图像。这种熔珠一般有多个，可在短路点附近物体或地面上找到，有时在靠近短路点的导线上会粘有这种小熔珠。火场上发现的喷溅熔珠多为铜熔珠，由于铝在高温下能够发生剧烈的氧化反应而放出大量的热量，所以飞出的金属液滴在运动中不易冷却，掉到地上容易产生熔片。

（4）尖状熔痕

尖状熔痕是在导线黏结性短路时，短路电流导致全线过热而形成的。电流具有表面效应，越靠近导线表面，电荷密度越大，产生的热效应也越大，因而会使导线的表面层熔化，导致导线的机械强度降低，会在外力或自身重力的作用下在薄弱处熔断，在导线上留下尖细的非熔化芯而形成尖状熔痕，如图 4-28 所示。

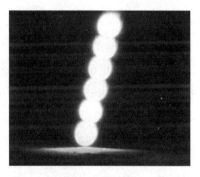

图 4-27　铜导线短路形成喷溅熔珠飞溅过程（高速摄影图像）

图 4-27 彩图

图 4-28　尖状熔痕

图 4-28 彩图

（5）熔断熔痕

导线发生短路时，由于电弧的高温或电流的热效应引起的高温足以使导线熔断，但这种熔断并不是每次都能在导线的端部形成熔珠，多数情况下只是在熔断导线的两端形成对称的痕迹，这种熔痕称为熔断痕迹，如图 4-29 所示。导线短路形成的熔断痕迹一般变形较小，熔断面有时呈现出光滑的弧形或凹坑。

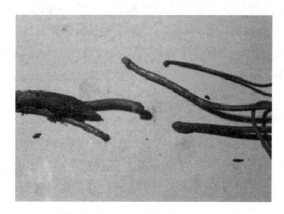

图 4-29 熔断熔痕

图 4-29 彩图

3. 短路痕迹的证明作用

在火灾现场勘验过程中，当在起火部位或起火点处发现短路痕迹时，应当把短路痕迹和其他所有可能的火源痕迹同等对待，而不是把短路痕迹当作为首选或最后选择。在起火点或其附近存在短路痕迹时不一定意味着火灾是短路引起的。火灾常常可以烧毁绝缘层引发二次短路，一次短路也并不一定总能引起火灾。因而利用短路痕迹证明某些问题时一定要慎重，必须形成严格的证据链。

（1）一次短路熔痕的证明作用

1）证明电气线路发生了短路故障。在火灾现场发现有一次短路熔痕，证明该线路发生了短路故障，一次短路熔痕的形成是由于短路故障所致。但究竟是何种原因导致线路发生了短路并不能由一次短路熔痕本身来证明。

2）证明熔痕形成时处于非火灾环境（自然环境）。一次短路痕迹物证所呈现的宏观或微观特征，可以显示出熔痕形成时所处于的区域是自然环境，而不是火灾环境。这里说的区域可大可小，大到所处的整个空间，小到很小的局部空间。

3）证明起火点位置。一般情况下，电气回路有时因高压或过电流，会发生从远离电源端向近电源端方向移动的多点短路。引起火灾的短路点不一定发生在供电线路的末端，也就是第一次短路的位置，这与火灾现场中电气线路沿线周围可燃物的情况有关。

4）证明起火原因。经现场调查，在起火前的有效时间内，现场处于通电状态；同时证明着火灾电气有异常情况，包括烟雾、气味、声光、电压波动等；起火物能够被短路产生的能量引燃；且排除其他火灾原因的情况下，可以认定火灾是短路引起的。

应注意是否有利用电气设施进行放火的可能性，用电气设施短路放火是人为地使不等电位的带电导体发生短路引燃可燃物起火。但这种情况要通过查清起火点处是否留有可疑物品，是否有助燃剂的存在，并结合其他调查询问相关材料来综合确定。

（2）二次短路熔痕的证明作用

1）证明电气线路处于带电状态并且发生了短路。该痕迹物证证明在火焰或高温作用下电气线路因绝缘破坏发生诱发性短路。证明熔痕形成时处于火灾环境气氛中或较高温度分布区域。

2）二次短路熔痕所呈现的宏观或微观特征，可以显示出熔痕形成时处于火灾环境气氛中或较高温度区域。

3）排除电气火灾的可能性。在起火原因认定过程中，如鉴定意见为二次短路熔痕，又找不到其他电气熔化痕迹，大多数情况可以排除电气火灾的可能性。

4）证明电气火灾的可能性：①证明电热器具和照明器具的电源线在起火灾前处于带电状态，具有引燃可燃物的可能性；②证明电磁式电气设备如变压器、镇流器、接触器等的绕组（线圈）发生了匝间或层间短路，这时的短路熔痕应为线圈（绕组）内部过热形成的短路熔痕，用以区分火烧短路痕迹；③对于取自电气设备（或用电器具）等物品内部的经技术鉴定确认为二次短路熔痕的，根据火灾现场实际情况，有些可作为认定电气火灾的依据。

4. 短路痕迹的检验

火灾现场常常会发现由于短路造成的导线熔痕和由于火灾热作用导致的导线熔痕。对于短路形成的熔痕，还存在火灾前形成（一次短路熔痕）和火灾中形成（二次短路熔痕）之分。这三类熔痕可从多个方面进行区别检验。

（1）表观检验

表观检验是指仅通过肉眼观察或借助简单仪器就可以进行的对熔痕表面的检验。通过表观检验可大体区分三种不同的熔痕。

1）短路熔痕和火烧熔痕的鉴别。

① 短路熔痕与本体界限明显；火烧熔痕与本体有明显的过渡区。

② 短路可形成喷溅熔珠，分布比较广；火烧一般不能形成喷溅熔珠，只能使金属垂直滴落，熔珠的分布范围比较窄。

③ 短路时除短路点熔痕外，金属变形小；而火烧金属变形范围大，甚至会出现多处变形。

④ 短路熔痕在另一条对应的导线上有对应点，火烧熔痕没有对应点。

⑤ 多股软导线短路时，熔珠附近的多股线是分散的；火烧的多股线，多股熔化成粘连的痕迹。

2）一次短路和二次短路的鉴别

① 短路点数量不同：一次短路一般只有一个短路点；二次短路痕迹可能有多个短路点。

② 表面烟熏程度不同：二次短路产生时，周围为火灾环境，存在大量烟尘，烟尘附着在高温的熔珠上，使熔珠表面烟熏严重。一次短路熔珠产生在火灾前，周围是洁净的空气，因而表面无烟熏或烟熏较轻。

（2）金相鉴定

金相鉴定是借助金相显微镜对三类熔痕进行的鉴别，通过对三类熔痕进行金相观察，可发现熔痕内部气孔和金相组织有较大不同。

1）气孔区别。火烧熔珠内部很少有气孔。一次短路熔珠内部有空洞，空洞数量少，气孔小，较整齐，多分布在熔珠中部。二次短路熔痕内部有空洞，空洞数量多而大，且不规整,分布在熔珠的边缘及中部。

2）金相组织区别。火烧熔痕的金相组织呈现粗大的等轴晶,无空洞,个别熔珠磨面有极少缩孔（多股导线熔痕除外）。

一次短路熔痕的金相组织呈细小的胞状晶或柱状晶；二次短路熔痕的金相组织被很多气孔分割,出现较多粗大的柱状晶或粗大晶界。

一次短路熔珠晶界较细,空洞周围的铜和氧化亚铜共晶体较少、不太明显；二次短路熔珠晶界较粗大,空洞周围的铜和氧化亚铜共晶体较多,而且较明显。

（3）剩磁检验

剩磁法就是利用短路时的大电流产生的磁场对周围铁磁性物质磁化,并在电流消失后仍能保留一定的磁性的物理现象,检测导线周围铁磁性物质的磁性,判断是否发生过短路的一种方法。

剩磁法测试试样包括：导线周围的钢钉、钢丝、线卡、线槽；穿线铁套管；白炽灯、日光灯灯具上的铁磁材料如日光灯的铁罩、镇流器铁壳；配电箱的铁制构件；人字房架（有线路）上的钢筋；设备器件及其他杂散金属,但以体积小的为宜。

样品提取时尽量选择钉类、细长的铁件及电器铁件,样品应尽可能未被火烧过；对于低压线路,应尽可能在线路附近取样检测,不能超过20mm；取样时应详细记录样品与线路的具体位置、角度,并拍照,以便复位；取样时不得敲打或拉弯样品,并要求将样品远离强磁场；取样时还应在现场其他部位尽量多提取一些与样品相同的比对样品；可以检测远离短路点的铁磁性物质,以免受到火场中高温的影响；如因不便提取时可以在试样的原位置进行检测。剩磁常用单位是高斯（GS）,现在国际上通用的单位是毫特斯拉（mT）,两者换算关系为 1mT = 10GS。

测定钢钉、钢丝剩磁。在短路状态下,由于短路电流的大小及距短路导线的远近不同,剩磁一般为 0.2~1.5mT,大者在 2mT 以上。因剩磁数据的低限与正常电流的剩磁数据有重叠,故 0.5mT 以下不作判据使用,0.5~1.0mT 以下可作为判定发生短路的参考值,1.0mT 以上作为确定发生短路的参考值。剩磁数据越大,定性越准确,但也不能只依据个别数据判定,只有在较多数据的事实下,才可做出判定 0.5mT 以下不作为判据,1.0mT 以上可作为确定短路的判据,数值越大越能说明问题。

注意火场中是否存在磁性材料,因为磁性材料也会产生磁化作用,因此要弄清是短路的磁化作用,还是磁性材料的磁化作用。这种方法只能证明发生了短路,但不能证明是火灾前短路,还是火灾后短路。

4.8.2 过负荷痕迹

导线允许连续通过而不致使导线过热的最大电流量,称为导线的安全载流量或导线的安全电流。当导线中通过的电流量超过了安全载流量时,就称为导线过负荷。在过负荷情况下,导线中的电能转变成热能,温度会升高,当导体和绝缘过热,部分过负荷故障会导致绝缘破坏,形成短路故障。严重过负荷时,导线温度达到绝缘材料和周围可燃物的燃点会引起燃烧，进而酿成火灾。

1. 过负荷主要原因

在实际生产和生活中，有多种因素可能导致过负荷的发生。主要原因有以下几种：导线截面选择不当，实际负载超过导线的安全载流量；违章用电导致过负荷，在线路中擅自接入了过多或功率过大的电气设备；漏电致使一部分电流从导线与导线或导线与大地之间通过，相当于额外在线路上增加了一个荷载；在安装时外部热源、灰尘聚集及腐蚀或污染物对导线的安全载流量有很大影响；在敷设及使用过程中，由于受冲击、振动和建筑物的伸缩、沉降等各种外界应力作用可能导致导线截面变化，导致过负荷的产生；导线在穿管时，导线的根数超过了允许值，导致散热不良，也可能导致过负荷；检修、维护不及时，使设备或导线长期处于故障运行状态，可能造成设备和线路长期带病运行，出现过负荷。

2. 过负荷作用下导线的变化

（1）导线温度的变化

导线在过负荷情况下温度会上升，在过负荷电流下，电阻消耗电能发热。过负荷情况下导线产生的热量，一部分通过热辐射和热对流散失到空气中；另一部分导致导线本身温度的升高。因而影响导线温度升高的因素有过负荷电流、通电时间、导线种类、散热条件。常用单股绝缘导线通过 1.5 倍安全电流时，温度超过 100℃；通过 2 倍安全电流时，铜线温度超过 300℃，铝线温度超过 200℃；通过 3 倍安全电流时，铜线温度超过 800℃，铝线温度超过 600℃。

（2）机械强度的变化

导线过负荷后，电流引起的高温将使金属强度大大降低，线路特别是架空线路易出现松弛、下垂等现象。

（3）导线绝缘层的变化

常用单股绝缘导线通过 1.5 倍安全电流时用橡胶和棉织物包敷的绝缘导线绝缘层无变化；而聚氯乙烯绝缘导线绝缘膨胀变软并与线芯松离，轻触即可滑动。通过 2 倍安全电流时，用橡胶和棉织物包敷的绝缘导线棉织物中浸渍物熔化，冒白烟，电线绝缘皮干涸；聚氯乙烯绝缘导线绝缘分解，起泡，局部开始冒烟，绝缘层熔软下垂。通过 3 倍安全电流时，用橡胶和棉织物包敷的绝缘导线内层橡胶熔化，胶液从棉织物外层中渗出，并可使绝缘物着火；聚氯乙烯导线绝缘熔融滴落，绝缘层严重破坏，线芯裸露。

（4）线芯金相组织的变化

在过负荷电流的作用下，导线的金相组织也会发生相应的变化。过负荷条件下，由于电流的热效应，使导线的温度远远超过了在额定电流条件下工作的温度，使破损、变形的晶粒发生回复、再结晶和晶粒长大，导线的金相组织由原始的变形晶粒转变为等轴晶粒。

（5）线芯外观的变化

导线过负荷后，将全线过热，导线表面趋于熔化，使部分金属流动，其外观也会发生显著变化。对于铜导线，可能导致截面大小发生变化，使某些部位变细，某些部位变粗，呈现间断的疤痕。铝导线一般不形成疤痕，由于铝的熔点较低，当过负荷使整个导线都被加热达到其熔化温度时，导线会出现多处熔断，形成断节。

3. 导线过负荷的检验和鉴定

在火灾过程中,由于火灾作用,导线也会被破坏,破坏痕迹与过负荷痕迹相似,现场勘验时,通过过负荷与火烧电线的不同特征,可以判断线路是否发生过负荷。导线过负荷和火烧破坏痕迹主要有以下区别:

(1) 绝缘层的破坏不同

过负荷导线绝缘内焦、松弛、滴落,地面可能发现聚氯乙烯绝缘熔滴,橡胶绝缘内焦更为明显,如图 4-30 所示。外部火烧条件会导致导线绝缘外焦,不易滴落,将线芯抱紧,如图 4-31 所示。

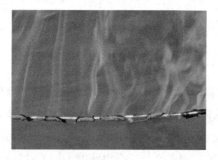

图 4-30 过负荷情况下导线绝缘破坏情况

图 4-30 彩图

图 4-31 火烧情况下导线绝缘破坏情况

图 4-31 彩图

过负荷和火烧破坏的导线绝缘层之所以会出现上述不同的破坏特征,原因在于过负荷时绝缘是从内向外受热,而火烧作用时,导线绝缘层是从外向内受热。

(2) 金相组织特征不同

火烧导线不同截面处的金相组织不同,火烧部位的金相组织一般是粗大的等轴晶,而没受火灾热作用的导线仍呈现原始的纤维状组织。而过负荷导线全线的金相组织都相同,一般为粗大的等轴晶。

火灾一般只作用于导线的局部,导线的破坏范围局限在火场之中,导线受火灾热作用的部位将发生组织的变化,而不受火灾热作用的部位仍将保持原来的组织形态。过负荷电流的发热是沿着整根导线均匀产生的,因而各处截面金相组织状态是相同的。

过负荷和火灾的热作用都可使导线的金相组织从原始组织向等轴晶粒转变。因而在确定导线金相组织的变化是否由于过负荷引起时，应在不同部位取样进行对比分析，一般需在火灾场中取一段受到火灾热作用的导线，同时取一段没有受火灾热作用的导线，若两者的组织相同，同为等轴晶粒，则导线发生了过负荷；若两者金相组织不同，受火灾热作用的金相组织为等轴晶粒，没有受火灾热作用的金相组织仍为纤维状的变形晶粒，则导线是火烧破坏的，而没有发生过负荷。

（3）线芯熔态不同

铜导线严重过负荷可形成均匀分布的大结疤，而铝导线过负荷时一般产生"断节"。且这种结疤和断节在整个过负荷回路上都有，沿整根导线均匀分布。

火烧虽然也可以使导线产生疤痕或断节，但是只能产生于火烧的局部，没有受火烧的部位不会产生疤痕或断节。

4. 物证提取

现场勘验过程中，当怀疑是导线过负荷引起的火灾时，应对表明过负荷的物证进行提取。

对怀疑是过负荷的线路进行仔细检查，发现有类似过负荷熔痕时，作为物证提取。火场中的过负荷导线再受火灾热作用后，过负荷形成的金相组织会受到破坏，失去原有的鉴定价值。为了与导线受火灾作用形成的火烧熔痕相区别，在火灾现场除提取过负荷痕迹外，还应提取未受到火烧的导线，如墙内的导线或火场外与火场内的导线同为一个线路的导线做比较。

4.8.3 接触不良痕迹

接触不良是指电气系统中连接处接触不紧密，导致接触电阻过大的一种故障。当导线的连接处出现接触不良时，接触点的大电阻将使接点处的温度明显高于导线的其他部位。高温会加速在接触面上形成氧化层，导致接触电阻进一步增大。周而复始、恶性循环会造成严重的火灾隐患。尤其是当接触不良的导线中再流过过负荷电流时，这种火灾危险性会进一步增大。

接触不良的部位可以存在于导线与导线的接头处、导线与接线端子的连接处、插接件的连接处及可动触点的接触处等多个部位。

1. 接触不良的原因

如挂接、简单铰接等会造成导线与导线，导线与电气设备连接点连接不牢，造成接触电阻过大。在连接的过程中，如果接触面处理不当，例如接触处的氧化层、泥土、油污等杂质，也会减小实际的接触面，造成接触不良，形成大的接触电阻。铜铝导线混接时，没有使用铜铝过渡接头或对铝导线进行超声波搪锡处理就连接到铜导线上，由于铜铝导线之间有约 1.69V 的电位差存在，潮湿时会发生电解作用，产生电腐蚀，导致接触电阻过大。由于电流的热效应，在接头处易形成热点，尤其是当电路中流过大电流时，接头处的温度会更高。

金属接触面在接触压力的作用下，会产生蠕变，即永久变形，导致接触压力变小而产生大的接触电阻。

电气设备操作时机械振动会引起接头松动或形成间隙，使接触电阻增大。开关、插头插座频繁操作，也会使动片和静片的紧握力变小，造成接触不良，形成大电阻。

2. 接触不良痕迹的形成机理

由于接触不良，连接处接触电阻过大，在接头部位局部范围会过热。热量会引起周围物体发生变化。当电路有不良接触点时（例如端子上的连接螺钉发生松动），增加的电阻将使触点处产生的热量增加，促进了氧化界面的形成。氧化物传导电流，保持电路功能正常，但是氧化物电阻比金属的电阻大，氧化界面能够逐渐发热。如果可燃物靠近热点，就能被引燃。

连接点是线路上最可能出现过热的点。最可能的过热原因是因为连接松动或者在连接点上存在着电阻值大的氧化物。过热连接点处的金属比暴露在火焰里的相同金属氧化更严重。连接处有黄铜或铝的情况下，金属不出现麻坑但更可能被熔化，这种熔化既可以是电阻加热也可以是火烧造成。

接触不良发展到接触松动时，会产生电弧，形成打火现象，电弧的作用使接头处留下烧蚀痕迹。

接触不良引起的高温导致接头处的绝缘层破坏，使不同电位的导线直接接触，引发短路，形成短路痕迹。

3. 接触不良痕迹的特征

接触不良痕迹的形成有三种情况：一是接触不良导致接触电阻过大，在电流的热效应下使接触点温度升高，接头在高温作用下形成的变形变色痕迹；二是接头松动时可能引起电弧，由于电弧的高温作用形成的变形变色痕迹；三是由于接触不良导致的发热使绝缘损坏，致使出现短路而形成的痕迹。接触不良痕迹的主要特征有以下几点：

1）接头处出现局部变色，表面形成凹痕，严重时有烧蚀甚至局部熔断形成熔珠。不管是导线与导线接头还是导线与接线柱的接头，一般都是线路中电阻值较大的地方，尤其当接头处理不当时，接触电阻会成倍增大，电流流过导线时会在电阻值较大的地方产生更多的热量，引起局部过热，导致接头处出现变色痕迹。严重接触不良情况下，电流的热效应会使导线熔化，使导线出现烧蚀、熔断甚至形成熔珠。

2）接头处绝缘层受热破坏。为了防止意外事故的发生，电气系统的接头处都要进行绝缘保护，如室内导线接头处用绝缘胶布进行绝缘保护，以防止出现短路、触电和漏电事故。由于接头处的高温，会导致绝缘层发生损坏，绝缘胶布内层出现烧焦、炭化痕迹，严重时可引起绝缘着火进而引起火灾。

3）接头处接触松动产生电火花，造成接头处出现烧蚀痕。接触不良常常发生在导线与导线虚接的情况下，接头松动会在接头的缝隙处产生火花和电弧，火花和电弧的高温会造成接头处出现烧蚀痕，如图4-32所示。

图4-32 垫片接触不良产生的烧蚀痕

4）熔化痕迹。接触不良引起过热，可能引起接触点金属熔化；绝缘破坏时可能引发短路，也可能产生熔化痕迹。对于铜铝接头来说，更容易出现熔化痕迹。一方面是因为铜铝接头接触电阻更大；另一方面是因为铜和铝产生合金后熔点降低。

4. 接触不良痕迹的鉴定

现场勘验时，当怀疑是由于接触不良引发火灾时，一般要对接触不良痕迹进行提取和鉴定，以进一步确认现场勘验的结果。

对于从火灾现场提取的接触不良痕迹物证，可从宏观和微观两个方面进行分析鉴定。

当接触点接触不良时，接头处导线会出现局部变色现象，表面形成凹痕，严重时有烧蚀痕甚至局部出现熔珠。接头处有可能出现电弧熔化导线形成的熔珠。

接头处垫片、螺杆、螺母、接线柱等与导线连接处有局部变色或有电火花滋痕，有麻点、麻坑，甚至部分形成缺口或形成烧结粘连。

铜铝接头处铝线线芯部分留有残体或铜线头处留有带孔洞、麻坑的电火花烧蚀痕。

接触不良时由于接触点过热会使接触处的金属组织发生变化，而铜铝导线的金相组织一般为细小的柱状晶或胞状晶。

4.9 其他痕迹

4.9.1 人体死伤痕迹

1. 人体死伤痕迹特征

（1）体表特征

由于人体在火场中很容易暴露并被火灾损伤，故烧痕在身体表面通常能体现出来。

1）皮肤烧伤痕迹。一般情况下，人体皮肤受到火灾热作用，会呈现出不同的反应。火灾热的温度不同，作用时间不同，皮肤烧伤的程度不同，通常分为Ⅰ、Ⅱ、Ⅲ、Ⅳ四度。

如果皮肤表面沾有可燃液体，短时间燃烧，会导致局部皮肤破坏，皮肤表面膨胀松弛，均匀脱落，形成特殊的"人皮手套"痕迹等。

2）生活反应。人体被烧伤后，创口有生活反应，如创口充血、出血、水肿，血管内形成血栓。即使人在火灾中死亡，体表的生活反应仍有可能保留下来。

3）眼强闭特征。火烧时，被威胁人员可反射性发生眼睑闭合。因此，被烧致死的尸体眼皮内可见残留烟粒，而外眼角皱折处可免于烧伤，皱折凹陷部可见条纹状正常皮肤。皱折凸出部有时可见炭末沉积。由于眼睛紧闭，睫毛仅尖端烧焦。

4）其他特征。如果是电击致死，尸体表面应存在电源斑、电烧伤、电烙印等。如果是爆炸冲击波致死，则尸体存在一定的移位，并可能某一侧存在伤痕。

（2）内部特征

由于人在停止呼吸前，处于生物体活动状态，火灾烟、气、热会通过呼吸系统、消化系统侵入体内，在人体内部留下各种征象。

1）呼吸道烧伤及炭末附着。火场中活着的人在急促呼吸的情况下，将火灾产物，如烟尘、炭末、火焰等吸入呼吸道内，导致呼吸道烧伤，并在鼻腔、口腔、咽喉、气管黏膜中附着有烟灰、炭末。

2）血液中有碳氧血红蛋白。人体吸入一氧化碳后，一氧化碳与血红蛋白结合，形成樱红色的碳氧血红蛋白。这也是被烧死的尸体血液和器官呈樱红色的原因。可以通过检测心血或大血管内血液中碳氧血红蛋白浓度来确认死者是否火灾致死。

3）口腔、食管、胃及眼皮内可有烟尘炭末。死者生前有吞咽功能和刺激反射，火场中吸入的烟尘炭末自口腔咽下，解剖时常发现在食管、胃或十二指肠内留存。刺激反射性眼睑闭合，还会在眼皮内留有烟尘炭末。

4）硬脑膜外"热血肿"。火灾的热作用，使颅骨板障内的血管破裂，同时，脑及硬脑膜蛋白凝固、收缩，使硬脑膜与颅骨内板分离，致硬脑膜上的小静脉或硬脑膜外动脉被撕裂出血，血液流入硬脑膜剥离后所形成的空隙内，形成硬脑膜外血肿。血肿呈砖红色蜂窝状，与颅骨内板紧贴，易从硬脑膜上剥离。应注意火灾所致硬脑膜外"热血肿"与生前外伤性硬脑膜外血肿的区别。

2. 火灾对尸体的影响

通常，火灾能导致尸体肌肉收缩、关节弯曲，特别是四肢关节处非常明显。死者的这种"拳斗姿势"与其生前的活动动作无关，这是单纯火灾作用的结果。但若火场中尸体未受到严重火烧却呈现出明显的"拳斗姿势"，很可能说明是火灾中死亡。

火场高温还会使人骨收缩，研究表明，在700℃的高温下，人体有20%的骨头会收缩，使身长变短。另外，新鲜潮湿的骨头在高温下会由于湿气受热膨胀而散裂。

火场高温能使少量血液从尸体的鼻孔、耳孔等处渗出，但由于肌体组织已被烧焦，渗出的血液量有限，因此火灾使尸体附近没有明显的血迹。如果情况相反，则说明可能是生前遭受外力创伤所致。火灾高温可能导致皮肤开裂，内脏从腹部凸出，调查人员要注意将其与钝器挫伤开裂加以区分。

一般来说，框架结构的住宅火灾所达到的火焰温度和持续的时间并不足以完全损毁成年人的骨骼，甚至人体的软体组织也有可能保留下来，这是因为人体组织内含有大量的体液，起到保护作用，但经受高温尸体尺寸会缩小。如果尸体被金属家具或坐垫弹簧支撑悬空，充分暴露在高温火焰之中，此时尸体损毁程度可能更严重。在一些特定条件下，即使房屋没有被烧毁或者附近没有其他燃料，尸体也能被烧成灰烬，这是由于受害者皮肤被烧开裂，皮下脂肪融化流出成为燃料参与燃烧而致。

3. 人体死伤痕迹的证明作用

人体死伤痕迹是证明火灾某些事实的有力证据。通过对痕迹的形成及特征进行分析，可以用这些证据证明火灾性质，判定起火部位和火灾蔓延方向，分析认定起火原因等。

（1）证明案件性质

火场中的尸体，如果检查鉴定发现有非火灾致死迹象，如在火灾前钝器伤致命，毒药中毒死亡，外部机械窒息性死亡等，这时检查呼吸道一般较清洁，尸体一般也不会呈强闭眼状，这说明很可能是杀人焚尸案件。如果尸体经检查具备火灾致死特征，应进一步分析死者被困火场的原因。应检查是否存在故意强迫约束迹象，有时捆绑手脚的绳索可能在火中烧失，这时应注意观察尸体的手腕、脚踝是否紧紧并拢，关节处皮肤与周围皮肤相比是否呈环状烧轻或烧重，关节下方附近是否有可疑捆绑物残骸或炭化物等。

（2）证明火灾蔓延方向

人受火威胁时，具有极强的逃生欲望。因此，一般都背离火源方向，朝着通道或出口的方向逃生。火灾后，尸体位置有的在出口被阻碍部位，头朝出口方向；有的在墙角或床、沙发等家具下，一般头内脚外呈俯卧状；有的离开原来地点，死在另外的位置。尸体在火灾现场中的位置、姿态，都能用来判断火灾蔓延方向。

（3）证明起火部位、起火点

尸体的某一侧或一面形成烧伤痕迹，其他部位未被烧，一般形成烧伤痕迹的一侧或一面迎着火灾蔓延来向或爆炸冲击波方向。这种单侧面烧伤痕迹就很好地指向了起火部位。

醉酒者、老弱病残者卧床吸烟引起火灾，烧伤痕迹特征通常证明尸体所在位置就是起火点。例如，醉酒卧床吸烟者经常是夹烟的手指受烧严重，该处床铺炭化严重，以此向其他部位渐轻，死者死亡原因为窒息死亡。这说明尸体所在位置就是首先起火的位置。

（4）证明死伤原因

若尸体暴露部分的皮肤表层被均匀烧脱，形成了"人皮手套"或"人皮面罩"等，说明这些部位可能接触了易燃液体。火灾致死尸体的衣服、暴露的皮肤被烧均匀，通常证明是气体爆炸燃烧波作用的结果。

尸体与其生前所在位置存在受推力作用产生的位移，衣服部分撕破剥离，尸体某一方向皮下充血，内脏器官破坏，说明可能是爆炸冲击波作用所致。

尸体上有"天文"状烧伤痕，身体局部烧伤或穿孔，脚底、鞋底炭化或大脑与心脏有电击征象，这是雷击所致。

4.9.2 摩擦痕迹

摩擦痕迹通常是指物体与物体接触发生撞击或相对运动时，由于摩擦力的作用，在物体表面上形成的不同形状的痕迹。物体发生摩擦，引起火灾的基本条件是：摩擦力所做的功转换成的热能，引燃摩擦物体或附近其他物体；因摩擦力的作用，在物体上形成痕迹（划痕）的同时，部分脱离物体的高温或带火的碎片、颗粒（如产生的金属火花、磨着的木质残片等）掉落或传送到其他地方（或部位），引燃该处的可燃物造成的。摩擦痕迹是证明引起火灾的引火源物证之一。

1. 产生摩擦痕迹的具体原因

产生摩擦痕迹的具体原因有以下几种：

（1）运动状态变化

以摩擦形式做功的物体，运动状态突然发生变化时形成。一般设备安装不当，维修不及时，最易发生。如传送带转动装置不及时上防滑油或传送带松弛，使传送带与传送带轮之间的摩擦力减小造成"丢转"，传送带与传送带轮之间产生摩擦而形成痕迹。

（2）设备安装不合要求

如砂轮、研磨设备与铁器摩擦；动力机与工作机硬性连接不同心，造成轴与轴承的摩擦或加重轴承内的摩擦而形成。

（3）设备故障

设备故障特别是机械转动部分的故障，如搅拌机、提升机、通风机等设备的机翼、叶片与机壳体撞击、摩擦及一些转动机件固定装置松弛，造成转动轴变形等原因而形成。

（4）堵料

如各种带外罩的输送设备、生产设备被物料堵住，增大了设备内传动系统运动的阻力，使物料和设备之间相互摩擦。

（5）金属撞击

高速运转的机械设备内混入钢钉、石块等物体时与运转中的机械撞击、摩擦而形成。如梳棉机填料时混入包装用钢丝、钢条；旋转设备制造、安装或检修时掉入碎屑或工具；高压气体通过管道时，管道中的铁锈因与气流一起流动，与管壁摩擦等。

（6）操作不当

如铁器与坚硬物体表面撞击、碾压；清理易燃易爆危险物品时，操作不当，用力过猛或取送工具的动作过大等引起。

2. 摩擦痕迹的发现

摩擦痕迹一般在发生相对运动物体的接触部位，每种痕迹都有不同特征。

（1）滑动摩擦形成的摩擦痕迹

滑动摩擦形成的摩擦痕迹，一般形成在直接发生滑动摩擦的对应物体上。

传送带转动形成的摩擦痕迹，主要形成在传送带和带轮上。传送带炭化，有时烧断，传送带连接处金属表面摩平、光滑、呈蓝色，带轮表面有划痕，局部粘有传送带炭化物。因缺油使转动的轴与轴瓦处对应形成摩擦痕迹。轴上有连续划痕，轴瓦除有划痕还有变色痕迹。

（2）设备故障形成的摩擦痕迹

设备发生故障，特别是因机械转动部位故障而形成的摩擦痕迹，一般形成在机翼、叶片、壳体部位，如电动机定子和转子表面形成的对应划痕。

轴与轴承不同心，使轴与轴承架磨损变形、变色、表面积炭，主轴变形且有划痕。机翼叶片变形、有的部分断裂或脱落，其端部有划痕或磨损，壳体内有划痕。磨损严重时形成开裂、空洞。

砂轮、研磨设备与加工件及设备本身机件间摩擦形成的痕迹，主要在加工件及设备本身的机件上形成，加工件和设备机件面积或体积有变化，出现局部缺口等。摩擦面有颜色变化，有时固定机件螺栓松动，机件有移位痕迹。

（3）铁石杂物与设备形成的摩擦痕迹

高速运转的机械设备内混入铁、石等物体形成的摩擦痕迹，在设备壳体和转动部体上形成。壳体上有间断的不规则划痕，转动部件局部变形、磨损或折断。

3. 摩擦痕迹的证明作用

（1）证明起火源

由于摩擦、撞击会产生高温或火花，可能是引起火灾、爆炸的引火源。摩擦产生的高温会使一些物体被加热引起火灾，摩擦产生的火花会掉落到附近可燃物上起火，因此，摩擦产生的火花和撞击产生的物体是认定引火源的直接物证。

（2）证明起火点和起火原因

通过鉴别摩擦痕迹，判定物体及火花运动方向，以及摩擦痕迹形成的部位和燃烧状态，进而确认起火点。如通过摩擦痕迹中划痕形成的方向，判定火星掉落的部位，进而判定起火点。有时可通过摩擦痕迹形成的物体被烧特征或判别附近可燃物燃烧状态、蔓延方向判定起火点。通常摩擦痕迹形成的物体局部烧得重，或摩擦痕迹周围形成有炭化区（灰化区）并以此为中心形成蔓延痕迹时，说明起火点就在该摩擦痕迹部位。

4.9.3 灰烬

在火灾现场中，可能存在灰烬痕迹，在现场勘验中，可以根据灰烬痕迹特征分析火灾事实。

1. 灰烬的形成机理及特征

灰烬痕迹是指可燃物燃烧后，以灰的形式存在的一种痕迹。它主要是由灰分（可燃物完全燃烧的产物）、可燃物的热分解产物和燃烧产物及残留的可燃物组成。灰分由无机氧化物和盐组成，它是可燃物完全燃烧后残存的不燃固体成分，是可燃物充分燃烧的结果。不同可燃物燃烧后灰烬的颜色、形状不同，其组分也有区别。因此，根据灰烬所呈现的特征可以证明火灾现场的真实情况。

2. 灰烬的证明作用

（1）根据灰化痕迹判定起火点

由于起火点处燃烧时间比较长，一般燃烧比较充分，容易留下灰化区。所以根据灰化痕迹可以判定起火点的位置。

（2）证明燃烧物种类

火场上的灰烬，主要用于查明可燃物的种类。多数火场可燃物局部燃烧后，还会留有残存的未燃烧部分，只要仔细观察，可以判断燃烧物的种类。另外，灰烬中存在残留的燃烧产物及热分解产物，可以利用仪器分析鉴定可燃物种类。若是可燃物已全部燃烧，则需要对灰烬进行认真的观察、分析和鉴别，一般可以根据灰烬的表面特征来判断可燃物的种类。

某些木材、布匹、书报、文件、人民币等在以阴燃的形式燃烧后，或者在气流扰动很小的情况下燃烧后，其遗留的灰烬只要没有改变原来存放的位置，不被风吹、水冲、人为翻动等破坏，表面仍然会保留原来物质的纹络，有时纸面的笔迹仍可辨认。木材燃烧后可能会遗留一些微小的炭块；柴草燃烧后留下轻而疏松的白灰；纸的灰烬薄而且有光泽，边缘打卷；布匹的灰烬厚而平整，留有原来的纹理。当然，一经扰动就不容易看清上述特征。

天然植物纤维（棉、麻、草、木）和人造纤维（粘胶纤维）燃烧的灰烬呈灰白色，松软细腻，质量轻。动物纤维（丝、绢、毛）的灰烬呈黑褐色，有小球状灰粒，易碎有烧焦毛味。合成纤维的灰烬大都呈黑色或黑褐色,有小球或结块,结块不规则,小球坚硬程度不等。一些常见物质的燃烧参数及灰烬特征见表4-4。

表4-4 一些常见物质的燃烧参数及灰烬特征

名称	燃点/℃	自燃点/℃	灰烬颜色和形状
木材	260	440	残留少量灰白色炭灰
棉	210	407	灰烬少,浅灰色细软
麻			灰烬少,浅灰色或浅白色
羊毛	300	570	灰烬多,呈有光泽的黑色发脆颗粒或块状
丝	275	456	灰烬为黑褐色小球,用手指可捻碎
粘胶纤维	235	462	灰烬少,细软,呈浅灰色或灰白色
醋酸纤维	475		灰烬为蓝色,呈有光泽块状,可用手指压碎
涤纶	390	485	浅褐色硬块,不易捻碎
锦纶	395	425	浅褐色硬块,不易捻碎
腈纶	355	465	蓝色或黑色,不规则块状或球状,脆而易碎
维纶		400	不规则黑褐色块状,可用手捻碎
丙纶	270	404	硬块,能捻碎
氯纶	390	550	不规则黑色硬块

4.9.4 雷击痕迹

1. 雷电痕迹产生机理

雷击是一种自然界放电现象,按照类别划分,雷击包括:雷云与地面物体的直接放电的直击雷,雷云静电感应或电磁感应使另外物体产生高压并产生放电的感应雷,雷电波产生的冲击电压沿着架空线路或金属管道传播及沿地面滚动或在空中飘动的球雷。

由于在雷电放电时,能产生高达数十万至数百万伏的冲击电压,产生大量热量,同时产生严重的静电感应和电磁感应,可以击穿绝缘、烧毁电器、破坏雷击点物体等,留下相应的痕迹。

图 4-33 彩图

2. 雷击痕迹的特征

(1) 金属上的雷击痕迹

受雷击作用严重的部位熔化,常形成熔断、熔化痕迹。受雷击电波侵入的电路绝缘导线形成有烧焦炭化甚至多处熔融断线,配电盘处击穿痕、熔断痕迹集中,仪表烧毁、电闸盘盖炸裂,导线、闸刀短路形成喷溅熔珠,严重的整个配电箱会炸脱移位,如图4-33所示。雷击产生的电磁场可以使铁磁性材料磁化。

图 4-33 雷电波侵入后的配电盘破坏痕迹

（2）非金属不燃物的雷击痕迹

雷击作用在混凝土构件、砖、石等物体上，局部形成击穿痕、熔融痕、烧蚀痕、炸裂脱落痕、变色痕。雷击产生的高温可以使混凝土产生中性化变化。

（3）可燃物体上的雷击痕迹

由于木材含有水分，既易导电又易汽化，雷击常常造成树木、电杆等木质物体被击碎、劈裂、击断，劈裂方向沿木纹方向纵向分布。一些可燃物可以因雷击直接被引燃。

3. 雷击痕迹的鉴定方法

（1）剩磁检验法

一旦初步确定雷电流的通路之后，应在它的附近仔细寻找由铁、钴、镍等铁磁性物质组成的构件，并用剩磁测试仪测量它们的剩余磁场强度，根据测得的剩磁数据，判断是否发生过雷击。

（2）金相分析法

雷击电流的作用通常在金属或非金属的表面形成熔化和烧蚀的痕迹，雷击电流对金属表面是瞬间的高温作用，在熔化的局部形成金属熔池，使其瞬间高温熔化并在过冷度很大的条件下发生冷却和凝固，这与火灾火焰的热作用有明显的区别，可以通过金相分析进行鉴别。

复 习 题

1. 烟熏痕迹的证明作用有哪些？
2. 如何利用木材燃烧痕迹证明火势蔓延方向？
3. 可燃液体燃烧痕迹有哪些特征？
4. 玻璃破坏痕迹有哪些证明作用？
5. 如何利用玻璃破坏痕迹证明火势蔓延方向？
6. 金属受热痕迹有哪些证明作用？
7. 怎样利用金属受热痕迹证明起火点位置？
8. 混凝土受热过程中有哪些变化？
9. 试述火灾中建筑物的倒塌方式及其证明作用。
10. 如何区别导线短路熔痕和火烧熔痕？
11. 如何区别一次短路熔痕和二次短路熔痕？
12. 过负荷作用下导线会发生哪些变化？
13. 雷击痕迹的主要特征有哪些？

第 4 章练习题

扫码进入小程序，完成答题即可获取答案

第 5 章 火灾调查分析

调查人员需要使用调查询问、现场勘验、物证检验鉴定等科学的方法，收集与火灾性质、起火方式、起火时间、起火点相关联的信息，运用比较、分析、综合、假设、推理等逻辑方法，对起火原因与火灾灾害成因做出科学的判断与认定。

5.1 概述

5.1.1 火灾调查分析的概念

火灾调查分析就是运用辩证唯物主义的立场、观点和方法，对火灾发生过程中的各种事实，以及与之有因果关系的事实进行考察的研究活动。通过火灾调查分析活动，为火灾调查指明了方向，确定了火灾性质、起火方式、起火时间、起火点等内容，并为最终分析认定起火原因和火灾灾害成因提供了依据。

5.1.2 火灾调查分析基本要求

1. 从实际出发，尊重客观事实

火灾现场上存在的客观事实是火灾调查分析的物质基础和条件，因此，在分析之前要全面了解现场情况，掌握与现场有关的详细材料。进行分析时，注意运用分类比较、对比鉴别等方法，遵循火灾现场发展变化规律，去伪存真，切忌主观臆断，更不能伪造证据材料。

2. 既要重视现象，又要抓住本质

火灾现场上各种现象错综复杂，痕迹物证的形态千差万别，每一种现象、每一个痕迹物证既是火灾现场的表面现象，同时也包含了与火灾事实相关联的本质规律。然而，在这些现象和痕迹物证中，只有能够证明起火原因和火灾灾害成因的有关事实与证据是调查分析的关键，是众多现象中最重要的本质。因此，在进行现场分析时要重视每一个现象，即使是点滴的情况和细小的痕迹物证，都应认真地分析研究它们。同时在这些现象中，要能够去芜存精，着重分析研究与起火原因和火灾灾害成因相关联的情况与现象，紧紧抓住调查的本质和关键。例如，在火灾现场上一般依据以下两点认定起火点：一是此点燃烧破坏严重；二是有向四周蔓延火势的痕迹。对比分析可以发现，第一点的实质内容是起火点较火灾现场其他地方燃烧时间相对较长，因此当现场燃烧物分布比较均匀时，起火点处通常燃烧破坏严重。然而当火灾现场其他地方可燃物分布多，燃烧条件好时，起火点处燃烧破坏不一定最严重。第二点的实质内容是起火点是空间内火灾出发的最初始点，因此只能在起火点处观察到火势向四周蔓延的痕迹，而不会在其他非起火点处存在此类现象。所以，第二点是起火点的本质特征，第一点是火灾现场起火点处常见一种现象，不是本质特征。因此，只有抓住本质问题，才能正确分析火灾现场的各种情况。

3. 既要把握火灾燃烧的一般规律，又要具体问题具体分析

火灾同其他自然现象一样，都有其共同的规律和特点。调查分析时应善于掌握这些规律和特点，以指导一般的火灾调查工作。不同类型的火灾，其发生、发展的成因、过程是不相同的，不但需要总结、掌握不同类型火灾各自的规律和特点，还要注意比较两者间的相同点和差异，加深对火灾燃烧的一般规律的把握与认识。与此同时，即使是同种类型的火灾，在具体形成过程中也存在着各种差异，因此，在调查分析中，在抓住普遍规律的基础上，还要重点找出其特殊性，并分析研究某些特殊现象与火灾的本质联系。

4. 抓住重点，兼顾其他

在调查分析时，要防止不抓主要矛盾、面面俱到；又要防止只抓重点、忽略一般。要从纷繁复杂的材料中抓住问题的关键，找出待调查分析的主要矛盾，同时兼顾其他现象与事实，不能把分析判断仅局限于一种可能性，进而造成思维的僵化。要放开调查视野，努力找出两种或者两种以上的起火可能性，既要分析可能性大的因素，又要兼顾可能性小的因素。把可能性大的因素暂时先定为重点，进行重点分析。一旦发现重点不准时，就要灵活而又不失时机地改变调查方向，不致顾此失彼。

5.1.3 火灾调查中常用的逻辑方法

火灾调查分析中常用的逻辑方法，主要包括比较、分析、综合、假设和推理等。在整个火灾调查过程中能否正确地运用这些方法，对火灾调查工作的成败是至关重要的。

1. 比较

比较是指根据一定的标准，把彼此有某种联系的事物加以对照，经过分析、判断，然后做出结论的方法。

（1）比较的对象

比较的基本目的就是认识比较对象之间的相同点和相异点。比较既可以在同类对象之间进行，也可以在异类对象之间进行；比较还可在同一对象的不同方面、不同部位之间进行。

（2）比较的内容

1）分析火势蔓延方向时的比较。

① 求同比较，就是找出同类痕迹及其相同点。

② 求异比较，即找出同类痕迹的不同点或同一物体上不同部位燃烧痕迹的不同点。

③ 垂直比较，即从垂直空间中找出各层次痕迹物证的相同点、相异点。

④ 水平比较，从平面空间上找出各部分痕迹物证的相同点和相异点。

2）判定起火点时的比较。

① 起火部位与整个火灾现场对比。根据调查结果，设定一个起火部位，而后将其与整个火灾现场进行仔细比较，以判明该部位是否属于燃烧最严重的部位，更重要的是将该部位与全部火灾现场比较，找出以此为中心向四周蔓延火势的痕迹物证。

② 不相邻物体对比，就是不相邻物体之间要进行相向、背向、顺向对比。

③ 毗邻对比。即把火灾现场中彼此相连的物体进行对比。

④ 同一物体各部分之间对比。这是对同一物体的内部与外表、前与后、左与右、上与下各方面的对比分析。

3）对证人证言和犯罪嫌疑人口供的比较。

① 同一证人多次对同一事实的陈述进行比较，以验证证人证言的正确性。

② 多个证人对同一事实的陈述进行比较，以验证证人证言的正确性。

③ 同一犯罪嫌疑人多次对同一事实的供述进行比较。

④ 多个犯罪嫌疑人对同一事实的供述进行比较。

⑤ 证人证言和犯罪嫌疑人对同一事实的供述进行比较。

4）对现场勘验、物证鉴定意见、证人证言、犯罪嫌疑人口供的相互比较。

① 将现场勘验中所发现的证据与物证鉴定意见进行比较。

② 将现场勘验中所发现的证据与证人证言或犯罪嫌疑人口供进行比较。

③ 将物证鉴定意见与证人证言或犯罪嫌疑人口供进行比较。

（3）比较中应注意的问题

比较中应注意的问题主要有：

1）在进行比较时，相互比较的事实必须是彼此之间有联系的、有可比条件的。

2）在进行比较时，要有比较的标准。

3）要用同样的标准对同类痕迹物证进行比较。

2. 分析

分析就是将被研究的对象分解为各个部分、方面、属性、因素和层次，并分别加以考察的认识活动。比较只能了解火灾调查事实的相同点和相异点，要进一步研究这些相同点和相异点的特征、形成原因、说明的问题、与火灾的蔓延和起火原因的关系，还必须用分析的方法对各个事实分别进行分析和研究。火灾现场的破坏性和复杂性决定着火灾调查分析的必要性，没有分析，调查人员就不能认识火灾的全部过程。就某场具体火灾而言，它的发生和发展受很多因素的影响，如可燃物的种类和数量、引火源的特性、现场客观条件、人员的生活和生产活动等，只有对这些因素进行客观的分析，才能得出正确的结论。

（1）分析的方法

1）定性分析。定性分析是为了确定研究对象具有某种性质的分析。

2）定量分析。定量分析是为了确定研究对象各种成分数量的分析。

3）因果分析。因果分析是为了确定引起某一现象变化原因的分析。

4）可逆分析。可逆分析是解决问题的一种方法，即作为结果的某一现象是否又可能反过来作为原因，就是平常说的互为因果关系。如在火灾中，带电的电气线路或设备的短路可能引起火灾，反过来火灾也可能引起带电的电气线路或设备发生短路。

5）系统分析。系统分析是一种动态分析，它将被研究的客观对象看成是一个发展变化的系统。系统分析又是一种多层次的分析，它把所研究的客观对象看作是一个复杂的多层次的系统。

（2）分析时应注意的问题

分析时应注意的问题主要有：①要分析到构成事物的基本成分；②分析必须是对研究对象的重新认识；③分析时要客观全面；④分析时要抓住重点和疑点；⑤分析时要反复推敲。

3. 综合

综合就是将火灾过程中的各个事实连贯起来，从火灾现场这个统一的整体来加以考虑的方法。分析法研究的是火灾过程中各个事实的特征、形成的原因和能证明的问题，而实际上各个事实都不是孤立的，它们都是火灾现场整体的一部分。各个事实在起火和蔓延的过程中相互联系、相互依存和相互作用。因此，从火灾现场整体上分析研究各个事实，连贯地研究它们之间的关系，使调查中获得的事实在火灾现场统一体中有机地联系起来是非常必要的。只有综合才能从认识局部过渡到认识整体，从认识个别事实的特征到认识火灾发生发展过程的本质。

4. 假设

假设是依据已知的火灾事实和科学原理，对未知事实产生原因和发展的规律所做出的假定性认识。火灾调查过程中的假设就是推测。可以根据调查事实对某些痕迹物证形成的原因做出推测；也可对起火时间、起火点的位置做出推测；还可以对起火原因做出推测。假设要注意如下几个问题：

1）必须从实际出发，以事实为依据。
2）必须根据实践经验、科学原理进行假设。
3）假设时必须纳尽一切可能的原因。
4）假设不是结论，而是推测。
5）任何假设必须进行验证。

5. 推理

推理是从已知判断未知、从结果判断原因的思维过程。火灾现场勘验和调查询问得到事实是已知的，要从已知判断未知，首先要对已知的事实进行去粗取精、去伪存真的加工，根据事实的真实性和可靠性决定取舍；其次要对事实进行由此及彼、由表及里地分析与研究，既要依据科学原理和实践经验找出其间的因果关系，又要依据调查事实、科学原理和实践经验判断火灾发生和发展过程，从火灾发生和蔓延过程分析与认定起火点，从与起火点相关的客观事实出发去认定起火原因。调查分析中通常采用的有三种推理方法。

（1）剩余法

在进行火灾调查分析时，常常根据客观存在的可能性，先提出几种假设，然后逐个审查，一一排除，剩下的一个为无可推翻的假设，这就是所要寻找的结论。例如，在分析起火原因时，通常根据调查事实和证据，假设有几种可能的起火原因，如放火、自燃起火、电气故障起火、吸烟起火等，然后根据所掌握的各种材料和证据，对各种可能的起火原因进行分析研究，将不能成立的假设排除，最终剩下的一个就成为该场火灾的起火原因。这种推理成功的关键就是一定要将真正的起火原因选入假设之中，而且还不能将真正的起火原因排除掉。因此，在运用此法分析起火原因时，为了将真正的起火原因选入，就要充分考虑到有关的各种因素，以及各种因素之间的关系。

（2）归纳法

它是由个别过渡到一般的推理，即以个别知识为前提，推出一般性知识结论的推理。在推理中，对某个问题有关的各个方面情况，逐一加以分析研究，审查它们是否都指向同一问题，从而得出一个无可辩驳的结论。

（3）演绎法

演绎法是由一般原理推得个别结论的推理方法。人们在生产和科学研究中总结出许多一般原理和规律，这些原理和规律是人们进行分析研究事物的基础。

上述方法既可单独使用，又可联合加以使用，既可在随时分析中用，又可在结论分析中用。然而，这些方法运用的客观基础是事物之间的内在联系，辩证唯物主义观点的正确运用是正确分析认识问题的前提。只有如此，才能有效地运用这些方法分析火灾调查中的问题，并得出符合客观实际的结论。

5.2 火灾性质的分析

根据人的因素对火灾发生的不同影响，以及由此产生的不同火灾责任，火灾性质可以分为放火、失火和意外火灾。不同性质的火灾，其社会危害性不同，参与调查的主体、调查的法律依据及处理方法也不同。根据所获得的线索和证据来分析判定火灾的性质，有助于缩小下一步调查的范围，明确调查的主要方向，有重点地收集痕迹物证。

5.2.1 放火嫌疑的分析

放火是指以故意放火烧毁公私财物的方法危害公共安全和人身安全的行为。与其他火灾相比，放火不仅有"人为"因素，而且是一种"故意"行为。在调查火灾过程中，通常发现下列情形，可以确定具有放火嫌疑：

1）现场的尸体有非火灾致死特征。
2）现场有来源不明的起火物、引火源，或在其周围发现有可用于实施放火的器具、容器、登高工具等。
3）现场建筑物门窗、外墙有非施救人员的破坏、攀爬痕迹。
4）起火前出现可疑人员、恐吓信件、报复性语言。
5）火灾发生前有物品被盗。
6）非自然因素造成的两个以上起火点。

7）有证据证明非放火不可能引起火灾。

8）其他与放火犯罪有关的线索。

5.2.2 意外火灾的分析

意外火灾又称自然火灾，是指人类无法预料和抗拒的原因造成的火灾，如雷击、暴风、地震、干旱等原因引起的火灾或次生火灾。调查人员可以根据发生火灾时的天气等自然情况、火灾周围地区群众的反映、现场遗留的有关物证进行认定。如雷击火灾，不仅有雷声、闪电等现象，通常还会在建筑物、构筑物、电杆、树木等凸出物体上留下雷击痕迹，如雷击痕迹、金属熔化痕迹等，有时雷击火灾还会有直接的目击证人。

除自然因素外，意外火灾还包括在研究试验新产品、新工艺过程中因人们认识水平的限制而引发的火灾。如新材料合成试验过程中引发的火灾等。

5.2.3 失火的分析

失火是指火灾责任人非主观故意造成的火灾。非主观故意是指火灾的发生并不是责任人所期望的，主要表现为人的疏忽大意和过失行为，在此类火灾中责任人本身也是火灾的受害者。尽管是过失行为，如果火灾危害结果严重，根据责任人的职责和过失情节可分别构成失火罪、消防责任事故罪、危险品肇事罪和重大责任事故罪。失火是除放火和意外火灾外的所有的火灾，在调查分析中通常利用剩余法来确定此类火灾性质，当排除放火和意外起火的可能性后，火灾的性质就属于失火。失火在火灾总数中占绝大部分。

在实际工作中，常会遇到放火者利用意外起火或失火的某些特征来制造假的火灾现场。因此，要注意发现和收集具有不同特征痕迹物证，并配合细致的调查询问，在掌握一定的可靠材料的基础上进行火灾性质的分析，才能得出正确的结论。

5.3 起火方式的分析

起火方式是指引火源与可燃物接触后至刚刚起火时，或者自燃性物质从发热至出现明火时这一段时间内的燃烧特点。不同的可燃物质与引火源作用，或者不同的引火源作用于起火物，有不同的起火方式。分析起火方式的目的是为了进一步缩小现场勘验工作的范围，明确下一步的调查方向。起火方式可分为阴燃起火、明火引燃、爆炸起火。

5.3.1 阴燃起火方式的分析

阴燃起火从引火源接触可燃物质开始，到出现明火为止，其经历时间从几十分钟至几个小时，甚至十几小时，个别的能达到几十个小时。这种起火方式在生产和生活中经常可以遇到，而且在火灾现场上的特征比较明显。

1. 发生阴燃起火的情况

（1）弱小火源缓慢引燃可燃物

弱小火源主要是指那些非明火的引火源，即人们通常称为死火、暗火及温度不太高的炽热体，如燃着的香烟头、烟囱火星、热煤渣、热炭、炉火烘烤等。由于这些火源传递的能量较小，引燃能力较弱，与可燃物作用时，往往只能使可燃物发生阴燃，无法直接产生明火燃烧。

(2) 不易发生明火的物质燃烧

有些物质不易产生明火燃烧，如锯末、胶末、谷糠、成捆的棉麻及其制品等。这种物质受到火源作用后，一般经过缓慢过程才能够发出明火，即存在一个明显的阴燃过程。

(3) 物质的自燃

自燃性物质如植物产品、油布、鱼粉、骨粉等处于闷热、潮湿的环境中能够发生自燃。自燃的过程包括发热、热量的积蓄、升温、引燃等过程，其中，引燃阶段存在阴燃过程。

2. 阴燃起火的特征

阴燃起火具有如下明显特征：

(1) 火灾现场具有明显的烟熏痕迹

由于阴燃起火时，物质燃烧不充分，发烟量大，在现场往往能够形成浓重的烟熏痕迹。需要注意，一些可燃物在燃烧时，即使是明火燃烧，也会产生大量的烟尘，在现场形成浓重的烟熏痕迹。例如石油化工产品，包括汽油、柴油、煤油、塑料等，分析认定起火方式时应该考虑到这一点。

(2) 具有以起火点为中心的炭化区

阴燃起火时，起火点处经历了长时间的阴燃过程，受热时间较长，但是由于燃烧不充分，容易形成炭化区。这种炭化区因燃烧物和环境条件的不同，范围大小不同。当阴燃转变为明火燃烧后，火势向四周蔓延，由于燃烧方式不同，存在明显的差异。

(3) 阴燃期间存在异常现象

阴燃时，阴燃物质会产生烟气或者是水分蒸发而产生白色烟气，有的物质阴燃时会产生一些味道。这些现象容易被人发现，是阴燃起火的重要特征之一。

5.3.2 明火引燃起火方式的分析

明火引燃是可燃物在火源作用下，迅速产生明火燃烧的一种起火方式。由于燃烧速度快，现场具有鲜明的特征。

1. 火场的烟熏程度轻

在明火引燃条件下，可燃物迅速进入明火燃烧状态，燃烧比较完全，发烟量比较少，与阴燃起火相比，火灾现场的烟熏程度较轻，有的甚至没有烟熏。由于不同物质燃烧时的发烟量不同，同一种物质在不同的环境条件下的发烟量也不一样，所以在分析认定起火方式时，应该考虑可燃物种类和环境条件。

2. 物质烧得比较均匀

由于明火引燃火灾中火势发展较快，不同部位受热时间差别不大，总体上看，物质的烧毁程度相对比较均匀。

3. 起火点处炭化区小

起火物被迅速引燃后,火势开始向四周蔓延。与此同时,起火物继续有焰燃烧,造成起火点处可燃物炭化程度与四周相差不明显,甚至没有差别,在起火点处形成较小的炭化区,往往难以辨认。

4. 火灾现场有较明显的燃烧蔓延迹象

明火引燃火灾蔓延较快,容易产生明显的蔓延痕迹,如物质不同方向上的受热痕迹、物质残留量的变化等。根据这些痕迹,可以分析认定火势蔓延方向,以及起火部位和起火点的位置。

5.3.3 爆炸起火方式的分析

爆炸引起火灾或火灾引起爆炸是在工业、交通运输、科学试验、日常生活中,由于爆炸性物质爆炸、爆燃,或设备爆炸释放的热能引燃周围可燃物或设备内容物形成火灾的一种起火形式。爆炸起火的现场主要特征介绍如下。

1. 爆炸起火时易被人感知

爆炸起火时,由于能量释放剧烈,往往伴随着爆炸的声音,同时迅速形成猛烈的火势,所以,一般在爆炸的瞬间即可被人发现,容易找到目击证人。

2. 现场破坏严重

爆炸起火中,除了燃烧造成的破坏之外,还有冲击波的破坏作用,所以具有较强的破坏力,常常导致设备和建筑物被摧毁,产生破损、坍塌等,其现场破坏程度比一般火灾更为严重。

3. 现场存在较明显的中心

由于爆炸冲击波在传播的过程中迅速衰减,其破坏作用逐渐减少,所以爆炸中心处的破坏程度较重,形成明显的爆炸中心,有的爆炸(如固体爆炸物爆炸)能形成明显的炸点或炸坑。在爆炸中心周围,可能存在爆炸抛出物,距中心越远,抛出物越少。因此,可以根据破坏程度、抛出物的分布及设备或建筑物的倒塌方向等,判断爆炸中心的位置。

5.4 起火时间的分析

起火时间一般是指起火点处可燃物被引火源点燃而开始持续燃烧的时间,对于自燃来说,则是发烟发热量突变的时间。准确地分析和认定起火时间是分析起火原因的重要条件。由于可燃物性质的不同,物质燃烧速度有快慢之分,目击者发现起火的时间也有早有晚,所以查明起火时间有难有易,需要调查人员根据火灾现场勘验和调查询问所获取的线索和证据,进行计算和分析,才能得出比较符合实际情况的起火时间。如果火灾现场破坏严重,又无可靠的证人证言,可在分析起火原因之后,再分析或反推准确的起火时间。

5.4.1 分析认定起火时间的目的

准确认定起火时间是正确认定起火原因的重要条件之一。根据起火时间,可以查清发生火灾时现场的各种条件与火灾的发生之间存在的必然因果关系，在火灾发生之前的时间范围内与火灾发生有关的因素，如现场的火源、起火物、氧化剂、温度、湿度、风速、风向等。另外，根据起火时间，可以缩小调查范围，查清与火灾发生有关的人员，调查分析在此时间内有关人员的活动范围及活动内容；以及与火灾发生有关事物的情况，如有关设备运行状况及相关现象、有关物质的储存状况等，并可以分析判定出起火点处的火源作用于起火物的可能性大小。

5.4.2 分析和认定起火时间的根据

1. 根据证人证言分析认定

起火时间通常首先从最先发现起火的人、报警人、接警人、当事人、扑救人员等提供的发现时间、报警时间、开始灭火时间；消防救援机构、公安机关、企业消防及单位保卫部门接警时间；最先赶赴火灾现场的消防救援机构、公安派出所、企业消防队及有关人员到达时间；火场周围群众发现火灾的时间及当时的火势情况来分析和判断的。发现人和报警人因为当时急于报警或进行扑救，往往忽视记下发现时间，在这种情况下，可以根据他们的日常生产和生活活动，及其他有关现象和情节中的时间作为参照进行推算。例如，根据发现人和当事人上下班时间、火车汽车的始发和终止时间、从收音机听到某台某一新闻时间、看到电视节目的某些内容或情节时间等进行推算。

2. 根据相关事物的反应分析认定

若火灾的发生与某些相关事物的变化有关，或者火灾发生时引起一些事物发生相应的变化，那么这些事物的变化情况可用来分析起火时间。因此，可以通过向有关人员了解，查阅有关生产记录，根据火灾前后某些事物的变化特征来判定起火时间。例如，某化工厂反应器发生爆炸导致火灾，可以根据控制室有关仪表记录的此反应器温度或压力的突变时间来进行推算。如果火灾是由电气线路短路引起的，则可以从发现照明灯熄灭的时间、电视机的停电或电钟、仪表的停止的时间来判断起火时间。为保障建筑物的消防安全而安装的自动报警、自动灭火设施，在火灾发生时，正常情况下都能以声响、灯光显示等形式立即报警，并将报警时间自动记录，可以根据这些记录正确地分析出起火时间。自动红外防盗报警装置也能反映和记录起火时间和起火部位。此外，也可从电、水、气的送与停的时间来推算起火时间。

3. 根据火灾发展阶段分析认定

不同类型的建筑物起火，经过发展、猛烈、倒塌、衰减，到熄灭的全过程是不同的。根据实验，木屋火灾的持续时间，在风力不大于 0.3m/s 时，从起火到倒塌为 13~24min。其中，从起火到火势发展至猛烈阶段所需时间为 4~14min，由猛烈至倒塌为 6~9min。砖木结构建筑火灾的全过程所需时间要比木质建筑火灾的长一些；不燃结构的建筑火灾全过程的时间则更长一些。根据不燃结构室内的可燃物品的数量及分布不同，从起火到其猛烈阶段需 15~20min，若倒塌则需更长的时间。普通钢筋混凝土楼板从建筑全面燃烧时起约在 2h 后塌落；预应力钢筋混凝土楼板约在 45min 后塌落；无保护层的钢屋架则不如木屋架，约在建筑全面燃烧 15min 后塌落。

4. 根据建筑构件烧损程度分析认定

不同的建筑构件有不同的耐火极限,当超过此极限时,便会失去支撑能力,或发生穿透裂缝。例如,普通砖墙(厚12cm)、板条抹灰墙的耐火极限分别为2.5h和0.7h;无保护层钢柱、石膏板贴面(厚1.0cm)的实心木柱(截面30cm×30cm)的耐火极限分别为0.25h和0.75h;板条抹灰的木楼板、钢筋混凝土楼板的耐火极限分别为0.25h和1.5h。根据建筑构件的烧损程度,结合其耐火极限,可以判断这种构件的受热时间,进而分析起火时间。

5. 根据物质燃烧速度分析认定

不同物质的燃烧速度不同,同一种物质燃烧时的条件不同其燃烧速度也不同。根据不同物质燃烧速度推算出其燃烧时间,可进一步推算出起火时间。例如,可以根据木材的燃烧速度,利用其烧损量计算燃烧时间。汽油、柴油等可燃液体储罐火灾,在考虑了扑救时射入罐内水的体积的同时,通过可燃液体的燃烧速度和罐内烧掉的深度可推算出燃烧时间。其他物质火灾的起火时间也可采用此法推算。常见物质的燃烧速度见表5-1。

表5-1 常用物质的燃烧速度

燃烧物质及燃烧条件	燃烧速率/(mm/min)	燃烧物质及燃烧条件	燃烧速率/(mm/min)
红松,径向	0.65	煤油,向下	1.10
硬木,径向	0.50	棉花粉尘,水平	100
锯末,水平	0.90	香烟,水平	3.00
汽油,向下	1.73	管中电线,橡胶绝缘,填充率20%,水平	0.37

建筑火灾中,室内装饰材料的着火时间和燃烧速度可用于推测起火时间。根据实验,在顶棚高3m的室内一角放置标准热源(50mm×50mm×350mm木条78根,置于角钢支架上,共13层,从底部点燃),室内装饰材料被引燃时间和着火后火焰达到顶棚的时间见表5-2。

表5-2 室内装饰材料燃烧时间实验数据

室内装饰材料	厚度/mm	着火时间/s	着火后达到顶棚的时间/s
涂有清漆的胶合板	5	392	16
软木板	13	225	29
涂有亮漆的软木板	13	120	30
涂有亮漆的硬木板	5	210	77
硬木板	5	423	103
粗纸板	10	380	135
涂发泡防火涂料的硬木板	5	607	165
经防火处理的胶合板	5	465	中途熄火
涂发泡防火涂料的软木板	13	1260	中途熄火

在实际火场上，物质燃烧的条件可能与上述的实验条件不同，其燃烧速度也因此有所不同。因而，应注意在推算起火时间时不能仅用现成的数据，还要考虑现场的其他影响因素。例如，电线管中填充率为20%的电线水平燃烧速度为0.37mm/s；若其内部含填充物不同时，其燃烧速度会有变化；当有锯末时为0.66mm/s，有变压器油时为1.33mm/s，有棉花时为100mm/s。此外，电线填充率变化时其燃烧速度也会变化。因此在必要时，应根据火灾现场的情况进行模拟实验，测定某些物质的燃烧速度，以便更准确地推算起火时间。

6. 根据通电时间或点火时间分析认定

由电热器具引起的火灾，其起火时间可以通过通电时间、电热器种类、被烤着物种类来分析判定。例如，普通电熨斗通电引燃松木桌面导致的火灾，可根据松木的自燃点和电熨斗的通电时间与温度的关系推测起火时间。如果火灾是由火炉、火炕等烤燃可燃物造成的，可以根据火炉、火坑等点火时间和被烤着物质的种类作为基础，分析起火时间。如果火灾是蜡烛引燃的，则可以根据点着时间分析起火时间。

7. 根据起火物所受辐射热强度推算起火时间

由热辐射引起的火灾，可根据热源的温度、热源与可燃物的距离，计算被引燃物所受的辐射热强度来推算引燃的时间。例如，在无风条件下，一般干燥木材在热辐射作用下起火时间与辐射热强度的关系为：在热辐射强度为 $4.6 \sim 10.5 kW/m^2$ 时，12min 起火；在热辐射强度为 $10.5 \sim 12.8 kW/m^2$ 时，8min 起火；在热辐射强度为 $15.1 \sim 24.4 kW/m^2$ 时，4min 起火。

8. 根据中心现场死者死亡时间分析认定

如果中心现场存在尸体，可以利用死者死亡的时间分析起火时间。例如，根据死者到达事故现场的时间，进行某些工作或活动的时间，所戴手表停摆的时间，或其胃中内容物消化程度分析死亡时间，进而分析判定起火时间。

5.4.3 分析认定起火时间应注意的问题

在认定起火时间时，应该充分考虑各种相关因素，全面分析各因素的影响作用，准确认定起火时间。为了保证起火时间分析与认定的准确性，必须注意如下几个问题：

1. 要进行全面分析

认定起火时间后，应该对其进行全面分析，注意与火灾现场其他事实之间是否相互吻合。尤其要注意将起火时间与引火源、起火物及现场的燃烧条件综合起来加以分析。

2. 要注意可靠性和正确性

在认定时，应该注意认定依据的可靠性和正确性。对提供起火时间的人，要了解其是否与火灾的责任有直接关系，不能轻信为掩盖或推脱责任而编造的起火时间。作为认定起火原因依据之一的起火时间必须符合客观实际。起火时间不准确，则可能造成起火原因认定工作范围的扩大或缩小，前者使起火原因认定增加工作量，后者可能造成某些方面的遗漏。

应该注意的是，所谓认定起火时间的准确性，是一个相对的概念。在很多情况下，不可能将起火时间准确到分秒不差，只要确定到一个相对准确的时间段就可以了。

3. 注意起火物和环境条件对起火时间的影响

在分析起火时间时，应该注意起火物的性质、形态，以及起火时的环境条件。在同样的火源作用下，因为不同的物质的燃点、自燃点、最低点火能量和燃烧速率不同，所以点燃的难易程度和起火的时间也不相同。同一种起火物由于其形态不同，其最小点火能量、导热率、保温性也不同，所以点燃的难易程度和起火的时间也不相同。例如，同一种木材，其形态为锯末、木刨花、木块时，用同种火源点燃时，引燃时间具有明显的差别。

火灾现场条件也影响起火时间，例如，现场中引火源与起火物的距离不同，在同一火源作用下引燃的时间就不一样，距离引火源越近，引燃所需时间越短。同时，现场的通风条件、散热条件、氧浓度、温度、湿度等都影响引燃时间。所以，在分析认定起火时间时，应该根据现场的具体情况，考虑到各种影响因素。

5.5 起火点的分析

起火点是火灾发生和发展的初始部位。在火灾现场中，可能有一个起火点，也可能有两个或多个起火点。准确分析起火点是正确认定起火原因的前提条件。在火灾调查过程中，只有找到了起火点，才有可能查清真正的起火原因。一般情况下，都应先找出证明起火点的证据，而后分析认定起火原因，在没有确定起火点之前不能认定起火原因。

5.5.1 分析认定起火点的依据

在火灾调查的实际工作中，通常根据火势蔓延痕迹，证人证言，引火源物证，灰化、炭化痕迹及其他证据分析认定起火点。

1. 火势蔓延痕迹

根据火灾发生和蔓延的一般规律，可燃物的燃烧总是从某一部位开始的，火势的发展，总是由一点烧到另一点，从而形成了火灾的蔓延方向和燃烧痕迹，这个蔓延方向的起点就是起火点。因此，火灾后在现场中寻找起火点的过程在某种意义上讲，就是寻找蔓延方向的过程。寻找蔓延方向的过程，实质上就是在各种燃烧痕迹中寻找证明火势蔓延方向痕迹的过程，各种证明火势蔓延方向的痕迹起点的汇聚部位就是起火点。

火灾调查实践证明，在火灾现场中各个部位物体的被烧状态往往反映了全部燃烧状态，任何火灾的燃烧都有方向性。而表明这种方向性特征的痕迹，就是以不同形式在物体上形成的蔓延痕迹。火灾蔓延痕迹就是火势从起火点处开始向外部空间扩展过程中，在不同部位的不同物体上形成的，这些痕迹的基本特征反映出火灾当时其受热的温度、受热时间及所处状态方向的信息，火势蔓延痕迹是分析判定起火点最重要的根据之一。在分析判定一起火灾总体蔓延方向时，一般把现场中的各物体从空间上联系起来，观察分析其被烧状态、形成的痕迹物证，最终把火势蔓延方向分析判断出来。

火灾是以热传导、对流、辐射三种方式蔓延的，一般说来，从某一点或某一部位上一定数量的可燃物燃烧产生的热能，在传播过程中遵循一定的规律，首先热能随传播距离的增大而减少，形成离起火点近的物质先被加热燃烧，而烧毁重一些；离起火点远的物质被加热晚，烧毁相对轻一些。其次，热辐射是以直线的形式传播热能的，所以物体受到热辐射的作用，受热面和非受热面的被烧程度有明显的差别，面向起火点的一面先受热，被烧得重一些；而背向起火点的一面则轻一些。这种被烧轻重程度的差别和受热面与非受热面区别的痕迹，不仅反映出火势蔓延先后的信息，而且也显示出了火势传播的方向性，即显示出火势是由"重"的部位、受热面一侧蔓延过来，这个指明的"重"的方向、受热面朝向，一般情况下就是指向起火点。所以说，被烧轻重的顺序和受热面朝向是最典型的火势蔓延痕迹，在现场勘验中应作为分析认定起火点的重点根据。

（1）根据被烧轻重程度分析

火灾现场残留物的烧损程度、炭化程度、熔化变形程度、变色程度、表面形态变化程度、组成成分变化程度等往往能反映出火场物体被烧的轻重程度。在火灾现场的残留物中，它们被烧的轻重程度往往具有明显的方向性，这种方向性与火源和起火点有密切的关系，即离起火点或引火源近的物体易烧毁破坏，朝向火源的一面被烧严重。物体被烧轻重程度都是相对的，在一般情况下与物质的性质、燃烧条件、燃烧时间和温度等条件有关。在火灾初起阶段，由于火势较弱，蔓延较慢，起火点处燃烧时间较长，所以火灾初起阶段只有起火点处烧得重一些，这种局部烧得重的痕迹在火灾终止后仍会保留，这是起火点的重要特征，成为火灾后确定起火点的重要依据。将火场中局部烧得重，并在其附近有火势向四周蔓延痕迹的部位确定为起火点，目前国内外调查人员都能接受这一观点，并在实践中普遍应用。

从广义上讲，局部烧得重的部位是指某一范围、某一局部或某一特定的部位，这一部位指的就是起火部位。如燃烧面积大的火灾现场，起火部位可指某一方向上的局部范围，一栋平房可指某一间，一栋楼房可指某一层等。分析判定时可先从宏观上判定，即对各种痕迹分别判别出其被烧轻重程度，并观察轻重变化顺序是否都从同一部位开始的。若各种痕迹破坏程度变化顺序都是从某个部位开始的，那么这个部位就可定为起火部位。

从狭义上讲，烧得重的部位是指某一具体物体或该物体的某一侧、某一组成材料等。因此，在实际现场勘验中应用时，一般先从整体上判别现场物体被烧的轻重程度，即通过各种物体被烧痕迹分别找出烧得最重的部位，然后综合起来进行对比，各种燃烧痕迹最重的汇合部位就是全场烧得最重的部位。一般排出的被烧从重到轻程度的顺序，这种顺序一般与火势蔓延顺序是一致的，即火从被烧最重的部位向较轻的部位蔓延，起火部位就在被烧最重的部位。例如，勘验一栋平房（或同一楼层）时，先从宏观上区别排列出完全烧毁的房间、被烧损的房间、被烟熏房间的顺序。被烧先后顺序是从完全被烧毁的房间→部分被烧损的房间→被烟熏的房间，火是由烧损重的一侧向轻的一侧蔓延的，起火部位一般就是完全被烧毁的房间。

火烧最重的部位，也可依据不同的部位的某一类物体（如木材、混凝土、金属等）的破坏程度排出轻重顺序来确定。例如，火场中平行排列一排窗户的玻璃，如果形成熔化→炸裂→烟熏的顺序（表明了被烧轻重的顺序），说明火是由玻璃熔化房间→炸裂房间→烟熏房间的顺序蔓延的，起火点就在玻璃熔化的房间中。根据物体不同侧面的被烧程度，同样可以有效地找到火源的方向。如一个木箱，可以检查前、后、左、右、内、外侧，以判断出哪个部位烧得重、哪个部位烧得轻。烧得重的方向必定是面向火源的。在火灾现场中收集大量的这类痕迹物证，经过综合分析之后，就可以得到确定方向的物证，进而确定火势蔓延方向和起火点。

（2）根据受热面分析判定

热辐射是造成火灾蔓延的重要因素之一。由于热辐射是以直线形式传播热能的，所以在火灾过程中，物体上形成了表明火势蔓延的痕迹——受热面，这种痕迹的特征主要表现在形成明显的方向性，物体总是朝向火源的一面比背向火源的一面烧得重，形成明显的受热面和非受热面的区别。因此，物体上形成的受热面痕迹是判断火势蔓延方向最可靠的证据之一，是确定起火点的重要依据。

在现场勘验中，在可燃物体和不燃物体上都可以找到受热面的痕迹。由于热辐射只能沿直线传播，所以物体受到直射的部分比没有受到直射的部分被烧程度明显要重得多，特别是在同一物体不同侧面表现得更为明显。对建筑火灾中的门、窗做仔细观察，就会发现门、窗两侧的框被烧程度有明显区别，一侧烧损重另一侧烧损轻，这就是热辐射方向性的结果。但有时热辐射被其他物体遮挡时，可使离火源近的物体反而比远的物体烧得轻。现场勘验中不仅对单个物体进行判断，也要同时对多个物体联系起来进行判断，对同一个火灾现场来说，在多个物体上形成的受热面的朝向基本是一致的。因此，首先找出它们的受热面，确定出火势过来的方向，然后再通过对每个物体受热面被烧程度的鉴别，确定出烧得最重的部位，最终确定起火点。

用同一物体的受热面来判断火灾中火势蔓延方向往往有一定的局限性，一般应将火场中不同部位物体上形成的受热面综合起来观察，若与现场条件吻合、朝向一致，就可以确定火势蔓延方向；再通过各个物体上形成的受热面进行对比，确定被燃烧破坏最重的物体，找出该物体受热面痕迹，起火点一般就在该物体受热面一侧。一般多个物体上形成受热面有两种情况：如果受热面都在同一侧，那么起火点必定在它们共同指向的一侧；如果受热面相向对应，则起火点在两面的中间。

（3）根据倒塌掉落痕迹分析

一般情况下，在火灾中距火源近的部位或迎火面的物体，先被烧而失去强度，并导致发生形变或折断，失去平衡，面向火源一侧倒塌或掉落。虽然倒塌的形式、掉落堆积状态各不相同，但是都有一定的方向和层次，遵循着一个基本规律，都向着起火点或迎着火势蔓延过来的方向倒塌、掉落。所以，调查人员在现场勘验中，参照物体火灾前后的位置和状态变化事实，通过对比判断出倒塌方向，逐步寻找和分析判断起火点（倒塌方向的逆方向就是火势蔓延方向）；其次，还可以通过分析判别掉落层次和顺序认定起火点的位置。例如，平房被烧毁并塌落的火灾现场，从塌落堆积层的扒掘情况看，若靠地面处是零星房瓦、顶棚材料，上层是家具烧毁的残留物，则根据这种倒塌痕迹特征，可表明顶棚内燃烧先于室内的燃烧，说明起火点在顶棚上部；如果家具的灰烬和残留物紧贴地面，泥瓦等闷顶以上的碎片在堆积物的上层，说明顶棚以下可能先起火。

(4) 根据线路中电熔痕（短路熔痕）分析

在火灾发生和蔓延的过程中，如果导线处于带电状态，被烧时绝缘层被破坏，有可能形成短路熔痕，被烧的顺序与火灾蔓延方向有关。在火灾过程中，电熔痕的形成顺序及电气保护装置的动作顺序与火势蔓延顺序是一致的，而保护装置动作后，其下属线路就不会产生短路痕迹。因此，在火灾中短路熔痕形成的顺序与火势蔓延的顺序相同，起火点在最早形成的短路熔痕部位附近。在燃烧充分、破坏严重、残留痕迹物证比较少的火灾现场，利用这一方法判定起火点非常有效。

(5) 根据热气流的流动痕迹分析

火势蔓延的规律表明，高温浓烟和热气流的流动方向往往与火势蔓延方向相同。对流传热是火灾蔓延过程中传热的方式之一，灼热的燃烧气体从燃烧中心向上和周围扩散及蔓延，热从温度高的地方流向温度低的地方，离火源越近温度越高，离火源越远温度越低。当室内起火时，热烟气总是先向上升腾，然后沿顶棚进行水平流动。因为热烟气在室内不断积聚，将从上向下充满整个房间，从而产生一个热气层。开始时热气集聚在火焰上方，形成的热烟气层比其他部位厚，但是最终整个房间内的热烟气层厚度将趋于一致。火灾规模越大或者房间越小，热烟气层的厚度增加越快，直至热气流从开启的门、窗或通气孔洞向外涌出，进入相邻的房间。当气流进入相邻房间后，便开始新一轮扩散。由于此时烟气的温度降低，留下的烟气痕迹较弱，而且热烟气层的厚度较小。这一过程在不同房间产生的阶梯性烟或热的破坏痕迹，可以用来判断火灾的蔓延方向。另外，热烟气扩散过程中，会在物体上留下带有方向性的烟熏痕迹。这种烟熏痕迹反映了火势蔓延和烟气流动的方向。在一些火灾现场中，依据烟熏痕迹的方向性，可以找出火灾蔓延的途径，并依据火灾蔓延的途径找出起火点的位置。

在建筑物内，能指明热流方向的载体很多，如混凝土构件、墙壁、玻璃等。窗户上的玻璃是典型的能提供热流方向的物证，它能准确地反映出起火点所在的方位。在一个房间内如果有两个窗户，它们的玻璃分别呈熔化和破碎现象时，就应该确定在玻璃熔化的窗户附近出现过猛烈而时间较长的燃烧，表明热流在此处已达到高点，与起火点有着密切联系，应在其附近寻找起火点。

(6) 根据燃烧图痕分析

燃烧图痕是火灾过程中燃烧的温度、时间和燃烧速率及其他因素对不同物体的作用而形成的破坏遗留的客观"记录"。这些图痕直观、简便地指明了起火部位和火势蔓延的方向，是认定起火点的重要根据。例如，火场中最常见的"V"字形图痕，对确定起火点有重要意义。由于燃烧是从低处向高处发展的，因此在垂直的墙壁，以及垂直于地面的货架、设备及物体上，将留下类似于"V"字形的烟熏或火烧痕迹。火是由"V"字形的最低点向开口方向蔓延的。一般起火点就在"V"字形的最低点处。常作为判定起火部位的燃烧图痕有"V"字形、斜面形、梯形、圆形、扇形等，它们主要以烟熏、炭化、火烧、熔化、颜色变化等痕迹形式出现。

（7）根据温度变化梯度分析

在火源和其他条件完全相同的情况下，物体被烧轻重程度主要与燃烧温度和作用时间有关，火灾后可燃物体、不燃物体或其某一部位被烧轻重程度，实质上是火灾中燃烧温度和作用时间在某物体或其某一部位上作用的反映，它是以不同的痕迹表现出来的。因此，可以通过可燃物体和不燃物体上形成的痕迹（如炭化痕迹、变色痕迹、炸裂脱落痕迹、变形痕迹等），比较各部位实际的受热温度的高低，找出全场的温度变化梯度，进而分析判断起火点的位置。例如，可以测定火灾现场不同部位混凝土构件的回弹值，根据回弹值的变化情况来判断受热温度的高低，通过分析找出全场温度变化梯度，从而判断起火点的位置。

2. 证人证言

由于火灾现场的暴露性，火灾在发生和发展过程中，容易被人们发现，现场或附近的人员可能目击到起火点、起火物、引火源、蔓延过程和火灾的各种变化情况。因此，通过调查询问发现火灾的人、从火场里逃生的人、当事人等对火灾初起的印象，再现火灾过程，可获取证明起火点和起火部位的证据及线索。特别是烧毁破坏严重的火灾现场，有时单靠现场痕迹物证很难确定起火点，即使通过现场勘验得出有关起火点的结论，也需要花费较长时间和较大的人力物力。在这种情况下，通过有关人员提供的有价值线索，就可以缩小勘验范围，大大加快勘验进程。所以将有关人员和群众提供的证言作为依据是分析认定起火点的一种非常重要的方法。

（1）根据最早出现烟、火的部位分析

由于起火点处可燃物首先接触火源而开始燃烧，所以该部位一般最早产生火光和烟气，这一基本特征就是证明起火点位置最直接、最可信的根据。因此，在现场勘验前必须把最先发现火灾的人、报警人、扑救人、当事人等作为现场询问的重点，详细查明最早发现火光、冒烟的部位和时间、燃烧的范围和燃烧的特点，以及火焰、烟气的颜色、气味及冒出的先后顺序，并进行验证核实，之后作为现场勘验的参考和分析认定起火点的证据。

（2）根据出现异常响声和气味的部位分析

发生火灾初期的异常响声和气味，对分析判断起火点非常重要。火灾初期阶段一些平稳物体（如固定在墙外的空调机、悬挂在顶棚上的吊灯和电风扇等）被烧发生掉落时与地面或其他物体撞击而发出的一些响声；电气设备控制装置动作时响声（如跳闸声）；线路遇火发生短路时的爆炸声；还有一些物质燃烧时，本身也会发出独特的响声，如木材及其制品燃烧时发出"噼啪"的响声，颗粒状粮食燃烧时发出"啪啪"的响声等。这些不同的声音都表明火灾发生部位的方向或指明火势蔓延的方向。不同物质燃烧初起时会产生不同的气味，如烧布味、烧塑料味等，根据这些气味的来源，可以分析判断起火部位的方向或火势蔓延的方向。因此，向当事人了解有关听到响声的时间和部位，发生异常气味的部位，就可以得到起火部位的线索和信息。在查明响声的部位、物体和原因后，再验明现场中的实际物证。如果两者一致，则表明证人提供的证言是正确的，可以认定起火部位就在发出响声部位的附近。

(3) 根据有关热感觉方向分析

火灾过程中，火从起火点向外蔓延的过程就是热传递的过程，离起火部位近的物体先被加热，温度较高；离起火部位远的物体后被加热，温度较低，这样就形成了起火部位与非起火部位之间的温度梯度，因此起火部位物体的温度明显高于其他部位物体的温度。因此，发现火灾的人、扑救火灾的人、在火灾现场的其他人员等提供的有关皮肤发热、发烫感觉部位的陈述，很可能反映了起火部位的信息。例如，发现人听到响声或嗅到异常气味后开始检查，当感觉到某一房间的门或金属把手有热感或发烫，而其他房间没有热感，那么证明这个房间先起火。因此，证人提供有关不同部位一些物体不同温度情况的证言，可作为分析判定起火部位的证据。

(4) 根据电气系统反常情况分析

电气设备、电气控制装置、电气线路、照明灯具等被烧短路时，控制装置动作（跳闸、熔丝熔断）断电，使该回路中的一切电气设备停止运行，这些因停电产生的现象，能传递故障信息，反映出起火部位的范围。因此，通过电工、岗位工人及起火前在现场的人了解起火前电气系统的反常现象，可以查明断电和未断电回路及断电回路之间的顺序。一般情况下在几条供电回路中，只有一条回路突然断电，其他回路正常供电，则可以推断起火部位就在断电回路范围内。若几条回路都断电，则查清短路的先后顺序（可以通过电灯熄灭顺序、电风扇停转顺序、空调机停止运行顺序等），起火部位一般在第一个断电回路所在的部位。

有时一些证人提供起火前某一回路中（如外露线路），局部电线剧烈摆动（风力吹动除外）的情况，这些现象是线路发生短路、电流增大的信息，也应引起调查人员的注意。由于短路回路中电流突然增大，导线周围产生很大的交变磁场，在磁场力的作用下导线就会摆动。因此，调查人员将这一回路进行重点检查，就可能找到短路点和其他有关起火部位的线索。

(5) 根据发现火灾的时间差分析

火灾的发生和发展需要一定的时间，与起火点距离不同的地方和物体，发生燃烧的时间不同，火势大小也存在一定的差异，这就产生了起火部位和非起火部位之间燃烧的时间差。这种时间差反映了燃烧的先后顺序，有时指明了起火点的部位。因此，不同部位的人员提供有关发现火情的时间和当时火势的大小情况与起火部位有联系。把他们发现起火的时间按先后顺序排列起来，并把火势大小情况和现场环境、建筑特征结合起来，综合分析比较，就能判断出燃烧的先后顺序，初步判断出起火点所在的部位。例如，一般情况下，距离起火部位近的人先发现火灾，而距离起火部位远的人后发现火灾，因此，可从时间差上大致判断起火部位。

3. 引火源物证

在有些火灾现场中，还存在引火源的残骸，如果在现场勘验时找到它，确定其原始位置，弄清其使用原始状态和火势蔓延方向等情况，就可以确认其所在的位置就是起火点。这里指的是火源物证，是指直接引起火灾的发火物或其他热源。例如，电熨斗、电炉、电暖器、电热毯、电热杯等电热器具，以及烟囱、炉灶等。

用引火源物证分析起火点时，一是确定其火灾前的原始位置和使用状态；二是其周围物体的燃烧状态。如果证明引火源处于使用状态，且周围又有若干证明以此为中心向四周蔓延火势的燃烧痕迹，一般情况下，其所在的位置就是起火点。

烧毁不太严重的火灾现场，往往保留了比较完整的发火物或引火物的残体，在烧毁比较严重的火灾现场，有时也会发现发火物、引火物的残体、碎片或灰烬。这些物品在现场上所在的位置或者起火前在现场上的位置，一般是起火点。例如，在火灾现场中，发现起火的床铺上有通电的电热毯残体，这里有向周围蔓延火势的痕迹，可以断定是由于电热毯长时间通电导致火灾，电热毯所在的位置就是起火点。此外，电气线路和设备上形成的一次短路熔痕的部位，烟囱、炉灶裂缝滋火（间断、不严重的窜火）位置，往往就是起火点。所以，在火灾现场中对各种电气设备、用电器具及烟囱、炉灶等用电用火器具和设施要重点检查，当有充分的证据证明火就是由这个引火物引起的，那么这个引火物所在部位就是起火点。还有些物证不能直接作为引火源的证据，但是它们能间接地反映起火点的位置和起火原因，在现场勘验中认真寻找这种物证，查清其位置和状态，对分析认定起火点有重要的作用。例如，与现场无关的物体如盛装易燃液体的容器、油桶、瓶子等的残体，在汽车油箱附近发现的铁盒、扳手等物体，往往与火灾当事人（或肇事者）起火前取油、明火照明等行为有直接联系。因此，认真查清这些物体火灾前是否存在的事实和来源，也能得到起火部位的线索。

利用引火源物证判明起火部位和起火点时应该注意下列问题：

（1）这些物品是否为火灾现场原有的

发现火源的残骸后，首先应该判断这种火源是否在火灾前就存在于现场，或者火灾前就在这个位置，这一点非常重要。如果起火前现场不存在这一火源，或者火源的位置被移动，则应该重点调查火源的来源、移动的原因，以判断是否为有人故意将火源带入现场，或者故意移动火源使其引燃可燃物，从而判断是否为放火案件。

（2）火灾发生后，这些物品是否被人移动过

如果有证据证明这种火源在起火后被人移动过，显然不能以现场中被移动后的位置作为起火点。此时应该分析火源的原始位置，以及火灾后位置移动的原因。

4. 灰化、炭化痕迹

灰化、炭化痕迹是指有机固体可燃物质燃烧后出现的残留特征，灰化物是指物质完全燃烧的产物，炭化物是指高温缺氧情况下物质不完全燃烧的产物。形成灰化、炭化物的原因主要与可燃物性质、火源强弱、燃烧条件及燃烧时间等因素有关。

一般情况下，火源为明火，且供氧充足，引起明火燃烧时易形成灰化痕迹；火源为无火焰的热源、且供氧不足时引起的阴燃，或一些有机物质本身自燃，及本身属于阴燃物质的，燃烧时形成炭化痕迹。当灰化、炭化部分形成一定面积和深度时，称为灰化区（层）、炭化区（层）。可燃物形成的灰化区和炭化区，也是一种燃烧痕迹，是表明局部烧得"重"的标志。因此，在火灾现场中局部出现灰化层或炭化层，并有火势蔓延痕迹的部位，一般情况下就是起火点。

一般说来，阴燃起火时，由于起火点处阴燃时间较长，所以能形成较大的炭化区和炭化结块；而明火点燃起火的起火点处，由于燃烧的温度高、时间长，所以此处炭化和灰化都比较严重，残留的炭化结块比较少而小。但是，由于物质的性质、存放的数量、存在状态的不同及扑救等方面因素的影响，有时不是起火点的地方被烧破坏程度更严重，出现的灰化区和炭化区面积更大。因此不能一概而论，要具体问题具体分析，但最重要的区别在于，起火点处周围物体上形成显示火势蔓延方向的痕迹，而非起火点处虽然烧毁破坏也严重，但是没有向四周蔓延火势的痕迹。

起火物明火燃烧时，由于起火点处燃烧时间比较长，容易形成灰化痕迹，可以作为判断起火点位置的依据。如果现场发现易燃液体燃烧痕迹，很可能为起火点。在分析判定时，同样应该判断是否有向周围蔓延的痕迹。

5. 其他证据

（1）根据现场人员死、伤情况分析

如果火灾中发生了人员伤亡，烧死、烧伤人员的具体情况，如死者在现场的姿态、伤者受伤的部位、死者遇难前的行为等，这对于分析判断起火点的方向、火势蔓延方向有着重要的证明作用。例如，在现场受到火灾威胁的人，大多数都向背离起火的方向逃难，如果死者在火灾中有逃生行为，那么在现场死者一般背向起火部位。因此，可利用这一特征，根据死者在现场的姿态和受伤者提供的线索分析认定起火部位和起火点。对于有爆炸的现场，可从尸体位置和死者爆炸前的工作常处位置判断爆炸冲击波的方向，从而分析判断爆炸中心的位置。

（2）根据自动消防系统动作顺序分析

一些建筑物内安装了火灾自动报警、自动灭火设施，当火灾发生时，正常情况下都能以声响、灯光显示等形式立即报警，计算机可自动记录，帮助消防或安全监控人员、现场值班人员能快速地查明起火的房间和部位，并能采取相应的措施将火扑灭在初起阶段。有自动灭火设施的部位，报警的同时也自动启动灭火装置进行灭火，这些装置动作的次序，往往都能指明起火的大致位置和方向。

（3）根据先行扑救的痕迹分析认定

个别单位和个人为逃避火灾责任，往往有不主动提供火灾发生部位和回避先行扑救的情况。调查人员若在现场某局部区域发现使用过的灭火器、灭火器喷出的干粉或者其他灭火工具，则起火点就在这个局部区域之内。

5.5.2 分析认定起火点应注意的问题

1. 分析烧毁严重的原因

现场烧得重的部位一般应为起火点，这符合火灾发生和发展的一般规律，但是绝不能把烧得重的部位都看作是起火点。火灾过程中，局部烧得重不仅取决于燃烧时间的长短、温度的高低，还有很多其他影响因素，在分析起火点时，应该全面分析这一部位烧毁严重的原因及影响因素，才能得出正确的结论。一般应该注意分析以下问题：

(1) 可燃物的种类和分布

在火灾中，可燃物的种类和分布直接影响现场的烧毁程度。如果可燃物的燃点比较低，在火灾中就容易被引燃，而且燃烧比较充分，其所在部位烧毁就比较严重，甚至超过起火点。同样，如果可燃物分布不均匀，起火点处的可燃物较少，而其他部位可燃物多，在火灾过程中经过燃烧后，无疑是可燃物多的部位烧毁严重。另外，如果现场存在燃气系统，当火灾造成燃气管道或储罐泄漏时，可在泄漏部位形成扩散燃烧甚至爆炸，并引燃其周围可燃物，造成这一部位烧毁严重。

(2) 现场的通风情况

由于火灾中消耗大量的氧气，需要补充新鲜空气，现场的通风情况直接影响可燃物的燃烧。如果起火点处于通风不畅的部位，氧气供给困难，则物质燃烧不充分。而处于通风口处的部位，不断有新鲜空气进入，使物质的燃烧速度加快，则这一部位的烧毁程度可能比起火点还严重。

(3) 火灾扑救次序

灭火行为实际就是干预火灾蔓延的行为。先行扑救的部位，燃烧被终止，相对于扑救晚的部位来说，其燃烧时间较短，烧毁较轻。因此在询问火灾扑救人员时，应该查明火灾扑救的次序。

(4) 气象条件

火灾时的气象条件，特别是风力和风向会影响火势的蔓延，同时也影响现场的烧毁程度。如果在火灾中发生了风向转变，则可能带来蔓延方向的转变。在分析现场烧毁情况时，应该注意这一因素。

2. 分析起火点的数量

由于火灾是一种偶发的小概率事件，一般火灾只有一个起火点，这也在实践中得到了证实。但是一些特殊火灾，由于受燃烧条件、人为因素及一些其他客观因素的影响，有时也会形成多个起火点，因此在分析认定起火点时决不能一成不变，要具体问题具体分析。一般易形成多个起火点的火灾有放火引发火灾、电气线路过负荷火灾、自燃火灾、飞火引起的火灾等。

3. 分析起火点的位置

虽然火灾的发生有一定的规律性，但是具体到每一起火灾，火灾的发生就没有特定的地点。只要起火条件具备的地方都有可能发生火灾，所以起火点的位置也没有特定的地点。就建筑物起火而言，起火点可能在地面，也可能在顶棚上，也可能在空间任何高度的位置上出现。当在地面、顶棚上没有找到起火点时，特别要注意空间部位的可能性。有些起火点也可能在设备、堆垛等的内部，因此既要从物体的外部寻找，也要注意从物体的内部寻找。

4. 起火点、引火源和起火物应互相验证

初步认定的起火点、引火源和起火物，应与起火时现场影响起火的因素和火灾后的火灾现场特征进行对比验证，找出它们之间内在的规律和联系，并重点研究分析燃烧由起火点处向周围蔓延的各种类型的痕迹，看其是否与现场实际总体蔓延的方向一致，起火物与引火源作用而起火的条件是否与现场的条件相一致等，避免认定错误。

只要认定起火点的证据充分，即使是一时在起火点处找不出引火源的证据，也不要轻易否定起火点，应把工作的重点放在寻找引火源的证据上。例如，热辐射和热传导形式传播热能而引起的火灾，有时起火点和引火源之间就有一定的距离。当金属的某一部位受到高温作用时（如焊接、烘烤金属管道等），在其附近没有可燃物则不会引起火灾，但是由于热传导作用，它能引起距该受热点一定距离处接触金属的可燃物起火，这就不易被发现。如果发生在两个互不相通的房间，则更不易发现。所以，该种类型的引火源，只有通过仔细勘验和分析研究才能找到。一般情况下弱小火源（如火星、静电火花、烟头等）在起火点处不易找到，但是它们引起火灾的起火点是客观存在的。因此，证据充分的起火点不能因为找不到引火源而被轻易否定。若一起火灾经反复查证，在起火点处及其附近确实找不到引火源的证据，即使是一些弱火源的证据也找不到，那么应该重新研究，检查认定起火点的证据是否可靠。

5.6 起火原因的分析

起火原因分析是指在现场勘验、调查询问、物证鉴定和调查实验等一系列调查工作的基础上，依据所获得的各种证据、事实，对能够证明起火原因的因素和条件进行科学的分析与推理，进而确认起火原因结论的过程。通常是在分析和认定了火灾性质、起火方式、起火时间、起火点的前提下进行的，这些火灾事实一般是被逐步查清和证实的，可作为进一步分析认定起火原因的依据。

燃烧的发生和发展都必须具备一定的条件，通常是指以下三个条件：可燃物、氧化剂和温度。可燃物是可以燃烧的物品；氧化剂主要是空气，其他氧化剂如氟、氯、高锰酸钾等引起的火灾比较少；温度一般表示为火源。从火灾调查的角度考察燃烧的三个条件，温度可以理解为导致燃烧发生的引火源，可燃物就是起火物，氧化剂涵盖表达为起火前现场客观因素，包括现场温度、湿度、催化剂、风向风速等对起火和燃烧有影响的外界因素。查清引火源、起火物、起火前现场的客观因素，以及彼此之间的关系，是分析认定起火原因的关键条件。

5.6.1 引火源的分析

任何物质的燃烧，引火源是一个不可缺少的条件。在火灾调查过程中，查清引火源、分析研究引火源与起火物的关系是认定起火原因的重要保证。在火灾调查中只有找到引火源的证据，才能为认定起火原因提供有力依据。需要注意的是，引火源本身并不是有形物体，而是指能使起火物升温并使其着火的能量，如热能、机械能、光能、电能、化学能等，引火源只能是引起起火的原因，而不能直接作为证明起火原因的证据。所以，在实际的火灾调查中，需查找并分析能够提供能量并引起起火物着火的物体或痕迹，作为引火源存在的物质载体，如炉具、灯具、电热器具、高温物体、自燃的植物堆垛中形成的炭化块、雷击痕迹等。

1. 引火源的分类

据不完全统计，常见的引火源大约有 400 多种，随着科学技术的发展，引火源的种类也在不断地增加。常见的引火源见表 5-3。

表 5-3　常见的引火源

火源种类	举例
电气设施	电线、配电盘、变压器、开关、仪表等
用电器具	电热器、音像设备、家用电器、焊接设备、电熨斗等
炉具、炉灶	普通火炉、柴草炉、木炭炉、露天临时炉灶、锅炉等
燃气燃油炉具	液化石油气炉具、煤气炉具、天然气炉具、沼气炉具、燃油炉具等
灯具	白炽灯、高压钠灯、碘钨灯、燃气灯、燃油灯、提灯、喷灯、酒精灯、电石灯、蜡烛、灯笼等
发热、高温固体	烟筒、烟囱、机械轴承、机械加工后的零件、热钢渣、熔融金属等
火种	柴草火、炭火、香火、火柴、烟头、烟囱火星、焊割火花等
自燃物品	黄磷、煤、赛璐珞、硝化棉、植油饼、棉籽皮、金属粉、活性炭等
易燃可燃物品	油纸、油布、油棉纱、油污品、油浸金属屑等
易复燃物品	柴草灰、纸灰、煤渣、炭黑、烧过的棉和布、再生橡胶等
危险物品	炸药、雷管、导火索、烟花爆竹、氧气、硫酸、硝酸、液氯、三氧化铬、高锰酸钾、过氧化物等
自然火源	雷电、太阳射线等

2. 认定引火源的证据

一般情况下，在火灾现场勘验中能查到的证明引火源的证据通常有两种，一种是直接证据，另一种是间接证据。

（1）证明引火源的直接证据

能够直接证明引火源种类的证据是指在起火点处发现的引火源残体。通常把放出热能并能引起可燃物着火的物体作为引火源，但是，在火灾中这些物体已经被烧毁，所以能证明引火源存在的直接证据就是其在火灾现场中的残体。例如，引火源为电能时，表现为火灾现场中发现的电源开关残体、发生短路或过负荷的导线、电热器具残体等。引火源属于化学能时，表现为化学物质残留物或其反应产物。引火源属于机械能时，表现为金属的变色、变形、破损的残体等。引火源是雷击时，表现为遭雷击烧损的物质、设备、器具及其他电气设备上的熔化、燃烧等能证明雷击发生的痕迹。

（2）证明引火源的间接证据

对于有些引火源如烟头、火柴杆、飞火火星、静电放电等，由于无法取得引火源存在的残体物证，就需要取得证明引火源引起起火物着火的间接证据。例如，在静电放电火灾中，只能通过查明物质的电阻率、生产操作工艺过程、产生放电的条件、放电场所爆炸性气态混合物浓度、环境温度与湿度等事实，作为证明静电火灾发生的间接证据。在吸烟火灾调查中，只能通过查明环境温度、空气温度与湿度、物质存储方式、物质性质、吸烟的时间地点、吸烟者的习惯等事实，作为吸烟火灾的间接证据。

3. 引火源的认定条件

认定引火源必须在准确认定起火点的基础上，找到引火源的证据，并分析引火源是否能够引燃起火物，是否为起火点处唯一的引火源。

（1）引火源应该具有点燃起火物的能量

引火源一般应是起火前在起火点处正在使用或处于高温状态下的火源，或起火前能够使起火点处可燃物着火的火源；同时，引火源的作用时间或高温持续时间应在起火前的有效时间内；引火源在现场影响起火因素的作用下足以引起起火物着火；引火源的特性与现场起火方式相吻合。

（2）有直接目击证人

如果在起火点处发现证明某种火源存在的证据，而且有证人、当事人或犯罪嫌疑人证明该火源作用于起火物而起火，则可以认定这种火源为引火源。

（3）排除其他火源

认定的火源必须具有唯一性，即排除其他火源引起火灾的可能性，这是认定引火源的主要条件之一。

4. 对引火源的分析

分析认定引火源是认定起火原因的重要内容和依据，对于引火源应从以下几方面进行分析判定：

（1）分析引火源的位置

起火点是火灾的起始点，准确认定起火点是准确查明引火源的基础。一般情况下，引火源应位于起火点处，个别情况下，引火源的位置与起火点的位置可以不一致，但是必须存在一定的对应关系。例如，热辐射引起火灾，热源与起火点有位置差；短路火花引起着火，短路点和起火点有一定的位置差。

（2）分析引火源的来源

分析引火源的来源对于分析火灾性质非常重要，有的引火源原来就在起火点处，有的火源是被人从火场内的另一个位置移到起火点处，有的火源是外来火源（或者是放火者带进火场的，或者是飞火，或者是雷电波侵入等）。在认定引火源时，应该根据火灾前后现场情况，判断火源的来源。

（3）分析引火源与起火物的相互关系

火灾是引火源与起火物相互作用的结果，两者联系紧密，不可分割。所以在分析研究一种火源能否成为引火源时，首先要分析这个火源周围有无可燃物，若无可燃物，此火源就不可能成为引火源；若有可燃物，还要分析研究该火源的火焰、火星或热辐射能否引燃这些可燃物。例如，一个起火点在室内的火灾现场，如果室内有火炉，其周围还存在可燃物，同时有大量的物证足以证明炉内的炭火或火炉的热辐射能引燃这些可燃物，这就可以把火炉作为引火源来研究并加以肯定；若火炉位于室内中央，炉内的炭火或火炉的热辐射不可能引燃这些可燃物，就不能轻易断言火炉就是引火源。

在有些火灾现场中，虽然找不到引火源，但起火物遗留的痕迹特征，常常也可证明或说明是由于何种火源的作用而引起火灾的。例如，烟头引起火灾，虽然在起火点处找不到烟头的残体，但从现场的阴燃起火方式分析，就能判断出可能是弱火源或自燃引起了火灾，若现场不存在自燃性物质，极有可能就是弱火源引起火灾，然后寻找起火前现场存在哪些弱火源，就能逐渐找到烟头作为引火源引起火灾的证据。

(4) 分析引火源的使用状态

对于工具、用具、设备一类引火源，只有其处于使用状态才有引起起火物着火的可能性。所以分析火源的使用状态对于认定引火源是非常重要的。例如，某服装加工车间火灾，在现场起火点处发现了一个被烧毁的电熨斗，长时间通电过热引起火灾的可能性很大。但是如果没有充分的证据证明这只电熨斗在火灾前是通电的或处于高温状态，就不能肯定是该电熨斗引起火灾。应该询问有关证人，查明火灾前该电熨斗的使用状态，并进行鉴定，确认是长时间通电内热破坏还是外热破坏，最后才能认定这只电熨斗是否是引火源。

(5) 分析引火源的能量

一般来说，火源的温度要达到或超过起火物的自燃温度，起火物才能着火。但是，个别情况不是这样。例如烟头的表面温度一般低于棉布、草类物质的自燃温度，但是在烟头火源作用下，棉布、草类物质能发生热分解、炭化、吸氧生热，会自行升温，达到自燃温度而起火。

引火源释放的能量大于起火物的最小点火能量时才能起火，这是作为引火源的基本条件之一。如明火、高温物体、电弧等强火源，它们的温度和释放的能量远高于一般可燃物的自燃温度和最小点火能量，因此很容易成为引火源；一些弱火源，如静电火花、烟囱火星、碰撞火星等，就要考虑其放出的能量是否大于或等于起火物的最小点火能量。

在分析火源能量时，不但要考虑火源本身，还要考虑起火物的种类、性质、状态和环境因素对最小点火能量的影响。不同物质的最小点火能量不同，物质的形态（如块状、片状、粉状等）不同其最小点火能量也不同，环境温度的高低和空气中的氧浓度对最小点火能量也有一定的影响，所以分析引火源释放的能量时要考虑到这些因素。

作为引火源，在点火的过程中释放能量的速率要大于逸散到空气中的速率，在点火体系中聚集能量而升高温度，温度达到自燃温度才有可能起火，否则就不能起火。

(6) 分析引火源的作用时间

引火源对起火物作用的时间应该与起火时间相吻合。引火源的作用时间与起火时间可以基本相同，也可以有一定的时间差。引火源作用于起火物后，起火一般滞后一段时间，这个时间有长有短，在一般情况下，明火作用于可燃物会立即起火，而有的弱火源如烟头，作用于纤维类物质、自燃性物质等，起火滞后的时间比较长。所以说，在分析时，应合理解释火源作用时间和起火时间间隔的长短。

(7) 分析引火源种类与现场起火方式是否相吻合

对于认定的引火源，应该与现场的起火方式相吻合。一般情况下，弱火源（如烟头、烟道火星、自燃等）作用于纤维类可燃物（如棉花、布、纸、草等），各种火源作用于不易发生明火燃烧的物质（如锯末、胶末、成捆的棉麻等），现场一般呈阴燃起火特征；强火源（如明火、电弧等）作用于一般起火物，现场呈明火点燃特征；火源作用于爆炸性物质，现场呈爆炸或爆燃起火特征。

（8）调查实验

对于难以确定在一定条件下能否引起起火物着火的火源，可以做调查实验。模拟起火前现场条件，分析火源引燃起火物的条件、起火方式、现场残留物特征等，判断该种火源在起火前的现场条件下能否引起着火、与起火方式和现场的残留物特征是否相符等。

5.6.2 分析和认定起火物

起火物是指在起火点处，由于某种火源的作用下最先发生燃烧的可燃物。在起火点处可能存在多种可燃物质，哪一种是起火物，要根据火源的性质、起火点处不同物质的性质、起火方式、起火前现场影响起火的因素等分析判定。

1. 起火物的分类

按起火物的化学组成可分为无机起火物和有机起火物两大类，从数量上讲，绝大多数是有机起火物，少部分为无机起火物。按起火物起火前的状态可分为固态起火物、液态起火物和气态起火物三大类。不同状态的起火物点燃性能是不同的，一般来说气体比较容易点燃，其次是液体，最后是固体。同一状态的物质由于组成不同，其点燃性能也不相同。同一状态同种物质由于形态不同其点燃性能也有区别，木柱用火柴不容易点燃，而木刨花用火柴却比较容易点燃，如果木粉尘遇火柴，火焰会立即发生爆炸。根据火灾调查实践可把起火物分为七类，见表5-4。

表5-4 常见的起火物类别

种类	举例
建筑物件、材料	草屋顶、油毡屋顶、木屋架、木隔壁、沥青、装饰材料等
家具、电器、设备	木制家具、床上用品、塑料用品、家用电器、舞台道具、电工器材等
竹、木制品	木材、木料、竹制品、棕藤制品等
易燃、易爆物品	火药、自燃物品、易燃易爆物品等
农副产品	柴草、粮食、棉花、饲料等
轻工产品	布、化纤、毛织品、纸、塑料等
山林野外易燃物品	露天可燃物堆垛、荒草、树林、芦苇、庄稼等

2. 认定起火物的条件

（1）起火物必须在起火点处

只有起火点处的可燃物才有可能成为起火物，所以不能在没有确定起火点的情况下，只根据一些可燃物的烧毁程度来分析和认定起火物。

（2）起火物必须与引火源相互验证

火源和起火物相互作用既然能起火，说明它们相互作用能满足起火条件，即引火源的温度一般应等于或大于起火物的自燃点，引火源提供的能量大于等于起火物的最小点火能量，起火物浓度在其爆炸极限内。例如，明火几乎可以使所有的可燃物起火或爆炸；静电火花、碰撞火星只可能引燃可燃性气体、蒸气或粉尘，而不能引燃木板或煤块；麦草或铁粉堆垛在条件适宜时能够发生自燃。起火方式是阴燃时，引火源多为火星、烟头、自燃等，起火物多为固体物质；起火方式为明火点燃时，起火物多为固体、液体或气体；起火方式为爆燃时，起火物一般是可燃性气体、液体的蒸气或粉尘与空气的混合物。

（3）起火物一般被烧或破坏程度更严重

一般情况下起火点或起火部位处，可燃物燃烧的时间比较长、温度比较高，所以被烧或破坏程度比其他部位更严重，即起火物被破坏最严重。但也有一些例外，如个别的火灾现场中由于某位置放有比较多的燃烧性能更强的物质，虽然它不在起火部位，但却燃烧更猛烈，被烧或破坏程度也更严重。

3. 起火物的分析认定方法

（1）起火物的种类和数量

通过现场勘验，应查明起火点处或起火部位处所有可燃物的种类及数量，并分析判断这些可燃物是否属于一般可燃物、易燃液体、自燃性物质还是混触着火（或爆炸）性物质等。

（2）起火物的燃烧特性

对于可能的起火物要查明它的自燃点、闪点、最小点火能量、沸点、电阻率（带电性能）、燃烧速率、氧化性、还原性、遇水燃烧性、自燃性、爆炸极限等性质，并分析判断在认定的火源作用下能否起火，即分析起火物能否被火源点燃，点燃后的燃烧速率如何。在这里应该注意的是现场中起火物的形态。因为可燃物的形态不同，其燃烧特性也不一样。例如，同样一种木材，刨花状态下就比木板状态下易燃得多。

（3）起火物的来源

分析起火物是否为起火点处原有的物品，如果发现是有人从火灾现场内的另一个地方移到起火点处的，或是有人从火场外带进火灾现场内的，还要进一步分析判定是什么人、为什么要将起火物放到起火点处，是否为放火。

（4）分析起火物燃烧后的痕迹特征

不同的可燃物燃烧后残留在火灾现场痕迹的特征是不相同的，它们对于分析鉴定起火物种类和起火时间等有重要作用。

（5）起火物的运输、储存和使用情况

查明并分析起火物在运输、储存和使用时被晃动、碰撞、日照、受潮、摩擦、挤压等情况，对于分析是否增加了其危险性或破坏了其稳定性，进而分析起火物是否能发生自燃或产生静电放电而起火等具有重要作用。

5.6.3 分析起火时现场的环境因素

燃烧的发生，可燃物、氧化剂和温度是必要条件，是决定性的因素，起火时火灾现场各种影响起火的因素对能否起火也有非常重要的作用。

1. 氧浓度或其他氧化剂

现场氧浓度的高低直接影响起火物起火的难易及燃烧猛烈程度。在大多数情况下火灾现场中的氧浓度（约21%）是保持不变的，但是在氧气厂的某些部位、氧气瓶泄漏处及医院高压氧舱内，氧浓度大大提高，这种环境下的可燃物的自燃点、最小点火能量、可燃性液体的闪点、可燃性气体的爆炸下限都将降低，这就说明在这种情况下可燃物更容易起火和燃烧。例如，正常情况下烟头只是阴燃，而在氧气厂富氧区阴燃的烟头可以发出明火；在正常情况下，铁丝不能被点燃，但在纯氧中烧红的铁丝可以猛烈燃烧。若危险品仓库储存的强氧化剂，如高锰酸钾、重铬酸钾、氯等物质，与还原剂混触，就有着火和爆炸的可能。

2. 温度和通风条件

现场温度的高低直接影响起火物起火的难易程度及燃烧猛烈程度。现场温度越高，物质的最小点火能量降低，起火物更容易起火，自燃性物质更容易发生自燃。现场通风条件好、散热好，则现场不易升温，不易起火。但是良好的通风条件有时可以提供充足的氧气，促进燃烧，所以应该根据现场的情况具体分析。

3. 保温条件

现场保温条件好，利于起火体系升温，更有利于起火和燃烧。例如，自燃性物质的堆垛越大，保温越好，升温越快，越易发生自燃。

4. 湿度或雨、雪情况

如果湿度、温度适宜于植物产品发酵生热，有利于自燃的发生，但是水分太多，不易升温和保温，也不利于发酵；仓库漏雨、雪，会增加储存物资的湿度，容易引起发酵生热；空气的相对湿度小于30%，容易导致静电聚集和放电，可能引起静电火灾；煤含有适量的水分更容易发生自燃。

5. 阳光、振动、摩擦、流动情况

阳光的照射有利于物质的升温，一些光敏性的物质易引发化学反应。这里要注意阳光的热效应，如油罐、液化气石油气罐等在强烈的阳光照射下，其内部温度升高、蒸气压升高，爆炸和着火的危险性增大。机械摩擦易生热升温，引起可燃物质起火；振动和摩擦易引起爆炸性的物品（如火药）着火或爆炸；流动和摩擦又容易产生静电，若聚集后放电，有可能引起爆炸性的气体混合物或粉尘发生爆炸。

6. 催化剂

现场有某种催化剂存在，往往加速着火或爆炸化学反应的进行。例如，酸和碱能加速硝化棉水解反应和氧化反应的进行，更加容易发生自燃事故；适量的水分对黄磷和干性油的自燃有很大的催化作用。

7. 气体压力

压力的大小对爆炸性的气体混合物的性质有重要影响,如果压力增大,则爆炸性的气体混合物自燃点降低、最小点火能量降低、爆炸极限范围变大。

8. 现场避雷设施、防静电措施

避雷设施如果不能将全部建筑物或设备保护起来,那么该建筑物或设备就可能遭到雷击;如果避雷设施发生故障,该建筑物或设备也可能遭到雷击。在有易燃易爆气体或液体的场所,如果防静电措施(如接地线、防静电地板、防静电服等)出现问题,就容易聚集静电荷,就有因静电放电引起爆炸的危险。

5.6.4 分析认定起火原因的基本方法

在分析认定了起火点、起火时间、引火源、起火物和影响起火的环境因素后,调查人员已经掌握了大量证明起火原因的直接证据和间接证据,可以开始认定起火原因。起火原因认定方法通常有两种,即直接认定法和间接认定法。对一起起火原因的认定来说,采用何种方法应根据火灾调查的实际情况和需要来决定,可以运用其中一种方法,也可以两种方法结合起来使用。

1. 直接认定法

直接认定法就是在现场勘验、调查询问和物证鉴定中所获得的证据比较充分,起火点、起火时间、引火源、起火物与现场影响起火的客观条件相吻合的情况下,直接分析判定起火原因的方法。利用此法认定起火原因前,应该用演绎推理法进行推理,符合哪种起火原因的认定条件,就判断为哪种起火原因。

直接认定法适用于火灾调查中获取的证据比较充分的起火原因的认定,是在对火灾进行全面调查的情况下进行的,一切都要以调查的证据、事实为依据,要对起火点内的引火源、起火物、影响起火的环境因素有全面了解,并进行全面分析之后才能进行认定。对现场中实物的直接认定应及时进行,以防时间过长导致实物变性、变色或外观形态发生变化。

2. 间接认定法

如果在现场勘验中无法找到证明引火源的物证,可采用间接认定的方法确定起火原因。所谓间接认定法就是将起火点范围内的所有可能引起火灾的火源依次列出,根据调查到的证据和事实进行分析研究,逐个加以否定排除,最终认定一种能够引起火灾的引火源。

运用间接认定法的关键,一方面是将起火点处所有可能引起火灾的火源排列出来,这就要求在调查过程中充分发现和了解火灾现场中存在的一些火灾隐患,保证在分析可能原因时没有遗漏。另一方面就是依据现场的实际情况,比较假定的起火原因与现场是否吻合,运用科学原理,进行分析推理,找出真正的起火原因。

运用间接认定法应注意的问题主要有:

1)要将起火点范围内的所有可能引起火灾的火源全部列出(即"选项"必须完全),在逐个加以否定排除前不能将真正的引火源漏掉。

2）在运用排除法时，必须对于每一种引火源用演绎法进行判断和验证后再决定取舍。

3）间接认定都是在现场中引火源残体已经在火灾中灭失的情况下进行的，所以现场勘验中获取的其他证据和调查询问证据材料更为重要。

4）最后认定的起火原因，必须在该火灾现场中存在着由于该种原因引起火灾的可能性，并且具备起火的客观条件。例如，认定因吸烟引起火灾时，在存在由于吸烟引起火灾的可能性的情况下，还要查清楚是谁吸的烟；在什么时间吸的烟，相隔多长时间起火；在什么位置吸的烟，移动范围多大；火柴杆和烟头的处理情况，周围有什么可燃物，这些可燃物有无被烟头引燃的可能性等。如果其中某一条件出现矛盾，则不能轻易认定起火原因。

5）对最后剩余的起火原因要进行反复验证，验证正确后才能正式认定。

6）一旦发现认定错误要立即进行重新分析认定。

5.6.5 对初步认定的起火原因的验证

虽然进行了全面细致的现场勘验和调查询问，取得了较为充分的证据，但由于火灾现场具有破坏性、复杂性、因果关系的隐蔽性和火灾发生的偶然性，不能确保认定的起火原因万无一失，尤其是破坏严重、现场复杂的火灾更是如此。所以，初步认定起火原因后一般要进行验证，以进一步降低认定的错误率。

1. 对初步认定的起火原因与现场调查事实做比较

这些事实就是调查所获取的人证、物证、线索、鉴定意见，以及火灾前存在的火险隐患、火源、可燃物的特征等。通过比较发现有无矛盾之处。

2. 从理论上进行验证

可以运用燃烧学、建筑学、电学、化学、热学、逻辑学等理论对初步认定的起火原因进行分析和验证。

3. 通过调查实验进行验证

对初步认定且为不常见的起火原因结论，最好在原火灾现场选取同种类、同型号的火源和起火物，模拟起火当时影响起火的现场条件进行调查实验，从能否起火、起火方式、现场残留物的特征等方面分析初步认定的这些起火原因是否符合实际情况。

4. 与以前同类火灾进行比较

该场起火原因的认定可以与在此之前曾出现过的同类火灾现场的起火原因的认定进行比较，比较起火点、引火源、起火物、影响起火的现场因素等，如果各方面都相同或相近，该起火灾的起火原因也应与以前同种类的起火原因认定相同，这就是类比推理法的实际应用。

5. 听取行家和专家的看法

可聘请多方面的专家、学者、专业技术人员帮助分析起火原因，并对已经初步认定的起火原因的可能性做出评价。

5.7 灾害成因分析与延伸调查

起火原因认定确定了引火源、燃烧物之间形成燃烧条件的关系是否成立，灾害成因分析则明确了哪些因素导致了火灾进一步发展、蔓延和扩大以致产生严重的后果，灾害成因分析是起火原因调查的延伸，是火灾调查的重要内容。

5.7.1 概述

1. 灾害成因分析的内容

灾害成因分析的内容包括：人的因素对火灾的影响、火灾场所环境因素对火灾的影响和其他有关情况。具体内容包括：分析人对火灾孕育、发生、发展、蔓延、扩大和火灾结果的影响情况，分析人对火灾影响的积极因素和消极因素；分析火灾场所建筑物平面、立面及空间布置情况，确定火灾中的烟、气、热、火焰等的蔓延途径、速度和蔓延原因；分析在火灾热和荷载作用下结构构件全部或部分失去力学性能，从而造成建筑物倒塌、变形的建筑构件，分析其耐火性能；分析火灾时安全疏散通道和安全出口情况，分析认定人员、物资疏散受阻原因；分析火灾场所中火灾自动报警系统、自动灭火系统、消火栓系统、防火分隔设施、防烟排烟设施、通风系统、消防电源、应急照明、疏散指示标志灯、灭火器材等消防设施在火灾过程中的表现，确认其是否发挥了预期的作用；分析火灾场所过火区域内存放可燃物种类、数量、状态、位置等情况，认定它们对火灾蔓延、扩大和火灾结果所起到的影响作用；分析火灾场所内易燃易爆危险物品种类、数量、状态、位置等情况，认定其对火灾现象和火灾结果产生的影响；分析阻燃剂、阻燃圈（包）等消防阻燃措施情况，以及它们在火灾中的表现；其他对火灾产生重要影响的有关情况。

2. 灾害成因分析的方法

（1）灾害成因事故树分析法

事故树分析又称为故障树分析，是从结果到原因找出与火灾有关的各种因素之间的因果关系和逻辑关系的分析方法。灾害成因分析中，按照熟悉调查对象、确定要分析的火灾危害结果、确定分析边界、确定影响因素、编制事故树、系统分析等步骤，对灾害成因进行分析，并最终做出认定结论。

1）熟悉调查对象。灾害成因分析首先应详细了解和掌握有关火灾情况的信息，包括火灾发生时间、地点、火灾场所建筑物情况、消防设施情况、可燃物情况、场所的使用情况、火灾蔓延扩大情况、扑救情况、伤亡人员情况等。同时，还可广泛收集类似火灾情况，以便确定影响火灾结果的可能因素。

2）确定要分析的火灾危害结果（顶上事件）。灾害成因分析所要分析的火灾危害结果可能是严重的人员伤亡和财产损失、火灾面积巨大、起火建筑意外垮塌、同类建筑多次发生火灾等。

3）确定分析边界。在分析前要明确分析的范围和边界，灾害成因分析一般把与火灾有直接关系的人、事、物、环境划在分析边界范围内。

4）确定影响因素。确定顶上事件和分析边界后，就要分析哪些因素（原因事件）与火灾有关，哪些因素无关，或虽然有关，但可以不予考虑。比如，当把某火灾造成重大人员伤亡结果作为顶上事件时，人员疏散逃生受阻很可能成为中间原因事件，在确定基本事件时会发现，尽管疏散人员可能存在性别、体力上的差异，但这些可能对疏散逃生影响甚微，可以不予考虑，但在病房、幼儿园等特殊人群火灾场所，又必须作为重要因素给予关注。

5）编制事故树。从火灾的危害结果（顶上事件）开始，逐级向下找出所有影响因素直到最基本事件为止，按其逻辑关系画出事故树。

6）系统分析，得出结论。根据火灾具体情况，结合询问、勘验、鉴定、模拟实验等情况，综合分析各个因素对火灾的影响度，并按照影响度大小顺序加以因素排序。

(2) 灾害成因事件树分析法

灾害成因事件树分析法是从原因推论出结果的（归纳的）系统安全分析方法。按照事故从发生到结束的时间顺序，把对火灾有影响的各个因素（事件）按照它们发生的先后次序按照逻辑关系组合起来，通过绘制事件树，并结合调查信息进行综合分析，找到影响火灾的关键因素链。灾害成因事件树分析法的具体内容介绍如下。

1）收集和调查火灾相关信息。这些信息主要包括建筑物基本情况、消防设施情况、使用情况、火灾基本情况、内部人员情况等，还要找出主要的火灾中间事件。

2）对中间事件加以逻辑排列。所谓逻辑排列就是根据火灾过程的时间顺序，按照中间事件发生的先后关系排列组合，直到得出火灾结果为止。每一中间事件都按照"成功"和"失败"两种状态来考虑。

3）绘制事件树图。在上述步骤的基础上，完成事件树的绘制。

4）综合分析，得出结论。根据调查获得的具体情况，结合询问、勘验、鉴定、模拟实验等情况进行综合分析，得到是什么中间事件（影响因素）、怎么样影响了火灾结果。

5.7.2　人的因素对火灾的影响

人的活动过程总是在复杂的系统中进行，在这样的系统中人是主要因素，起主导作用，但同时也是安全控制最难、最薄弱的环节。对于火灾的发生虽然不少人认为具有很大的偶然性，但在火灾孕育阶段，人的活动对火灾发生有很重要的影响作用。

1. 人的心理对火灾发生的影响

人的心理状态对火灾发生的影响作用巨大。积极的心理会有效地防止火灾发生；相反，消极的心理则很可能会促成火灾孕育，导致火灾发生。在火灾孕育阶段，人的心理状态通常可以表现为四种状态。

(1) 侥幸心理

表现为习惯碰运气，相信自己有能力阻止事故发生，别人不一定发现等，在这种心理的影响下，行为人不是马虎了事，就是贪图方便，为火灾的发生埋下隐患。侥幸是引发火灾最普遍的心理。

（2）冒险心理

表现为好胜、逞能、强行野蛮作业等行为，冒险心理者只顾眼前，故意淡化危险后果，且先前的冒险行为会进一步加强冒险心理。

（3）麻痹心理

主要表现为习以为常，对重复性的工作满不在乎，凭"老经验"办事而放松警惕等。

（4）心理挫折

在遭受挫折的状态下，行为人可能会有攻击、压抑、倒退、固执己见和妥协等反应，心理冲突激烈时，会采取极端的行为，造成火灾的发生。对于大多数火灾来说，在上述心理和人的行为的共同作用下，火灾孕育得以完成。

在分析人的因素对火灾发生产生的影响时，应着重放在查明行为人的心理状态，分析火灾孕育的过程如何、哪些人参与了火灾孕育过程、他们各自的心理和行为是什么，综合分析人的心理和行为对火灾发生产生的影响等因素上。通过调查与走访，弄清行为人心理状态对火灾孕育所产生的影响作用，可以为今后有针对性地开展消防安全教育活动，消除上述不利心理提供帮助。

2. 人的施救行为对火灾过程的影响

根据火灾发生、发展所处的不同阶段人的施救行为方式不同，人的因素对火灾过程的影响可以分为发现火灾、报告火警、初期扑救三个阶段。

（1）发现火灾阶段

发现火灾是人同火灾进行斗争的关键性前提。火灾发生后，一旦不能被发现，只要环境条件允许，火灾就会自由地发展和蔓延，火灾可能的危害结果也就越大；相反，及时地发现火灾，使人对火灾采取及时有效的控制措施成为可能，火灾的危害也可能会减到最小。

人发现火灾，首先从获得有效的火灾信息开始。火灾发生后，必然会在一定环境空间范围内释放出火灾产物——火焰、光、热、烟、气味、声响等。人对火灾的发现，就是火灾信息对人的感官产生了一定程度的刺激，从而使人开始判断是否真的发生了火灾，一旦被证实，火灾就被发现了。可见，人发现火灾的过程，就是火灾信息刺激人的感官并引起人判断和证实火灾发生的过程。不同火灾的火灾信息表现特征不同，不同人的感官及同一人各种感官之间也存在差异，但主要的感官主要有视觉、听觉、嗅觉和触觉等四种途径。

1）视觉途径。视觉途径是火灾信息中的火焰、光、烟等通过刺激人的眼睛，从而引起人的大脑反应来判断证实火灾发生的方式。视觉途径通常能够最直接地使人发现火灾，但它同时要求发现人必须处在能够感受到火焰、光、烟信息的状态并能给出正确的判断。

2）听觉途径。听觉途径是火灾信息中的声响通过刺激人的听觉，从而引起人的注意来判断证实火灾发生的方式。听觉途径一般较视觉途径晚，这是因为火灾产生让人注意的声音（如木材燃烧的声音、玻璃热炸裂声音、物体倒塌掉落的声音等）时，往往已处于猛烈的明火燃烧阶段。但是，因为声音传播和光的传播规律不同，所以人只要处于声音能够到达的距离范围内,不论与火场之间是否存在有视觉障碍物,还是能够获得火灾声音信息的。因此,人在不能通过其他途径发现火灾的情况下,听觉途径还是相当必要的。

3) 嗅觉途径。嗅觉途径是火灾信息中的气味通过刺激人的嗅觉,从而引起人的注意来判断证实火灾发生的方式。由于气味是随着空气的流动扩散而传播的,因此与听觉途径一样,有时人对火灾气味的感知还是比较容易的。对于还没有产生明火燃烧的阴燃,通过嗅觉途径可较早地发现初起火灾,就是很好的一种情形。

4) 触觉途径。触觉途径主要是火灾信息中的热、振动等通过刺激人的感觉,从而引起大脑的反应来判断证实火灾发生的方式。触觉必须依靠接触来实现。因此,通过触觉途径来发现火灾,就要求人必须能够接触到火灾产生的热、振动等。尽管人通过这种途径发现火灾的案例相对少见,但某些特定情况还是存在的。例如,一些相对封闭的设备或容器内部着火后,人也可能会通过触摸外壁感觉过热而意识到并发现火灾。

在发现火灾阶段,要分析人的施救行为对火灾过程的影响,应当着重了解火灾发现人是在什么时间获得火灾信息的;火灾发现人获得火灾信息时,其自身状态如何;火灾发现人是通过怎样的途径发现和判断火灾发生的;发现火灾时,火灾正处于怎样的阶段及发展趋势如何等,综合评价火灾发现人在发现火灾阶段对火灾过程的影响。

(2) 报告火警阶段

火灾发现人选择怎样的报警行为,取决于发现人自身、火灾状态及火灾现场相关情况等因素的诸多影响。发现人报告火警的行为直接影响火灾扑救力量的投入,对火灾控制过程十分重要。要分析报告火警阶段人的因素对火灾过程的影响程度,核心任务就是查明报警时间、报警方式、报警过程及报警效果,具体内容包括:报警人在什么时间报告的火警,这个时间距离火灾发现时间有多久;报警人通过什么方式报告火警,报警过程存在哪些有利或不利因素;报警的内容是什么,报警后的效果如何;报告火警时,火灾发展的状态。通过以上调查分析,综合评价报警是否及时、报警方式选择是否合理、报警是否达到预期效果等,得出报警情况人的因素对火灾过程的积极影响和消极影响的科学结论。

(3) 初期扑救阶段

火灾初期阶段,火势小、燃烧不猛烈、火灾产物数量少。在这个阶段,人能够较容易接近着火处并采取有效措施灭火,这是扑救火灾的最佳关键期。一旦初期发现人的扑救行为失败,火灾会发展、蔓延下去,导致严重的危害结果。在初期扑救阶段,分析人的因素对火灾过程的影响因素时应注意以下内容:分析发现人获得火灾信息的时间、发现人所处的状态、发现和判断火灾发生的途径、火灾所处的发展阶段与趋势等内容为依据;对报警情况影响的分析,主要侧重分析报警时间、报警方式、报警过程及报警效果等情况;对初期扑救影响的分析,应分析初期扑救行为人的基本情况、扑救决定的做出、扑救的方式、初期扑救的效果等内容。

3. 人的逃生行为对火灾结果的影响

在火灾威胁之下,人的逃生行为是影响火灾造成人员伤亡的关键因素。如果行为人表现出非适应性、恐慌、再进入、冒险等行为,在火灾中容易造成较严重的人员伤亡。

(1) 非适应性行为

受火灾威胁时,非适应性行为主要包括忽视适应性行为,或忽视有利于其他人的疏散行为,或忽视对火灾产生的热、烟、火焰的传播与阻挡。如不关门便离开着火房间,从而导致火势迅速蔓延,使其他人处于受威胁状态之中,这个简单的行为反应就是非适应性行为。但通常的非适应性行为是指不关心其他人,只顾个人从火灾中逃离,造成自己或其他人遭受身体伤害。

(2) 恐慌行为

受火灾威胁的人可能会表现出惊慌失措,呈现出一种非常行为状态,其显著特征就是恐慌。恐慌行为是非适应性行为的反应,火灾危险被发现并确认后,人在避险本能的支配下,会尽量向远离现场的方向逃逸。群体性恐慌发生后,通常会伴随拥挤、从众、趋光、归巢等四种行为,影响人员安全疏散。恐慌是导致疏散受阻、造成大量人员伤亡的主要因素。

(3) 再进入行为

火灾统计发现,受火灾威胁人逃离现场时,有部分人会再进入火场,这些人通常完全清楚建筑中发生的火灾及起火位置和烟气扩散的程度。产生再进入的心理动机通常是抢救财物、灭火、检查火势或帮助他人。再进入行为本质上不属于非适应性行为,因为此种行为是行为人在理智的情况下,经过思考在有目的方式下进行的,不具备非适应性行为常有的感情焦虑或自我焦急的特征。

(4) 冒险行为

冒险行为是指受火灾威胁的人为了实现逃跑避险的目的,明知行为在很大程度上可能会导致不良后果,仍选择的行为。如行为人选择从高处跳下,就是一种典型的冒险行为。

5.7.3 火灾场所环境因素对火灾的影响

火灾发生、发展、蔓延、扩大乃至火灾结果的产生都必须依赖于场所环境。不同的火灾场所环境下,火灾产物与危害、蔓延途径与速度、扩大范围与倒塌等情况不同,所造成的火灾结果也就不同。因此,有必要认真分析火灾场所环境因素对火灾的影响,尤其是找到影响火灾结果的环境因素并分析各种因素的影响力,这是灾害成因分析的重要内容。

1. 建筑结构与耐火等级对火灾的影响

建筑物火灾发生频率最高,危害后果也最严重。建筑物火灾发生后,建筑物的耐火程度、内部构造特点、表面构造及疏散条件均具有对火灾的影响作用。

(1) 建筑物的耐火程度对火灾的影响

整体建筑物的耐火程度用耐火等级来描述,它取决于建筑结构构件的耐火极限,建筑构件的耐火极限又由组成构件材料的燃烧性能决定。按建筑的结构材料不同可将建筑分为木结构、砖木结构、砖混结构、钢结构、钢混结构。建筑结构材料不同,对火灾发展的影响就不同,例如,用不燃材料建造的墙、楼板、房盖等,就能有效地阻止火势发展;用难燃材料时,能在一定时间内阻止火势;即使是较薄的可燃木板隔墙或门等,也能在较短时间内阻止火势迅速发展。但是,钢结构虽然由不燃材料组成,却容易在高温作用下发生变形和倒塌,原因在于钢材的导热性能好，且其材料的力学性能随着温度升高而下降得非常明显。

建筑物的耐火程度对降低火灾危害结果的作用，主要体现在：建筑物发生火灾时，确保其自身在一定的时间内不破坏，不传播火灾，延缓和阻止火势的蔓延；为人们安全疏散提供必要的疏散时间，保证建筑物内人员安全脱险；为消防救援人员扑救火灾创造条件；为建筑物火灾后修复重新使用提供可能。

（2）建筑物内部构造特点对火灾的影响

不同结构的建筑物，火灾蔓延的规律和特点也不同，建筑物平面布置、房间容积大小、空心结构的数量和相互连通的情况，以及建筑物立面构造等对火灾蔓延影响较大。

建筑物内部发生火灾时，火灾主要蔓延方向是：火焰通过室内的门、窗和孔洞，沿走廊向邻近的房间蔓延；火势向空间较大的房间或沿楼梯间蔓延；火焰在空心结构内部，向纵横方向扩展，尤其是向上部蔓延的速度较快；当火焰烧穿顶棚、楼板、屋面或墙壁时，随即发展成为外部火灾。

建筑物的平面布置形式很多。不同形式的平面布置，火灾蔓延的规律和特点也不同。例如，通廊式建筑发生火灾后，火势会沿着走廊通道蔓延扩大；单元式建筑物的某房间发生火灾后，由于火焰不易突破墙壁和顶棚楼板，火势就被限制在单元内而蔓延迟缓。

大空间场所发生火灾时，通常会发生以下情况：场所空间大，空气充足，燃烧容易猛烈发展；大空间由于建筑跨度大，容易在火灾中较早发生变形或倒塌；当较狭小的空间首先起火时，热气流和火焰便迅速向大空间处流动，或是也随之向大空间场所蔓延。如影剧院的舞台起火，往往会迅速向观众厅蔓延。

建筑物的空心结构越多，特别是隔墙与楼板、顶棚等空心结构相互连通，一旦某部位起火，火势就会在空心结构内部蔓延，这对火势扩大是非常有利的，往往造成严重的后果。此外，楼梯间、电梯间或通风空调管网通道等，都是火灾容易蔓延的场所或途径。

（3）建筑物表面构造对火灾的影响

建筑物内部起火，能否很快引起建筑外部起火，能否引起临近建筑起火甚至火烧连营，与建筑物表面构造关系密切。

当火灾在本体建筑由内部向外部及上部蔓延时，主要受以下因素影响：建筑物立面上窗口是否上下对应；窗子材料的燃烧性能；下部窗口上沿至上部窗口下沿的距离；起火建筑物屋面是否垮塌或被火烧穿等。建筑物上下层窗间距小，窗口位置上下对应，则下层火焰容易通过窗口向上层蔓延；屋面垮塌或被火烧穿，则导致火焰突破建筑，向外部延伸。

（4）建筑物疏散条件对火灾的影响

建筑物疏散条件的好坏，决定建筑发生火灾后，内部受威胁人员的疏散与财产的救助情况。建筑发生火灾后，内部受威胁人员和财产等，都需要依赖建筑的疏散条件来脱离危险。安全疏散通道是否畅通、距离是否合理；建筑外侧简便楼梯是否被占用或被封锁；安全出口是否畅通、数量是否满足；建筑与外界相联系的窗、阳台、楼顶平台等是否被人为设置了防盗网（栏）、广告牌等，这些都会直接影响人员的疏散与财产的救助。

2. 建筑内可燃物状况对火灾的影响

建筑物内可燃物状况通常用火灾荷载来描述。火灾荷载是指在一个空间里所有物品包括建筑装修材料在内的总潜热能。建筑物内火灾荷载密度大，则火灾发生的概率大，燃烧猛烈，火灾温度高，对建筑构件的破坏作用大，火灾越容易蔓延，火灾危害结果也越严重。

需要注意的是，火灾荷载大小只是间接地反映了场所火灾危险性的大小。事实上，场所内可燃物的种类、数量、状态、分布位置等具体情况，对火灾发生、火灾过程和火灾结果的影响才是直接而又具体的。

（1）可燃物种类对火灾的影响

从可燃物种类上看，可燃物的自燃点越低，越易起火；可燃物热能含量越高、热释放速率越大，火灾越猛烈并容易蔓延；可燃物燃烧发烟量和发烟速率直接影响火灾场所的能见度；可燃物燃烧产物的毒性、窒息性、腐蚀性等都可能对人员造成伤害。

（2）可燃物数量对火灾的影响

从可燃物数量上看，对于同一个场所而言，同类可燃物的数量越多，火灾荷载密度越大。发生火灾时，大的火灾荷载密度使火势更容易蔓延，火势蔓延使有效火灾荷载不断增大，有效火灾荷载的增大意味着有效火灾荷载密度的增大，而有效火灾荷载密度的增大又意味着火灾场所温度的升高，高的火场温度又为扩大有效火灾荷载提供了条件。这样，火灾场所就陷入了火灾蔓延的恶性循环。

（3）可燃物存在状态对火灾的影响

从可燃物存在的状态来看，同一可燃物在不同状态下对火灾的影响也是有差别的。例如，木桌不易被火柴点燃，但木材的刨花就非常容易被点燃。又如，松散的棉花易起明火并蔓延迅速，而被捆扎得很结实的棉花包就不易起明火，而是阴燃发出大量的烟，火灾蔓延的速度就慢。对于同一可燃物而言，比表面积越大，危害越大。一般说来，固态可燃物、液态可燃物和气态可燃物的火灾危险性依次升级。

（4）可燃物分布位置对火灾的影响

从可燃物分布位置来看，在走廊、楼梯间、房间门口、建筑物出口，以及分布在疏散区域吊顶上的可燃物一旦着火，会严重影响人员的安全疏散；门口、窗口等孔洞附近，楼梯间或建筑竖向未分隔封闭的管道井、电缆井等处的可燃物，会使火灾迅速横竖向蔓延，使火灾很容易扩展到着火楼层以上的各个楼层；建筑物之间存放的大量可燃物，还可能导致火灾从着火建筑向邻近建筑的蔓延等。

3. 建筑消防设施状况对火灾的影响

完善的建筑消防设施对建筑抵御火灾的能力有积极的正面影响，火灾发生后，有的设施能及时发现火灾并报警，有的能自动灭火，有的将火灾及其产物尽量控制在一定区域内，有的设施为人员逃生提供了便利，它们都为抵御火灾、降低火灾危害发挥着重要作用。

建筑消防设施器材主要包括：火灾自动报警系统、消防自动灭火系统、防火分隔设施、防烟设施、通风系统、消防电源、应急照明与疏散指示标志设施、建筑消火栓系统、灭火器材等。对于起火建筑而言，该建筑消防设施是否设置完备，是否具有良好的可靠性和有效性，将直接影响建筑抵御火灾的能力，并影响火灾过程和火灾结果。

(1) 火灾探测与报警设施

火灾自动报警系统本身并不直接影响火灾的自然发展过程，其主要作用是及时将火灾信息通知有关人员，以便组织灭火或准备疏散，同时通过联动系统启动其他消防设施以灭火或控制烟气蔓延。

根据不同的火灾物理特征和相应的信号处理算法不同，传感器各异的火灾探测器差异也很大，主要有感温火灾探测器、感烟火灾探测器、火焰探测器、气体火灾探测器等几种常见的火灾探测器。这些火灾探测器通过探测火灾的物理特征，如温度、烟尘密度、火焰的电磁辐射及火灾气体产物等，来判断和确认火灾，并发出火灾报警信号。然而，每一种火灾探测器并不能保证在任何时候、任何地点不出现差错或问题，因此，火灾发生后对火灾探测器和火灾探测系统的可靠性进行综合分析评估就十分有必要。

(2) 控制与灭火设施

接到火灾报警信息后，有些消防系统可以自动或通过人工手动等方式开始动作，来控制火灾蔓延、排除火灾烟气或扑灭火灾，这些系统或设施包括自动灭火系统、防烟排烟系统、防火卷帘、防火门（窗）、挡烟垂壁、消防水幕、阻火圈（包）设施等，在控制与扑灭火灾方面发挥着极其重要的作用。

上述系统或设施若没有发挥预期的作用，则会导致火灾自由蔓延，扩大火灾范围，造成严重的火灾后果。这些情况存在的原因可能是：防火卷帘下方堆放物品，火灾时不能正常下降到位；常闭式防火门（窗）被人为控制在敞开状态，火灾时不能正常发挥作用；消防水幕损坏、瘫痪，阻火圈（包）脱落、失效等；机械排烟设施故障，挡烟垂壁损坏；防烟楼梯间的门被阻挡不能关闭等。此外，如消防电源不正常供电，自动灭火系统不正常启动，灭火剂供应不足，水喷淋系统的喷淋头安装位置不当或被遮挡，采用气体灭火系统的场所火灾时不能密闭，建筑消火栓系统无水或水压不足，消防水带、水枪破损、丢失，灭火器失效等情况的存在，也会妨碍及时有效地扑灭火灾，造成火灾的蔓延扩大。

(3) 应急照明与疏散指示标志设施

火灾发生后，正常供电的中断、火灾烟气的干扰使人员疏散、物资抢救活动受到极大影响。此时就必须设法解决火灾时的应急照明问题，并设置指示标志以有效引导人员疏散，消防应急照明与疏散指示标志恰好解决了上述问题。

火灾发生后，应急照明与疏散指示标志未正常发挥预期的作用，应着重分析是否存在以下问题：应该安装应急照明与疏散指示标志设施的建筑场所没有安装；虽安装了这些设施，但安装数量不足，位置不正确、不合理；因长期缺乏检修、维护而陷于损坏状态，如非火灾时未充电；设施产品本身存在质量问题，如照度不够或持续时间过短等。

4. 易燃易爆危险物品对火灾的影响

易燃易爆危险物品对火灾的影响主要是由其燃点低、热值大、易爆炸的特点决定的。燃点低，使它们容易参与到火灾中来；热值大，使火灾现场有效火灾荷载激增；易爆炸，使火灾瞬间蔓延、扩大，不易控制，直接威胁建筑结构和人身安全。

（1）爆炸冲击波对火灾的影响

冲击波的破坏作用与爆炸点的距离远近有关。距离越近，冲击波的破坏作用就越大；反之，距离越远，影响就越小。爆炸冲击波的作用，可能对火场有如下影响：冲击波将燃烧着的或高温物质向四周抛散，这些物质如果接触到合适的可燃物，就会引起新的起火点，造成火灾范围扩大，增加火场有效火灾荷载；冲击波机械力作用，破坏了一些结构构件的保护层，保护层脱落使可燃物暴露，降低了构件的耐火极限，进而威胁建筑安全；足够大的冲击波，会使建筑结构发生局部变形或倒塌，使火灾蔓延途径变化，蔓延扩大甚至突破着火建筑本身，倒塌还意味着灾难性后果；冲击波可能会使炽热的火焰穿过缝隙等不严密处，引起某些设备或结构内部的易燃物着火；火场中原来沉积的某些粉尘可能在冲击波作用下被扬起，与空气形成新的爆炸性混合物，发生再次爆炸或多次爆炸。另外，冲击波还可能会直接给人体造成伤害。

（2）爆炸热对火灾的影响

爆炸对火灾的另一个重要影响因素是热。爆炸产生的大量热，会把爆炸周围区域内的一些低燃点的易燃物在瞬间点燃，使爆炸场所有效火灾荷载密度激增。爆炸热还能使区域内灭火人员或被困人员的皮肤或呼吸系统受到伤害。

5.7.4 其他因素对火灾的影响

1. 气象条件对火灾的影响

（1）气温、雨（雪）、雷电等对火灾的影响

气温对火灾的影响，主要体现在两个方面：一方面，气温越低，火灾烟气温度与环境温差就越大，火场上热气流上升和冷空气进入的速度就越快，气体对流的增强，使燃烧更猛烈，助长了火势蔓延；另一方面，气温越高，可燃物温度越高，就越容易起火。温度对自燃火灾的影响是显而易见的。

雨（雪）使得一些表面容易起火的火灾得以避免。如用草、木、竹、毡等易燃材料搭建的房屋，久旱无雨则容易着火。另外，雨（雪）还能降低燃烧强度，阻碍火势发展，较大的雨（雪）有时可帮助人们扑灭露天火灾。但在某些情况下，对于某些自燃物质（如稻草）或遇水会发生剧烈放热反应的某些化学物质（如钠），雨（雪）也会成为创造火灾条件的一个因素。

雷电对火灾最直接的影响，就是会引发雷击火灾。

（2）大风对火灾的影响

风能助长燃烧，促使火势发展和变化。火场上，往往由于风向的改变，而使火势蔓延方向发生变化。特别对于室外火灾，风对火势的影响更为明显。风吹向建筑时，在建筑物表面周围形成压力差，在压力差作用下，建筑物背风处形成马蹄形旋风区域。部分火灾产物在旋风区域内的循环流动，使该区域内的可燃物被点燃。同时，风对燃烧材料和燃烧产物的机械作用，会使火种飘移到下风方向，遇到合适的可燃物就会形成新的起火点。可见，风不仅可以使本来的燃烧更猛烈，还可能会促成新的燃烧——即火灾空间范围的扩大，这对火灾结果

有时具有关键性的影响。

2. 扑救力量对火灾的影响

（1）消防规划情况

消防规划情况包括：是否按照规划应该设置消防站而没有设置，消防站距离火灾发生地距离，道路状况是否影响了消防救援人员尽快到达，消火栓等市政公共消防基础设施是否满足了灭火救援的需要。

（2）扑救情况

扑救情况包括：消防救援机构在人员力量、装备配置、信息调度等方面是否存在影响灭火救援的因素；扑救火灾及救助人员灭火行动的安排部署方面是否存在失误。

5.7.5 火灾延伸调查

火灾延伸调查是在火灾灾害成因分析的基础上，查找火灾风险、消防安全管理漏洞及薄弱环节，提出改进意见和处理措施的一种调查活动，主要包括对社会单位主体责任与地方各级政府及其职能部门监督责任两方面的调查。

1. 对社会单位主体责任的调查

（1）对使用管理单位的调查

使用管理单位是指发生火灾的单位或者起火建筑或者场所的使用管理单位及其员工。如发生火灾的商户及其员工，发生火灾建筑物的物业管理单位及其员工，对于个体工商户或者住宅火灾来说是商户或者个人的家庭成员等。对使用管理单位的调查，内容主要围绕引发火灾的引火源、可燃物、蔓延路径和人员伤亡等要素，以及社会单位落实主体责任情况展开，具体内容如下：

1）使用管理单位消防设施、器材配置是否符合规范；消防设施维护保养是否符合规定；消防设施器材在火灾中是否发挥正常作用。

2）消防安全制度制定及落实情况是否符合规定，特别是消防安全检查巡查制度是否流于形式。消防安全疏散设施管理情况及在火灾中发挥的作用，是否影响火场人员疏散和灭火救援行动。

3）使用管理单位用火、用油、用电、用气安全制度及管理情况；电气线路安装敷设是否符合规范。

4）使用管理单位员工消防安全培训教育的情况，员工是否具有消防安全常识及逃生自救和应急处置能力。

5）使用管理单位微型消防站配置、人员管理情况；单位应急疏散演练情况；单位消防控制室值班人员持证上岗及应急处置能力。

6）其他落实主体责任有关内容。

（2）对工程建设单位的调查

工程建设单位通常包括起火建筑或者场所工程的建设单位、消防设计单位、图样审查单位、施工单位、验收单位和监理单位及其从业人员，调查的内容包括：

1) 建筑物或者建设工程在规划、土地、建设、消防等行政许可、备案方面是否存在违法违规行为。

2) 建设工程及室内室外装饰装修工程在消防设计、图纸审查和消防验收方面是否存在违法及违反消防技术规范标准的行为。

3) 建设工程施工中是否使用不符合市场准入、不合格或者国家明令淘汰的消防产品。

4) 是否存在不按照消防技术规范标准进行施工、监理把关不严、擅自降低消防技术规范标准的行为。

（3）对中介服务机构的调查

这里的中介服务机构主要是指从事消防设施维护、保养、检测，消防安全评估与产品认证检验等工作的消防技术服务机构及其从业人员，调查的内容包括：

1) 中介服务机构及其从业人员是否存在不具备执业资质、资格的问题。

2) 是否存在中介服务技术机构不执行有关法律法规和技术标准等行为。

3) 是否存在出具虚假或者失实执业文件的行为。

4) 注册消防工程师是否存在变造、倒卖、出租、出借，或者以其他形式转让职业资格证书、注册证、执业印章等行为。

（4）对消防产品质量的调查

对消防产品质量的调查是指围绕与火灾发生、蔓延、扩大和人员伤亡有关的消防产品作用发挥情况展开的调查，具体内容包括：

1) 火灾报警、灭火设施、防烟排烟、防火分隔和安全疏散等消防产品，是否符合国家法律法规和技术标准，是否存在质量问题。

2) 上述产品在发生火灾时是否正常使用、运行，以及在火灾中是否有效发挥作用，未发挥作用的原因和影响因素等。

3) 上述产品生产、销售、使用和维修等环节是否有违法、违规情况。

2. 对地方各级政府及其职能部门监督责任的调查

（1）对消防救援机构履行职责的调查

调查的对象包括消防救援机构与其执法人员、消防站与其消防救援人员等，主要调查消防监督执法与灭火救援等方面存在的问题。

1) 消防监督执法方面可能存在的问题。需要查明消防救援机构是否依法开展消防监督检查，是否存在不规范、不到位、乱作为等问题，是否依法履行对相关单位日常消防监督检查职责的业务指导职责，以及落实消防宣传教育培训工作、推动政府和行业部门落实消防安全责任制等情况。

2) 灭火救援方面可能存在的问题。需要查明消防救援机构对辖区"六熟悉"的落实情况，接处警和力量调度情况，火情侦查、力量部署、内攻搜救、火场清理等火灾扑救经过，接处警系统和通信器材配备、使用，无线通信组网、现场图像采集传输等消防通信组织情况，多种形式队伍联动工作落实情况，以及车辆装备器材配备、使用、保障等情况。

（2）对属地政府方面履行职责的调查

主要调查消防规划、市政消火栓建设维护、消防队站建设、消防通信和多种形式队伍建设等政府公共消防设施建设落实情况，消防网格化管理、群防群治、消防宣传教育等工作，乡镇政府、村（居）委会消防工作开展情况。

（3）对行业主管部门和其他职能部门履行职责的调查

主要需要查明行业主管部门和其他职能部门开展消防工作的情况，包括发生火灾单位是否办理相关行业系统的行政许可、备案；行业系统消防工作开展情况，是否开展消防安全检查治理，是否开展消防宣传教育培训和应急演练等情况。

复习题

1. 火灾调查分析的目的是什么？
2. 火灾调查分析的基本要求是什么？
3. 火灾调查分析中通常采用的逻辑方法有哪些？
4. 什么是火灾性质？火灾性质分析的目的是什么？
5. 什么是起火方式？各种起火方式的现场特征是什么？
6. 分析和认定起火时间的根据是什么？
7. 分析和认定起火点的根据是什么？
8. 如何理解分析和认定起火点时应注意的问题？
9. 如何分析和认定引火源？
10. 如何分析和认定起火物？
11. 分析起火原因的基本方法有哪些？
12. 灾害成因分析的方法有哪些？
13. 如何理解人的因素对火灾发展蔓延的影响？
14. 如何理解火灾场所环境因素对火灾发展蔓延的影响？
15. 火灾延伸调查的具体内容有哪些？

第 5 章练习题
扫码进入小程序，完成答题即可获取答案

第6章 放火火灾调查

近年来,随着政治、经济、社会环境的快速变化,各种社会矛盾更加复杂,报复社会放火、杀人放火、盗窃抢劫放火、骗保放火、精神性放火等由不同动机实施放火的案件逐年增多,重特大恶性放火案件时有发生。放火案件每年给我国带来较大的经济损失和人员伤亡,严重威胁着人民生命财产和公共安全,也造成了一定的社会恐慌,扰乱了正常的生产生活秩序,造成了较大的社会影响。本章主要介绍放火火灾的典型特征、现场勘验及调查认定等内容。

6.1 概述

6.1.1 放火的概念

放火是指为达到一定的目的,在明知自己的行为会发生火灾的情况下,希望或放任火灾发生,而烧毁公私财物的违法行为。《中华人民共和国刑法》第一百一十四条、第一百一十五条第一款中放火罪是指故意放火焚烧公私财物,危害公共安全的行为,是暴力犯罪的一种。

放火案件由刑事侦查部门负责立案侦破,但放火案破案难度较大,这类案件的现场勘验往往需要刑侦部门和消防救援机构密切协作、共同进行。这是因为火灾本身有很大的破坏性,物体因被烧而变形或被熏,使火灾现场往往是面目全非,加之灭火行动、抢救人员、搬运物资时不可能会顾及现场保护,造成人为对现场原貌破坏严重。同时,由于放火者实施犯罪的多样化、放火手段的隐蔽性、放火物的复杂化、目击证人少,所以在实施破案中,很难提取到有价值的痕迹物证来认定放火案件或抓获放火者。因此,准确认定放火嫌疑,及时向公安机关刑事侦查部门移交依法收集、制作的证人证言、物证、书证、视听资料、电子数据、检验结果、鉴定意见、勘验笔录、检查笔录等证据材料,对于及时破获此类案件,有效扼制放火犯罪,具有十分重要的意义。

6.1.2 放火的分类

动机被定义为"内在驱动力或冲动,它是诱发或促使特定行为的原因或动机"。动机通常在确定起火原因及放火人的身份方面起着至关重要的作用。放火案件主观上表现为故意,这些动机包括但不限于故意破坏、兴奋、报复、隐瞒犯罪、获利和极端主义信仰。

根据放火动机和目的，放火可分为以下几种类型：

1. 以危害国家安全为目的的放火

此类放火是一种以故意烧毁国家或集体财产，或以干部和积极分子为侵害对象的放火犯罪，达到危害国家安全为目的犯罪行为。

2. 隐瞒犯罪事实放火

一些犯罪分子在贪污、盗窃、抢劫、杀人、强奸等一些犯罪活动后，为了掩盖犯罪现场留下的证据，往往会选择放火焚烧犯罪现场，掩盖火灾前被害者的死亡事实或者可辨认死者身份的证据，也可能出于破坏杀人或盗窃等相关犯罪证据，销毁包含贪污、伪造或欺诈等犯罪证据的相关记录，而将一些放火物集中摆放，甚至摆放成失火案的假象，来迷惑执法人员，干扰公安机关侦查方向，希望逃脱法律的审判。调查人员通过检查相关人员的银行记录、保险单等记录，可能会发现放火嫌疑人的放火动机。

3. 报复放火

报复放火是放火案中最常见的一种，犯罪者为了曾受到的一些真实的或想象的不公正待遇而进行一种报复性违法犯罪的行为。有时这类放火蓄谋已久、计划周密。报复放火往往只实施一次，但在连环放火犯罪中也有可能实施多次。

通常，报复也是其他动机的一个因素。实施放火的人包括被不和的邻居、不满的雇员、争吵的配偶欺骗或虐待后报复的人，以及怀有种族和宗教敌意的人。其特点是放火分子与被害人由于一定原因而结仇，如邻里之间的矛盾、上下级之间的矛盾、夫妻之间的矛盾、朋友之间矛盾等，或者是出现的心理嫉妒、心胸狭窄等。根据报复的目标，报复动机可进一步细分。研究表明，与个人或团体相比，一系列出于报复动机的放火犯更有可能将其报复对象指向机构和社会。

4. 经济利益纠纷放火

经济利益纠纷放火行为属于商业犯罪行为，在所有放火动机中占比最小。持有这种放火动机的人多为企图通过放火的手段来获取非法的经济利益。具体表现为财产保险诈骗放火、销毁账目放火、商业放火欺诈等行为。

保险诈骗放火目的是为了在火灾中受益，是获利放火中最常见的手段。保险诈骗放火有其自己的特点，即火灾的发生总是同事主的个人或家庭经济情况密切相关，事主陷入了资金短缺的困境、生意、企业濒于破产；或事主身负有赌博、医药费等各种债务；或事主的房产年久失修，纵火烧毁闲置房产以获得高额赔偿、逃避债务等。此外还包括因隐瞒财产、商业竞争等利益因素而实施的放火。因此，在进行火灾调查过程中，应注意了解事主的财产和人寿保险方面的情况。如保险的有效范围、保险的年限，保险单是怎样从火场中取出来的，失火前后保险的有效范围是否发生了较大变化等。在火场勘验过程中，还应注意受灾建筑物中的物品与失火前有无两样，失火的特点等。这些现象和情况都可为判断失火还是放火，进而进一步确定是否属于保险诈骗放火。

销毁账目的放火目的在于销毁账目后逃避政府或上级的检查。它常常发生于有严重经济问题或同税收部门有纠纷的人身上,如抗税、赖税者。因此,当存放有经济账目的房屋发生火灾时,应该考虑有放火的可能。

商业的放火欺诈行为目的在于排除商业竞争对手,提高自己的经济收入。它常常发生于容易因商业竞争力不足而心生嫉妒与报复的人身上。因此,当发生大量经济损失而使一些竞争对手间接获利时,应考虑有放火的可能。

5. 自杀放火

自杀放火的原因很多,如因受婚姻挫折、生活所迫、动迁达不到个人的要求、在经济上补偿不足、住房上达不到满足等原因产生悲观厌世;有的高龄老人因体衰多病而轻生放火自焚,还有邪教分子的自焚,或者杀人后自知无法逃避法律的制裁,经受不了良心的谴责而自焚。

6. 迷信放火

还有一些放火的是由于无知。在农村有的人因为迷信"火烧旺运"的说法而去放火,而失火户因怀疑别人产生报复心理又去别人家放火,致使火灾接连不断;也有的人是为了提高自己在单位中的信任与好感,或为了证明自己的存在,而放火后再通过英勇救火的行为来达到自己的目的。

7. 寻求心理刺激放火与精神病人放火

有些人也可能为了寻求刺激而放火。放火嫌疑人通常不想伤害任何人,但火灾可能造成意外的人员伤亡。有些是希望别人觉得自己非常重要,既不为利益也不为报复,放火的动机纯粹是为了找到心理上的快乐,或者是为了思想上的宣泄。他们为了思想发泄放火,完全是为了自己,如消防车声音能让他们快乐、火势的烟熏能让他们满足、人们焦急的心理能让他们兴奋等。

精神病人放火行为属于病理性无意识或无控制力的行为,不具备行为的负担能力。

8. 极端主义信仰放火

火是恐怖分子的武器之一,极端主义放火的违法者可能因为有关社会、政治或宗教的原因放火。实施放火的可能是个人,也可能是团伙。通常情况下,此类放火嫌疑人具有较高的组织性,放火时往往采用精心设计的放火方式或放火工具。

9. 青少年放火

青少年放火有些出于任性或恶作剧,一般没有明显的动机或具有很强的随机性。有些青少年放火是由于出于孤独、家庭不幸、失管失教、泄愤或寻求他人关注等。

青少年放火,考虑到其年龄较小,认为他们在放火时没有意识到其行为可能导致的严重后果,故一般不认定属于有意破坏的范围(此类放火青少年经常是出于对火的好奇,特别是低幼年龄段的孩子)。

6.1.3 放火案件的特点

1. 放火动机明显、有预谋有准备

放火有的是婚姻家庭、邻里纠纷、债务关系等个人与个人矛盾、利害关系激化而引起的；也有的是在杀人、贪污或盗窃后，为了掩盖罪行、逃避惩处而放火灭迹的；也有的是对社会主义制度和党的政策不满，放火烧毁国家和集体财务的。因此，放火者和放火客体之间是有明显的因果关系的。

放火者在实施犯罪活动时，除有明确的动机和目标外，放火者在作案前，一般对放火时间、地点和方法等进行过周密考虑，准备了引火物，选择好了放火点和进出口路线，甚至设想出被发觉时的脱身借口和作案后如何免受他人怀疑、逃避打击的方法。

2. 放火时间和地点有规律性

放火者作案一般选择在空隙时间，如上班前下班后、节假日、开会、聚会、观看文艺节目、当事人外出、夜深人静、休息时间等现场无人之机，或阴天、刮风、下雨的夜里，在偏僻、易逃离现场或不易被人发觉的地点实施放火。

3. 放火火灾的发生有一定的突发性

放火者使用放火手段达到一定目的，是在人们无精神准备状况下发生的。除选择时间和地点上有一定规律之外，往往携带放火物（如汽油、煤油、油漆稀料等），趁人不备在物资集中、堆放易燃物集中的部位放火，起火点多且为火势蔓延创造有利条件，为灭火制造障碍。所以，放火案件发生具有一定的突发性，且蔓延很快，发现时往往已成大火。

4. 放火方式多种多样

常见的放火方式如下：

（1）投掷引火

将引火的火柴、烟头、蚊香等点燃，在一定距离从一处或几处投掷到助燃物或易燃物上，而导致迅速起火，快速燃烧。

（2）点燃助燃剂

将助燃剂，如汽油、煤油等助燃物倒在可燃物质上，直接用引火物点燃助燃剂，使其迅速燃烧。

（3）利用原有火源

利用现场原有电器装置，如电炉、电熨斗或民用火炉等，故意使其与易燃物、助燃物接触，使其在一定时间内逐渐起火燃烧。

（4）直接点燃

就地取材，直接点燃现场的可燃物。

（5）使用延续导火线点火

如使用火绳、卫生香、导火索等引火，以便有足够的时间逃离现场。

（6）遥控点火

将点火装置放到可燃物上，放火者逃离现场后，利用有线或无线遥控装置，使点火装置引燃可燃物。

5. 现场多遭破坏

为了达到目的，放火嫌疑人破坏报警系统或防火设施，创造条件使建筑物内物品快速、完全损毁，堵塞出入通道等，延迟人们发现火灾的时间，给现场勘验、全面收集、提取痕迹物证带来困难。

从物证分布上讲，放火案的物证分布与失火有所不同，后者一般在起火点的部位，而前者有时却很分散，起火点处有，其他地点也可能有，物证分散是放火案的特点之一。

6. 痕迹物证独特

放火现场的痕迹物证比较特殊，例如玻璃、外墙有破坏和攀爬痕迹，火灾现场一般有多个起火点，燃烧痕迹表现为低位燃烧，以及伴有液体流淌痕迹等。

7. 火灾前现场物品被移出、替换或缺失

火灾现场有物品被移出、被替换或缺失等异常，火灾调查要更加深入，调查人员要详细记录燃烧残留物，询问火灾前所有物品位置，有助于为确认嫌疑人提供线索。

6.2 放火火灾现场勘验

调查认定放火案件有多方面的取证渠道，如从调查放火动机、从调查火灾受害人的社会关系、从调查起火单位经营和财务状况、从对证人的询问和对嫌疑人的调查讯问等方面着手。火灾现场破坏严重，有价值的痕迹物证少，加之放火嫌疑手段隐蔽，选择目击者少的时间和地点实施放火，现场勘验取证比较困难。由于放火现场的痕迹特征有明显的特殊性，不能完全运用失火现场的勘验方法来勘验放火现场，因此，放火案的现场勘验长期以来都是消防救援机构、公安刑侦技术部门面临的难点问题。

6.2.1 放火现场特征

根据《消防法》规定，放火案件由公安机关立案侦查。因此，消防救援机构在进行火灾现场勘验时，应根据火灾现场的客观事实迅速准确做出是属于意外火灾、失火，还是故意放火的判断。通常在用排除法排除失火和意外起火的可能后，在现场发现有下列特点之一的，可考虑为放火的可能性。

1. 多个起火点

一般情况下，作为偶发事件，火灾现场中只有一个起火点。但是，放火现场中往往有多个起火点，且起火点之间无蔓延关系，火势蔓延方向无规律，呈交错状。这是由于放火者为了大面积迅速着火，常常在多个位置点火。

2. 起火点位置异常

通过环境勘验、初步勘验确定起火部位、起火点。如果该部位没有火源、没有电气线路及设备、没有自燃性物质等引起火灾的因素，较为隐蔽，发生火灾前无人员活动，这样的起火点可能存在放火的嫌疑。还有一些放火案件选择在进出口处、通道等部位实施放火。

3. 门窗等出入口有明显的破坏痕迹和异常锁闭痕迹

放火嫌疑人为了进入建筑内实施放火，可能会在现场某些部位留下强行进入的痕迹，调查人员应对门锁、打碎的窗户及其他入口等部位进行详细的勘验和记录，例如门框、门边有挤压、撬开的痕迹，金属锁具、合页的异常变形痕迹，这些痕迹即使过火后也不会灭失；掉落地面的玻璃烟熏痕迹、断面弓形线辐射方向等痕迹，对失火前门窗是否被人为破坏有指向作用；被火烧炸裂的玻璃呈龟裂状，迎火面的玻璃有烟熏痕迹；为了实施放火，敲碎的玻璃没有烟熏痕迹，机械力破坏会使玻璃大小不一，边缘呈棱角状；有时为了阻止起火建筑内人员逃生及外部人员施救，蓄意扩大火势，会将门窗锁死、用重物顶住、用铁丝拧住。

4. 现场中有放火遗留物

火源及起火物可分为两种：采用外来可燃物放火和现场已有可燃物放火。

采用外来可燃物放火是最常见、最直接的方式，常采用汽油、柴油、酒精、液化气等易燃可燃物放火。如存在低位燃烧的痕迹，这是液体易燃物燃烧的明显特征。易燃可燃液体泼洒在地面，造成不易被烧到的低处发生燃烧，使其周围物品下部灼烧程度重于上部。易燃可燃液体会在地面上形成流淌痕迹，如在铺设有瓷砖的地面上，易燃液体流过之处的瓷砖爆裂或出现釉质层与砖体脱落。在地毯上、地板缝隙中和墙面、顶棚等部位的烟尘中提取到了易燃物成分，检验出的易燃物与原来的环境没有关联，判定为外来物品；有时在现场及周围发现盛装可燃液体的玻璃瓶、塑料壶等容器残骸，因为塑料油壶往往不能完全燃烧，或者在现场找到打火机、火柴盒等的残骸。在各种点火装置中，火柴、打火机最常见，因其使用起来最简单，作为证据也最容易被烧毁，在勘验现场中发现这些外来易燃可燃物，则有放火嫌疑。

有的放火者没有从外部带来引火物，而是利用现场的条件实施放火。例如将现场火源、热源移动到可燃物的周围，将油气管道的阀门打开或蓄意破坏。这些放火手段虽没有留下外来可燃物的痕迹，但通过现场火源、电源位置和状态的异常变化，可找到放火的线索。

5. 现场原有火源位置变动

发热、发火等火源器具，如电熨斗、电炉子、电热器等故意放在易燃物上。

6. 现场原有可燃物位置变动

现场内原有物体有明显的位置变动，起火点处发现起火前没有的物体残体。例如，将会计室的废纸篓放到账簿柜边，可燃气体、液化气管道或气罐的角阀被打开，液化气和煤气灶开关被打开。

7. 现场破坏大，物证分散

火灾本身能够破坏痕迹物证，人们在救火过程中极易破坏痕迹物证。但从实践来看，放火案件和失火案件的物证分布有所不同。失火案件的物证一般在起火点的部位，而放火案件的物证有时很分散，起火点处有，其他地点也可能有，如放火者将放火物证故意销毁或远抛到火场外等。

8. 有的现场有被害者的尸体

从尸体位置、形态等表象特征分析放火嫌疑，是实际基层工作中的优先勘验途径。如尸体表象呈现以下特征，则可判断为起火前死亡：尸体面朝火焰来向倒下，没有避火的动作；尸体贴地的一面皮肤没有烧伤，在火灾中没有挣扎；尸体四肢舒展，没有逃生迹象；尸体表面有暴力损伤、捆绑受约束等痕迹。而尸体内部特征需要通过尸体解剖，主要检验呼吸道烟尘、呼吸道烧伤、血液碳氧血红蛋白、硬脑膜热血肿、内脏变化等方面。火灾前人已死亡，放火造成火灾的假象，其中尸体呼吸道、支气管没有烟尘、没有被烧伤，心脏和大血管血液中没有高浓度的碳氧血红蛋白。

9. 燃烧蔓延

对于电气线路故障、用火不慎、物质自燃等原因失火,一般在火灾发生之前会有异味等异常情况,而放火的着火过程突发性更强,燃烧蔓延更为迅速,过火面积比预想大得多,因此发生火灾之前没有异常迹象。那么调查人员应仔细勘验,分析产生此种情况的原因。火灾的发展与多种因素有关,如房间大小、高度、可燃物性质、位置及通风条件。从火焰的高度和颜色、烟尘的气味和浓度、燃烧的声响,可为判断燃烧物提供线索;火势蔓延异常迅速,则可能采用易燃可燃物放火。火势蔓延的方向与风向的影响不一致,也有放火嫌疑。

10. 其他痕迹

1)物品被翻动。火灾现场中的物品有没有被不正常地翻动,与当事人核对现场是否有物品遗失,保险柜被破坏,存在盗窃、抢劫放火的嫌疑。

2)人员异常活动。勘验火灾现场周围出入口是否有放火者的足迹、交通工具异常通过的痕迹,特别是围墙、栅栏上是否有翻越等异常进入的痕迹。还要调取视频监控,观察是否有人员异常活动等。

3)出入通道被堵塞。为了让火灾有充足的时间发展和蔓延,放火嫌疑人可能在门窗处设置障碍物,妨碍或减缓人们发现火灾或消防救援人员灭火,调查人员应对此类情况进行记录和分析。

4)蓄意破坏。放火嫌疑人为了达到使室内火灾快速发展,完全损毁室内物品的目的,放火嫌疑人往往会破坏消防设施、防火设施或使灭火系统失效。如蓄意开启防火门、关闭火灾报警联动系统等,在火场勘验过程中调查人员应注意判断这种情况是人为故意还是安装维护不当所致。

5)火灾蔓延需要氧气才能持续燃烧。为了促使火灾从初始的着火房间快速蔓延至其他部位,放火嫌疑人可能打开平时关闭的门窗(如寒冷天气时关闭的门窗)。调查人员应注意判断是住户习惯打开的,还是放火嫌疑人所为。

6.2.2 放火现场勘验的主要内容

放火案件就现场而言,较之其他案件,其现场勘验的难度要大。就现场本身而言,由于起火的原因判定很困难,后续的灭火行为使得现场很难保持原状,现场的物证同样由于灭火救援而被破坏、掩盖,发现和收取物证的难度很大。

就放火案件的侦查而言,其重点解决的问题主要集中在起火的位置、起火的原因、起火的性质及是谁所为四个方面。而现场勘验的目的是为侦查提供线索和依据,勘验的任务应与侦查的目的是一致的。勘验放火现场,应解决的主要问题和作用主要有以下几个方面。

1. 查明放火时间

放火时间指的是放火者将现场可燃物点燃或放置引火物的时间。查明放火时间的目的是划定怀疑对象和调查范围。在放火案件中,发现起火时间有早有晚,多数是在放火者实施放火以后的一段时间内被事主或群众发现,只有少数是在罪犯实施放火行为时被人发现。发现起火时间与放火时间会有一段间隔,给确定起火时间和放火时间造成一定的困难。

起火时间可以从以下几方面来确定。

1）询问第一个发现火情人、报警人，了解起火时间，并通过更多的耳闻目睹者加以证实，找出认定时间的证据。

2）根据第一发现火情人、扑救火灾者提供关于火势大小情况（燃烧面积、燃烧特征等），结合起火部位、环境条件、可燃物性质、火灾荷载数量及气象条件等来推算放火时间。

3）通过细致研究起火部位和物体燃烧程度痕迹推算起火时间。必要时进行现场实验，力争比较准确地推算出起火时间。如根据木材炭化深度、裂纹特征；混凝土变色、裂纹程度；玻璃上形成的烟痕、熔化程度推算出起火时间。

4）判明放火的手段，搞清引火物和火种是明火还是其他热源。根据其手段，对起火点周围堆放物体的燃点，进行研究或做现场实验，来推断放火的时间。有的放火者为了掩盖罪行，转移视线，往往利用各种延时手段放火，例如把点燃的香烟或香插在火柴盒上再放在易燃物上；将点燃的绳子等放在欲烧毁的物品后离开现场，使火灾在其远离现场以后才发生。因此发现起火的时间与放火时间常有一段间隔，给确定放火时间造成一定困难。这就要根据发现起火的时间、火的客观反映、放火点物质的种类和燃烧情况、引火物的种类，按着发现时间→起火时间→放火时间的逆向顺序推算出放火时间。

5）根据最后离开起火部位人的时间、值班巡逻人员检查时间，以及其他人员经过时间，参照发现时间推算起火时间。

6）根据起火部位燃烧图痕判定。例如可以查明起火部位木材的炭化深度和裂纹特征、混凝土构件的变色和裂纹程度、"V"字形图痕开口大小、断电时间、灭火系统开启时间等线索，推算出起火时间，进而可以推算出放火时间。

7）根据断电情况判定。例如，电线特别是高压线路燃烧会造成断电，引起变电所控制电闸跳闸，可以根据跳闸的时间，或者室内电钟停走时间、电灯熄灭时间等，结合起火部位的物质燃烧情况推算出起火时间。

8）根据火灾自动报警系统、灭火系统启动时间、起火点视频监控推算放火时间。

9）根据消防救援机构接到报警的时间，行车的路程和到达时间来计算，并结合当时的气象资料等条件推算。

2. 查明起火点

准确地发现、认定起火点的数量和特征，是认定放火原因的重要依据之一，能否正确地确定起火点，直接关系到能否发现放火遗留的痕迹物证和正确地判断火灾性质。应重点查明如下几方面的情况：

（1）查明起火点的个数

放火者为了加速火灾的形成，往往同时在数处放火，因而在火场上常出现几个起火点，这是区别放火和一般火灾的明显特征。当查明有两个或两个以上起火点，而且根据起火点的位置及周围建筑物、物品的情况，检查判断起火点无蔓延关系，都是独立的火源引起着火，呈交错状，不是电气线路故障、飞火和爆燃等原因引起的，可能为放火者所为。

（2）查明起火点位置的特殊性

起火点位置特殊性是指这里平时没有人到达，又远离各种火源，无起火源，也不具备其他火源引起着火的条件，该处隐蔽不易被发现，只有人为故意将火种送到该处才能起火，可认为此种起火点有放火的可能。

（3）一个地区多次发生火灾或一个单位连续起火

若查明这些火灾的起火点位置、引火物种类、引火方式、现场破坏痕迹等具有基本相同的特征，则可能为一个人或一个集团所为，应当并案侦查。例如，某市破获了一个用点燃的绳头放火案件后，又连续破获了两起在现场发现麻绳头的火灾遗案，则三起放火案的放火嫌疑人可能指向同一人。

（4）获取起火特征

如用易燃液体作为引火物的放火现场，注意获取明火起火特征根据。主要以燃烧痕迹、被烧轻重痕迹和受热面判定燃烧方向，找出起火点。

（5）注意起火点处残留物层次

若最底层为炭化物，并可提取到液体燃烧或引火物痕迹，例如浸过油的破布炭化物，此为放火可能性大。

此外，根据第一个发现火情人，第一个到达现场人，最早报警人提供起火部位的事实判定。

3. 查明引火物与助燃物

放火者最常用易燃物来达到起火的目的。易燃物有各种类型，如磷、液化石油气、汽油、柴油、酒精、丙酮、稀料等。不论是哪种类型的易燃物，只要发现在火灾现场有此类易燃物质，且与原来建筑物环境毫无关系，则放火的可能性就很大。因此，助燃物和易燃物常常是认定放火案的重要物证，在起火点及其附近处仔细寻找放火犯使用的引火物残体，以备分析鉴定。

1）注意获取固体类引火物，火灾现场上，特别是在起火点附近的灰烬中，仔细寻找引火物的残体。如燃过的半截火柴杆、香烟头、布类、棉花、纸张、油纸、火绳、打火机、蚊香等被烧残体或遗留在外部的部分原物，这些痕迹物证经过检验便不难确定；如引火物燃烧后仅存灰烬，则可根据灰烬的化学成分判断何种物质。

2）注意获取易燃液体引火物及其包装，易燃液体易被建筑构件、家具及其他残留物吸附，其与水接触后会漂浮于水面（酒精除外），其进入多孔性材料中可保存很长时间，如渗透到泥土、木板、地板、墙皮等中的汽油，以及盛装汽油、煤油等的桶、瓶等的残体，这些物证通过处理，也可能提取到罪犯指纹。

3）注意获取气体类引火物，如油气管道阀门、煤气炉具、液化石油气瓶开关的关闭状态等。

4）注意提取门窗玻璃、墙面、顶棚、地面等部位的烟尘，经过技术鉴定是否具有助燃剂成分。

5）在火场附近的隐蔽地点也可能隐藏此处不应存在的引火物、助燃物及其他物品等有放火用过的物件。如空油瓶、火柴盒、打火机、烟盒等，应注意搜寻。发现这些物证，通过处理，很可能提取到犯罪手印，并查明来源。对烧毁的疑似引火物性质的灰烬残片，更要注意固定、提取、技术处理显现字迹。现场上不管发现何种引火物，首先应将原貌进行拍照、固定、记入勘验笔录，然后再进行处理，分别装入检材袋内，并要注明有关事项。

6）特殊情况。此外，应查明现场的火源和可燃物位置是否被移动。放火者并不是都从外部带来引火物，而有的利用现场原有的条件进行放火。例如，现场原有的电炉通电并放在桌子的抽屉中；把点着的灯泡靠近或夹在易燃物品里；将仓库里盛有金属钠或白磷的容器弄出小孔，使保护液缓慢流出等，以上这些放火手段，既不能留下外来引火物的痕迹，又有一定的潜伏时间，但是总会留下一些关于这些物品变动、变化的痕迹。因此，应当注意检查起火点及其附近是否存在此处不应出现的物件。

智慧型放火使用的方法奇巧，工具细小，火灾后很少留下痕迹。其中有些放火者利用常规判断，以不慎失火、责任事故起火、自燃起火的现场掩盖着放火，现场勘验时要注意发现这种假象的矛盾性。

4. 寻找放火者的行迹

（1）检查撬压痕迹

检查门锁、吊扣是否有撬压痕，门边和门框是否有挤压痕迹。这些痕迹一般出现在门锁和吊扣的位置，尽管在火灾中可能被烧，只要门边和门框的炭化层不脱落，撬压痕迹仍然存在。

（2）检查插销和合页状态

检查插销是开着的还是关着的。如果是开着的，应查明起火前是否有人打开过，否则即是放火者事先打开，作为进入现场的出入口。通过检查门的合页，可以认定被烧毁的门在着火时的开关状态。

（3）检查玻璃破坏方式和玻璃碎片的落地点

着火前被打碎的玻璃位于堆积层的最底层，玻璃向下的一面没有烟熏痕迹，裂纹呈放射状。如果打碎的玻璃碎片掉在室内，表明是犯罪分子进入现场的方向；否则是逃离现场的方向。

（4）检查现场附近放火者进出的痕迹物证（爬墙、车辙、梯子等）

在现场周围和现场出入口注意发现犯罪分子遗留的遗迹，如破坏工具痕迹、交通工具痕迹、围墙、栅栏攀登痕迹和翻越痕迹，丢失的破坏工具和交通工具等。还要注意查明临时攀登用的梯子和器具。

（5）其他根据

火灾调查实践证明，一些放火者，没有直接到起火点处放火，而是利用一些孔洞开口等，将引火物点燃后抛至起火点处。因此，对那些不被人们重视部位的一些开口孔洞应纳入勘验调查视线中，了解获取起火前的状态和起火后的变化，并实地测试与起火点的距离、角度等数据，综合判定引火物是否能扔到起火点处。此外，一些报复放火者从外部向建筑物内扔进引火物，用其他物体将门窗顶死、用钢丝将门拧死等情况时有发生。

5. 检查翻动、移动痕迹和丢失的财物、账册及证券等

勘验中心现场时要注意检查被烧的办公桌、文件柜、保险柜等的锁具是否有撬压痕迹；注意检查现场内物品是否有翻动和移动痕迹。例如勘验一个医院会计室现场时，发现许多账目堆积在地面上销毁，案件侦破后证实是贪污分子为销毁证据而放火。物品的移位烧毁痕迹，是盗窃、贪污分子灭迹现场的一种比较典型的特征。

从现场上残留的物品和灰烬中检查原物是否缺少，与事主核对有无丢失财物，判断是否为盗窃后放火。若是盗窃、抢劫放火，要注意工具破坏痕迹，查明丢失的账册和财物的数量、种类及特征，并注意发现和查证现场遗留的痕迹与事主叙述有无矛盾。

6. 检查人为破坏痕迹

注意检查现场中的消防系统、通信系统，如自动探测和报警装置、洒水灭火装置、电话线路和电话机等，在起火时是否能正常工作，有无人为破坏的痕迹。若没有正常工作，一定要查明其失灵的原因。

7. 检查火场中的尸体及人员受伤情况

放火现场若有尸体，必须由法医学鉴定人检验，判明死因。在进行尸体检验前，应进行初步检验，将尸体在火场中的位置、姿态、受伤情况、衣服和头发烧焦情况、血迹等详细地记录下来，以研究分析死者临死前所处的环境和致死条件，并要分析大火发生时死者能否逃出火场，有无外逃迹象。

在火灾现场发现的尸体需鉴别是生前烧死还是死后焚尸，鉴别主要是依据尸体上有无局部或全身的生活反应。烧死的生活反应主要表现在热作用呼吸道综合征及外眼角褶皱、睫毛征候等方面。口腔、咽喉及气管、支气管内烟灰、炭末沉积越深，越能证明是生前吸入；烟灰、炭末可深入到二级或三级支气管或肺泡内。胃内存留的炭末说明死者在火场有吞咽行为，也是一种生活反应。死后被焚，烟灰、炭末仅沉着于口鼻部位，不会出现热作用呼吸道综合征及休克。

在尸体中，一氧化碳的稳定性非常好，以至于死后数小时都可以进行检测。一般来说，人体内碳氧血红蛋白浓度超过50%即被认为是可以致命的。当然，致死的实际浓度也不尽相同，肺血液中碳氧血红蛋白明显增多是烧死的可能性达50%~70%，幼儿和老人体内，含量会稍低。吸烟者的碳氧血红蛋白饱和度平时就会可有8%~10%，因此遇血液中碳氧血红蛋白较低者，应谨慎鉴定。

烧死时形成的裂创应与切创和砍创区别：切创和砍创创口较深，创口的长轴方向不一，常切断（或砍断）肌肉乃至骨骼，创壁平滑而整齐，创腔内可见凝血块，深部组织可有出血，而在火场烧死过程中形成的裂创一般较浅，且创口的长轴与皮纹方向一致；有时有肌层断裂，由于皮肤肌肉的收缩程度不同，创壁皮肤、肌肉断端不在一个平面上，因此创壁不平整。生前烧死与死后焚尸的识别特征见表6-1。若是杀人放火，鉴别时还应对现场的血痕、血迹、可疑致伤物（木棍、砖石、梁等）及尸体所处位置进行仔细勘验，结合创伤特点，分析损伤来源。

表 6-1 生前烧死与死后焚尸的识别特征

检验内容	生前烧死	死后焚尸
逃生状态	一般有逃生状态	无逃生状态
皮肤	皮肤烧伤伴有生活反应	皮肤烧伤一般无生活反应
眼睛	眼睛有睫毛征候与眼角鸡爪样改变	眼角无鸡爪样改变
呼吸道	气管、大支气管内可见烟灰、炭末沉着，有热作用呼吸道综合征存在	烟灰、炭末仅在口鼻部、呼吸道无高温作用的表现
胃	胃内可查见炭末	胃内无炭末
HbCO	心血及深部大血管内查出大量的 HbCO	无或含量极低（吸烟者）
死亡原因	烧死、窒息或压砸等	机械性损伤、中毒或机械性窒息

查明受伤人员的受伤情况、受伤部位及受伤原因。检查火灾致伤的还是其他原因致伤的，是自伤还是他伤的。一般情况下，人体皮肤受到火灾热作用，会呈现出不同的反应。火灾热的温度不同，作用时间不同，皮肤烧伤的程度不同，通常分为Ⅰ、Ⅱ、Ⅲ、Ⅳ四度。

Ⅰ度：皮肤发红，也称为表面烧伤。

Ⅱ度：皮肤起泡，也称为部分重度烧伤。

Ⅲ度：皮肤整个表层受伤，也称整体重度烧伤。

Ⅳ度：皮下组织烧损和烧焦。

如果皮肤表面沾有可燃液体，短时间燃烧，会导致局部皮肤破坏，皮肤表面膨胀松弛，均匀脱落，形成特殊的"人皮手套"痕迹等，如图 6-1 所示。

图 6-1 彩图

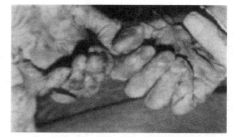

图 6-1 指甲空泡、炭化

还要注意尸体移位痕迹。一般原始位置尸体紧靠地面结合处无炭灰，而移位后的位置尸体与地面之间有炭灰等残留物，以及可能有凶器及其他物证。

8. 查明有无其他原因引起火灾的证据

火灾现场中可能存在若干个火源都有可能成为引火源，必须把这些火源全部罗列出来，通过寻访事主或知情人，查证火灾前现场物品位置与状态、门窗的关闭状态、有无可能引起失火的火种，火种的位置、数量及性质，对每种火源进行认真分析和研究，逐条排除，从而最终认定放火嫌疑案件。

6.3 放火嫌疑火灾的分析认定

在确定了起火时间、起火点及查清了火灾发展蔓延方向和破坏等情况后，消防救援机构应当分析认定放火案件的理由、分析案件的性质、分析认定嫌疑对象、分析犯罪嫌疑人放火手段及实施过程，为公安机关以后的侦破工作提供证据和划定调查范围。

6.3.1 怀疑放火的现象和理由

放火案件都是在火灾调查过程中发现可疑现象和可疑点，然后分析是否属于放火。常见的怀疑理由有：

1）现场中有非故意不可能造成的两个以上起火点，或者起火点位置奇特，起火点间没有任何联系，表现在燃烧蔓延方向无规律，呈交错状，起火点处火灾前无火源或不具备其他火源引起火灾的条件。

2）同一地区相似火灾重复发生或者多起火灾与同一人有关联的，连续放火的三个主要特征是：

① 区域性或聚集性：在同一区域或相邻区域放火。

② 时间频率性：连续放火犯可能选择同一周相同时间段或同一天实施放火。

③ 物品和方法：重复性放火行为不仅是指相同区域内放火，还包括用类似的放火物品和方法。

3）放火时间多在天黑时、无人时、重大节假日等。

4）现场有来源不明的引火源、起火物，或者有迹象表明有用于放火的器具、容器、装置等物品，例如火场上发现火场中不应存在的引火物，如汽油、使火灾蔓延的长火绳；火场中嗅到怪味；火场上发现外来物品，如放火器具或盛装引火物的容器等；起火部位靠近昂贵设备。

5）火灾以一种非同寻常的方式传播；灭火时遇到了意想不到的困难；火势过分猛烈；发生火灾时灭火、报警、通信器材被破坏而不能正常使用。

6）起火部位（起火点）地面留有来源不明的易燃液体燃烧痕迹的。

7）起火部位（起火点）未存放易燃液体等助燃剂，火灾发生后检测出其残留成分的。

8）火灾前单位或个人经济发生困难；记录或账目已毁于火灾前的另一场小火；建筑物内的贵重物品在发生火灾前已搬走或更换；最近房主突然增加了房屋、内部物品的保险金；在公安部门关心火灾后，当事人行为反常，再不提保险金的要求或出乎意料地了解他的保险细节。

9）房客被赶走后发生火灾；就在盘货或核账之前发生了火灾；房产主已试图出售房产时发生了火灾；在住户离开建筑物不久便发生了火灾。

10）发生火灾后，证据被某个有利害关系的当事人销毁；财产所有者反对某种调查，有关人员着火时衣着不合适；某个有利害关系的人员出乎意料地短时间内到了现场；财产所有者行动反常，如表现特别冷静；某个有利害关系的当事人对着火时间和起火部位有特殊了解。

11）火灾现场有强行进入建筑物的证据，例如发现登高工具，建筑物门窗、外墙有施救或者逃生人员以外人员造成的破坏或攀爬痕迹。

12）火场中有物品被翻动、移动、被搜寻的证据；起火现场贵重物品、账册、现金等有被翻动、移动、被盗或者其他异常变动。

13）现场尸体有非火灾致死特征，在火灾现场有证据表明起火前曾发生过搏斗；没有任何证据表明死者在着火时还活着；有证据表明死者在着火前服了药或被捆绑着；死者身上有与火灾相矛盾的伤害证据。

14）火灾发生前相关人员接到恐吓或警告，经过线索排查不能排除放火嫌疑的；在火灾发生后遭到控告；证人的叙述与已知事实不相符或者他们的证词互相矛盾。

15）监控录像等记录有可疑人员出入、接触起火部位（起火点），或者起火前监控录像设备受到人为破坏或干扰。

16）排除其他起火因素引起火灾的可能，似乎没有合理的起火原因。

17）火灾与某些重要会议、访问或政治活动同时发生。

18）其他有疑似放火情形的。

6.3.2 对案件性质的分析

确定火场的罪与非罪的性质，判断放火现场的性质，实际上是查明起火的原因。实践中常见的起火原因不外乎三种：放火、失火和自然起火。就火灾本身而言，常见的是自然起火，除雷击因素引起起火外，一般发生在库房、货场、堆垛。故意的人为放火，即放火案件则比较少见。由于起火原因复杂，为查明起火的原因，确定火场的性质，除了在现场勘验中必须排除意外情况外，还必须关注火场中的一些特殊现象。

1. 现场中常见的意外情况

1）由于用火不慎，死灰复燃。如农村用干柴做燃料，用后未能完全熄灭火种，从而引起灶周围的柴火燃烧，另外一种情况是儿童玩火，不懂得防火常识而引起火灾。

2）雷击引起火灾。

3）因电器失修，电源电路突然短路而引起的火灾。

4）某些具有燃烧性能的物质，自燃而引发火灾。

判明火灾性质，首先必须在勘验中寻找起火点和起火物，然后结合现场访问的结果去判断以上种种意外情况是否存在。

现场勘验需要特别关注对判明事件性质有重要意义的特殊现象和物品，主要有以下方面：

1）火场上能否嗅到非现场固有的可燃物的特殊气味，如汽油、煤油、酒精等。

2）火场上能否发现未烧尽的引火物，如火柴。

3）现场环境中是否存在破坏、进入现场的各种迹象，或是否有人为助长火势而事先打开曾关闭的门窗。

4）火场内的财物保管处所是否被破坏、有无财物被盗账目、单据是否被烧毁。

5）火场内的尸体有无他杀迹象。

6）同一火场内是否存在两个以上的起火点。

7）火场周围是否存在火源或堆放有易燃、易爆物品，这些物品或火源在起火前是否用过或发生了自燃。

在查明以上各方面情况后,通过现场勘验和调查,把它与现场访问所获的材料相互对比,才能较为准确地对放火现场的性质做出推定。

2. 常见放火案类型

1)放火烧毁国家、集体、个人财产,或在一个地区连续多次被放火,选择重大节日和政治影响较大的场所和时间放火,可能是危害国家安全为目的的政治性破坏放火或也可能是人民内部矛盾激化所致。

2)财务室账册、单据被烧,或公款、票证短缺,可能是贪污后放火,若仓库、居民房中被烧物品的余烬中,残骸与原物不符,可能是盗窃后放火。

3)事主突然参加保险,火灾前将建筑物内物品搬走,或企业遇到经济困难,可能为经济性放火。

4)火场中发现有被害者的尸体,要考虑到是否为杀人放火,或抢劫杀人放火,或者放火杀人。

5)经查证了解,如果受害者既无政治原因受害,又无贪污、盗窃的可能,则可考虑是否与邻居、同事或亲友之间有矛盾冲突,积怨较深,放火泄愤或嫁祸于人。

6)火灾现场附近并发其他刑事案件,则可能是犯罪分子用放火转移视线,应酌情并案侦查。

7)根据火场的实际情况还要考虑精神病患者或心理变态者放火的可能性。

6.3.3 放火嫌疑对象的分析判定

1. 放火嫌疑人的范围确定

在放火案件的调查中,由于犯罪分子在现场遗留的痕迹物证少,更要依靠深入细致的调查研究,广泛地发动群众提供线索进行侦破。当确认为放火后,通过现场访问和调取、恢复和分析视听资料、电子数据,获取重点人员活动轨迹等火灾相关信息,主要查明如下情况:

1)何人具有放火动机。哪些人与事主或单位领导之间存在着利害关系和冲突,哪些人有放火的动机和迹象。

2)何人具有放火时间。谁具有作案时间,嫌疑人在起火时在何处,他是否到过现场,何时到的火场、何时到的现场。

3)有无人员扬言报复。火灾前是否有人扬言放火报复及预谋准备行为,有何与起火有关的迷信活动等。

4)救火时有无人员行动反常。救火时有无伪装迹象,故意表现自己,骗取领导信任的行为。例如,某一住户发生火灾,在扑救过程中发现一个人特别积极,细心的火灾调查人员注意到这个人右手被烧伤,经调查这个人与发生火灾的住户有过矛盾,进行讯问后查明,正是此人用汽油给这一住户放火,由于不懂汽油燃烧性能,烧伤了自己的手。

5)事后有无打探消息或散布谣言的人。事后有无打听消息、探风摸底,或者散布流言、商量对策、订立攻守同盟,或者提供假线索、嫁祸于人的表现。是否有人生活起居、情绪、外出等活动不正常。

6）嫌疑人住处或工作地点等地方是否有与火灾现场发现的引火物品相同的物品，现场上的脚印、手印等是否与嫌疑人的相同。

例如，在某放火现场上提取了没燃尽的木刨花，刨花上留有刨刃的痕迹，之后在一个木工家发现了带有这种刃痕的刨花，与现场的刨花刃迹完全相符，从而推进了破案的进程。

2. 放火嫌疑人的分析

放火嫌疑人分析主要包括他得以实施犯罪的主客观条件，以及有关犯罪嫌疑人的个人特征。即是否具有放火的动机、目的；是否拥有某种引火物、助燃物；对现场的熟悉程度；时间条件；体貌特征条件；技能条件；某些现场遗留物的条件等，也包括其年龄、身高等。现场勘验中，应通过访问目击证人、被害人、事主和通过仔细的勘验，研究现场的各种痕迹，遗留物等来对以上方面进行综合判定。还可通过对起火点的选择的判断、研究，可以推测犯罪嫌疑人对现场的熟悉程度等。查明犯罪嫌疑人的有关情况，将有助于确定侦查方向和范围。

1）从时间上分析设定嫌疑人。分析放火时间有两点主要意义：一是分析犯罪性质；二是分析哪些人有作案时间。

危害国家安全为目的的放火，一般选择重大节日、集会、庆祝活动、重要工程竣工的前后；比较隐蔽的私仇怨恨、老练多谋的放火嫌疑人则经常选择天黑、无人等时机偷偷放火；某些感情易冲动的因泄私愤的放火者，在气愤至极的时候，往往不注意或者不十分注意选择时机，从时间上他只考虑能实施放火，而不考虑隐蔽自己。

实施放火必须占有一定的时间。起火前，没有足够理由在火场逗留过的人就有放火的嫌疑。在根据放火时间设定嫌疑人时，要注意起火时间与放火时间是否一致。

总之，确定放火时间后，应以这个时间为基础，对在场人员采取定人、定位、定时、定活动路线的方法排队摸底，从可能接触现场的人中发现重点嫌疑人。

2）根据侵害对象和受害人设定嫌疑人。危害国家安全为目的的放火侵犯的对象是公共财产等；私仇放火侵犯的对象是仇人的财物或仇人管辖、管理的单位或公物；档案、账册等文字材料被烧毁，则要根据文字材料的具体内容，分析烧毁这些材料对谁有利；盗窃、杀人后放火往往只是为了灭迹。

3）根据放火者对现场情况是否熟悉设定嫌疑人的范围。

4）根据现场上非正常出入、破坏痕迹及起火点的位置设定放火者是内部还是外部人员。

5）根据引火物及放火犯的遗留物设定嫌疑人的范围。如谁使用这种火柴、谁吸这种香烟、谁家有这种装引火汽油的瓶子、哪个单位出售这种牌号的柴油等。

6）根据火灾发生前后及扑救过程中某些人的反常活动设定嫌疑人。特别要注意救火"英雄"、初起救火烧伤者，及更夫和值班人员的表现。

由于放火是故意行为，放火者往往制造假象蒙蔽人们，但是在火灾现场上总会暴露出一些矛盾。火灾调查人员要努力找出这些矛盾，揭露放火犯的真实面目。例如有一个私营商店夜里发生了火灾，现场所见店主被捆绑，头部有外伤，地面上有部分商品被烧毁的残骸，店主声称被抢劫、坏人放火后逃走。火灾调查人员没有轻易做出结论，而是询问店主被抢走了什么东西。根据店主陈述，坏人只抢走了现金和小件贵重物品，大件商品如电视机、电风扇并没有被抢走，但是在现场勘验中并没有发现这些商品的实物，也没有发现它们被烧毁的残骸，因而，引起了火灾调查人员的极大怀疑，结合其他方面的证据分析判定，是店主本人放火。在确凿的证据面前，店主不得不交代了为获取保险金而放火烧店的罪行。

3. 查明犯罪后果

犯罪后果是指犯罪行为对被侵害对象造成的直接损害情况。在放火现场上，犯罪的后果要么表现为人员伤亡，要么财物、资源的毁损。因此查明犯罪的后果，主要应围绕着以上两方面进行。

如果放火现场上有人员伤亡的存在，应通过勘查、法医检验等手段，迅速查明受伤的情况和死亡的原因。对于火场中的尸体，应设法判明伤情的具体情况，是生前伤或是死后烧伤、有无烧伤以外的其他伤痕、特别是是否存在致命伤。在这方面，法医的结论是非常重要的。当然，除此之外，还可以通过访问，围绕事件本身和现场本身，进一步查清被害人的经济状况、日常交往、现实表现等情况，以便进一步确定性质、判明后果和发现侦查线索。如果放火现场上客观存在财物、资源的毁损，应通过现场访问事主、被害人和有关知情者，进一步查清被毁损财物的种类、数量、价值，是否为特别贵重的物品或是否是某种特别的物品，如账单、会议记录等。另一个需要查明的是与被毁损物品、资源有关的财物，资源的持有、保管、保险等情况及发案前有关人员对相关财物、资源的处置情况等。通过查明以上后果，不仅能帮助侦查人员判明案件的性质及其严重程度，而且有利于侦查方向和范围的规定。

4. 查明犯罪的活动情况

查明犯罪的活动情况主要是指犯罪嫌疑人在现场实施犯罪行为的起点和相关过程。它包括侵入现场的时间，侵入的手段、方法；其在现场上实施具体侵害行为的手段、方法及由此而引起的一切与犯罪有关的现场变化；犯罪侵害行为实施结束后逃离现场的方式、方法，逃离的路线、方向等。作为放火犯罪，应依据以上方面，通过访问和实地勘验，重点查清放火的时间、使用的方法，采取何种手段进入现场，其在现场上接触物品、物体的种类、部位，留下何种痕迹，放火后以什么方式、从何方向逃离现场等。查明活动过程有利于发现侦查线索和用于排查嫌疑人的依据，也有利于为诉讼中的定罪量刑提供事实依据和相关证据。

6.3.4 消防救援机构和公安机关对疑似放火火灾的协作调查

按照《消防救援机构与公安机关火灾调查协作规定》，对疑似放火的火灾，消防救援机构和公安机关应当共同调查，开展现场勘验、调查询问、物证提取、检验鉴定、起火原因分析等工作。对调查后排除放火嫌疑的火灾，公安机关应当出具排除放火嫌疑的书面调查意见。对调查后共同确定涉嫌放火犯罪的火灾，消防救援机构应当将案件移送公安机关。公安机关应当依法立案侦查，消防救援机构应当根据工作需要协助开展以下工作：

1）勘验火灾现场，分析现场痕迹、燃烧特征。

2）分析起火部位（起火点）、起火物、点火源。

3）进行火灾侦查实验。

4）分析犯罪嫌疑人放火手段及实施过程。

5）其他需要协作的事项。

复 习 题

1. 什么是放火案件？放火案件可分为哪几种类型？每类案件放火的原因是什么？
2. 放火案件有什么特点？
3. 放火现场具有什么特征？
4. 放火现场重点应勘验哪些内容？
5. 放火时间和起火时间有什么不同？查明放火时间对于放火案件的侦破有什么作用？
6. 怀疑放火的现象和理由有哪些？
7. 放火案件调查中，主要询问证人哪些内容？
8. 一般根据哪些线索和现象设定放火嫌疑人？

第 6 章练习题

扫码进入小程序，完成答题即可获取答案

第 7 章
电气火灾调查

几乎任何一种形式的能量都可导致火焰的产生，其中有一种能量对于人们来说既熟悉又神秘。说它熟悉是因为人们天天都在使用，说它神秘则是由于迄今为止人们对于其产生机理还没有完全掌握，它就是电能。许多火灾直接或间接由电能引起。电能在经过导电材料时会产生热，有些电器设备的主要功效就是产热，如电热器、电炉、烘箱等。这些设备在正常运行条件下，接触易燃物质或者使用不当均可能引发火灾。此外，在许多电器设备中，热能只是电流传导过程中的副产物，其主要目的是发光或只是简单地用来导电而已。在正常情况下，电流沿电能传导过程中产生的热量可以安全地散失而不至于引起设备的损坏，但当此热量不能顺利地散掉时就有发生火灾的危险了，除非设备发生了失灵或着火等情况，否则一般情况下用户不会发现这种热量不断积聚的现象。当然，有时设备也会发生漏电，漏电区高电阻的产生会导致局部过热直至发生火灾。通过以上这三种常见电气火灾的实例，发现并不是物质自身产热，而是由于大量的热传给了易燃物质才导致火灾发生。

7.1 概述

7.1.1 电气火灾的现状与火灾调查的概念

电气火灾一般是指由于电气线路、用电设备、器具及供配电设备出现故障性释放的热能而造成的火灾，也包括漏电、短路、过载、接触电阻过大以及雷电和静电引起的火灾。

按火灾原因统计，电气火灾出现的比例最高，接近 30%，它是多发、特殊的一类火灾。随着我国国民经济的发展和人民生活水平的提高，电器的种类和用电范围在不断扩大，用电量也在逐年提高。同时，电气原因引发的火灾事故也居高不下。

根据应急管理部、国家消防救援局和统计，2013~2022 年我国共发生电气火灾 128.2 万起，造成的火灾直接损失达 149.53 亿元，受伤 4258 人，死亡 5568 人。每年的火灾起数、直接财产损失、受伤人数及死亡人数统计如图 7-1 所示。由该图可以看出，2018~2020 年，我国电气火灾的四项指标总体处在稳定发展态势中。但随着电动汽车的发展，电动车充电故障火灾与电气线路火灾不断增加，电气火灾又逐渐成为重点治理对象。2022 年，随着新能源车的推广及电动自行车的广泛使用，电气火灾风险也在持续攀升。根据国家消防救援局统计结果表明，2022 年全国电动自行车保有量 3 亿多辆且不断增多，火灾风险持续上升，全年共接报电动自行车（电动助力车）火灾 1.8 万起，比 2021 年上升 23.4%，接报居住场所内因蓄电池（电动自行车充电电池居多）故障引发的火灾 3242 起，比 2021 年上升 17.3%。此外，2022 年电气火灾在各处场景屡有发生，如从自建住宅火灾起火原因看，因电气故障引发的火灾占总数 42.8%。

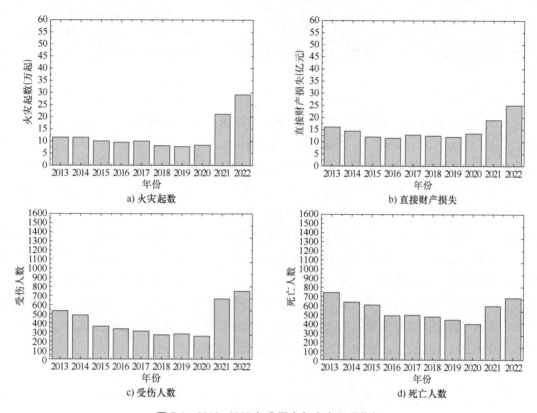

图 7-1　2013~2022 年我国电气火灾四项指标

国家消防救援局另一项数据也值得关注，2022 年一季度较大火灾 29 起，较 2021 年同期增加 6 起。而全年的结果也表明，2022 年各项指标均达到新高，占比也达到近年来的峰值，电气火灾是需要重点关注问题之一。

基于我国电气火灾的现状，新形势下我国电气火灾主要呈现以下特点：

（1）频发多发

建筑火灾电气原因占了非常高的比例，呈现出频发高发态势，严重威胁着人民群众的生命财产安全。频发多发的背后，既有电气本身质量因素，也有使用不当、监管不到位的原因。

（2）季节性明显

从火灾发生的季节来看，电气火灾易发生于夏冬两季。夏季空气潮湿，多雨，电气线路和设备的绝缘性能下降，天气温度高，用电量和用电场所增加，负荷量和临时线路增多，导致夏季电气火灾多发。冬季电气火灾多发的主要原因是天气寒冷，电取暖设备长时间工作，年终岁末，工业企业长期连续作业，生产生活用电明显增加，电气设备过载运行现象突出。

(3) 呈地域性分布，农村防护力量薄弱

从区域火灾来统计，分为城市市区、县城城区、集镇镇区、农村、开发及旅游区和其他。根据火灾统计数据显示，城市市区和农村地区是我国电气火灾的多发区域。其中农村地区由于房屋耐火等级低、房屋构筑密集、缺乏防火间距、用电管理不当、电气线路和设备老化严重、电气防火意识不强和消防救援力量薄弱等原因，往往会造成火灾迅速蔓延，损失严重。

(4) 具有行业特征

通过对近年的火灾统计数据分析发现，电气火灾具有较强的行业和场所分布性。我国的电气火灾主要集中在住宿、餐饮、批发零售、商务服务等第三产业，其中住宅、宿舍、商业场所、餐饮场所等是电气火灾的多发场所。与上述第三产业火灾相比，工业系统的电气火灾会造成更为严重的后果，如工矿企业生产、照明等用电规模较大，安全隐患较为复杂，包括用电时间长、用电设备较多、用电负荷高和维护管理难等都可能成为电气火灾的隐患。另外，由于工业系统属财富密集区，如果发生电气火灾，势必引发一系列的连锁反应，造成火势的快速蔓延，极易造成更为严重的污染泄漏或人员伤亡。

在日常生活中，造成电气火灾的原因主要有以下几方面：

1) 短路。在建筑电气系统运行期间，受外部环境与动物啃食等因素影响，出现短路故障，电源通向用电设备的导线未经过负载而直接连接，进而产生较大的短路电流，电流瞬间释放大量热量，引发绝缘烧毁、导体变形损坏、金属熔化、可燃物燃烧等一系列问题，最终引发建筑火灾。可将短路故障分为三相短路、两相短路与接地故障。

2) 过载。受制作工艺、安装质量等因素影响，存在过电流问题，使得线路处于过载运行状态，热导体工作温度增加，加快线路老化速度，导致绝缘强度下降。在线路老化至一定程度，或是长时间处于过载运行状态时，将造成绝缘击穿，出现短路故障。同时，在系统运行期间线路电压异常波动时，在器件中产生不规则电压，当实际电压值超过额定值时，引发介电击穿与短路故障，而在线路设备老化程度过于严重时，更容易在电压波动时造成绝缘击穿，出现建筑电气火灾事故。此外，可以将过电压故障分为大气过电压、工频过电压、谐振过电压和操作过电压四类故障。

3) 漏电。漏电是由于线路绝缘部位损坏或是自然老化等原因引发的电流泄漏故障，在泄漏部位产生电弧与电火花，通过释放大量热量而引燃周围可燃物。针对这一问题，可以使用电笔等工具接触带电体，如果电笔的指示灯长时间处于点亮状态，则表明出现漏电故障，反之，则表明带电体处于静电状态。

4) 雷电、静电。在电气设备的使用过程中，雷电和静电均属于外部干扰因素，对工业系统的电气设备影响显著，如当工业建筑或者电气设备遭受雷击时，内部产生瞬时的过大电流，使设备无法承受而发生爆炸或者火灾。静电是在不断地积累过程中形成的高电位，当其数值过高时会击穿空气介质，并对金属材料产生放电效应，极易引发火灾问题。

5) 接触不良。在建筑电气系统中，导电性电路是由一定数量的导电元件所组成，各导电元件之间通过机械连接方式保持导电接触状态，这一现象被称为电接触现象。然而，在部分建筑电气工程中，受到人为、工艺、环境等多方面因素影响，偶尔出现电气连接不当现象，导电元件间的实际接触面积小于设计面积，或是在接触焊点表面附着灰尘污渍，设备机械连接松动，造成导电元件接触不良，最终引发建筑电气火灾事故。

6）电气线路设计负荷与使用负荷不匹配。在部分建筑工程中，受设计因素影响，往往存在电气线路设计负荷与实际使用负荷不匹配的问题，在电气设备与线路运行期间，实际荷载超过额定值与可承受范围，长时间处于过载运行状态，不但加快了线路设备的老化速度，同时，还有可能引发绝缘击穿、线路烧损、引燃周围可燃物等一系列问题的出现。

7）设备存在安全隐患。在部分建筑电气工程中，电气设备与线路自身存在安全隐患，没有严格遵循相关规范安装电气设备与敷设线路，存在设备安装位置偏差、导电元件接触不良、高温设备与易燃物间隔过小等问题，在建筑电气系统运行期间，存在安全隐患。

电气火灾调查是指火灾调查工作进行到确定起火点后，在起火点处寻找电气引发火灾的证据的过程，也就是说围绕电气系统进行勘验和访问的过程，在起火点处寻找电火源的过程。由于电气故障是引发火灾的主要原因之一，火灾调查中及时准确地查清电气系统造成火灾的原因，为电气防火工作提供基础资料，对于采取有效措施防止电气火灾的发生，具有重要的现实意义。

7.1.2 电气火灾原因调查的基本方法

电气火灾原因的认定是火灾原因调查总体程序中的一部分，是在初步勘验、细项勘验的基础上，在确定起火点之后，寻找起火源时排除其他起火源的前提下，初步确定火灾是由电气故障引发之时，才集中力量进行的电气专项勘验和调查。

1. 电气火灾现场勘验的主要内容

对怀疑为电气火灾的现场，在确定起火部位后，应该对起火部位有关的电气线路或设备进行勘验，主要目的是勘验电气系统是否存在故障，产生故障的原因，以及与火灾的发生有无直接关系等。主要应查明如下内容：

（1）电气系统的设计与安装情况

勘验现场中电气线路、电气设备的设计、施工安装是否存在缺陷，是否符合国家电气设计、安装标准、安全规范，是否符合地方政府及有关部门的安全规定；通过勘验，确定现场电气系统是否存在"先天不足"，有无潜在的火灾隐患。如果发现电气线路或设备被人改装和检修过，应该查明何时、何地经过何人改装何人验收鉴定，改装或检修后使用状态如何。

（2）电气线路、设备火灾前的使用情况

勘验电气线路、设备，查明电气线路、设备在火灾发生前是否在使用，使用是否正常；电气线路、设备以前是否发生过某种故障，发生经过和原因，事后的处置情况；现场用电设备配置情况，有无过负荷的可能；现场有没有临时接线和临时用电设备。

（3）电气设备的原始位置

勘验现场中电气设备的原始位置，如用电器具、开关、插座、插头等的位置是否发生过变动，如果发生过变动，变动情况如何，变动原因是什么。查明是火灾扑救过程中触动的还是结构倒塌时位置变动，或者救火后人为故意变动。

(4) 提取相关的痕迹物证

在现场勘验中，对于能够证明电气系统真实情况的痕迹物证进行提取。可作为电气火灾物证的有：开关上的烟熏痕迹；开关、插头插座、电热器具等实物；电弧作用痕迹；开关等把手上的指纹；短路痕迹；熔丝熔断状态等。

2. 电气火灾现场调查询问的主要内容

在对火灾事故开展调查的工作中，走访和询问起着非常重要的作用，通过走访询问可以使调查人员对火灾的起火位置与起火原因有一个大致的判断，为现场勘验提供更多参考，进一步提高火灾调查效率。在走访调查过程中，应主要关注电气火灾中的以下问题：

(1) 供电情况

向火场周围使用同一配电线路的群众了解用电系统的一般情况，如供电电压质量、一般停电时间和次数、线路负荷情况，以往电气系统曾发生过哪些故障或事故、什么原因等；火灾前供电的状况，如电灯是否忽明忽暗，是否出现过断电等。这些供电情况可以帮助火灾调查人员判断可能存在的电气故障。如电灯忽明忽暗，说明电气线路有接头或开关松动，存在严重接触不良的故障。可向配、变电所值班人员了解供电情况及事故当时的仪表反应，根据仪表指示和保护装置的动作情况，可以准确地提供有关线路、设备发生故障的范围及故障时间。

(2) 电气设备的使用情况

向电气设备的使用人了解电气设备的生产厂家、生产时间、设备及线路的使用情况，交接班验收情况；向设备维修人员了解设备的来源、质量、历次故障及维修情况，了解设备故障易发点。

(3) 起火前的异常情况

向设备的使用人员及起火前在现场的人员了解，起火前电气系统有何异常情况，有无事故征兆。常见的事故征兆如下：

1) 起火现场起火前散发出一种橡胶或塑料燃烧时的难闻气味，此情况很可能是由于电线过热烧焦绝缘外皮造成的。

2) 起火现场起火前出现强烈的电弧或火花，此情况可能是电气线路短路，在短路点或导线连接松动的电气接头处，产生电弧或火花。电弧还可能是由于接地装置不良或电气设备与接地装置间距过小，过电压时击穿空气引起。切断或接通大电流电路时，或大截面熔断器熔断时，也能产生电弧。

3) 在装有电气火灾监控系统或电压表的场所，出现电压异常升高的现象，电压异常升高的原因有负荷严重不平衡有三次谐波、变压器高压侧发生碰壳接地故障、不稳定的短路或接地故障、电气设备误操作、设计选型或施工安装错误等。

4) 电动机、变压器等发生不正常声响。造成该情况的原因可能是电动机三相电流不平衡、电气设备单相运行。若变压器内出现有强烈而不均匀的噪声，可能是铁芯着火或绕组匝间短路；变压器内部有"吱、吱"的放电声则是由于绕组或引出线外壳闪络放电，或是铁芯接地线断，造成铁芯对外壳感应而产生的高电压发生放电引起的。

5）电动机出现烫手、冒烟、转速下降等现象。电动机出现以上现象的原因有电源电压过高，使铁芯磁通密度过饱和造成电动机温度过高；电源电压过低，在额定负载下电动机温升过高；电动机运转环境恶劣；电动机过载或缺相运行；电动机启动故障，正反转过多；电动机绕组发生相间短路，短路点附近的绝缘被烧焦；绝缘电阻过低；缺相运行等。

3. 电气火灾原因认定的条件

火灾的调查认定，实际上就是认定引火源。一起电气火灾的判定除应满足其他火灾认定的基本条件外，其现场还应具备以下条件：

1）起火点及其附近必须存在电气设备或电流经路。电气火灾的火源是电火源，必须在起火点处存在引起火灾的电气线路或设备，才有可能认定电气火灾。

2）电气线路或设备必须处于通电或局部带电状态。电气线路、设备在起火时或起火前的有效时间内通电或使用。在认定电气火灾时，应该确认电气系统的通电情况，线路或设备通电时，才可能将电能转变为热能引起火灾。有的电气系统在引发火灾时处于通电状态，由电能转化为热能引燃起火物起火，也就是说起火时系统处于通电状态。但是有的时候起火时间可能与通电时间存在一段时间差，在这种情况下，应该认为起火前的有效时间内带电使用也可能引发火灾。例如，在顶棚上敷设的电气线路，可能因接触电阻过大发热、过负荷、短路等原因引起顶棚上方的保温材料发生阴燃，由于处于隐蔽空间，被人发现的时间较晚。而阴燃过程中电气系统是否通电对火灾的发生和发展已经没有意义了，从发现明火时起向前推到起火物被引燃这段时间称为起火前的有效时间。另外，已经停电设备的余热，在停电较长时间后仍然可能引起火灾。例如，刚刚停电的电炉，其余热仍能引燃一些可燃物。所以，起火前的有效时间内带电同样是电气火灾的必要条件。某些情况下电气故障留下的火种，停电很长时间还能引发火灾。

3）电气线路或电气设备必须发生足以引起火灾的故障。电热器具和具有发热、发火（电火花、电弧）元件的电气设备非故障时也可能引起火灾。电气故障应具有点燃起火物的能量。电气故障产生的热量或电火花，以及电热设备必须具有足够的能量引燃附近的可燃物，才能确认火源为电气故障。因此，认定时应考虑电火源产生能量的大小，起火物的点火能量，以及起火物与电火源的位置关系等。如短路时产生的电火花，温度可达2000℃以上，但瞬间消逝，电能逐渐损失，并不能引燃一些可燃物，所以不是发生短路就必然起火，能否引起火灾是由客观条件和被点燃物质的燃烧性质决定的。

4）电气事故的发生或者发热，发火电气设备的使用必须在火灾发生之前。

5）存在构成电气火灾的故障点。由电气线路或设备引起火灾后，通常在电气系统的某一处留下故障点，即存在能够证明电气原因引发火灾的证据。例如短路留下的熔痕、电热器具留下的过热痕迹等。如果在现场勘验中未发现这类故障点，则不可轻易将火灾原因定为电气火灾。

6）电气设备或线路的故障点，或电气设备的发热，发热元件的位置必须与起火点相对应。

这里指的相对应是指起火点应位于电气设备或线路故障点的附近、下方或下风方向。电气故障引发火灾时，有时故障点可能与起火点存在一定的距离。例如，电气故障产生的电火花飞溅后引燃可燃物造成火灾，起火点可能与故障点存在几十厘米甚至几米的距离。尤其是铝导线，由于喷溅出的铝与空气发生剧烈的氧化反应，在飞溅的过程中能够保持高温状态，其引燃能力更强。另外，电气设备的发热体产生的热量，可能通过热传递、热辐射引燃可燃物，即使起火点与电气设备存在一定的距离。在确定电气设备或线路与起火点的对应关系时，应该考虑到一些临时的用电设备或线路，以及非正常的电流经路，如漏电回路。

7.1.3 电气火灾原因认定应注意的问题

认定电气火灾原因的最终目的是提高电气系统的安全性，因此，应该注意发现引起火灾的真正故障。

1. 应注意现象与原因的一致性

有些故障的表面现象不能反映故障真实情况。例如，接触不良作为最常见的电气线路故障，可能会因为过热破坏绝缘层而发生短路，最终短路电弧引发火灾。在分析这类火灾的原因时，应该找到其真正的起火原因为接触不良。

对接触电阻过大引起的火灾，还应注意当时用电负荷的问题，实际多数情况是用电量过大，同时线路过负荷运行，两种因素共同作用，长时间过热导致火灾发生。因此调查时不能单纯地从现象出发。

电气线路发生高阻抗短路，电流经过线芯间一种非金属但又属于半导体物质会导致漏电。由于非金属材料的电阻较高，形成的漏电电流不足以使保险装置起作用，但却能引起非金属材料的燃烧，即使保护装置动作，火灾也会同时发生。

2. 注意痕迹与原因的关系

认定一起电气火灾原因，要重视痕迹物证的证明作用，同时要结合证言进行综合分析。例如小型配电变压器和镇流器发生火灾，常由于本身故障过热短路起火。它的特点是过热冒烟在先，短路在后。所以就线圈的短路熔痕来说，它是在热烟和部分火焰状态下形成的，具有二次短路熔痕的特征，属于火烧诱发短路产生的熔痕。在这种情况下，二次短路同样是导致火灾发生的直接原因。要注意这种痕迹和火灾原因的关系。

3. 注意故障点与证言的关系

有时发现电气线路上的故障点，经分析可能是电气火灾，但与证言的内容有很大的差异。这种情况往往是证人不了解事实，回避线路通电的事实所致。或者该线路接在总配电盘处，单独形成回路，当事人不清楚。有时也不排除当事人为逃避责任而说谎。因此，要实事求是地对证人证言进行分析。

7.2 配电盘的勘验

配电盘是用电设备的供电和配电的中间环节，按照其控制对象的不同，可分为动力配电盘和照明配电盘。按其控制层次的不同，可分为总盘、分盘等。无论电气系统的何种故障引发火灾，配电盘上都有可能出现某种反应和现象，形成不同的痕迹，这些现象和痕迹均与它们控制的线路、设备的故障有关。因此，勘验配电盘是电气系统勘验中最重要的工作之一。

7.2.1 勘验配电盘的目的

勘验配电盘的目的在于：查明处于起火点处的配电盘是否是由于其故障引起火灾；当怀疑下属所控线路或设备引起火灾时，通过勘验配电盘确定下属线路或设备是否带电，以及下属线路的故障种类。

1. 确定配电盘引起火灾的可能性

配电盘引起火灾有自身故障的原因，也有他处故障的原因。这些电气故障产生的电火花、电弧或发热、打火等可能引燃配电盘周围存在的可燃气体混合物，电线绝缘皮，绝缘胶布，配电盘的木质板、框或箱体，从而造成火灾。

配电盘引起火灾的主要原因有：

1）闸刀开关正常开闭，磁力开关正常动作，熔丝正常熔爆，或该盘下属的线路、设备发生短路，使开关动作、熔丝爆断，产生电火花或电弧，引燃周围的可燃性混合气体或配电盘周围的可燃物。

2）盘面各连接点接触不良而发热或打火，或者是盘面电表、继电器等含有线圈的仪表和电器，因线圈故障发热、打火而引燃配电盘。

3）盘后配线接头接触不良，尤其那些爪形接线容易发热引燃绝缘胶布、导线的绝缘层及配电盘，或者因振动、受潮或气体腐蚀盘后线路绝缘损坏而发生短路。

4）因高电压或雷电压窜入配电盘而引起事故。

2. 确定配电盘下属电路和设备带电或故障状况

（1）勘验配电盘确定带电状态

因为配电盘控制下属线路，利用配电盘开关上痕迹可证明所控制线路或设备的带电状态。

1）通过刀闸开关的状态确认。当配电盘处未受到火灾的波及，并且火灾发生后没有触动过开关刀闸。此时可通过刀型开关的关合或开断位置来鉴别。若是起火后有人确认将刀型开关手柄拉下而断电，那么可通过遗留在搬把手柄上的指纹痕迹鉴别。

2）通过真空断路器（空气开关）状态确认。首先可以检查暴露于火灾中的空气开关表面，可以根据烟熏痕迹判断。如果扳钮的"闭合"一侧有烟熏痕迹，则可以证明开关在火灾中处于"闭合"状态，反之可以证明开关处于断开状态。当外观无法鉴别时，可将开关解体，查看主触头的位置、表面状态。如果触点无间隙，触点面与其他部位颜色变化有区别，说明火灾中处于通电状态。反之，两触点分离、触点面颜色变化和其他部位一致，则证明开关处于断开状态。另外，如果空气开关是因线路故障而断开，与人为拉下存在区别，一般跳闸开关需要"复位"才能合上。

（2）确定下属线路的故障状况

配电盘上熔断器（保险盒）内的熔丝（片）的熔断痕迹，可用于确定下属线路或设备故障是短路还是过负荷。首先勘验熔丝（片）的规格，在规格符合选用要求的条件下，可对熔丝（片）的熔断痕迹进行勘验。

电路中发生短路时，由于瞬间产生的大电流通过，使得熔丝的温度迅速升高，快速熔化并可能被气化，产生所谓"爆断"现象。其基本特征是熔丝缺损较多，残留部分少，并在保险盒或熔断器内残留熔丝熔融气化产生的喷溅痕迹，形成颗粒熔珠黏附在电闸盖内壁及闸面上，并有灰白色烟痕。如果线路中安装的是保险片，由于狭窄处电阻较大，所以首先熔断。

电路中发生过负荷时，电流相对短路要小得多。熔丝通电逐渐升温，经过一段时间而熔化、断开，称为"熔断"。熔断处熔丝缺损较少，残留部分较长，没有喷溅痕迹。当熔片通过过负荷电流时，由于熔片较宽部分相对狭窄部分散热较慢，反而比较容易熔断。

所以，在现场勘验时，如果发现熔丝呈现爆断，即缺损多，周围有熔丝喷溅痕迹则说明下属线路或设备发生短路故障；若其呈现熔断，即缺损少，熔丝残留部分较长，周围无喷溅痕迹，则说明下属电气故障为过负荷。对于保险片，若其狭窄处熔断，说明下属电气故障是短路；若其宽处熔断，则为过负荷。

7.2.2 勘验配电盘的主要内容及方法

1. 配电盘勘验的主要内容

（1）配电盘外部的勘验

配电盘火灾现场勘验，首先查明配电盘在火场上的具体位置，与火场中心的关系。根据配电盘及附近物质烧毁状态、火势蔓延痕迹，确定配电盘处是否为起火部位；根据配电盘内外的烟熏痕迹、炭化痕迹和烧塌状况，判定火是否由盘内烧至盘外，还是配电盘直接起火，或是配电盘周围可燃物起火。

另外，勘验配电盘的结构、盘面所用材料及引进线、引出线的状态，注意线的走向以及有无临时接线。

（2）配电盘的勘验

对配电盘勘验的主要内容包括：

1）配电盘引入、引出导线的情况，特别要注意从导线管进入配电盘这一段有无因摩擦使导线绝缘破坏而导致短路放电留下的痕迹。

2）盘面电度表、继电器、电流互感器、磁力开关、空气开关等仪表电器的烧毁状态，检查这些仪表电器的线圈和接点，判明其烧坏是由于内热，还是外部火烧造成的；各触点是否烧死粘连或接触不良。

3）勘验各开关、熔断器、电流互感器等端子接线处，检查是否有熔断、变色、烧蚀、虚接等现象。如果某导线与开关端子接触有过热痕迹，如金属变色、产生氧化层、烧蚀、接触点附近电线绝缘焦化，说明该电路电流曾过大或接点接触不良。若非接触不良，当上述现象发生在一相时，说明是接地；发生在两相时，说明是短路；发生在三相时，说明是过负荷。

检查开关内部各导电件用螺钉或铆钉连接的地方，动刀片活动轴处和与静夹片接触处有无接触不良、金属严重氧化、甚至熔化现象。

4) 对于盘后，注意看看配线绝缘、接头、导线相互交叉情况，导线与导线固定卡件之间的绝缘情况，检查有无接点接触不良，导线绝缘破坏而短路或对地短路和漏电痕迹。

2. 配电盘勘验的方法

在勘验配电盘之前，向起火单位有关人员了解配电盘的位置，然后到现场寻找配电盘残骸。如果配电盘在火灾中没有被严重破坏而脱落，可直接根据需要勘验的内容，按照先外表、后内部，先盘面、后盘后的次序，对配电盘进行勘验。

如果配电盘在火灾中遭到了严重破坏，配电盘脱落或移位，需要先根据起火单位提供的线索，寻找配电盘残骸。如果现场存在电源引入、引出线残体，可根据导线寻找配电盘。如果配电盘被埋在塌落堆积层中，可利用逐层勘验的方法查明配电盘的位置及堆积层次。寻找出的配电盘残骸，如果已经解体，可先收集残片进行复原，然后再进行勘验。

7.3 电气线路火灾调查

7.3.1 线路火灾的主要原因

电气线路指的是架空线路、进户线和室内敷设线路。电气线路火灾主要是由于短路、过负荷、接触不良、漏电、断路等原因，产生电火花、电弧，引起电线、电缆过热引燃周围可燃物造成的。

1. 短路

短路是指线路中不同相或不同电位的两根或两根以上导线不经过负载直接接触，常见的有相间短路和对地短路两种。由于短路时容易击穿空气放电产生电弧，可以引燃其周围的可燃物造成火灾。

电气线路中产生短路故障的原因很多，架空线路短路故障主要是由于：水泥电杆或者塔架受机械撞损而倒落，使线路发生短路；架空线路杆距过大，线间距离过小，线路的弧度过大而发生导线相碰短路，或弧度过小而发生断线引起对地短路等。室内敷设线路短路故障主要原因有：年久失修，绝缘老化；导线规格型号未按具体环境选用，在高温、潮湿、腐蚀性气体等作用下加速导致绝缘老化；乱接乱拉线路，管理不善或用电量过大，线路长期过负荷运行致使绝缘损坏等。

2. 过负荷

电气线路过负荷是指线路中的电流超过了线路的安全载流量。电气线路过负荷故障主要是包括：导线截面选择不当，实际负荷超过了导线的安全载流量；不考虑回路的实际载荷能力，过多地接入用电设备；漏电等。导线过负荷时，由于电流过大，或者导线的散热条件不好，可使整个回路中导线过热，如果此时导线附近有可燃物，可能被引燃而造成火灾。

3. 接触不良

接触不良是指在线路的接头部位因连接不好而形成的接触电阻过大的故障。由于接触电阻过大，可以使这一部分异常发热，一方面可能损害附近的绝缘而造成短路，另一方面可能引燃周围可燃物而造成火灾。造成电气线路中连接点处接触电阻过大的主要原因有：安装质量差，如压接时不紧密，导线连接时接触面没有经过处理；接点长期运行缺乏检修；在长期负载下接点的氧化、电腐蚀、蠕变作用逐渐加剧，尤其是铜铝混接的接点，使接触电阻进一步加大。接触不良引起火灾的主要形式有三种：由接触不良引起接触电阻过大而产生过热引起火灾；接触松动打火引起火灾；由接触不良过热引起局部绝缘失效，造成短路而引发火灾。

4. 漏电

漏电是因绝缘破坏导致不同电位或不同相位导体间的不正常电流。按照漏电的部位可分为线路漏电和设备漏电。线路漏电又可分为相间漏电和对地漏电。相线与大地之间的漏电称为对地漏电，相间漏电是指导体和导体之间的漏电。设备漏电是指电气设备接地不良或接触建筑物对地漏电。

电气系统发生漏电故障，可能使导体整体过热、接触点过热或产生击穿性电弧，引燃可燃物而造成的火灾称为漏电火灾。

5. 断路

断路是指电气线路因受到外力发生机械断裂，如大风吹、砸、拉等。断路引发火灾的方式有两种，一种情况是当电气线路发生断路时，在断开的瞬间击穿空气放电，产生电火花，引燃周围的可燃物而造成火灾；另一种情况是断开的导线处于带电状态，脱落时可能接触接地的导体产生电火花而造成火灾。

7.3.2 短路火灾调查的主要内容

1. 现场勘验的主要内容

（1）全线勘验

检查起火部位处是否有线路经过，当室内线路或电器电源线未被火灾破坏或破坏并不严重时，先将用电设备断开，用兆欧表测量导线与导线、导线与大地之间的绝缘电阻及通断情况，判断是否发生短路、断路或接地。

（2）断头勘验

火场上导线断落原因包括：建筑物倒塌时拉断、火灾前后锐器切断、火灾中被火烧断和带电导线短路被电弧熔断。导线不同的断落原因其断头的外部特征则有所不同。

（3）检查控制装置和插座

根据控制装置状态，确定火灾前是否处于通电状态。勘验插座的主要目的是查明火灾中插座的状态，判断线路或设备是否通电。如果火灾中插头插在插座上，由于插头的阻挡作用，插座上插头所插部位没有烟熏或烟熏很少，插孔内比较干净。如果插座上装有熔断器保险，若保险熔断，说明插头插在插座上，在火灾前或火灾中插座连接的用电设备或导线出现故障。

2. 调查询问的主要内容

1）火灾前电压变化情况。如电灯明暗变化，电风扇、电动机转数变化等。

2）目击者证实短路的部位和原因。
3）发生短路有关的反常现象。如冒烟、异味、不正常的响声等。
4）起火后断电时间和过程。如跳闸、电视图像忽然消失、照明忽然灭掉等。
5）短路的人为原因和根据。

7.3.3 过负荷火灾调查的主要内容

导线过负荷故障是一种常见的电气故障类型，具有很强的引燃能力。过电流、过电压、雷击等均会诱发过负荷故障，过负荷故障在火场中十分常见。导线绝缘层的内焦、松弛、脱离线芯本体是过负荷故障的典型痕迹。

1. 现场勘验的主要内容

1）认定的起火点是否是多个，是否是条形。
2）检查整个回路，火场内部和外部的电线绝缘层及线芯是否均匀破坏，是否具有过负荷破坏特征。
3）检查该回路的保险装置，观察熔丝、熔片熔断特征是否为熔断，并且间距小、无喷溅。
4）检查该回路中接入的用电设备种类及使用状态。查明该回路负荷总功率。对线路的总负荷进行计算，特别注意增加的大功率用电设备。
5）线路配置形式和散热条件。有时过负荷并不严重，但由于可燃物堆积影响了散热，可能造成火灾。
6）测量电线的截面面积，判断电线的型号，查表找出对应的安全电流。

2. 调查询问的主要内容

1）向现场人员了解该回路电气设备启动的次数、频率、连续使用时间。
2）了解该回路以前出现故障情况，回路中线路和用电设备是否有短时间的漏电或短路。
3）了解该回路是否存在临时接入大功率电器或者临时线路情况。

7.3.4 接触不良火灾调查的主要内容

1. 现场勘验的主要内容

（1）在起火部位内部寻找导线接头

接触电阻过大火灾，热作用只发生在接头处，线路的其他部位绝缘层、线芯一般没有明显变化，故在起火点处查找与火灾有关的接头和残体。尤其注意发现铜铝线接头，并查明接头与起火点的位置关系。

（2）现场是否有阴燃起火的特征

由于电火源温度较高，易引燃低燃点可燃物，先阴燃后很快起明火，相对的阴燃时间较短，但仍然有阴燃起火的痕迹特征。

（3）对找到的导线接头进行表观判定

接头处是否具有电阻过大而过热的特征，如绝缘烧焦、金属线过热变色痕迹、表面有电弧烧蚀痕。有时局部形成熔结，接头处形成电火花痕、麻点坑等。

（4）查清接头的连接方式

找出接触不良的具体原因或查明违反电气线路安装规定的行为。

（5）检查保护装置熔丝熔断状态

一般情况下，因接触不良不会使熔丝熔断，当因接触不良过热发展为短路时才会使熔丝爆断。

2. 调查询问的主要内容

主要询问安装、使用、维修电气线路和电气设备的人获取证言。

1）起火部位电气线路配置情况。主要询问电工，了解起火部位处接头的连接方式及检查维修情况，特别是铜铝线接头情况。

2）起火部位电气接头以往发生故障的原因及处理情况。

3）起火前起火部位附近电源新接入的电气设备及启动情况。

4）起火部位电路和用电设备送电、断电方式及时间。

5）查明起火点处可燃物与电气接头接触情况。

6）询问在火场的人，是否发现阴燃起火的现象。如起火前有冒烟、异味、电灯忽明忽暗等现象，过一段时间才起明火。

7.3.5 漏电火灾调查的主要内容

1. 认定起火点的根据

1）在起火点寻找电气故障熔痕时应注意：单独的导线熔痕不能判断为漏电熔痕；漏电总是发生在钢结构之间或钢结构与导线之间的部位，应在建筑物、构筑物或者设备外壳直接接触的部位寻找电熔痕。

2）寻找导线，并检查其绝缘程度，是否发生过切割、挤压、高温老化、腐蚀、水浸等情况。

3）附近电气系统分布及供电情况。

4）附近可燃物的情况。根据可燃物的燃烧状态可确定起火点。

5）起火点处痕迹不明显时，可在漏电点与接地点漏电电流经过的路径上查找发热点，在金属结构或建筑物构件附近寻找起火点。

2. 查明漏电点的根据

（1）实地勘验法

火场破坏严重时，不能用测量电阻的方法寻找漏电点。应在起火点附近仔细检查电气配线和电气设备，查看金属部件或接地体的位置，判断是否为漏电点。

（2）测定电阻

起火点就在漏电点时，就不存在另找漏电点的问题，并且认为电阻为零。当火场破坏不十分严重时，可用测量电源侧电阻方法确认，测量电源侧电阻应小于规定的漏电回路电阻上限值。用测定电阻查漏电点的具体方法如下：

1) 查清电气系统，绘出电气系统图。
2) 使所有开关处于接通状态，测量起火点处电气系统与各金属结构间的绝缘电阻，如果该电阻值不为零，则该范围内无漏电点。
3) 如果绝缘电阻值为零，该范围内有漏电点。然后用同样方法测量各个支路电阻，最后找到具体漏电点。

（3）查变压器接地线确认漏电点

电气线路发生漏电，变压器接地线中就有大电流通过。没有发生漏电事故的接地线中有很小的电流，如果接地线中有大电流通过，则说明该变压器回路中发生了漏电事故。究竟线路中哪一支路发生漏电，可分别断开各个支路，观察变压器接地线电流变化，如果哪一支路断开后接地线电流显著减小，就说明该支路发生了漏电。

3. 寻找接地点的根据

真正的接地点是在大地之中，工作中将接地良好的金属体视为大地，和这个接地体接触或者相连的地方称为漏电电路的接地点。

电气线路中接地装置由埋没铁件组成，不易受到火灾的破坏，在起火点处找到与漏电有关的金属物件，然后以这个物件为一测点，分别以可能接地体的另几个金属物件为另一测点，测量它们之间的绝缘电阻，绝缘电阻最低者可能是漏电电路的接地体。

4. 检查漏电保护器

检查漏电保护器，根据空气开关的动作状态，可查找该支路是否发生了漏电。

5. 认定漏电火灾的条件

（1）存在着漏电点是认定漏电火灾的必要条件

设备漏电和相间漏电的漏电点就是事故的起火点。相间漏电不存在接地点，同时对变压器接地线（中性线）电流也没有影响。对地漏电存在着漏电点和接地点。

（2）电气设备或导线必须接触金属结构或建筑物构件

电气设备或导线只有接触金属结构，才可能发生漏电，金属结构或建筑物构件是漏电的主要载体。

（3）起火点处有能被漏电热能点燃的可燃物

首先是漏电电能足够大，其次是可燃物燃点较低，再就是两者长时间作用，方可发生漏电火灾。

7.4 用电器具火灾调查

7.4.1 用电设备（器具）的种类

用电设备和器具种类繁多，分类方法也各不相同。与火灾调查有关的用电设备和器具主要分为以下几大类：

1) 把电能转化为机械能的设备，如电动机。
2) 把电能转化为热能的器具，如热得快、电热壶等电热器具。

3）把电能转化为光能的器具，如白炽灯、日光灯等。

4）家用电器，如电视机、空调器、电冰箱等。

5）除上述家用电器外，还包括小家电。小家电一般是指除了大功率输出的电器以外的家电，一般这些小家电都占用比较小的电力，或者机身本身也比较小，所以称为小家电。小家电按照使用功能可以分为三类：一是厨房小家电产品，主要包括豆浆机、电热水壶、微波炉等；二是家居小家电产品，主要包括电风扇、吸尘器、饮水机等；三是个人生活小家电产品，主要包括电吹风、电动剃须刀、电熨斗等。小家电也可以被称为软家电，是提高人们生活质量的家电产品。

7.4.2 用电设备（器具）引起火灾的原因

1. 电动机引发火灾的主要原因

电动机发生火灾的原因，主要是选型、使用不当，或者维修保养不良所造成的。有些电动机质量差，内部存在隐患，在运行中极易发生故障，引起火灾。故障引发火灾的电动机如图 7-2 所示。

电动机的主要起火部位是绕阻、引线、铁芯、电刷和轴承。电动机的附属设备如开关、熔断器及其配电装置也存在着火灾危险。

图 7-2 彩图

图 7-2 故障引发火灾的电动机

（1）过负荷

电动机的输出功率是有限的，如果负荷超过电动机的额定输出功率，就会发生过载。电动机过负荷时，会引起绕组过热，甚至烧毁电动机，或引燃周围的可燃物，发生火灾。

另外，电压过低也会产生过负荷。理论上，当异步电动机定子上的电压降到额定电压的 80% 时，该电动机的转矩只有原来的 64%，如仍拖动原机械，电动机同样也会发生过负荷。

（2）绝缘损坏

电动机线圈一般都采用漆、纱、丝包的铜导线绕制而成。如导线绝缘损坏，会造成线圈匝间或相间短路；如线圈与机壳间绝缘损坏，还会造成对地短路。

（3）接触不良

连接线圈的各个接点或引出线接点如有松动，接触电阻就会过大，通过电流时就会发热，接点越热，氧化越快，接触电阻会进一步增大，将该接点烧毁，产生火花、电弧，或损坏周围导线的绝缘，造成短路，引起火灾。导线端线接触不良，可能会发生断路，使电动机单相运行，烧毁电动机，引起火灾。

（4）选用不当

不同场合要选用不同型号的电动机，以适应生产和安全的需要。如在有火灾爆炸危险场所，选用了防护式电动机，当电动机发生故障时，产生的高温和电弧、火花会引燃可燃性物质或引爆爆炸性混合物，造成火灾或爆炸的发生。

（5）单相运行

三相异步电动机在一相不通电的情况下继续运行，则另外两相就流过了单相电流，此种状态称为单相运行（缺相运行）。电动机在单相运行时，有的绕组电流就增大了1.73倍。因熔断器保护装置上的熔丝一般是按额定电流的2倍选用（考虑电动机的启动电流），故并不动作，在这种情况下，若不及时发现，必然要烧毁电动机绕组，进而有可能引发火灾。

（6）机械摩擦

电动机是旋转的机械，在旋转过程中存在着摩擦，其中最突出的是轴承摩擦。轴承磨损后会发出不正常声响，还会出现局部过热现象，使润滑油脂变稀而溢出轴承室，温度进一步升高。当温度达到一定值时会引燃周围可燃物，发生火灾。有时轴承球体被碾碎，电动机转轴被卡住，烧毁电动机引起火灾。

（7）铁损过大

三相异步电动机在运行中，不可避免地会产生能量损耗。这种能量损耗有三种：一是定子铜损；二是铁损，包括磁滞损耗和涡流损耗；三是风阻摩擦损耗。在铁损中磁滞损耗是无功损耗，而涡流损耗是有功损耗，表现在铁芯发热上，如果铁芯硅钢片质量、规格不符合要求，或者片间绝缘强度过低，都会使涡流损耗过大，有时空载电流会达到额定电流的50%，若该电动机再拖动荷载，必然会产生过载而引发火灾。

（8）接地装置不良

电动机运行时必须装有保护接地，一方面可以保护人身安全，另一方面可避免发生火灾。当电动机线圈对机壳发生短路时，若没有可靠接地保护，那么机壳就带电，当机壳周围堆有其他可燃物质时，电流就会由机壳通过这些物质流入大地，时间一长也会逐渐发热，有引起火灾的危险性。

2. 电热器具火灾的主要原因

电热器具功率大、温度高，由于热辐射或热传导可使许多可燃物着火；电热器具使用的绝缘隔热材料在高温下易发生碎裂损坏而引起短路，进而引发火灾事故。造成火灾的主要原因有以下几个方面：

1）使用后忘记关电源或使用中停电未将电源切断，来电后无人看管，电热器具长时间处于通电状态而引起火灾。

2）使用电热器具时无人照看，锅、壶、盆等容器内的水被烧干，残留物质受热自燃或容器熔化，引起火灾。

3）大功率电热器具使用截面过小的导线或容量过小的开关、插头，造成发热或打火，引起火灾。

4）温控、时控装置或温度指示器失灵，造成温度过高，引起火灾。

5）电热器具设计不合理，垫座的隔热性能差，绝缘老化、破损，引起火灾。

6）未经完全冷却的电热器具放在有可燃物的场所，或把可燃物放在电热器具上，造成火灾。

7）不正当使用电热器具引起火灾等。

3. 照明灯具火灾的主要原因

照明灯具按发光原理分为热辐射光源和气体发光光源两大类。热辐射光源又称热光源，如白炽灯、碘钨灯，是利用电流的热效应，使灯丝加热到白炽状态而辐射发光。气体发光光源又称冷光源，如日光灯、高压水银（汞）灯是利用灯管的弧光放电作用促使管内的惰性气体、荧光粉发光的一类光源。

不同种类照明灯具引发火灾的主要原因如下：

1）白炽灯。灯泡表面高温引起紧贴、覆盖、包裹的纤维、纸张类可燃物阴燃起火；由于散热条件差，灯丝辐射热使位于灯具附近的可燃物升温起火；通电灯泡破碎，其高温碎片、残体或钨丝熔断时产生的电弧引燃下方可燃物或引爆周围的可燃气体混合物；灯座接线、开关接头接触不良而发热或产生电火花引燃可燃物；灯泡玻壳与灯头粘接不牢松动造成内部引线短路或灯头焊锡熔化，造成短路引起发热或迸出电火花引燃周围可燃物。

2）日光灯。引发火灾的主要原因是电感镇流器发热烤燃可燃物。镇流器由铁芯和线圈组成，正常工作时，因其本身有一定的能耗，所以具有一定的温度，如果制造粗劣，散热条件不好或与灯管配套不合理，以及其他附件发生故障时，其内部温度升高可能破坏线圈的绝缘，形成匝间短路，将周围的可燃物引燃。

4. 电冰箱和空调器火灾的主要原因

电冰箱和空调器火灾既有电气方面原因又有本身故障及安装使用不当方面的原因。

（1）电气方面原因

电源线选择、安装不当，过负荷或短路引起火灾；插头、插座及线路中接头接触不良发热引起火灾；外电压波动引起火灾；夏季高温环境中或电冰箱工作处于负电压或过电压状态时，压缩机的表面温度可达85~105℃，可引燃与之紧贴的可燃物或电源线，进而发生短路火灾；电冰箱、空调器内部线路、电气元件、控制开关引起火灾，如电冰箱温控电气开关进水受潮，产生漏电打火，引起内胆及保温塑料燃烧，空调器中风扇电动机和压缩机电动机线路中的油浸电容器被击穿，引燃空调器中的分隔板和衬垫等可燃材料。

（2）本身故障引起火灾

压缩机故障引起火灾，压缩机正常老化或物体遮挡情况下影响散热致使压缩电动机烧坏、压缩机卡缸和抱轴等引起火灾；空调器风扇故障引起火灾，当空调器风扇故障停转时，引起风机匝间短路或烧坏绕组引起火灾；温控装置故障引起火灾，空调器调温装置出现故障，到达设定温度后仍继续制热，致使空调内部过热引起火灾。图7-3所示为压缩机故障引起的电冰箱火灾。

（3）安装、使用不当引起火灾

冰箱在运转过程中会散发出大量热，若冰箱放置位置不当、散热差或周围有易自燃物品均可能引起火灾，并且冰箱的保温材料多采用聚氨酯泡沫材料，属于易燃材料；若冰箱的控制开关失灵会使冷冻室不停制冷，冷凝器不断散热，而冷凝器利用管道向外散热，散热管道和冰箱箱体连接在一起，如果管道内积累的热量过高，会造成冰箱发生着火。此外，电冰箱的电源线靠近散热器，长时间烧烤会使绝缘老化，插头与插座接触不良过热或插头损坏均可引起线路短路着火。

5. 洗衣机火灾原因

1) 电动机线圈绝缘损坏。电动机是洗衣机最主要的部件，当电动机线圈受潮、绝缘电阻降低时，会发生漏电，轻则人在洗衣服时感到麻手，重则会使线圈冒烟起火。洗衣机工作时若衣服加得太多，导致负荷加大或波轮被卡住，此时电动机停止转动，线圈电流增大，就易发热引起火灾，如图7-4所示。

图7-3　电冰箱火灾实物图　　图7-3彩图　　图7-4　被烧毁的洗衣机　　图7-4彩图

2) 水压不足洗衣机发热自焚。洗衣机进水是由进水电磁阀控制的。当水进入洗衣机桶内一定高度时，进水电磁阀就会自动关闭，然后进入洗衣或漂洗程序。如果自来水压力不足，就会延长进水时间，使电磁阀长时间通电工作致使短路损坏，也就容易造成洗衣机发热甚至烧毁。

3) 洗衣机内导线接头多，若接触不良，接触电阻过大，就会发生放热、打火现象。

4) 电容器爆燃。由于电源电压过高、长期使用、质量低劣或受潮绝缘性能降低，漏电流将逐渐增大，电容器会发生爆燃。

6. 小家电火灾原因

(1) 饮水机火灾原因

1) 产品质量问题。劣质的饮水机未安装保护装置，致使饮水机不具备过热保护功能，易引发火灾。

2) 电气故障。饮水机的电气故障主要包括电源接线端连接松动或机内热敏元件连接头接触不良打火引燃塑料外壳和周围可燃物；电气线路长时间受湿蒸汽作用，导致绝缘强度降低，继而导致漏电而引发内胆或保温塑料起火；外部电压异常升高，如雷电、停电之后突然恢复供电等，会烧毁电气元件甚至起火。

3) 保护装置发生故障。饮水机内部设有防干烧保护装置。任何一种温控器发生失灵时，都会直接影响感应温度的正常动作，有可能引发火灾。

4) 散热风扇发生故障。饮水机中的散热风扇往往因制造加工或选材不当，导致风扇破坏而使电动机卡住不转，发热量增大，即产生火灾隐患。

5)摆放位置不当。在使用过程中,饮水机内部元器件会有放热现象,当饮水机与可燃物质紧密接触时,若散热条件差,易引起火灾。

(2)微波炉火灾原因

微波炉的常见起火原因主要包括:长时间加热到可燃物品的自燃点、微波炉高温外表引燃可燃物、电气线路故障、电子元件故障。

如果加热时间过长,加热物可能达到自燃点起火,此种情况下炉腔内部烧损程度重于外部,腔体内壁变色、变形较外部严重,上部烟熏浓重,并有火势向外蔓延的痕迹,炉腔内食物炭化严重,如图7-5所示。

可燃物放置在微波炉表面,可能会被表面高温引燃,使微波炉表面局部变色,并有炭化残留物,如图7-6所示。

图7-5 微波炉加热食物炭化痕迹　　图7-5彩图　　图7-6 微波炉高温引燃表面物体痕迹　　图7-6彩图

如果是因为电气线路故障引发火灾,微波炉电气线路故障常见于控制面板及线路处,电气线路会存在短路、接触不良、过负荷等故障痕迹。

还有是由微波炉电子元器件故障引发的火灾,例如微波炉长时间空转,过热保护器失效过热,导致磁控管的发射头打火、局部过热引燃周围可燃物;微波炉磁控管发生故障引发着火,在天线套管处形成局部熔融痕迹,腔体内云母片有击穿痕迹,如图7-7所示。

图7-7 微波炉天线套管熔融,云母片有击穿痕迹　　图7-7彩图

(3)电熨斗火灾原因

1)将加热的电熨斗直接放在可燃物质上。普通电熨斗长时间通电,内部温度可达400~700℃,其底板温度能达到250℃以上,如果将电熨斗直接放在棉、麻、毛、丝、人造纤维等

织物上或木质工作台上，长时间通电就会烤燃这些物质。

2）电熨斗的余热引起火灾。切断电源后电熨斗在一定时间内仍有较高的余热，如普通电熨斗从 600℃ 降温到 130℃ 要经过 76min。如果在使用完电熨斗后随手将电熨斗放在可燃物质上而离开，同样可能导致阴燃引起火灾。

3）调温型电熨斗的调温器失灵，不能自动切断电流，长期通电，使电熨斗底板温度过高，可能会引起火灾，如图 7-8 所示。

图 7-8　被烧毁的电熨斗

图 7-8 彩图

7.4.3　用电设备（器具）引起火灾的调查内容与方法

1. 电动机火灾调查的主要内容和方法

（1）现场勘验的主要内容

1）勘验电动机。现场是否呈现以电动机为中心向四周蔓延痕迹。

2）勘验控制装置。查明线路、开关、保护装置等配置情况及火灾后的状态。

3）勘验电动机相关参数。查看电动机铭牌，确认其型号、功率、电压、电流、接线等。

4）查明电动机通电状态。通电状态用以下三种方法判断：

① 控制电闸处于合闸状态，熔断器中三相熔丝爆断。

② 电源线与电动机连接处形成短路熔痕。

③ 定子线圈处有短路点。

5）勘验定子线圈，获取短路的证据。定子线圈内是否有短路点，确定短路的种类。一般定子线圈短路有相间短路、对地短路、匝间短路三种，如图 7-9 所示。

a) 相间短路　　　　　　b) 对地短路　　　　　　c) 匝间短路

图 7-9　电动机短路烧毁痕迹

图 7-9 彩图

6）电动机单相运行引起火灾的证据。

① 根据缺相痕迹判断。主要有以下六种方法：

A. 熔断器熔丝一相熔断。

B. 熔断器中一相熔丝熔体与连接点松动，螺母、垫片变色、烧熔，有麻点坑。

C. 电源线一相断开或接线松动，形成锯齿状熔痕。

D. 启动设备有一相触头间隙大，有陈旧性麻坑呈未接触状态。

E. 有一组定子线圈断线。

F. 电源线某一相控制电闸上部断开，该相熔丝完好。

② 根据定子线圈被烧特征和状态判断。

A. 星形接线的电动机缺相运行被烧特征。这种接法无论何种原因缺相，其绕组烧毁特征是未断的两相线圈被烧，断相绕组完好。

B. 三角形接线的电动机被烧特征。三角形接法一相绕组断线时，其余两相烧毁；一相熔丝烧断造成缺相，由于阻抗不平衡，某一相电流增大，造成一相绕组被烧。

7）查明接触电阻过大引起火灾的证据。接触电阻过大的部位：接线盒电源与电动机电源接线柱处，电源线与控制电闸连接处。这些部位出现变色、烧蚀、熔珠、粘死等痕迹。

8）接线错误引起火灾的证据。角形接法适用于 3×220V 的电源，星形接法适用于 3×380V 的电源。如果星形接法误接成角形，电动机很快就会发热，即使空载，用不了多长时间电动机就会烧毁；如果把角形误接成星形，电动机空载或轻载时还不至于过热，满载时就会过热。某一相绕组反接时，也会出现过热现象，同时伴有噪声。

9）检查电动机本身故障。例如轴承内外套变成蓝色、轴承碾碎、轴瓦内表面有划痕、转子明显扫膛、风扇罩变形造成击断等故障，如图 7-10 所示。

10）检查电动机负荷机械故障。例如轴承故障、堵料故障、传送带内侧炭化、齿轮摩擦痕或断齿掉牙等故障。

11）电动机过负荷引起火灾的证据。小马拉大车，或负载增大，或被带动机械发生故障等情况下，电动机过负荷易引起火灾。勘验电动机时每相线圈内外部分呈变色均匀痕迹。内部过热使槽内导线严重烧毁，而外露部位烧得较轻，如图 7-11 所示。

图 7-10 转子扫膛摩擦痕迹

图 7-11 电动机过载烧毁痕迹

图 7-11 彩图

（2）调查询问的主要内容

向电工、现场操作人员、安装维修人员、管理人员访问。询问内容主要有：电动机输出功率与实际负载间的匹配关系；查明是否短时间连续多次起动；查明起火前电动机运行过程中出现的异常情况，如糊味、特殊响声、机壳温度突然升高、突然减速、麻电现象、保护装置动作等；查明电动机修理部位、接线方式是否与铭牌相符；查明负荷大小和拖动机械故障原因；查明电动机附近存放可燃物种类、数量及位置；起火前发生过的故障原因、部位及排除措施；电动机工作环境与选型是否匹配。

2. 电热器具火灾调查的内容和方法

（1）内容

对于怀疑是电热器具引起的火灾，一般应从以下几个方面进行调查：

1）电热器具与起火点的位置关系。

2）熔丝的规格和状态。

3）电源线、插头、插座与开关。

4）电热器具的通电状态，通、停电的时间。

5）检查电热器具内部是否有过热现象。

6）查明电热器具最先引燃的具体物质及它们之间的距离。

（2）方法

1）查清电热器具与起火点处物质作用情况，及时提取有关物证。电炉、电烙铁等电热器具引起的火灾现场，曾与它们接触的可燃物上应残留有炭化坑或穿洞，或附近应有织物炭化层、木板炭块等。电吹风等电热器具引起的火灾，其放置点也会有炭化区。

2）勘验插头、插座、开关和电源线上的熔痕，分析判断电热器具的通电状态。电热器具通电与否可通过其电源线、电源插头、插座的物证来判断。电热器具引起的火灾，其电源线会先受热，绝缘破损，可能产生电弧，甚至发生短路，因而可能会发现电弧熔痕或熔珠；电源插头、插座的密合面上烟熏轻或无烟熏，插头金属片表面比较清洁或基本保持原有的金属色泽；插座内金属片失去弹性，两片之间间距增大，且间距正好为插头的厚度，呈分开状，插座金属片内侧清洁无烟熏。若出现以上特征，则证明电热器具火灾前处于通电状态；反之，则说明电热器具火灾前没有处于通电状态。

3）根据电热器具外壳、电阻丝，或附件受热变色、熔化或机械性能的变化情况，判断电热器具受热类型和通电过热状况。

电热器具仅受外部火焰作用，其内部结构不会破坏，也没有明显变化。如果内部有过热特征，如电阻丝氧化严重，绝缘隔热材料变色、机械性能改变，电热器具内外金属变色均匀，则说明是通电时间过长引起的。

3. 日光灯火灾调查的主要内容和方法

准确认定起火点，起火点就在镇流器处，具有阴燃起火的特征，被引燃的可燃物一般是低燃点的物质。对镇流器进行细项勘验，寻找电气故障痕迹物证，提取并送检。如果鉴定意见是发生了二次短路，说明是镇流器内部过热引起的火灾。

（1）现场勘验的主要内容

1）准确认定起火点。

① 寻找以镇流器位置为中心向周围蔓延的痕迹，镇流器过热起火具有阴燃起火特征。

② 获取镇流器所在部位局部炭化痕迹或被烧程度较重痕迹。

③ 以镇流器所在部位为中心，屋顶构件倒塌痕迹特征。

2）日光灯火灾前处于通电状态的根据。检查开关、熔断器、电源线熔痕等获取证据。

3）对镇流器残体进行细项勘验。在起火点处或其底部提取镇流器残体，用放大镜观察线圈内外有无短路熔痕、变色、烧焦、烧断痕迹，获得如下证据：

① 镇流器整体过热引起火灾，内部和外部被烧都很重，沥青几乎溢出或烧尽。被火烧的镇流器整体上则是外重内轻。

② 内部线圈发现熔痕，且线圈发脆变焦、变黑色或黄色、多处烧断。内部烧毁重，外部烧毁轻，证明是内部线圈发生故障。

③ 测量引出线与壳体之间的电阻，如果电阻值很低或者为零，可认为绝缘老化引起内部故障。

4）起火点处可燃物情况与灯具的位置关系。灯具与可燃物位置要相对应，有时起火点、镇流器和灯具位置不一致，应在起火部位内认真寻找。

5）排除其他火源。起火部位内是否有其他火源引燃可燃物的可能性。在现场寻找火源物证，逐个分析排除其他火源。

（2）调查询问的主要内容

1）日光灯安装的位置、控制形式、开关种类等。

2）镇流器的型号、功率、与灯管的匹配情况。

3）镇流器安装部位与可燃物的关系。

4）起火前镇流器出现的异常征兆。

5）日光灯的使用情况。例如开灯时间、连续使用时间等。

6）查明电网电压波动情况，是否出现电压偏高或偏低的情况。

7）灯管和镇流器是否已经超过使用年限。

4. 电冰箱火灾调查的主要内容和方法

电冰箱火灾原因认定，首先是认定起火点，是冰箱内部，还是冰箱散热器部位，要结合周围的可燃物认定，及以冰箱向四周蔓延的痕迹，然后再具体分析冰箱发生火灾的具体原因。认定是电气故障还是设备故障，还是使用不当造成的。通过现场勘验和询问获取以下根据：

（1）电冰箱爆炸原因认定根据

查明电冰箱内存放的易燃液体发生爆炸，必须获取如下根据：

1）箱体严重破坏、变形痕迹。箱体向外鼓并发生移位的痕迹。

2）一般冰箱内部没有烟痕，密封垫外侧焦化程度均匀。

3）温度控制器、保护继电器、启动继电器触点有电火花痕迹或炭化痕。

4）寻找盛装易燃液体的容器，查明容器种类和密封的方法。

5）调查易燃液体的种类、数量、存放时间，并提取盛装物质送检。

6）向发现人了解爆炸过程，如是否听到爆炸响声等情况。

（2）电冰箱本身故障引起火灾的根据

1）认定起火点在电冰箱所在部位。查明电冰箱附近物体的被烧状态，若其受热面均朝向电冰箱，电冰箱靠墙处或其他物体上会形成"V"字形燃烧痕迹。

2）电冰箱烧损程度内重外轻。电冰箱内部烧毁严重，外部较轻，形成一个内重外轻的证据连锁体系。

3）勘验电源线、插座、插销等部位。主要是寻找插销插座的原始位置，勘验是否有短路痕迹。

4）查电动机获取证据。

① 电动机线圈处是否有短路熔痕。

② 查电动机轴承和转子是否磨损、损坏，磨损、损坏易导致短路起火。

③ 电动机电源接线插座有过热痕或熔痕，证明漏电或接触电阻过大引起火灾。

5）勘验压缩机获取证据。压缩机发生故障时，一般金属外壳局部有变色痕迹，压缩机卡缸或其轴有磨损痕迹。吸气、排气阀破裂或变形，是造成压缩机内漏气的主要原因。

6）勘验蒸发器、冷凝器获取证据。蒸发器、冷凝器管有裂口或压缩机等其他部位连接处损坏，证明有冷凝剂泄漏。

7）勘验控制开关熔断器状态。控制开关的熔断器如果呈爆断状态，那么说明电冰箱电气线路发生了故障。

8）勘验温控开关、照明开关、保护、启动继电器保护层。若因上述元件故障引起火灾，除具有熔痕外，保护层塑料内壁被烧程度严重，燃烧痕迹呈从里向外蔓延状态。

（3）电冰箱因使用不当引起火灾的根据

1）查明可燃物的情况。查明冰箱周围存放可燃物质的位置、堆积方式、数量、燃烧状态，并判断有无以冰箱为中心向四周蔓延痕迹。

2）查明外部电源情况。向用户了解冰箱的使用情况、不正常现象，有无外部电源故障起火的可能。

5. 空调器火灾调查的主要内容和方法

（1）现场勘验的主要内容

1）准确认定起火点。确定起火点与空调器的位置关系，获取以空调器为中心向周围蔓延的痕迹，例如，可获取空调器部位的墙体或物体变色或炭化烟熏痕迹等。

2）查明空调器机身的燃烧状态。机身的燃烧是否是内部重于外部，空调器内部故障比外部火烧痕迹重，可根据隔板、电线、外壳等的烧毁状态及烟熏痕迹来判断。

3）查明电源线故障引起空调火灾的根据。查明电源线短路、过负荷、接触不良等证据。主要是通过细项勘验寻找电气线路故障痕迹。

4）对空调器内部元件的勘验。查明压缩机、蒸发器、控制开关、电容器等故障痕迹。特别对大型空调机要检查电源配置情况，热管对地绝缘情况，风道被烧程度和燃烧方向。

（2）调查询问的主要内容

1）查明空调器的安装情况。首先，查明电源线种类、截面大小、配置形式、连接方式、插销插座的种类、保护装置容量及安装位置等情况。其次，查明对空调器防水、防雨、遮阳问题采取措施的情况。

2）查明使用情况及外部供电情况。主要查明连续使用时间、停机顺序、启动次数等情况。是否有违反空调操作规程情况。测定电源每相负荷量，三相电源是否存在严重不平衡的问题。

3）查明空调器周围可燃物分布情况及烧毁状况。空调器是否紧靠窗帘、可燃装修板，空调器上部和低位可燃物数量及被烧状态，对此处塌落堆积层与其他位置堆积层加以比较。

4）查明空调器发生故障及维修、维护情况。查明空调器在使用过程中是否出现故障，维修的具体部位，对风扇电动机加注润滑油的时间。

5）查明起火前异常现象。起火前发生的异常现象，如焦味，较大响声或有规律的碰撞声。

6）查明空调器的相关参数。主要包括空调器的规格、功率大小、型号、安装时间、使用时间等。

6. 电视机火灾调查的主要内容和方法

认定电视机火灾原因，准确认定起火点就是在电视机摆放的位置上，结合周围可燃物情况与电视机的距离确定起火点，然后对电视机进行细项勘验，寻找发生火灾的具体原因。电视机长期使用后，元件损耗加重加之外部环境恶劣，发生故障是常有的事，只要认定的起火部位在电视机处，至于电视机的内部原因可以送有关部门进行检验。电视机火灾由于火烧严重，很难具体找到内部故障点，但不影响认定电视机火灾。

（1）准确认定起火点

1）起火点一般在离地面一定高度的电视柜或桌面上，靠墙体时易形成"V"字形燃烧图痕。

2）起火部位残留物塌落层次从下至上呈现：地面、电视机残体、电视机支撑物残体、瓦砾。

电视机本身引起的火灾，一般是电视机屏玻璃先行爆炸，然后火势向四周蔓延。屏玻璃碎片会先于其他灰烬散落在电视机前地面，呈放射状，碎块呈尖刀形，边缘平坦，曲度小。火灾现场其他部位的物体残骸倒塌掉落会将其覆盖，因此，玻璃碎片朝上一面有灰烬和烟熏痕迹，朝下一面没有。

3）电视机残体大部分存在时，其外壳靠电路板的一侧严重被烧变形，电视机内有明显的烟痕，内部高温所致。

4）电视机周围可燃物质被烧状态呈从电视机向四周蔓延的特征。

（2）勘验电视机内部的元件

1）解体高压板判断其破坏原因。如果是电视机内部故障引发火灾，高压板和器件燃烧程度呈内重外轻，漆包线内层炭化结块，外层只是轻微炭化。线圈匝间、线圈与板体间有短路熔痕，同时高压板与器件之间形成变色痕迹，变色痕迹与短路痕迹相对应。

2）勘验电视机电路板。若电视机内部的液晶面板、电路板、电容器等有较严重变形，有明显的烟熏痕迹和高压放电打火痕迹，电容器由内向外被烧严重痕迹，电容器内部卷着的铝箔和浸有电解液的纸有被腐蚀的小洞，两层铝箔之间会有短路熔痕，可能为击穿短路或漏电引起的火灾。

（3）检查电源部分获取物证

勘验线路、插销插座、保险盒、自动开关等，判断通电状态、故障种类等。

（4）调查询问获取证言

调查询问的主要内容有：查明电视机的位置与可燃物的距离；查明通电时间、使用时间、电源控制方式、连续使用时间等；查明电视机起火前是否处于通电状态，查明电视机开关已关闭，但电源线仍通电情况；起火前曾发生的故障及维修情况；起火前电视机出现的不正常现象；电视机环境状况。如电视机是否长期潮湿、是否利于散热、有无小动物爬到电视机上，有无液体进入电视机内等。

复 习 题

1. 电气火灾原因认定的主要依据是什么？
2. 电气线路引起火灾的主要原因有哪些？
3. 建筑物内线路短路引发的火灾，现场勘验的主要内容有哪些？
4. 过负荷火灾现场勘验的主要内容有哪些？
5. 接触不良火灾现场勘验的主要内容有哪些？
6. 电动机引发火灾的主要原因有哪些？
7. 白炽灯和日光灯引发火灾的主要原因分别是什么？
8. 电冰箱和空调器引发火灾的主要原因有哪些？

第 7 章练习题
扫码进入小程序，完成答题即可获取答案

第8章 自燃火灾调查

自燃火灾事故往往发生在大型仓库、露天货场、工厂及远洋货轮上，极易造成巨大的经济损失。自燃是指物质在空气中，在常温常压下，在没有外来火源作用的情况下发生化学反应、生物作用或物理变化过程而放出热量，并且这种热量经长时间的积蓄使物质的温度达到自燃点，最终燃烧着火的现象。《火灾与爆炸调查指南》（NFPA 921）中将自燃（Self-Ignition）定义为"由于自加热导致的燃烧"。物质自燃可分为以下几种：分解热引起的自燃、氧化热引起的自燃、聚合热引起的自燃、发酵热引起的自燃、吸附热引起的自燃及两种氧化、还原物质相混，其快速反应放热引起的自燃。

8.1 概述

8.1.1 自燃性物质的分类

为了确定火灾是由于自燃引起的，火灾调查人员应了解和辨别哪些是能够引起自燃的物质。自燃性物质一般是指那些容易氧化、容易分解或发生其他反应，并在这些反应中产生大量反应热的物质。但实际上，自燃往往由它所处的环境来决定。

1. 按氧化反应速率和危险性的大小分类

根据自燃性物质的氧化反应速率和危险性的大小将其分成两级：

（1）一级自燃物质

化学性质活泼或易分解的物质，在空气中能剧烈氧化，反应速率极快，温度上升快，自燃点低，极易产生自燃。它们燃烧时火焰温度高，火焰猛烈，不易扑救。如黄磷、硝酸纤维素胶片、三乙基铝等。

（2）二级自燃物质

在空气中氧化速率缓慢，在积热不散的条件下能发生自燃。如油布、油纸、籽棉、稻草等。它们开始是阴燃，由内向外延烧，阴燃时间很长，而且在阴燃时不见火苗，难以察觉。如起火后仅扑灭了表面火焰，其内部仍有可能在延烧，所以要注意防止二次着火。

2. 按自燃特点和产生热量机理分类

不同物质自燃有不同特点，产生热量的机理往往各不相同，按其自燃的特点及主要产生热量的机理，将自燃性物质分为以下五种：

（1）低自燃点物质

这类物质产生热量的机理是氧化放热，在常温条件下以极快的速率氧化，一旦接触空气，很快发生自燃，因此将它们单列一类。如乙基二氯化铝、黄磷、还原铁、还原镍、二甲基氧化铋、二乙基锌、二乙基镁、环戊二乙基钾、乙硅烷、二甲基锌、二甲基氢化铝、二甲基卤化锑、二甲基铍、二甲基磷、二甲基镁、磷化氢、联磷等。

（2）吸氧放热物质

1）油类（油浸类）。包括植物油和鱼油。

① 植物油。亚麻仁油、大麻油、椰子油、苏子油、胡桃油、松籽油（干性油）、芥子油、芝麻油、大豆油、菜籽油、米糠油、蓖麻籽油、向日葵油和棉籽油（半干性油）。

② 鱼油。乌贼油、沙丁鱼油、松鱼油、鲑鱼油、青花鱼油、鲨鱼油、秋刀鱼油、大头鱼油、鳕肝油、金枪鱼油等。

2）金属粉末类。金属粉末类包括锌、铝、锆、锡、铁、镁、镍等及这些金属的合金粉末。

3）炭粉类。炭粉类包括活性炭、炭灰、木炭、油烟等粉末。

4）其他。其他主要指的是含油白土、黄铁矿、鱼粉、原棉、骨粉、橡胶、煤、油渣、脱脂渣和涂料渣等。

（3）分解放热物质

硝化棉、赛璐珞和硝化甘油等。

（4）聚合放热物质

丙烯、异戊间二烯、液化氰化氢、苯乙烯、甲基丙烯酸酯、乙烯基乙炔等。

（5）发酵放热物质

发酵放热物质包括霉变的植物植株、酒糟、棉籽皮、红薯干等。

8.1.2 自燃的条件

在空气中，常温常压下，无任何外来火源作用情况下，物质发生自燃着火，必须具备的条件是：体系内部产生的热量大于向外部散失的热量。为了审查现场是否具备这个自燃条件，可以从以下两个方面进行分析判断：一是体系的热量积蓄条件；二是自燃性物质的放热速率。

1. 热量积蓄条件

物质发生自燃，必须有这样的过程：由于氧化、分解、吸附、发酵等作用而产生少量热的积蓄，导致反应体系内部温度升高，逐渐使热量越积越多，最后温度达到物质的自燃点开始自燃。所以热量的积蓄是自燃的一个极其重要的条件。评判热量积蓄条件的好与坏，应考虑以下因素：

（1）导热系数

导热系数是物质的一种物理性质，不同种类物质的导热系数其数值相差很大。在气体、液体、固体物质中，气体的导热系数最低，液体及非金属固体的导热系数大于气体，而金属的导热系数最大。考虑此因素时一般认为导热系数越小的物质，蓄热保温性越强。因此，如果单从导热系数来考虑，气体最容易燃烧，金属物质最难燃烧。但当金属为粉末状或小碎块时，由于导热系数低的空气将金属的各个微粒包围起来，降低了整个金属粉末的导热系数，这样金属粉末内部的某一局部所产的氧化热不易散出，则金属粉末内部温度升高，这时金属粉末就会燃烧起来。因此，粉末状、纤维状及多孔性的物质都比较容易着火。

（2）堆积方式

物质堆积方式同样影响体系的蓄热能力。大块的物质容易散热，其蓄热效果差。粉末状物质大量堆积，或片状物质彼此重叠时，其内部与外界成隔绝状态，蓄热条件较好，容易发生自燃。因此整齐分垛比零散堆积易散热，大块状堆积比片状堆积易散热，而片状堆积又比粉状堆积易散热。一般评价堆积方式的参数是表面积/体积比，此比值越大，散热能力越强，自燃点越高。

（3）空气流动状况

一般通风良好的场所很少发生自燃。空气流动能促使体系内部与外界的对流传热，致使体系内部温度下降，蓄热效果变差。空气流动状况好与坏，可依据现场情况判断。一般露天场所比室内好，室内强制空气对流比自然对流好。此外，空气流动状况还应结合当时当地天气、风向、风速及室内门窗数量和开闭状态等一并考虑。

2. 放热速率

在物质自燃的条件里，放热速率也是一个十分重要的因素。放热速率一般是用单位质量物质的发热量与反应速率的乘积来表示。放热速率越大，升温越快，越有利于自燃的发生。考虑自燃性物质放热速率时，可以从影响其发热量和反应速率的各种因素进行分析。

（1）发热量

发热量是指单位质量的自燃性物质自燃时释放出来的热量，其大小由于自燃性物质种类和引起自燃的反应类型不同而有差异，一般可从有关理化手册中查到。发热量越大，越容易发生自燃。当怀疑是混触反应引起的自燃火灾时，需要查明的主要因素就是发热量。根据日本东京大学工学博士吉田忠雄提出的判断标准：混触反应的最大发热量低于 418J/g 时，很难发生自燃着火；高于 1254J/g 时，则可能发生自燃着火。

（2）温度

一般反应体系中的温度越高，反应速率越高，放热越快。例如，木炭燃烧的活化能为 120kJ/mol，当温度从常温（25℃）上升到 100℃时，木炭的反应速率提高为常温时的 104 倍。可以看出，反应速率受温度的影响相当大。

（3）水分

适量的水分对于同自燃有关的一切反应，几乎都有催化的作用，它能降低反应的活化能，使反应速率加快，促进热量的产生。对于植物纤维、金属粉末及堆放的煤，如果存在水分，就容易自燃。水分的存在对自燃的定量影响尚不清楚，但水分太多则不利于自燃的发生。

（4）表面积

反应速率同两相的界面（即表面积）成正比，表面积越大，就越容易自燃。因此浸渍了油脂的纤维、多孔性或粉末状物质，比油脂本身更易自燃。其原因主要有两方面：一是表面积大到一定值能增强其化学反应活性；二是表面积大增大了单位体积（或质量）自燃物质与空气中氧气的接触面积，氧化反应速率加快。此外，表面积大的物质内部通常都存在许多空隙，空隙中静止的空气具有良好隔热保温作用。

（5）新旧程度

物质的新老程度对其自燃性能有不同的影响。如煤、活性炭、油烟和炭黑等物质越新鲜越容易氧化自燃，而赛璐珞和硝化棉之类的物质则越陈旧霉变越不稳定，容易发生分解自燃。

（6）催化作用

如果存在对放热反应具有催化作用的物质，反应就会加快。在自燃初期阶段可以观察到各种物质的催化作用。例如，油酸中含有的微量重金属及脂肪酸皂，对油酸的自然发热会起到促进作用，使其放热温度提前；硝化棉水解后产生的酸对于硝化棉的放热反应有很强的催化作用等。

《火灾与爆炸调查指南》（NFPA 921）中给出了发生自燃所需条件，如图 8-1 所示。

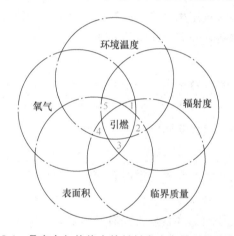

图 8-1　具有自加热能力的材料发生自燃所需的条件

1—表面积不够　2—氧气不充足　3—环境温度太低　4—绝热不够远离热辐射　5—材料不足

8.2　自燃火灾认定要点和根据

8.2.1　自燃火灾认定要点

自燃火灾原因确定主要需要解决以下几个方面的问题：

1）确定起火点。自燃火灾现场也具有其他火灾的基本特征，认定火灾原因首先同样需要准确认定起火点。确定自燃火灾现场起火点，要注意以下几个问题：

① 要注意形成的位置。自燃性物质的物理化学性质和自燃机理不同，起火点形成的部位也有区别。如稻草等植物类物质自燃时起火点一般在垛的中部位置。而本身不燃的氧化钙

（别名生石灰、石灰），若将它露置于可燃物旁，遇水后释放出大量的热量，可将可燃物引燃，起火点可能在外层。

② 注意起火点的数量。实践证明一些自燃火灾现场可能形成多个起火点。如露天堆垛（草类）自燃火灾，若漏雨水的部位数量多，堆垛前普遍含水量大，在自燃条件具备的情况下，往往形成多个起火点。因此要注意与放火现场形成多个起火点的情况相区别。

③ 注意起火点的特征。查找自燃火灾起火点的程序与其他类型火灾基本相同，但要注意其特征，一般形成低位燃烧痕迹，起火点范围可能比较大，该处没有其他明显的可能原因的线索。例如，若把自燃性物质和反应物散装储存在仓库内，整个仓库可同时在不同区域发生自燃，呈现出"放火"的假象。这种情况的发生是由于储存物质的温度和水分含量基本一样造成的。

2）调查获取起火点处起火前是否存放过自燃性物质的根据，并且查明自燃性物质的性质、数量及存放状态等情况。

3）调查获取自燃起火的条件。包括物质本身条件和热量积蓄、放热速率等客观条件，这是认定自燃火灾的关键环节。

4）现场勘验和调查获取自燃起火的基本特征。包括起火前发生的异常现象和起火后现场形成的特征。

5）检测获取自燃残留物的成分和其他有关参数，作为分析认定的证据。

6）在条件许可的情况下，可做必要的模拟实验，获取认定的有关证据。

7）在起火点处若有其他火源和因素存在时，要有根据地排除起火的可能性。

8.2.2 自燃火灾认定的基本根据

自燃性物质种类、性质不同，自燃机理不同，其自燃的条件也有很大差异，但发生自燃火灾所必备的基本条件是一致的。火灾后认定自燃火灾过程，就是通过现场勘验和调查获取自燃的基本条件的过程，这种条件实质上就是认定自燃火灾的基本根据。

1）认定起火点的根据。认定自燃火灾起火点的根据，除获取认定的一般根据外，根据自燃火灾特点还应注意获取以下根据：

① 获取阴燃起火根据。自燃起火机理决定了多数自燃火灾初起阶段的燃烧多属阴燃起火，故火灾发生后，起火点处形成炭化区。注意自燃形成的炭化区范围比一般火灾形成的炭化区要大，炭化深度深，并在附近物体上形成明显烟痕。这是认定自燃火灾起火点的重要根据之一。

② 获取低位燃烧痕迹。自燃火灾多从低点开始向上燃烧并向四周蔓延，其发展趋势取决于起火点附近的可燃物和通风等条件，因此，自燃火灾的起火点要注意从燃烧的底部低点或内部寻找和发现。

③ 调查获取证据。除了某些化学危险品因突然发生激烈的反应而燃烧外，大部分物质的自燃都是由逐渐积热引起的，发出明火前升温冒烟，一般是先白烟（水蒸气）、后黑烟，有时附近未燃物质有烟熏现象和有异味产生。因此，可以通过对发现人和有关当事人的调查

获取起火前冒气、出现异味的部位，以及发现起火时首先冒烟、出现明火的部位和根据。

④ 获取燃烧方向的根据。自燃火灾起火点处燃烧方向多数情况下是由内向外燃烧。

2）获取认定起火条件的根据，就是前述自燃条件的根据。

3）在起火点处获取证明自燃性物质燃烧的残体。如稻草、烟叶、中药材、织物、鱼粉等物质自燃，在堆垛内部能找到明显的不同炭化程度的炭化结块。化学危险品因品种不同，自燃以后会留下不同性质和状态的残渣。

4）物质混触发生的自燃火灾，要通过调查管理人员获取物质品种、数量、性质、包装情况，存放的具体部位及发生混触的客观条件证据。

5）受热自燃火灾，要注意获取具体原因和形成时间、达到温度的根据，特别要注意加热后散热情况处理和堆放形式及堆放部位通风散热条件的根据。

6）获取以往发生自燃的事例和原因等根据。

7）获取发生自燃火灾前天气情况的根据，如温度和湿度等。

8.3 自燃火灾的调查方法

8.3.1 氧化自燃火灾调查

主要介绍油脂类物质、棉籽、含油切屑和废蚕丝、骨粉、鱼粉、煤、橡胶及低自燃点物质的自燃火灾调查。

1. 油脂类物质自燃原因认定方法

油脂类物质从火灾调查角度讲主要是指植物油和动物油。植物油具有较大的自燃能力，只有常温下呈液态的动物油才能自燃。这些油脂是含有大量不饱和脂肪酸的甘油酯，在常温或有余热的情况下被空气中的氧所氧化，氧化热逐渐积蓄达到自燃点而引起自燃起火。火灾调查实践证明，油脂本身自燃起火的可能性很少，多数情况下是这些油脂类物质浸附在纤维类物质（碎布、纸、稻草等），或吸附在锯末、金属粉、活性白土等粉末及其他多孔性物质表面上，既增大了每单位体积油脂与空气接触的表面积，促进油脂的氧化反应速度，又能有效地积蓄热量，这样的条件下才会发生自燃。油浸的废布、工作服、油布、浸油的金属粉废渣等，放置、处理不当都能引起自燃，由此引起的火灾事故时有发生。图8-2所示为旧棉花浸渍油脂后发生氧化自燃。

图8-2 旧棉花浸渍油脂后发生氧化自燃

（1）油脂类物质自燃火灾原因认定要点

油脂类物质自燃火灾原因除按自燃火灾原因一般要点认定外，结合油脂类自燃特点和规律还应解决以下几方面问题：

1）查明甘油酯的不饱和度。油脂中含有大量能在低温下发生氧化的物质。植物油和动物油都含有各种脂肪酸甘油酯，它们氧化的难易主要取决于脂肪酸甘油酯的不饱和度，即含油酸、亚油酸、次亚油酸等不饱和脂肪酸的程度,不饱和度越高,越容易氧化,自燃的可能性越大,其火灾危险性也就越大。

2) 查明油脂的蓄热条件。油脂的蓄热条件越好,火灾危险性越大。因为油脂自燃所需要的热是由它本身的氧化和聚合作用供给的,而这又必须在氧化表面积大、散热表面积小的情况下才能发生。因此,蓄热条件主要取决于氧化表面积和散热表面积的大小。如果氧化表面积大而散热表面积小,则火灾危险性就大;反之,则油脂自燃的可能性就小。例如,盛装在桶内的桐油是不会发生自燃的,因为氧化表面积较小,氧化所产生的热量少且消失速度快,温度不能上升。如果把具有自燃能力的油浸到棉花、棉纱、锯屑等物质上,那么油的氧化表面积就大大增加,氧化时产生的热量也相应增加,这时是否能发生自燃,还要看它们散热表面积的大小。如果把上述物质摊成薄薄的一层,虽然其内部发生氧化产生较多的热量,但由于散热表面积很大,不会发生自燃。只有把上述物质堆积在一起,此时氧化的表面积不变,但散热表面积却大大减小,氧化产生的热量超过向外扩散的热量,导致热量积累,促使氧化加速,才会发生自燃。

3) 查明油和浸油物质的比例。油和浸油物质的比例与油脂自燃有很大的关系。油量过多会阻塞浸油物质的微小孔隙,减少其氧化表面,因而产生的热量少,温度达不到自燃点。若油量过少,虽然不会堵塞浸油物质的孔隙,但氧化产生的热量小于向外扩散的热量,也不会发生自燃。因此,油和浸油物质应有适当的比例,一般为1:2或1:3,才有可能自燃。含油量小于3%或者大于50%的浸油物质,一般不具有自燃能力。

4) 查明碘值的大小。油脂的自燃能力与它的不饱和程度碘值基本一致,即油脂氧化的难易程度一般常用碘值来表示。碘值是100g试样与碘化合所用掉的碘的克数。碘值越大,其不饱和程度越大,则自燃性越强。一般认为碘值大于80(也有资料记载为85)的油脂具有自燃能力。就植物油而言,碘值在130以上的称为干性油,碘值在100~130的称为半干性油,碘值在100以下的称为非干性油。亚麻仁油、棉籽油等的碘值接近200,自燃的危险性非常大。油漆、油画颜料等是以干性油为原料,同时含有干燥剂,也属于易自燃物质。

脂肪、硬化油、蜡类、天然树脂、矿物性油类的碘值一般较小,几乎没有自燃的危险。但是树脂中也有高碘值的,在粉末状态时有自燃的危险。表8-1所示为几种植物油的化学组成及碘值的大小,认定原因时可直接参考。

表 8-1 几种植物油的化学组成及碘值

油品名称	碘值	饱和酸(%)	油酸(%)	亚油酸(%)	其他(%)
桐油	160~175	3~5	4~10	8~15	桐酸71~82
大豆油	117~141	9~15	17~28	50~60	
亚麻仁油	177~180	9~11	13~29	15~30	亚麻油酸
葵花籽油	124~140	6.3~10.7	29.3~60	29.9~61.8	
核桃油	140	5~11	9~35	48~76	
棉籽油	170.5	25~28	27.29	43~48	
芝麻油	103~117	11.4~14.1	35~49.5	37.7~48.4	

(续)

油品名称	碘值	饱和酸（%）	油酸（%）	亚油酸（%）	其他（%）
菜籽油	94~106	3.5	14	24	
糠油	102	14.9~20.8	48.2	29.2	
花生油	83~103	9.9~18.5	39.2~65.7	16.8~38.2	
橄榄油	79~90	8~18.9	65~86	4~15	
蓖麻籽油	82~86	3	3~9	2~3	蓖麻酸80~88

5）获取过氧化值增长速度值。碘值一般只是评价油脂发热情况的大致标准，油脂的发热性能和自燃难易程度，光用碘值来评价是不够的，还应结合油脂的过氧化值增长速度来判定。通常生成过氧化物的多少，用"过氧化值"来表示。油脂的分子结构不同，双键位置不同，则产生过氧化物的速度不同，故油脂自燃的难易还取决于过氧化值增长速度。一般增长率大容易自燃，增长率小则难以自燃。表8-2给出了常见油脂的过氧化值增长率。

表8-2 常见油脂的过氧化值增长率

油品名称	过氧化值（碘值）(g/100g 油)			过氧化值增长率（%）	
	刚取出样品	露置5天	露置10天	露置5天	露置10天
山苍子精油	0.3579	4.418	14.87	1134	4055
亚油酸	1.1736	5.951	14.55	407	1140
烟籽油	0.4941	2.125	5.100	330	932
桐油	0.3863	0.8316	1.249	115	223
亚麻油	0.6170	0.9187	1.267	48.9	105
茶油	0.4492	0.6101	0.8820	42.6	96.3
橡胶籽油	1.1023	1.509	1.661	36.9	50.7
梓油	0.4558	0.6154	0.8305	35.0	82.2
山苍子渣油	0.1670	0.2194	0.2945	31.4	76.3
松节油	0.8888	6.384	16.00	618	1700
蓖麻油	0.1645	0.2066	0.2725	25.6	657
豆油	0.6670	1.008	1.413	51.1	112

（2）认定的主要根据

认定油脂类物质自燃火灾原因除获取一般自燃火灾原因认定的基本根据外，还应结合油脂类物质本身的自燃特征获取以下根据作为认定的证据：

1）确定起火点的根据除获取一般根据外，还应获取以下根据：

① 获取阴燃起火特征的根据。油脂类物质自燃物属阴燃起火，故应注意从油脂类物质堆放的部位中获取认定局部炭化区的根据。

② 在炭化区附近物体上有"V"字形烟痕，起火点一般形成在低位燃烧处或"V"字形烟痕的顶点部位附近。

③ 获取燃烧方向的痕迹。油脂类物质自燃起火，起火点处燃烧方向都是从堆积物内部

中心位置向外燃烧，可根据堆积物燃烧轻重程度判定。

2）查明浸渍油脂载体物的品种、数量、性质及浸渍油脂的具体原因和程度等根据，以确认混合比例、自燃程度和条件。

3）查明获取被油脂浸渍载体物存放的具体位置、存放的形式及环境条件。

4）查明获取被油脂浸渍载体物存放的具体时间和发现起火时间。油脂类物质自燃起火时间因素非常重要，必须查明物质从堆放在起火点处到发生火灾所经历的时间。例如，含油碎布如果是在火灾发生前1h放置的，而且所含的是烷烃基油类，那么自燃起火是极不可能的，而应对其他原因进行调查。表8-3所示为某仓库对油布自燃起火进行试验获得的数据。

表 8-3 油布自燃起火的试验数据

序号	试样		比例	环境温度/℃	自燃时间/h	燃点/℃	自燃特征
	纤维（0.5kg）	油脂（0.5kg）					
1	破布 2.5 旧棉 0.5	亚麻仁油 1	3:1	30	39	270	1）开始时无烟无味，当温度升到自燃点的1/2左右时，有青烟、微味，而后逐渐变浓 2）火由内向外燃烧 3）燃烧后形成硬质结胶炭化瘤
2	破布 2.5 旧布 0.5	葵花籽油 1	3:1	25~30	52	210	
3	破布 3.5 旧布 0.5	桐油 1	4:1	26~33	22.5	264	
4	破布 5 旧布 1	亚麻仁油 0.7 豆油 0.3 油漆 1.5 精油 0.5	6:3	30	14	264	
5	破布 5 旧布 1	亚麻仁油 0.7 豆油 0.3 油漆 1.5 精油 0.5	6:3	7~38	36	322	

5）查明获取存放油脂类自燃性物质所在部位的环境温度，特别要注意查明是否有从外部被加热的因素和条件。油脂类自燃性物质自燃起火初始环境温度至关重要，如环境温度过低，通风散热条件好，即使存在自燃性物质，也不能发生自燃。

6）查明获取浸渍在载体物上的油脂的名称、性质、数量、含油率及评价自燃能力的有关数据（如碘值、过氧化值增长速度值等）。植物油的自燃能力还取决于其蒸气压，蒸气压高不易自燃。松节油的碘值和过氧化值增长率都不小，但因蒸气压高，实际上不能发生自燃。

7）向有关当事人、保管员调查获取着火前发现的征兆及发现起火的有关证据。一般油脂类物质自燃初期燃烧比较缓慢，燃烧时会发出特殊的臭味并冒烟。

8）鉴别确定被油脂浸渍载体物炭化特征。一般纤维类物质自燃炭化遗留物呈黑色，炭化区与未炭化区界线不明显，有一定过渡区，边缘呈黄色，纤维纹理清晰可见。

2. 棉籽、含油切屑和废蚕丝、骨粉、鱼粉自燃原因认定方法

（1）棉籽自燃原因认定根据

棉籽中所含有的棉籽油在一定条件下能氧化发热，产生的氧化热积蓄，达到其自燃点就能引起自燃。棉籽油的主要成分是亚油酸甘油酯，所以它与一般油脂的自燃机理完全相同。过去曾发生过堆积在仓库中的原棉发生原因不明的火灾，现已搞清这是由于原棉中所含的棉籽引起的。后来人们将原棉中的棉籽除去后堆放在仓库里，这类火灾就很少发生了。

1) 获取燃烧特征的根据。棉籽燃烧剧烈，火灾初期冒白烟，逐渐转为冒黑烟，燃烧时还会发出植物油脂烧焦的特殊臭味。

2) 原棉的自燃是由于混在原棉中的棉籽所含棉油的氧化热积蓄造成的，所以首先要查清原棉中是否混有棉籽。

3) 应判断是否是从打成包的原棉内部燃烧起来的。

4) 船舱里或在火车车厢中发生的火灾，有时是由于打包用的薄钢板摩擦产生火花引起的。

5) 调查原棉蓄热条件的好坏，要详细调查原棉的数量、通风状况及环境温度等情况。

6) 要查明存放时间、堆放形式及起火时间。

(2) 含油切屑自燃原因认定根据

机械厂中产生的切屑和磨屑大量堆放时，附着在上面的切削油氧化发热，有时也会发生自燃。目前使用的切削油，多数是以锭子油、机油为基料，加入一定量的植物油或动物油（菜籽油、鲸油、牛油等）和适量的表面活性剂而成的天然物质或合成产品。含有植物油、动物油的切削油附着在棉纱、破布或尘埃上，有时会发生自燃。

切屑自燃原因认定根据，除获取一般自燃火灾根据外，还应获取如下根据：

1) 获取燃烧特征的根据。切屑堆着火，开始并不剧烈，也没有火焰；首先从中心部位开始发热，一边缓慢冒烟，一边向四周扩展，使周围的可燃物着火燃烧。

2) 发生过自燃的切屑，其中心部位可见熔融块状物，在块状物周围的灰化部分可见到橙色或褐色粒状物。一般说来，建筑物火灾的温度为900℃左右，而铁或钢的熔点为1400~1500℃。所以，只要在切屑的中心部位发现有熔融块状物，则可以断定不是从其他地方延烧引起着火，而是切屑自燃造成的。

3) 挤压或践踏切屑堆将使其密度增大，会使切屑堆的蓄热条件变好，所以要调查切屑堆着火前是否受过挤压或践踏，同时还要详细调查切屑的堆放量、通风情况及环境温度变化情况等。

4) 必须调查所使用的切削油的种类、组成及堆放时是否有能发生自燃的铝、锌、镁或其合金的切屑混堆在里面。

金属粉末自燃的原因与切屑自燃原因基本相似。一般说来，块状金属除几种特殊金属外，由于导热系数都较大，不会因为氧化发热使温度升高而发生自燃。但是对于锉屑之类的金属粉末来说，由于颗粒很小，与空气接触的表面积大大增加，又受到空气的包围，导热系数下降显著，氧化反应速度增加，氧化产生的热不易散出，因此很容易因氧化发热而自燃。就连铜粉也有发生自燃的危险。铝、锌、铁、锡或它们的合金粉末大量堆放时，都有发生自燃的可能。工厂中产生的金属锉屑，其表面往往附着有切削油或其他油脂，附着在锉屑表面的油脂，特别是不饱和度大的油脂，容易氧化发热，这就更增加了锉屑自燃的可能性。

(3) 废蚕丝自燃原因认定根据

含蛹25%的二级废蚕丝，因脱脂尚不完全而呈淡黄色或褐色，在自然干燥或储藏中常常会氧化发热而自燃，这是由于废蚕丝中所含的蛹油氧化引起的。

认定废蚕丝自燃除获取一般自燃火灾根据外，还应获取以下根据：

1) 获取燃烧特征的根据。不出火焰，而呈阴燃状态，一面阴燃，一面延烧，能使接触的可燃物着火。

2) 查明自燃的蚕丝是否为含蛹油的废蚕丝，并查清自燃废蚕丝的含油率和处理情况。另外，湿度对废蚕丝的自燃有较大的影响，湿度越高，对废蚕丝的自燃越有利，所以还应调查湿度、气温、通风情况及有无余热等方面的情况。

3) 从数量方面探讨蓄热是否充分。由于内部的蓄热条件比外层好，所以废蚕丝自燃一般也是从中心部位开始的。因此现场勘验要注意观察是否存在从废蚕丝堆内形成的炭化区。

(4) 骨粉、鱼粉自燃原因认定方法

兽骨、鱼骨和鱼滓（肠子、鱼杂碎）等，脱脂干燥后粉碎成骨粉或鱼粉，可用来做肥料。此时脱脂后的干燥温度为170℃左右，若未将其冷却就装进纸袋之类的可燃容器中或大量堆积存放，往往会因为余热而自燃。或者干燥设备使用时间长，又未及时清扫，附着或堆积在干燥设备中的骨粉或鱼粉有时也会因为余热而自燃，这也是因为骨粉或鱼粉中尚含有油脂的缘故。即使是经过脱脂的骨头，其关节部分仍含有大量的油脂，对于鱼粉来说几乎不可能完全脱脂。由于动物油比植物油的碘值高，易氧化，因此骨粉或鱼粉的自燃危险性较大。故干燥后的骨粉或鱼粉必须放冷后再装入容器中或堆放，同时还应注意干燥设备清扫等问题。此类自燃原因认定的根据如下：

1) 获取燃烧特征的根据。燃烧时放出特有的臭味，多数是在脱臭塔或干燥库等有余热的场所着火，往往不易觉察到其燃烧的臭味。

2) 骨粉、鱼粉之类的物质自燃，一般是在有余热的情况下发生的。所以应调查着火的骨粉或鱼粉是否是在有余热的情况下大量堆积，或在脱臭塔、干燥库的角落里长期堆积，堆放地点是否容易受热。

3) 调查脱臭塔、干燥库的清扫情况、堆积的数量等。

3. 煤、橡胶类物质自燃原因认定方法

(1) 煤发生自燃原因的认定根据

煤是一种黑色固体矿物，主要成分是碳、氢、氧和氮，同时往往还夹杂着黄铁矿和其他硫化物等。煤按形成阶段和炭化程度的不同，可分为泥煤、褐煤、烟煤和无烟煤四种，除无烟煤之外，其他三种都容易发生自燃。煤自燃能力的大小，取决于其中挥发物、不饱和碳氢化合物和硫化物的含量。

煤发生自燃的原因，一是吸附和氧化，二是热量的交换条件。煤炭或煤粉长时间放置在空气中，则表面会发生氧化而失去光泽，使燃烧时的发热量降低，这是煤炭受到氧化的缘故。而在粉煤或混有粉煤的块炭中，这种氧化作用比块煤更为显著。

受到氧化的是煤中所含的腐殖质，越低级的煤腐殖质含量越高。另外，煤中所含的硫化铁会首先受到氧化，产生的氧化热会使煤炭粉化，增大表面积，或者发生蓄热。因此，一般是开采后不久的煤容易发生自燃着火，粉煤比块煤危险。此外，少量的水分也会促进煤的氧化。因此煤的粉碎程度、湿度、挥发物含量及散热条件等，对煤的自燃都有很大的影响。块煤的通风条件好，氧化面积小，不易自燃。粉煤由于与空气的接触面增加，氧化条件好，且散热慢，自燃的可能性较大。煤中所含的硫化铁能在低温下氧化，且水分的存在会加速氧化，生成氧化铁，其体积比硫化铁的体积大得多，所以氧化的结果往往会使煤块破碎，表面积增大。同时，氧化过程中会放出一定的热量，进一步促进其氧化。煤自燃原因认定除获取一般自燃火灾认定根据外，还应获取以下根据：

1）获取燃烧特征的根据。燃烧初期，会散发出强烈的石油臭味，产生水蒸气和燃烧不完全的一氧化碳及乙烯等气体。通过测定这种一氧化碳和乙烯气体，就可以在一定程度上知道自燃的情况：发烟最旺盛期，是在内部进行不完全燃烧（即阴燃），而不是有焰燃烧。

2）煤的自燃一般容易发生在煤矿的坑道内，或者大量堆积煤的储煤场等场所。

3）查明煤的状态。粉煤比块煤容易自燃。

4）查明含水量。含适量水分的煤比干燥的煤更容易氧化自燃。

5）煤堆内部温度超过 60℃ 时，就有发生自燃的危险。因此发生煤的自燃时，首先要调查清楚起火前煤堆的温度，自燃的初期是否有石油臭味等。

6）应调查煤的种类，弄清楚是否是炭化不充分的褐煤、泥煤等，是否还混杂有能促进煤粉化的硫铁矿等。

7）判断燃烧是从煤堆内部燃烧出来的，还是从表面延烧到内部的。

8）注意获取接触煤堆部分（埋入部分）可燃物燃烧状态，如严重炭化燃烧程度重于其他部位，一般情况下是煤堆自燃产生的热引燃上述可燃物蔓延成灾。

9）注意发现煤堆顶部局部燃烧点，如只从该处冒烟、冒火时，其底部往往就是起火点。基本特征是炭化区面积（燃烧区）"内大外小"，煤块呈焦化状。

（2）橡胶类物质自燃原因认定方法

天然橡胶、乳胶和合成橡胶之类的橡胶物质，都是分子中含有较多不饱和双键的高分子化合物，因此与油类物质一样，置于空气会发生氧化。此类物质和橡胶产品的研磨屑表面积较大的胶类物质，如果在大量堆积等情况下，且蓄热条件又好，则会因为氧化热的积蓄而自燃。另外，将刚从再生滚筒中混合过还存余热的橡胶片或硬橡胶粉（含生橡胶 50%~70%，硫 50%~30%）大量堆积的话，也有发热燃烧的危险。一般来说，紫外线或重金属，特别是铜及其盐类对橡胶类物质的氧化有促进作用。

认定橡胶类物质自燃的根据，除获取一般自燃火灾认定根据外，还应获取以下根据：

1）获取燃烧特征的根据。具体包括：

① 一般会从堆放的橡胶类物质内部散发出橡胶烧焦的臭味，同时产生大量黑烟。

② 由于发热部位在内部，所以燃烧初期不见火焰，随着燃烧的发展，发烟加剧。堆积状态崩溃时，会发出火焰燃烧。

2）调查橡胶屑和研磨屑的粗细程度。越是细小的粉末越易被氧化自燃。空气向粉末内部渗透的流通性怎样,应从粉末的密度等方面来考虑,从粉末的密度可看出蓄热和空气供给条件如何。

3)调查在堆放时是否处于高于常温的状态(有余热),或者附近是否存在蒸气管道或其他热源。

4)查明在燃烧残渣内部是否残存不完全燃烧的未燃物和发出橡胶臭味。

5)查明与生橡胶混合的可燃物(杂质等)种类、数量等情况。

4. 低自燃点物质自燃原因认定方法

(1) 低自燃点物质的种类

这类物质由于自燃点低,在常温下能以极快的速度氧化,一旦接触空气便会发生自燃。它们主要包括:黄磷、还原铁、还原镍、铂黑、磷化氢、氢化钠、联磷、环戊二乙基钾、苯基钾、环乙基钠、苯基钠、乙基钠、苯基铷、苯基铯、苯基银、乙基二氯化铝、二乙基氯化铝、二甲基氯化铝、三乙基铝、3-n-丙基铝、甲基倍半氯化铝、二乙基锌、二甲基锌、二乙基镁、二甲基镁、二乙基铍、二甲基铍、二甲基氧化铋、三乙基铋、硅烷、乙硅烷、丙硅烷、二甲基卤化锑、二甲基磷、三异戊基硼、六甲基锡、甲基铜等。下面介绍几种这类物质的自燃特点。

1)黄磷。黄磷也称白磷,白色至黄色蜡状固体。黄磷化学性质极为活泼,潮湿的空气中45℃左右就会着火,即使在十分干燥的空气中也会慢速氧化发热;当温度达到60℃时,小片黄磷也会着火。燃烧后生成五氧化二磷烟雾。五氧化二磷是有毒物质,遇水还能生成剧毒的偏磷酸,继续放出热量。在常温下,黄磷由于氧化反应产生热量使自身温度上升而导致着火,并向周围散发恶心的臭味。

为防止发生自燃,黄磷必须在水或惰性气体中储藏。如果在运输时,发现包装容器破损渗漏,或水位减少不能浸没全部黄磷,应立即加水并换装处理,否则会很快引起火灾。如遇有黄磷着火情况,可用长柄铁夹等工具把燃烧的黄磷投入盛有水的桶中即可,但不可用高压水枪冲击着火的黄磷,以防被水冲散的黄磷扩大火势。黄磷与氧化性物质接触时会发生爆炸,与浓碱作用会产生磷化氢,在空气中燃烧时,因熔点低,往往会流动扩散,产生黄色的火焰。

2)烷基铝。烷基铝是广泛用于有机合成工业中的催化剂,常温下 C_4 以下的烷基铝除一部分是固体外,其余全部是无色透明的液体。这类物质由于极易氧化发热,与空气接触就会自燃。所以危险货物中的有机金属化合物多列于自燃物品中。从自燃性能看,烷基铝因烷基不同而有所不同。$C_5 \sim C_{11}$ 的烷基铝,在空气中会发生氧化,并产生白烟。C_4 以下的三烷基铝都能自燃,而三丁基铝则要在量多时方能在常温下自燃。此外,烷基铝能与水、水蒸气、卤代烃等发生剧烈的反应而着火,在高温下能产生易燃易爆的碳氢化合物和氢气。烷基铝在苯、甲苯及戊烷等溶剂中含量超过4.5%(体积百分比,下同)时容易自燃,低于2%时不易自燃。

3)磷化氢。磷化氢有气态磷化氢(PH_3)和液态磷化氢(P_2H_4)。前者的自燃点为100℃,后者则在常温下就能自燃。在气态磷化氢的生成反应中,常常伴有液态磷化氢的形成，所以液态磷化氢自燃就使气态磷化氢起火。磷化锌、磷化钙、磷化钠等磷化物与水反应时，很容易产生磷化氢。用碳化钙制造乙炔时，因原料中一般夹杂有磷化钙，也常伴有副产物磷化氢的生成。

4）氢化钠。氢化钠除了遇水自燃外，细粉状的氢化钠在空气中会分解，立即着火燃烧，即使空气中氧气的含量为6%~10%，燃烧也能继续。

（2）低自燃点物质自燃火灾调查要点

1）调查起火过程和起火特征。

2）查明起火前这类物质保管、使用及处理情况。

3）提取起火点处燃烧残留物，进行物质种类及理化性质的鉴定。

4）当这类物质为起火点处的外来物时，要查清其来源。

8.3.2 分解自燃火灾调查

积蓄分解热引起自燃的物质有硝化棉、赛璐珞和有机过氧化物及其制品等。下面主要介绍硝化棉和赛璐珞自燃火灾调查。

1. 硝化棉

硝化棉又名硝化纤维、硝酸纤维素，外观像纤维，呈微黄色。硝化棉是由纤维素（如棉纤维或木浆）经不同配比的硝酸与硫酸的混合酸硝化而制得，其主要成分是纤维素的硝酸酯。硝化棉一般以其硝化程度来分类，而硝化程度则以硝化棉的含氮量来表示。含氮量大于12.7%（质量分数，下同）的为强硝化棉，含氮量为10.8%~12.7%的为弱硝化棉，含氮量为6.77%~10.8%的为一般硝化棉。

在化学性质上，硝化棉由于易发生水解和热分解反应而不稳定。硝化棉的水解是由于空气中有微量水分存在，水解的产物是纤维素和硝酸。在此反应中，由于氢离子和氢氧根离子的存在，对硝化棉的水解起催化的作用，使反应加快。另外，生成的硝酸又使纤维素氧化发热。在一定温度下，硝酸纤维素分子中与硝基连接的链断裂而分解发热。由于放热提高了反应物的温度，反应速度显著增加，因而又加速了硝酸纤维素的分解。实验表明，温度每增加10℃，分解速度相应增加3~4倍。另外，分解产物 NO 和 NO_2，遇到空气中的水分生成 HNO_2 和 HNO_3（尤其在每年雨季更明显），这些酸电离后产生的 H^+ 浓度很大，而 H^+ 对硝酸纤维素的分解反应起加速的催化作用。

随着加速期的进展，分解产物不断增加，温度不断上升，如此反复循环，当反应速度足够大时，温度达到自燃点180℃（也有资料说是170℃），硝化棉便发生自燃，在空气充足的条件下燃烧速度极快，比相同质量的纸张快5倍，往往形成爆炸性燃烧，难以施救，且在燃烧过程中产生有毒的氮氧化物气体。

储存时，在硝化棉中添加乙醇或异丙醇等溶剂，使之成为润湿的状态，其中醇溶液与硝化棉的比例是1:3。由于乙醇吸收硝化棉分解产生的微量 NO 和 NO_2，使之失去催化作用，从而提高了硝化棉的稳定性。干硝化棉着火时，发生特有的剧烈燃烧，而乙醇浸润状态中的硝化棉燃烧缓慢。一般认为，这种乙醇湿化的硝化棉不存在自燃的可能性。

密闭保存在容器内的含醇硝化棉，因白日高温和夜间冷却的交替作用，会产生类似蒸馏的效果，结果使醇都集中于容器底部，使容器上部的硝化棉失去保护液而自燃（硝化棉分子中含有硝基），因此在密闭容器中也能燃烧爆炸。硝化棉漆片与干硝化棉一样，燃烧很剧烈，燃烧时有二氧化氮气体产生，所以会冒烟。因摩擦或其他原因，如在滚轧速度高，转速比相差大，或者连续长时间的作业等情况下，会引起硝化棉漆片燃烧，因此在其制造（滚轧）中往往会发生火灾，这是安全操作上存在的一个问题，燃烧后只留下少量灰烬。

进行硝化棉自燃火灾调查时，应注重了解硝化棉的自燃条件。实践归纳起来的条件主要有：

1）硝化棉处于干燥状态（是指无润湿的乙醇），其为多孔性物质，有绝热保温和自催化作用。

2）硝化棉已在比较高的温度下存放过一定时间。

3）其分解热的散逸时处于容易蓄积热量的堆积状态（如碎片状态时堆积）。

4）长期储存而老化、霉变。

为此，要调查硝化棉的存放保管情况，如存放时间、地点、平时的使用情况、现存数量等；勘验存放通风状况，阳光直射情况；检查同批硝化棉中是否含有能促进分解的杂质，如铁锈或残留酸等；了解起火前是否有某些自燃征兆、气温及湿度的变化情况。

此外，自燃后的硝化棉，一般以多孔性网状灼烧残渣（块状）形态残留下来，其表面微带黑色光泽。必要时可对残留物进行定性分析。简便的化学鉴定方法是：用马钱子碱试剂（士的宁）与经过适当预处理的检材试样在碘和硫酸存在下进行显色反应。若试样含有硝化棉，则上述反应显色顺序是：先显红色，随即变为橙色，最后变为黄色。

2. 赛璐珞

赛璐珞的中文名称是硝化纤维塑料，是由硝化棉、樟脑和酒精等制成的，将含水量40%的硝化棉晾晒至含水量14%~15%，然后与樟脑和酒精在反应罐内搅拌制成。硝化棉是赛璐珞的主要成分，所以赛璐珞和硝化棉一样是容易引起自燃的易燃固体。赛璐珞自燃火灾次数比硝化棉的还多，其自燃起火物可以是它的各种制品，如票夹、直尺、钢笔杆、纽扣和废乒乓球等。

赛璐珞自燃火灾原因认定根据，除获取一般自燃火灾原因认定的根据外，还应获取如下根据作为认定的证据：

1）获取赛璐珞在着火之前会散发出特殊的樟脑味，着火时会产生茶褐色的气体分解产物。其次，因为赛璐珞的燃烧速度快，所以在密闭容器或开口狭窄的容器中着火时，会伴随有爆炸现象。由于赛璐珞分子中含有硝基，所以它的燃烧是爆炸性的，而且在密闭容器中也能燃烧，燃烧是靠消耗分子中的氧来维持的。

2）从起火地点提取的实物表面上，如果辨认出有网眼状的燃烧残渣时，就可以初步认为是赛璐珞自燃分解而引起着火的。但赛璐珞也有因其他火源而引起着火的，所以不能仅凭这种残渣就判断赛璐珞是起火源。更重要的是要充分了解起火的经过，仔细调查起火地点周围的情况。

3）用试验验证从现场采集的燃烧过的赛璐珞。可通过化学分析测定硝酸根离子，如阿贝尔耐热试验法、光谱分析和显微观察等，然后根据试验结果进行综合鉴定。

① 光谱分析。从鉴定物的褐色、黑色、灰黄色部分，各取少量试样于研钵中研成粉末，用岛津式水晶光谱仪分析，其结果见表8-4。

表8-4 赛璐珞光谱分析结果

试样所含元素	褐色试样	黑色试样	灰黄色试样
Ca	少量	少量	大量
Cr	无	无	无
Cu	痕量	痕量	痕量
Fe	痕量	痕量	痕量
Mg	痕量	痕量	痕量
Mn	无	无	无
Na	无	无	无
Pb	痕量	痕量	痕量
Si	痕量	痕量	痕量
Sn	无	痕量	无
Ti	无	无	少量
Zn	无	无	少量

② 湿式法阴离子分析。用常规化学分析方法，测定有无氟硅酸根离子、碳酸根离子、硼酸根离子、氯酸根离子、醋酸根离子等阴离子存在。

③ 成分分析。从褐色、黑色、灰黄色部分试样的光谱分析和化学分析结果来看，金属元素含量各部分差别不大。黄色部分钙含量最多，其次是镁、锰、硅、铁。灰黄色部分的阴离子分析结果，有硫酸根离子、碳酸根离子、磷酸根离子、硅酸根离子（推断）、亚硝酸根离子、硝酸根离子等。

④ 鉴定物的稳定性。因试验中无法取到着火前的赛璐珞试样，只好取被鉴定物的灰黄色部分进行耐热试验。试验结果发现有氧化氮气体产生，在不到稳定性标准（65℃下稳定8min）的一半时，就使阿贝尔耐热试验用的碘化钾淀粉试纸变成了紫色。

4）将发生过分解自燃的赛璐珞，用显微镜放大100倍进行观察，如果出现以赛璐珞中的杂质为中心的、类似于细胞分裂的情况，可认为是引起初期分解的原因。

5）在无法用试验方法进行分析的时候，可将表面为网眼状的残渣从中心部位用小刀等工具切开，如果内部有带樟脑气味的黄色、茶色、白色等的焦油状条纹的话，则可认为是发生过分解自燃的赛璐珞。在该鉴定物中心部位的灰黄色和褐色部分，检测出有亚硝酸根离子和硝酸根离子，说明灰黄色部分热分解能产生氧化氮；用相位差显微镜观察时，发现此鉴定物与未发生分解的赛璐珞也有不同之处。根据上述情况综合判断，可以断定此鉴定物是发生过自燃的赛璐珞。

6）外界气温对赛璐珞自燃的影响导致赛璐珞自燃所引起的火灾。赛璐珞自燃一般只发生在每年 4 月下旬到 9 月下旬，在寒冷的冬季是不会发生的。根据外界气温的气象资料，可以制成暖季气温曲线图，用该曲线图就可以研究外界气温对赛璐珞自燃的影响。大致来说，外界气温从 20℃ 上升到 30℃ 以上时，赛璐珞自燃的危险性显著增大，因此夏季多发赛璐珞及其加工制品的自燃火灾。直接影响赛璐珞自燃的气温，主要是前一天或当天的最高气温。

8.3.3 发酵自燃火灾调查

植物和农副产品如稻草、麦芽、木屑、甘蔗渣、籽棉、玉米芯、树叶等会发酵放热，热量蓄积导致温度升高而引起自燃。在堆垛时因为含水量比较多或因为堆垛顶部遮盖不严密而使雨雪漏入内层，致使其受潮、发酵，生热升温，加之堆垛大、保温性好而导热性差，往往容易造成堆垛自燃。

1. 发酵放热物质自燃的成因

自燃过程通常分为三个阶段，即生物阶段、物理（吸附）阶段和化学（氧化）阶段。

（1）生物阶段

水分是微生物生命活动的必要条件，没有水分，微生物的生命就不能存在。例如，要使稻草堆垛内部发酵生热，其含水量必须超过 20%。微生物在呼吸的过程中，产生的能量一般有 40%~60% 被微生物自己利用，其余的能量以热能的形式释放出来。微生物大量繁殖，引起腐烂发酵，导致堆垛内温度逐渐升高。大多数微生物生长繁殖的最适宜温度为 20~40℃，少数高温性微生物生长繁殖的最高温度为 70~80℃，在环境温度超过生长繁殖的最高温度时会立即死亡，不再是继续发热的来源，即结束了生物阶段的作用。

（2）物理（吸附）阶段

温度达到 70~80℃ 以上时，微生物死亡，但温度却持续上升。发酵放热物质中有些不稳定的有机化合物开始分解，生成黄色多孔炭，它的比表面积大，具有很强的吸附蒸汽和气体的能力，吸附过程中大量放热，而使堆垛内部温度持续升高。靠这种热发酵放热物质的温度可达到 100℃。当温度达到 100℃ 时，又引起其他化合物分解，生成了新的多孔炭，并吸附更多的蒸汽和气体，使堆垛的温度进一步升高，可达到 150~200℃。

（3）化学（氧化）阶段

当发酵放热物质内部温度升高到 150~200℃ 时，其中的纤维素就开始热分解、焦化、炭化，当温度达到 200℃ 时，纤维素分解成炭，并与空气中的氧发生氧化反应，在氧化的过程中放出大量的热，致使堆垛内部的温度以较快的速率升高。温度越高，氧化反应越快，放热速率也越高。如此下去，温度持续上升到自燃点而着火。通常情况下，含水量 20% 的稻草堆垛炭化温度是 204℃，发酵放热物质自燃点是 333℃。

各种植物和农副产品发酵自燃的机理和现场特征基本相似。下面以稻草堆垛自燃为代表，详细介绍堆垛类发酵自燃火灾原因认定的根据。

稻草是以纤维素为主要成分的物质，含有能够发酵的果胶多糖等有机化合物，是重要的造纸原料。稻草的燃点和自燃点较低，遇外部火源和本身热效应就能燃烧。一般造纸厂都设有稻草原料场，由于场地的限制，堆垛高大而密集，堆垛之间的防火间距小，发生火灾时不仅蔓延迅速、燃烧面积大，而且稻草堆垛不易被水浸透，水容易顺着堆垛表面流散，扑救时需深翻才能将火彻底扑灭，使现场破坏严重，给确定起火点及认定火灾原因带来很大困难。

2. 稻草自燃火灾原因认定的根据

稻草自燃火灾原因的认定和确定其他火灾原因一样，必须以可靠的物证和事实为依据才能准确认定。稻草堆垛自燃起火过程中，在每一个阶段上都会产生区别于其他火源引起火灾的不同现象和痕迹，为认定自燃起火提供了可靠根据。这些根据一般通过现场勘验和调查获取。

（1）通过现场勘验，根据燃烧痕迹确定起火点

1）起火点处稻草形成一定面积和深度的炭化区。稻草自燃属于本身自燃，不需要外界给予热量，而靠本身热效应使温度逐步达到自燃点引起燃烧，这个过程属于阴燃，所以具有阴燃起火特征，起火点处形成有一定面积和深度的炭化区，其部位一般在堆垛的中心或局部漏雨雪水部位。如稻草上垛时含水量普遍超过 20%，则易在堆垛中形成多处炭化区，但堆垛中心部位热量不易散发，较易蓄积，因此起火点一般在堆垛中心部位。如果局部漏雨，只在漏雨处形成炭化区，其面积和深度与漏雨的范围和渗入的深度相仿。而非自燃引起的火灾一般没有腐烂发酵和炭化过程，在堆垛内不能形成炭化区和腐烂变质区，具有明火起火特征。不管什么火种，一般首先都在堆垛的外部起火，由于稻草叶大多比较松散，表面接触面积大，供氧充足，所以遇外部火源很快起明火。火焰首先沿着堆垛表面迅速蔓延，在短时间内就会延烧到整个堆垛，而且随着燃烧时间的延长会使火势向其内部蔓延，使堆垛表面形成大面积、燃烧程度均匀的灰化层，只是起火点处灰化层相对深些，两者不难区别。

2）起火点处燃烧顺序从内向外。稻草是热的不良导体，炭化区的热向外传播速度很慢，因此在堆垛中炭化区、炭化区边缘、外层部分的稻草有明显温度变化层次，呈炭化—发霉腐烂—无变化的顺序，都表明热量是从堆垛内向外传播。初起燃烧方向是从炭化区向非炭化区。而非自燃起火一般都是在堆垛的外部着起，随着时间的延长，火势向堆垛的深处发展，有时火焰沿着堆垛中的缝隙向堆垛纵深发展，在堆垛中局部形成窟窿，堆垛被烧与未被烧部分界线分明，从外向内呈灰化层—无变化层次，燃烧方向从堆垛外向堆垛内发展。

3）稻草炭化、灰化的鉴别。稻草自燃原因的鉴别，关键问题之一是如何鉴别炭化与灰化。炭化、灰化是有机固体可燃物在不同燃烧条件下以不同方式燃烧而形成的产物，具有不同的特征，这些特征是鉴别的主要依据。炭化是靠燃烧物质本身的热效应，在缺氧的情况下燃烧的产物，其主要特征是稻草表面呈黑色闪亮，形态呈小块条状、平直，有一定硬度，纤维纹路清晰。灰化是在外部火源作用下完全燃烧的产物，它的主要特征是颜色呈灰白色或黑色，形态呈粉灰状，轻而疏松。

4）稻草自燃起火时与起火点部位接近的稻草均为腐烂变质物，翻动时发生刺鼻酸味。由于热传导性质和散热条件不同，堆垛中心和外层变化很大。在自燃过程中，堆垛中心部位温度高，炭化程度重，同时，与炭化区接近部位仍有部分腐烂变质物的区域，发生火灾后，腐烂的稻草一般没有燃尽，其内部温度仍很高，用手摸有烫手的感觉，翻动时有刺鼻酸味。而非自燃引起的火灾，一般没有腐烂、炭化过程，所以翻动未燃部分的稻草也不会产生异常

气味。腐烂变质稻草的主要特征是颜色呈灰黑色，表面有霉斑。

(2) 通过调查取证

稻草堆垛自燃不仅与水分含量、堆垛大小、通风条件有密切联系，而且在自燃过程中产生多种异常现象和生成新的物质，这些条件和异常现象也是确定稻草自燃起火的重要根据。草场的管理检测人员应掌握新稻草入草场时的含水量和堆垛的各种状况。看护人员每日都巡视检查接触堆垛，能够了解堆垛起火前发生的异常现象。因此，通过调查能获取他们提供的引起自燃的可靠证据。

1) 调查了解稻草干湿程度。稻草含水量的多少，是决定稻草能否自燃的一个主要因素。因此，要调查了解起火前稻草的干湿程度。稻草的含水量与上垛前本身所含水分和上垛后雨雪水渗入等因素有关，如果上垛前新草没有检测水分，将水分大的（水分超过20%）稻草直接堆起来或雨雪天堆垛，或堆垛形状不符合要求，堆垛顶部遮盖不严密渗入雨雪水，使稻草含水量超过20%时，就具备了自燃的条件。

2) 调查了解稻草堆垛蓄热条件。能否蓄热是稻草堆垛发生自燃的重要因素。稻草堆垛发生自燃所需要的热量是自燃过程中本身热效应所产生的，但又必须在热效应产生的热量大于散发出去的热量，使热量逐步积累达到稻草自燃点的条件下才能发生自燃。蓄热条件主要与堆垛的大小和通风条件有关。稻草堆垛一般不宜过大，堆垛形状一般堆成尖顶式，堆垛的长轴轴线方向应与当地的常年主导风向平行。堆垛中部按顺风方向留出一层或两层通风道，以保证散热。如果堆垛过大且无通风道，就具备了蓄热条件。

3) 调查了解起火前有无堆垛顶部冒汽、散发出异常气味。稻草在自燃的生物阶段形成的温度达70℃左右，使稻草所含水分被加热，变成水蒸气从垛顶冒出，同时发酵时产生的有味气体也一同散发出来。由于稻草自燃发生要经历较长一段时间，堆垛顶部冒汽和散发出异常气味的时间也相对长些。因此，调查接触草场的人员一般都能够提供上述事实，这是鉴别稻草垛自燃起火的重要根据。

4) 调查了解起火前堆垛顶部有无局部出现塌陷的事实。由于稻草在自燃过程中使稻草的体积与草捆之间空隙变小，在重力和其他因素作用下，使炭化程度严重部位出现塌陷，因此起火前塌陷的部位往往就是起火部位。

5) 调查获取起火前有无老鼠从堆垛下面窜出"搬家"的事实。稻草自燃产生的热量，逐渐积蓄达到一定温度时，躲在堆垛内的老鼠慑于温度的上升不得不在起火前"搬家"，说明老鼠搬家是堆垛自燃的预兆。

8.3.4 吸附自燃火灾调查

炭粉类物质如活性炭、木炭、油烟等，具有多孔性，比表面积较大。刚粉碎不久的炭粉类物质的表面都具有活性，暴露在空气中会对空气中的各种气体产生物理或化学吸附。其中吸附氧时，除了会产生吸附热外，吸附的氧还会与炭发生氧化反应，进一步发热。此时，吸附热和氧化热共同作用，如果蓄热条件较好，则会发生自燃。因此，排除吸附热是化工生产操作中的一个重要问题，不论是放热的化学吸附，还是积热的物理吸附，均应及时消除其蓄热危险，严格控制再生、清洗等操作。

在空气中，炭粉类物质的吸附活性是随着时间的推移而降低的。因为粉末表面上的活性点吸附各种气体后，会达到饱和吸附状态。而且，活性面上被吸附的各种气体难以解吸，尤其是那些通过化学吸附方式吸附的气体。但是，对完全失去活性的粉末再进一步粉碎，形成新的表面或者进行吸附气体的解吸处理，又会重新获得活性。

1. 活性炭

活性炭是指那些具有特别大吸附活性的炭。从原料看，可分为动物性活性炭（由牛骨、血、肉制成）和植物性活性炭（由木材、锯末、椰子壳、木炭、褐煤、泥煤制成），而常说的活性炭指的是后一种。活性炭呈黑色细粉状或颗粒状（直径为 2~6mm），被广泛用做吸附剂、脱色剂和脱臭剂。

活性炭自燃初期阶段，由于蓄积吸附热，可见到轻微冒烟和内部温度上升的情况，燃烧不剧烈、不完全，有烟，生成的一氧化碳从堆积着的活性炭内部产生。发热试验表明，活性炭开始无焰燃烧时表面温度在 84℃ 左右。调查活性炭自燃火灾时，应注意查明活性炭的新旧程度和颗粒大小，是否处于大量堆积状态。

2. 炭粉

炭粉是将木材厂等产生的锯末、刨花、碎木片等在炉子中不完全燃烧后，进行水消，制成烟熏炭（软炭），再经粉碎机粉碎而制得。炭粉的挥发成分占 10%~25%（质量分数），燃点为 200~270℃。在炭粉的制造过程中，如果在不充分散热后或在蓄热条件良好的仓库等场所大量堆积，加上本身产生的吸附热，往往容易发生自燃起火。

炭粉起火时，由于挥发成分燃烧，会发出特有的挥发性味道，燃烧不剧烈，并且是在内部进行，冒烟明显。同时要查清炭粉的制造日期、存放时间和数量。如果为最近生产的炭粉，要调查是否带有余热或留有火种的可能性。例如制造时如果水消不充分，往往会留下火种。

8.3.5 聚合自燃火灾调查

聚合反应是指低分子单体聚合成高分子聚合物的反应。化工生产中使用一些化学活性很强的单体，如乙酸乙烯酯、丙烯腈、异戊间二烯、液态氰化氢、苯乙烯、乙烯基乙炔、丙烯酸酯、甲基丙烯酸酯等。这些单体极易聚合，当储运中阻聚剂（如对苯二酚）发生沉淀失效，或受高温作用时，便会迅速发生聚合反应。绝大多数的聚合反应都是放热反应，随着聚合热的积蓄，不仅会导致自燃，而且还有爆炸危险。此外，许多微量杂质对单体的聚合反应具有催化作用，例如微量的水分或碱可催化液化氰化氢的聚合反应而使其发生自燃，且产生的聚合热和气体会使储存容器内蒸气压力升高而导致容器破裂甚至爆炸。

1. 聚氨酯泡沫塑料自燃起火原因

近年来，伴随着聚氨酯泡沫塑料的大量生产和使用，出现了频繁的自燃火灾。聚氨酯泡沫塑料是聚氨基甲酸乙酯树脂泡沫塑料的简称，它大体分为软质和硬质两种。软质的由于其密度小、弹性好、隔声防振，制成的坐具安全舒适，是运输、家具工业的理想垫材。硬质的由于有足够的强度、耐油性和黏接能力，是优良的隔热材料，广泛用于医用包扎品、工业环境实验室、建筑通风、空调管道及食品行业冷冻、冷藏库（间）作为保温隔热材料。但是，在使用中如不加注意，极易引发火灾事故。2000年4月22日，山东省青州市丰旭实业有限公司肉食鸡加工车间发生特大火灾，就是因日光灯镇流器过热，引燃聚氨酯泡沫塑料保温材料所致。

聚氨酯泡沫塑料的自燃多与多异氰酸酯、水的用量、料块大小、最初24h的储存方法、环境条件等因素有关。此外，在聚氨酯泡沫塑料浸透不饱和油类时也易引起自燃。

2. 聚合放热物质自燃起火原因认定

这类物质自燃火灾调查时，应注重以下几方面：

1）查明原料名称、性质、火灾危险性，如发生聚合的条件、放热量、反应速率、燃点、闪点、自燃点、沸点，以及生产工艺条件，如生产工艺情况、生产过程、现场安全操作情况、出现故障情况等。

2）查明易聚合单体的储存和运输情况。化工生产中，易聚合单体的储存和运输时加入阻聚剂的种类、数量、性质、时间，有无失效、沉淀，有无遇到高温、阳光直射、振动等情况，有无因运输中摩擦产生静电和放电的情况，有无因遇到其他火源而燃烧的现象。

3）调查起火前的生产或使用过程及其出现的异常现象，如异常的升温、声音、气味等。

4）了解曾经发生过的类似事故，可作为分析判断这次事故原因的参考。

5）提取火灾现场残留物进行化学分析，鉴定其单体的种类、含量，阻聚剂的种类、数量，并鉴定其中是否存在催化性杂质及其种类和数量，是否产生了不稳定的物质等。

6）有必要和条件许可时可进行模拟试验，以验证火灾或爆炸事故发生的可能性。

8.3.6 遇水自燃火灾调查

1. 遇水自燃着火物质分类

遇水自燃着火物质按其着火形式分为两类。

（1）遇水反应产生可燃气体并释放出大量热而引起着火爆炸的物质

这类物质与水或空气中的水分接触产生可燃气体，并释放出大量热而引起着火爆炸。按照这类物质遇水或受潮后发生反应的剧烈程度和危险性大小，可分为一级遇水燃烧物质和二级遇水燃烧物质。前者遇水后反应剧烈，产生大量易燃易爆气体，并释放大量热，容易引起自燃或爆炸，主要是碱金属和部分碱土金属及其氢化物、硼氢化物、碳化钙、磷化钙、镁铝粉等。后者遇水后反应较缓慢，释放的热量较少，产生的可燃气体必须有火源引燃才能发生燃烧或爆炸，主要有碳化铝、铝粉、锌粉、氢化铝等。

1）碱金属和部分碱土金属及其氢化物。

① 金属钠（Na）。钠为银白色柔软固体，往往与空气中的少量水分发生反应自燃起火，有时即使在干燥空气中，也会因为与氧发生反应而燃烧。将金属钠投入水中，即发生剧烈反应生成氢气，并放出大量的热，能使氢气自燃或爆炸，发生爆炸性燃烧。钠燃烧时产生过氧化钠和氢氧化钠的白烟，能强烈刺激皮肤、鼻、咽喉等器官。氢氧化钠对金属等材料有腐蚀

作用，易使容器破损，泄漏后造成二次灾害。遇水自燃的火焰为黄色，并在水面上频繁跃动飞溅，量大时爆炸飞溅的熔融钠能在溅落处进一步燃烧。此外，金属钠还能与硫、硒、汞、溴、碘、稀硫酸等发生剧烈反应而起火。

遇水自燃特性与金属钠相同的还有锂、钾、铷、铯，它们称为碱金属。平时储存都必须将它们浸泡在饱和碳氢化合物液体（如煤油）中与水隔绝。如果储存量大，可以放在充有惰性气体的不锈钢容器中。

② 金属锶（Sr）。金属锶为银白色或淡黄色软金属，在空气中加热能燃烧。遇水、稀酸时产生出氢气和热量，引起燃烧或爆炸，燃烧时火焰呈深红色。

③ 金属钙（Ca）。金属钙为银白色软金属，遇水或稀酸发生反应，产生氢气。在空气中由于表面氧化形成保护膜，经加热能着火，燃烧时产生赭红色火焰。

④ 金属氢化物。遇水或在潮湿空气里能自燃的金属氢化物主要是氢化钠、氢化锂、氢化钡等。它们遇水时同样会产生氢气，有爆炸可能性。遇水或在潮湿空气里容易燃烧的金属氢化物主要是氢化钙、氢化铝钠、氢化铝、硼氢化钾、硼氢化钠、二硼氢等。

2）金属碳化物和磷化物。金属碳化物主要有碳化钙、碳化钾、碳化铝。它们是遇水放热引燃与水反应产生的低级烃。金属磷化物主要有磷化钙、磷化锌。它们与水反应的产物磷化氢和联磷具有自燃性。

① 碳化钙（CaC_2）。碳化钙又称电石，一般为黄褐色或黑色硬块，也有呈白色硬块的，若含有杂质则为灰色固体，工业电石平均含70%碳化钙，电石本身不燃烧，也不自燃。碳化钙与水反应能生产乙炔气体，往往因反应热而使乙炔着火爆炸。含磷量超过0.06%及含硫量超过0.1%的碳化钙，遇水易自燃并引起爆炸。碳化钙粉末受潮，与水反应生成乙炔并放热，能导致生成的乙炔自燃。

碳化钙储藏在铁桶之类的容器中时，湿气有可能从桶盖等部位的缝隙进入，产生的乙炔可能受到强烈冲击等作用而爆炸、燃烧，如果碳化钙含有杂质磷，则在生成乙炔的同时，会产生少量液体磷化氢。磷化氢自燃也会引起乙炔着火爆炸。其他金属碳化物也具有与碳化钙相同的遇水自燃特性。

② 磷化钙（Ca_3P_2）。磷化钙又称磷化石灰，为红褐色结晶粉末，具有类似韭菜的气味，它与水一接触就水解，反应放热并产生可燃气体磷化氢，同时还形成部分液态的磷化氢。磷化氢在空气中容易自燃（自燃点为45~60℃）。其他磷化物如磷化锌、磷化钠，遇水都有与磷化钙相同的自燃特性。

3）其他遇水自燃物质。

① 有机金属化合物。主要有三乙基铝、丁基锂、甲基钠等，它们属于低自燃点物质，接触空气中的氧气后即可自燃。如遇水，则产生的热能引燃产物低级烷烃，进而引燃本身。

② 金属硅化物。主要有硅化镁、硅化铁等，它们与水反应生成四氢化硅可燃气体。

③ 金属氰化物。主要有氰化钾、氰化钠，它们与水反应产生的热量能引燃产物氰化氢气体。

④ 金属硫化物。主要有硫化钠、保险粉。保险粉又称低亚硫酸钠或连二亚硫酸钠，商品有含结晶水（$Na_2S_2O_4 \cdot 2H_2O$）和不含结晶水（$Na_2S_2O_4$）两种。前者为白色细粒结晶，后者为淡黄色粉末，赤热时分解，能溶于冷水，在热水中分解，不溶于乙醇，其水溶液性质不稳定，有极强的还原性。暴露于空气中易吸收氧而氧化，同时也易吸收潮湿空气发热变质，引起冒黄烟燃烧，甚至发生爆炸事故。与水接触能放出大量热、易燃的氢、硫化氢气体，引起剧烈燃烧，有爆炸危险。

⑤ 钾汞齐。钾汞齐又称钾汞膏、钾汞合金，为银白色液体或多孔性结晶块，遇水、潮湿空气、酸类时发生反应，放出氢气和大量热，引起氢气的燃烧爆炸。在空气中加热时，发生强烈爆炸或燃烧。

⑥ 钾钠合金。钾钠合金为银白色软质固体或液体，遇酸（包括二氧化碳气体）、潮湿空气及水时，会发生剧烈化学反应，放出的氢气立即自燃，有时甚至发生爆炸性燃烧。

（2）遇水发热使被接触可燃物着火的物质

有的物质与水接触或吸收了空气中的水分会发热，然而该物质本身并不燃烧，往往引起与其接触的可燃物着火。与水接触发热的这一类物质也属于忌水性物质，如生石灰、漂白粉、浓硫酸等。

2. 遇水自燃的认定要点和根据

遇水自燃原因认定要点和根据除按一般自燃火灾认定要点和根据外，结合其自燃特点，还应获取以下根据作为认定的证据：

1）起火点认定根据。遇水自燃着火现场起火点的认定，除获取一般认定根据外，还应获以下根据：

① 物质遇水本身就能自燃着火，爆炸现场起火点具有明火起火或爆炸起火特征，故重点获取明火或爆炸特征的痕迹。

② 遇水发热但本身并不燃烧物质引起的自燃起火现场，起火点处具有阴燃起火特征。注意获取局部炭化区根据和以此为中心向外蔓延的痕迹。

③ 调查发现火情人获取最初冒烟、窜火的具体部位和烟、火焰的颜色。

2）查明获取遇水自燃物质的种类、性质、数量及存放的具体部位、包装种类、存放的具体形式及环境条件等根据。

3）查明获取遇水自燃物质与水接触的具体原因根据，特别要查明水的来源（包括空气湿度增大原因），流入接触的具体途径和形式。

4）查明获取与遇水发热的物质接触的可燃物种类、数量、性质；重点查明接触的形式，比如是完全没入还是局部接触，并查明造成火势蔓延的其他条件和留下的痕迹物证。

5）查明遇水反应的原理和过程，注意获取反应产生的热量值、反应速度等有关参数。

6）金属碳化物、磷化物遇水起火现场，可用同物质做光谱分析，定量分析判定其质量的优劣，含有磷、硫等杂质情况及反应热等着火的可能性。

7）勘验可燃物遇水发热着火的现场，必要时对自燃性物质进行光谱与化学分析，通过判定各种元素的含量和杂质的含量确认自燃性物质的主要成分，并以此判定着火的可能性。

8）获取酸类物质（如硝酸）与木材、布匹、棉花、纸张等固体可燃物接触燃烧的炭化痕迹，可提取残留物，并查明其数量和其他可燃物接触的形式及火势蔓延根据。

9）获取盛装酸类物质容器的残体。一些酸类物质往往用密闭容器盛装，与水混合时体积剧烈膨胀，会使容器破裂。

10）查明气象条件（温度、湿度等）及其他有关促进自燃的根据。

11）有些遇水自燃火灾可做模拟试验，获取必要的数据和根据后进一步确认。

3. 生石灰遇水发热引燃可燃物着火原因的认定方法

生石灰（CaO）由高温下煅烧碳酸钙（$CaCO_3$）的方法制取，为白色无定形固体，密度为 $3200\sim3400 kg/m^3$，熔点为 $2572℃$。它与水作用生成氢氧化钙，放出大量的热。生石灰本身不燃，着火危险在于其吸收水分会发生剧烈反应放出大量热。生石灰大量堆积并用足够量的水浸润时，内部的最高温度可达到 $800℃$，此温度远高于一般可燃物的燃点，所以在混入可燃物或接触可燃物时就会引起着火。

（1）认定要点

认定生石灰遇水发热引燃可燃物起火原因的要点，除按一般自燃火灾认定要点外，还应注意以下几点：

1）确定起火点与生石灰存放的部位"重合"。

2）查明生石灰存放的时间、数量和质量情况。

3）查明水的来源和接触生石灰的途径和形式。

4）查明被生石灰遇水产生的热引燃的可燃物与生石灰接触的形式是埋入还是部分接触。

5）查明获取可燃物被引燃后，火势蔓延成灾的途径和留下的证明根据。

6）排除起火点处其他火源引起火灾的因素。

（2）认定的主要根据

生石灰发热引燃可燃物起火原因的认定，除获取证明自燃火灾的一般根据外，还应获取以下根据。

1）确认起火点。生石灰发热起火，属阴燃起火，起火点处可燃物有炭化区并有以此为中心向外蔓延的燃烧痕迹。如木质物体埋入生石灰部分呈低温炭化状，波纹细小，表面光滑，埋入部分被烧程度重于外部。起火点有生石灰反应后生成的熟石灰，体积膨胀，起火点与生石灰存放点、可燃物接触点重合。

2）获取起火点处可燃物存放的品种、数量、与生石灰接触的具体形式及燃烧状态和受热面。

3）获取水（水分）的来源和接触生石灰条件的根据。

4）光谱分析确认生石灰。

8.3.7 混触自燃（爆炸）火灾调查

混触着火的物质是指强氧化物质和强还原性物质及与一般可燃物混触就会发生爆炸或着

火的物质。工业企业中常见的物品混触爆炸不仅表现于混合炸药、鞭炮等生产过程中，在运输、储存中也时有发生，尤其是化学危险品仓库，此类爆炸更多见。

1. 混触着火（爆炸）的基本原因

大部分的混触危险性反应，都是由于氧化剂和还原剂或可燃物发生混合接触而造成的。所以，还原性物质或可燃性物质与氧化性物质共存时，受热或冲击、摩擦、搅拌等就可能着火或爆炸，有时在常温常压下也会发生着火或爆炸，常见的有黑火药（硝酸钾、硫黄和木炭，利用混合接触而发生爆炸的混合炸药）、高氯酸铵混合炸药（高氯酸铵、硅铁粉、木粉、重油）、铵油炸药（硝酸铵、矿物油）、液氧炸药（液氧、炭粉，将液态氧浸渍在多孔的可燃物质中制成）。此外，氧化性物质与还原性物质、可燃物质混合接触，有时会生成不稳定的爆炸性产物；有时虽然不会导致爆炸或着火，但由于混触的结果导致着火温度下降，使着火的滞后时间缩短，也会增加火灾危险性。另外，还有一些在配合上存在禁忌的物质，也是值得注意的。特别是有些物质彼此接触会长期缓慢地反应，最后也会导致着火爆炸，这样的反应往往不易为人们注意。例如，过氧化氢用在阀门的填料中，由于使用了麻绳，过氧化氢慢慢渗透进去，形成爆炸性物质，久而久之也会发生爆炸。又如在气体的过冷分离装置中，由于气体中存在的微量氧化氮之类的物质与不饱和碳氢化合物发生反应，生成的不稳定产物逐步积累，也曾引起过爆炸事故。

另外，如果 TNT、苦味酸、特屈儿、黑索金等炸药与活性炭接触，也会降低炸药的自燃点，而导致分解爆炸。根据试验确认：在 100~130℃，熔融 TNT 和活性炭接触时，由于活性炭的催化作用，TNT 分子中与碳原子结合的一个硝基脱离，而变成二硝基化合物，游离的硝基使活性炭发生氧化反应，放出的反应热逐渐蓄积，就会加剧分解 TNT 而造成爆炸。

2. 混触着火（爆炸）的物质及其火灾调查

（1）氧化剂与还原剂混触自燃

强氧化剂与强还原剂一经接触，或稍加触发，如摩擦、碰撞、加热，即发生着火或爆炸。一般的氧化剂与还原剂接触，强氧化剂与一般可燃物接触，有的需一定时间的热量积蓄才能起火。

氧化性物质包括下列多种：硝酸及其盐类，如硝酸钾、硝酸钠、硝酸铵、硝酸钙、硝酸钡；氯酸及其盐类，如氯酸钾、氯酸钠、氯酸铵、氯酸钙、高氯酸铵、高氯酸钙；次氯酸及其盐类，如次氯酸钠、次氯酸钾、次氯酸钙；重铬酸及其盐类，如重铬酸钾、重铬酸钠、重铬酸铵；溴酸盐类，如溴酸钾、溴酸钠、溴酸锌；碘酸盐类，如碘酸钾、碘酸钠、碘酸银；亚硝酸及其盐类，如亚硝酸钾、亚硝酸钠、亚硝酸铵、亚硝酸银。其他氧化物主要包括：无水铬酸、二氧化锰、高锰酸钾、过氧乙酸、过氧化苯甲酰、过氧化氢、液态空气、氧、氯、臭氧等。

还原性物质主要包括：大部分的有机物，如烃类、胺类、苯及其衍生物、醇类、有机酸、油脂等；无机还原物，如磷、硫、硫化砷、锑、金属粉末（铁、锌、铝、钡、锰）、木炭、活性炭、煤；植物类的可燃纤维及其制品等。

（2）强酸与氧化性盐混触自燃

氧化性盐如亚氯酸盐、氯酸盐、高氯酸盐、高锰酸盐等，与浓硫酸等强酸混合接触，除了产生热量外，还产生与盐相应的氧化性更强的酸，因此易引燃共存或与之接触的可燃物。例如，氯酸钾与浓硫酸混触，反应式如下：

$$6KClO_3 + 3H_2SO_4 \rightarrow 2HClO_4 + 2H_2O + 3K_2SO_4 + 4ClO_2$$

（3）因混触后产生不稳定物质而自燃

有些物质混触后会产生极不稳定的产物，由于这些产物具有分解爆炸性或强氧化性，可引起燃烧或爆炸。如液氨与液氯同为液化气体，看似无碍，但两者在一定条件下可能会按下式反应：

$$NH_3 + 3Cl_2 = NCl_3 + 3HCl$$

反应中 N^{3-} 被 Cl_2 氧化成 N^{3+}。产物三氯化氮的分子结构不稳定，是一种极活泼的化合物，有引起爆炸的危险。再如，NH_3 与 Hg 混合生成的 NH_2-Hg、$(NH_2)_2$ 与 $NaNO_2$ 混合生成的 NaN_3、CH_3CHO 与空气中氧接触生成的 CH_3COOH 等。

3. 认定要点和根据

混触着火原因认定除按一般自燃火灾认定要点和根据外，还应获取如下根据：

1）认定起火点的根据。混触着火现场起火点认定除获取一般根据外，还应获取以下根据：

① 一般混触着火具有明火起火或爆炸起火特征，故应重点获取火势蔓延痕迹，如查明被烧轻重程度的顺序和受热面的痕迹，或证明爆炸点的痕迹，倒塌方向和证明爆炸点的根据。

② 调查获取起火前存放氧化剂、还原剂的具体部位。一般情况下起火点在存放部位一定范围内。

③ 调查获取发现火情的最初冒烟、起火的具体部位和烟及火焰的颜色，判定起火部位。查明获取各混触着火物的种类、名称、性质、数量。

2）查明混触物存放的具体部位、包装种类、存放的具体形式及环境条件。

3）查明获取氧化剂、还原剂及可燃物之间混触的具体条件，特别注意获取人为因素和客观条件的变化情况。

4）查明混触反应的原理和过程，特别要注意获取反应中产生的热量值和反应速度的根据。只有那些反应热大且反应速度快的物质相互接触才能立即发生激烈着火或爆炸。反应速度不仅取决于物质性质，还取决于它们的分散状态、接触面、温度等条件。反应热小或反应热较大，但反应速度慢的物质接触，需要一定或较长时间才能引发着火。

5）查明起火部位可燃物堆放情况，重点获取最初被点燃物质和造成火灾蔓延的可燃物及途径的根据。

6）查明气象条件（温度、湿度）及有关压力等其他因素影响的根据。

7）在起火点处提取反应物的残留物做必要的检测和试验，确认起火前的物质。

复 习 题

1. 详细列举自燃发生的条件。
2. 根据发生自燃的机理可以将自燃分为几种类型？各举一个代表性物质。
3. 认定自燃火灾的条件有哪些？
4. 稻草堆垛自燃应如何调查取证？
5. 硝化棉的自燃条件有哪些？
6. 通过网络查找 1993 年深圳清水河化学危险品仓库"8·5"特大爆炸火灾事故的调查过程，总结混触自燃（爆炸）火灾的危险性和调查方法。

第 8 章练习题
扫码进入小程序，完成答题即可获取答案

第 9 章 汽车火灾调查

随着我国经济建设特别是交通运输事业的快速发展，各种机动车辆与日俱增。由于人们对汽车的性能和有关安全常识认识不足，导致汽车火灾时有发生。燃油汽车技术成熟，人们对火灾规律的了解和认识相对完善。新能源汽车采用非常规的车用燃料作为动力来源，综合车辆的动力控制和驱动方面的先进技术，技术原理先进，结构新颖。近年来，新能源汽车的种类和数量日益增多，与此同时，新能源汽车火灾事故发生率也日益升高，已经成为制约新能源汽车发展和推广的一个不利因素。不论是传统的燃油汽车还是新兴的新能源汽车，正确调查认定火灾原因，掌握火灾发生的规律，对防范火灾的发生有着非常重要的作用。

9.1 燃油汽车结构及常见火灾原因

9.1.1 燃油汽车的基本结构

传统的燃油汽车由多个装置和机构组成，总体而言，其基本构造都是由发动机、底盘、车身和电气系统四大部分组成的。

1. 发动机

发动机是为燃油汽车行驶提供动力的装置，其作用是使燃料燃烧产生动力，然后通过底盘的传动系统驱动车轮使汽车行驶。发动机主要有汽油机和柴油机两种。

现代汽车广泛采用往复活塞式内燃发动机，它是通过可燃气体在汽缸内燃烧膨胀产生压力，推动活塞运动并通过连杆使曲轴旋转来对外输出功率。发动机主要包括曲柄连杆机构、配气机构两大机构及燃料供给系统、点火系统（汽油发动机）、起动系统、冷却系统与润滑系统等五大系统。柴油发动机的点火方式为压燃式，所以无点火系统。

（1）曲柄连杆机构

曲柄连杆机构主要由缸体、活塞环、连杆、曲轴和飞轮等组成。缸体上部为气缸、下部为曲轴箱。活塞位于气缸内，活塞环用来填充气缸与活塞之间的间隙，防止气缸内的气体泄漏到曲轴箱内。曲轴安装于曲轴箱内。飞轮固定于曲轴后端，伸出到发动机缸体之外，负责对外输出动力。连杆用来连接活塞与曲轴，负责传递两者之间的动力与运动。燃油汽车发动机是多缸发动机，活塞与连杆的数目与缸数相同，但曲轴只有一根。

（2）配气机构

配气机构主要由凸轮轴、气门及气门传动件组成。每一个气缸都有一个进气门和排气门，分别位于进、排气道口，负责封闭和开放进、排气道。凸轮轴通过正时齿轮或者同步带由曲轴驱动而转动，通过气门传动组件定时将气门打开，将新鲜空气充入气缸或者将燃烧后的废气排出气缸。

（3）燃料供给系统

汽油机的燃料供给系统由空气滤清器、化油器（或者燃油喷射装置）、进气管、排气管、消声器、汽油泵和汽油箱组成。其主要功用是将汽油雾化、蒸发后，与空气混合成不同浓度的可燃混合气充入气缸，供燃烧使用。同时，将燃烧后的废气排出汽缸。进入气缸内的混合气量是通过加速踏板控制的，以满足发动机不同负荷的需要。

柴油机的燃料供给系统由空气滤清器、进气管、排气管、消声器、柴油箱、输油泵、喷油器等组成。通过空气滤清器和进气管进入气缸内部的是空气。柴油箱内的柴油被油泵抽出并进入喷油泵，经喷油泵加压后，通过喷油器直接以雾状喷入气缸燃烧室内。柴油在燃烧室内完成蒸发、混合后自燃。燃烧后的废气则由排气管排出气缸。

（4）汽油机点火系统

点火系统为汽油机独有，由蓄电池、点火开关、分电器总成、点火线圈、高压线和火花塞组成。火花塞位于气缸燃烧室。该系统的主要作用是使火花塞按时产生电火花，将气缸内的可燃混合气点燃而做功。

（5）冷却系统与润滑系统

冷却系统与润滑系统负责保护发动机正常工作，使发动机有较长的使用寿命。冷却系统主要由水泵、散热器、风扇、水套和节温器等组成，其作用是保障发动机合适的工作温度。润滑系统由机油泵、机油滤清器、主油道和油底壳组成，其作用有起润滑、冷却、清洁和密封等。

（6）起动系统

起动系统由蓄电池、起动控制与传动机构和起动机等组成，用来起动发动机，使其投入运转。

2. 底盘

底盘的作用是支撑、安装汽车发动机及其各部件、总成，形成汽车的整体造型，并接受发动机的动力，使汽车产生运动，保证正常行驶。底盘由传动系、行驶系、转向系和制动系组成。

（1）传动系

传动系由离合器、变速器、万向传动装置和驱动桥组成，用来将发动机输出的动力传给驱动轮，并使之适合于汽车行驶的需要。

离合器固定于发动机飞轮后端面，并与变速器相连。离合器经常处于接合状态。当踩下离合器踏板时，离合器分离，动力传递中断，以便进行起步、换档和制动等项作业。离合器还可通过打滑对传动系实行过载保护。变速器上设有若干个前进档和一个倒档，各档传动比都不相同，可以满足汽车在不同行驶阻力和不同车速下的需要。倒档可以使汽车实现倒驶。

"空档"可以将动力传递中断。万向传动装置位于变速器和驱动桥之间,将变速器输出的动力传至驱动桥。驱动桥由主减速器、差速器、半轴和桥壳组成,其中,有一个桥是驱动桥,驱动汽车,而另一个桥为从动桥,没有驱动作用。但越野汽车所有的车桥都是驱动桥,因此在变速器后面设有分动器,负责向各桥分配动力。

(2)行驶系

行驶系是汽车的基础,由车架、车桥、车轮与轮胎及位于车桥和车架之间的悬挂装置组成。车架是汽车的装配基体,将整个汽车装成一体。车桥与车轮负责汽车的行驶,悬挂装置将车桥安装于车架上,起到传力、导向和缓冲、减振的作用。

(3)转向系

转向系用来改变或者恢复汽车的行驶方向。它是通过使前轮相对于汽车纵向平面偏转一定的角度来实现转向的。转向系主要由转向操纵机构、转向器和转向传动机组成。

(4)制动系

制动系的作用是使行进中的汽车迅速减速直至停车,使停放的汽车可靠地驻留原地不动。行车制动装置由设在每个车轮上的制动器和制动操纵机构组成,通过制动踏板来操纵。驻车制动装置的制动器有装在变速器第二轴上的,但大多数是与后桥制动器合为一体的。驻车制动器由手动操纵杆来操纵。

3. 车身

车身容纳驾驶员、乘客和货物,并构成汽车的外壳。载货汽车车身由驾驶室和货厢组成,客车与轿车的车身由统一的外壳构成。其他专用车辆还包括其他特殊装备等。车身还包括车门、窗、车锁、内外饰件、附件、座椅及车前各钣金件等。

4. 电气系统

燃油汽车的电气系统包括蓄电池、发电机和充电系统、点火系统、仪表系统、照明与信号系统、辅助电气装置、空调和音响系统等,其具体分类及各部分所包含的电气设备如图9-1所示。

燃油汽车的电气系统具有以下特点:

(1)两个电源

两个电源分别为蓄电池和发电机。蓄电池主要供起动用电,发电机主要是在汽车正常运行时向用电器供电,同时向蓄电池充电。通常,从蓄电池至起动机和从蓄电池至发电机的导线,是汽车电路中规格最大的导线。

(2)低压直流

汽车常用电压为12V和24V。由于蓄电池充放电的电流为直流电,所以汽车用电均采用直流电。

(3)并联单线

汽车用电的设备很多,但基本是并联的。汽车发动机、底盘等金属机体为各种电器的公共并联支路,而另一条是用电器到电源的一条导线,故称为并联单线制。导线的规格决定其耗电量,导线越长耗电越多。

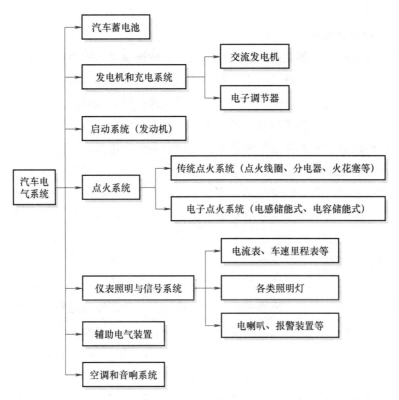

图 9-1 汽车电气系统

（4）负极搭铁

与建筑物不同，汽车电气系统采用单线制时，电源采用负极搭铁。即蓄电池正极引出线经熔丝盒连接到各用电设备，负极引出线与车身及发动机缸体相连，而车架、车身壳体和发动机相互连接，作为汽车用电设备的搭铁端（即负极）。因此，汽车电路的搭铁点不止一处，任何带电的导线、接线端子或零件接触到搭铁端，都将形成完整的回路。

9.1.2 燃油汽车常见火灾原因

燃油汽车中存在大量可燃液体和可燃固体，同时，汽车中有电气系统、高温表面等火源、热源。因此，燃油汽车火灾屡有发生，且发生火灾后迅速蔓延，燃烧猛烈（图 9-2）。常见汽车火灾原因主要有以下几种。

1. 电气故障引起的火灾

燃油汽车内电气线路及电气设备是其重要组成部分，又常是引起火灾的主要火源。在电气线路及电气设备上，由于各种原因使电气线路相接或相碰，电流突然增大，超过导线正常工作发热量，造成电气设备故障发热或将绝缘

图 9-2 汽车火灾燃烧现场

层引燃起火。

(1) 电气线路短路起火

燃油汽车长期使用时，车上电气线路和电气设备的绝缘层出现磨损、脆化、开裂或其他形式的破损后，与金属导体相碰会产生电弧。液体泄漏致使接插部位处绝缘材料的绝缘性能下降，或者接插部位受到挤压，都可导致接插件松动或断裂，从而产生电弧。此外，汽车受到猛烈的冲撞时，导线因压损或断开而产生电弧。特别是蓄电池引出线和起动机电缆等未经过线路保护装置的线路，它们所通过的电流大，较容易产生电弧。

(2) 接触不良过热

汽车在行驶过程中产生颠簸与振动，容易导致汽车电气线路与电气连接处发生松动，进而增大接触电阻，加之汽车用电为低电压高电流，在接触不良处更容易造成局部过热，甚至接触点松动打火。

(3) 电气线路过负荷

汽车上各部位电气线路的导线，都是按汽车中各种电气的容量标准选择导线截面进行配置的。若接入额外的电气设备，特别是功率较大的设备，致使导线过负荷运行，此时导线发热升温可引起火灾。如在原线路中加报警器、防盗器、音响、增光器、电热垫等电器，致使线路整体或局部过负荷起火。线路中的高电阻故障，可导致导线的温度高于其绝缘皮的熔点，特别是在散热条件差的地方，如线束内部或仪表盘下方的导线经常发生这种现象。而且故障发生时，线路保护装置不会动作并切断电路。电动座椅和自动升降门窗等大电流用电设备的线路故障，能够引燃导线绝缘皮（绝缘材料）、地毯织物或座椅缝隙间堆积的可燃尘垢。部分汽车配备了自动调温的座椅加热器，线路故障可使加热元件持续工作，从而导致过热。此外，一些车主在装饰时盲目增加音像和通信设备、自动报警装置等，由于乱接电源和增大负载或接点不牢固，致使故障点增多，都有可能引发火灾。

(4) 蓄电池火灾

铅蓄电池是一种可逆的直流电源，能够将化学能转变为电能供汽车使用，也能将电能转变为化学能储存起来，在汽车上与发电机并联，共同向用电设备供电。蓄电池过度充电及蓄电池外壳破损，或者由于强烈的振动或击伤，会使电池外壳破裂；蓄电池发热、气体压力过大或电解液冰冻膨胀会使外壳变形或封口胶破裂；极柱的接线部位氧化或松动等造成接触不良，蓄电池上放置金属件或蓄电池上方积水（电解液）等造成极柱间或极柱与车身短路；隔板质量不高或损坏使正负极极板相接触而短路；活性物质在蓄电池底部沉积过多、金属导电物落入正负极极板之间，也可造成蓄电池内部极板短路。这些外部故障和内部故障都可使蓄电池引起火灾。

2. 供油系统故障引起的火灾

(1) 输油管路松动或破损引起漏油

汽车本身存在几种可燃液体。常见车用可燃液体的闪点和着火点见表9-1。汽车在使用过程中，由于腐蚀、碰撞、振动、老化等原因出现管路接头松动、油路破损开裂或油开关关闭不严等现象，导致燃油泄漏，与空气形成爆炸气体，遇到明火或发动机工作时产生的电弧火花引起燃烧。此外，泄漏的机油、润滑油，由于黏性较高，附着在炙热的排气管上也容易引发火灾。例如，机油能从油底壳垫片四周、损坏的缸体泄漏出来，滴落在炽热的排气管上，遇引火源起火。燃油管、化油器或发动机的某一部位出现泄漏小孔后，泄漏的燃料可以从微小的气雾发展成大片的蒸气，遇引火源就会发生火灾。排气净化系统中的活性炭罐或真空管容易出现油蒸气泄漏的故障，泄漏的油蒸气贯穿整个发动机系统，遇引火源可起火。需要指出的是，排气管和其他排气装置的炽热表面点燃可燃液体的影响因素有很多，如液体的自燃点、通风条件、可燃液体的饱和蒸气压、炽热表面的温度和粗糙度，以及可燃液体的量和其在炽热表面滞留的时间等。

表 9-1 常见车用可燃液体的闪点和着火点

液体	闪点/℃	着火点/℃
汽油	-43	280
柴油	52	260
乙烯乙二醇（100%）	111	398
丙二醇	99	371
液压制动油：DOT3 DOT5		190 260
润滑油（包括动力转向油和自动传输油）	150~230	260~371

（2）化油器回火

化油器回火现象是火花塞点燃混合气后，其燃烧火焰从进气管向化油器返回而引起的。气缸内的燃油在发动机工作行程的后期仍在燃烧，但在排气行程的后期还没有燃尽。此时进气门开启，燃烧火焰与进入化油器的新鲜空气燃料混合气相遇，燃烧剧烈并发出声响。发生化油器回火后，可能引燃汽油造成火灾，是化油器式汽油机汽车常见的起火原因。化油器回火的主要原因是燃料与空气的混合气比例调节不当，气缸点火过早或点火顺序错乱，造成车辆加速不灵，若急剧加油也会产生化油器回火。

3. 机械故障引起的火灾

（1）发动机机械故障

燃油汽车发动机的润滑系统缺油时，机件的表面相互接触做相对运动，摩擦产生高温，如接触可燃物可导致火灾。一般发动机的变速器、齿轮箱、车轮、传动轴的工作温度都低于润滑油的燃点，但如果轴承、活塞、气缸壁、齿轮箱等部位由于磨损或制造缺陷造成过度摩擦，会引燃润滑油造成火灾。

（2）制动系统机械故障

在汽车的制动系统中，摩擦片与制动鼓之间由于摩擦产生了大量的热量，如果这种热量不因汽车的行驶或制动鼓、制动盘的适当通风而散失掉，就会聚集产生高温。如果液压油出现泄漏就会被引燃。制动系统中制动片和轮毂间隙调整过紧，或因道路限制（下坡路）需长时间制动也会引起制动鼓过热，可能引燃轮胎或制动液。制动液温度的增加引起压力上升，如果造成制动油路的破裂，制动液喷射到热的制动鼓、制动盘上，就会被引燃。

(3) 汽车轮胎故障

汽车轮胎由于充气不足、超载或两者的综合效应，造成侧壁弯曲产生热量的速度要比汽车行驶中散发热量的速度快得多。这时，如果汽车停止行驶，不再起到散热作用，聚集的热量会很快使轮胎侧壁的温度上升而超过其自燃点造成自燃。特别是载货汽车或拖挂车上的双轮轮胎，当两个轮胎中有一个跑气或爆胎时，由于相邻的轮胎承受了双倍的负荷而形成过载，更易导致轮胎摩擦生热起火。轮胎的着火需要很大的热量，但一旦着火含油的橡胶碳对水有排斥作用，且橡胶的隔热性能会阻止导热冷却，因而扑救十分困难。

4. 遗留火种或放火引起的火灾

(1) 遗留火种

汽车内的装饰大多为可燃物或易燃物。表 9-2 给出了车内常见固体可燃物的燃烧参数。如果驾驶员或乘客在车内吸烟而又未将烟头熄灭就遗留在车内，烟头就会引燃可燃物而发生火灾。即使将未熄灭的烟头扔出车外，由于烟头较轻，距离车体很近，在汽车行驶时，由于负压作用，气流流动的惯性使驾驶室后部形成涡流，很容易将抛出的烟头卷入汽车槽厢内，引燃可燃物起火。

表 9-2　车内常见固体可燃物的燃烧参数

材料	初始放热温度/℃	自燃点/℃
聚氨酯海绵	251	339
毛毡填充物	431	456
操纵杆防护罩	176	480
化纤织物	250	324
麻布织物	219	326
人造纤维织物	362	423
绒布织物	262	317

(2) 放火

放火多分为恶意报复放火和为骗取保险金放火两种，多采用易燃液体汽油作为助燃剂，且主要将汽油或其他易燃液体如柴油、油漆稀料等直接泼洒在驾驶室内、发动机部位或汽车轮胎处，然后用火源点燃。

5. 排气系统引起的火灾

排气系统由排气(歧)管、催化转换器、消声器、尾管构成。为了减轻这些部件在车身下方受到的振动和冲击，一般采用橡胶制 O 形环固定。

混合气在缸内燃烧后排出的废气温度很高，导致排气系统本身的温度也很高，通常采取隔热措施，但是在维修或保养后丢弃的破布、底罩脱落或停车场上的干草，与排气管接触就会起火。另外，法兰松动或受到腐蚀、破损，同样会导致高温废气喷出，如果恰巧喷到聚氨酯保险杠或隔热材料上便会引起火灾。

气缸排气歧管与总管在汽车运行时，由于各个气缸内燃料油的燃烧使排气管的温度很高。根据国外资料报道，在一般公路上行驶时，排气管温度可达到 300~400℃；在高速公路上行驶时，排气管温度可达到 400~500℃；在山路上行驶时，排气管温度可达到 500~650℃。这样的高温足以引起油类着火，此时如果汽车有漏油（包括汽油与润滑油），油滴落在排气管上，可能会引起火灾，尤其润滑油更危险。

发动机异常高速、持续空转，造成排气管过热，在其传导和辐射热量影响下，使固定排气管的 O 形环或车内地板起火。另外，发动机过热会导致曲轴箱强制通风装置内的气体过热，造成合成树脂发动机盖熔化而喷出机油，或者使发动机缸盖垫片损坏导致机油泄漏，遇过热的排气管起火。

三元催化装置使用泡沫陶瓷状的金属催化剂（如铂或钯）将碳氢化合物、CO 和氮氧化物转化为毒性较小的化合物。在正常工作条件下，转化器内部的工作温度为 600~650℃，而外部温度大约为 300℃。如果转化器使用不当，或者车辆保养不好，燃料燃烧不充分（气缸故障、点火装置故障等），转化器的温度能够超过陶瓷的熔化温度（1250℃），而外部的温度将达到 500℃。这样的辐射源能够点燃车辆下方或者与其上方相接触的面板上的可燃材料。当车辆停放后转化器与灌木、树叶和可燃的丢弃物恰好可以接触，就会造成这些可燃物的燃烧。有些装备转换器的车辆长时间的空转，特别是在车底下的空气流通受到限制的情况下，能够产生足够的高温，使底部的覆盖物和车内的装潢由于辐射热或传导热而被点着。

6. 其他原因引起的火灾

（1）交通事故

汽车发生撞车或翻车，易使车体油箱、油泵、油管破裂，造成喷油，遇发动机高温或电火花即可起火。高速运行的车辆撞击时，相撞车辆的油箱等供油系统直接接触高温发动机，易造成爆炸起火。车辆内部的电气线路因撞击损坏发生短路起火。撞翻、挂翻的车辆会使油箱、油罐内油液流散，遇明火而起火。运载的化学危险物品因撞击能够起火。因受撞击，车内易燃物飘散，遇发动机或排气管的高温而起火等。

（2）违章操作

汽车在修理时驾驶员、维修人员违章操作也是引发火灾的主要原因之一。汽车发生故障后，维修人员及驾驶员难免要检查、修理、测试汽车油路、气路、电路，并要拆卸、清洗、安装管路设施，甚至动火、动焊进行切割、修补，在修理过程中，如果维修人员、驾驶人员违规冒险作业，就难免造成火灾事故。修车过程中发生的火灾事故主要有：一是在焊补车厢、车架、油箱时，由于未严格对焊补处进行油污、尘垢清理，引起爆炸起火；二是检修车辆时违章用火，直接用明火烘烤发动机，或从油箱内抽出汽油时，使用火柴或打火机照明，引起燃油或可燃物起火；三是违规供油发生的"回火"起火较突出；四是在动火、动焊中，高温火焰或焊接引燃"洗件油"、车上装饰可燃材料、沙发座椅、电气线路设施造成火灾的情况也较多。五是在电气维修中，由于技术、材料质量的原因，汽车修好后很短时间就发生汽车电气火灾事故。

9.2 新能源汽车结构及常见火灾原因

广义的新能源汽车是指除汽油、柴油发动机之外所有其他能源提供动力的汽车，主要包括电动汽车、气体燃料汽车、生物燃料汽车、氢气汽车、太阳能汽车等。本书所提的新能源汽车是狭义概念的，现阶段广泛使用的电动汽车类新能源汽车。与燃油汽车相比，新能源汽车由于动力不同，其火灾规律也不完全一致。

9.2.1 新能源汽车构造

新能源汽车主要由电动机驱动，由电力驱动系统控制系统替代发动机。主要由电力驱动主模块、车载电源模块和辅助模块三大部分组成，这是与内燃机汽车的最大不同点。新能源汽车的其他装置与内燃机汽车基本相同。

1. 电力驱动主模块

电力驱动主模块主要包括中央控制器、驱动控制器、电动机、机械传动装置和车轮等，它的主要功能是将蓄电池的电能转化为车轮的动能，为车辆提供可靠的驱动力。装有能量回收装置的车辆还可以将车辆减速制动时车轮的动能转变为电能储存在蓄电池内。新能源汽车装有和传统汽车类似的加速踏板，只不过是用来控制电流大小的，而不是控制节气门开度的。中央控制器根据加速踏板传来的电流信号，向驱动控制器发出指令，对电动机进行控制，如加速、减速等。驱动控制器是按照中央控制器的要求指令、电动机的速度和电流反馈信号，对电动机的速度、旋转方向等进行控制。

2. 车载电源模块

车载电源模块主要包括可充电蓄电池、充电控制器和能量管理系统等，其作用是向发动机提供能源，使其能够进行工作，并且检测电源运行情况和控制充电时间。蓄电池是新能源汽车的动力来源，主要有铅酸蓄电池、镍氢蓄电池、镉镍蓄电池、锂离子蓄电池等。

3. 辅助模块

辅助模块主要是一些提高汽车舒适性、安全性和操控性的装置。如声光信号、空调系统、电子助力装置、音响设备等。

新能源汽车与燃油汽车相比，有以下几个明显特点：

1）取消了内燃机，改用动力电池加电动机的方式来驱动汽车。
2）不再需要加注燃油，改用需要外部电网对车辆进行充电来续航车辆行驶里程。
3）延续使用传统汽车的大部分系统或部件，如转向系统、车身电器等。
4）由于新能源汽车储能和续航能力较低，电池组重量较大。
5）新能源汽车采用的液压制动系统与传统汽油车基本结构区别不大，但在真空辅助力系统上有较大差异。
6）部分新能源汽车采用再生制动，实现将车辆的惯性能量部分回馈至储能器，同时对车辆起到制动作用。

9.2.2 新能源汽车常见火灾原因

新能源汽车着火原因主要有电池问题、碰撞、浸水、零部件故障、使用问题及外界原因。新能源汽车着火时车辆的状态为充电后的静置状态、充电状态及行驶状态。电池问题是新能源汽车火灾事故的主要因素，发生燃烧或爆炸时处于行驶、充电和静置状态的车辆分别占30.7%、36.2%和33.1%，65%的车辆电池荷电状态（SOC）为80%~100%，说明高电量状态的车辆的安全性相对更差。

1. 充电时起火

充电时起火是最常见的起火情况之一，主要是由于电池管理系统（BMS）监测失效下动力电池出现过充引起。在充电状态下，BMS会根据所监测的电池状态给出一个合理的充电方案，通过与充电桩的通信来控制充电条件。由于每个单体电芯内阻、自放电率、衰减率、极化等具体参数发生波动，无法保持一致。虽然在成组前会对电芯进行分组，但随着使用时间增长，个体电芯差异变大，BMS对电池的检测准确率会越来越低，最终导致BMS失效，造成电池过充。过充会影响电池使用寿命，导致电池发热，连接导线变软，甚至破坏绝缘层，引起短路。

2. 行驶中起火

行驶过程中车辆电路系统处于放电状态，其火灾原因可分为两种。一种是车辆自身故障导致自燃。汽车电路系统及动力电池组处于放电工作状态，长期工作车辆电池达到温度峰值，热管理模块未能很好降温，从而引起火灾。由于电池处于车辆底部，火灾发生时可明显感觉到车内温度升高，同时车辆动力不足。火灾发展蔓延迅速，严重时会威胁到驾乘人员生命安全。另一种是车辆碰撞造成电池系统受损引发火灾。车辆遭受猛烈撞击时，可能导致电池温度急剧升高甚至爆炸。

3. 停驶时起火

停驶时起火有两方面原因：第一个原因是汽车停驶时，散热系统停止工作，此时电池热量并未完全散去，如果在局部聚集导致局部高温，会引起燃烧；第二个原因是受环境温度影响，由于动力电池包往往安装在车的底部，高温天气下地面辐射的大量热量被电池包吸收，造成电池热失控，而导致动力电池起火。

4. 碰撞后起火

碰撞起火是较多出现的情况之一。车在高速行驶时动量很大，高速撞击导致汽车变形，电池组也相互挤压变形，最终损伤破裂与短路，造成电池的局部热集聚，燃烧起火。同时，剧烈碰撞本身也可能产生火花，在电解液等可燃物质与氧气接触下极易燃烧。特别是三元锂离子电池，其热失控温度不足200℃，而且三元材料在达到一定温度时还会分解释放出极活泼的初生态氧，即使在没有外界氧气供应的情况下，电池内部就完整地具备燃烧三要素，满足燃烧条件，因此碰撞后更容易起火。

5. 浸水后起火

浸水后起火原因跟电池箱密封性有很大关系。正常情况下，电池包都是密封的，出厂也达到安全合格标准，但这些检测指标是在特定条件下得到的数据。如果车辆浸泡时间过长，不排除电池箱仍然会渗水。水压会压迫电池包密封件，另外雨水呈弱酸性并有大量杂质，会腐蚀密封及高压插件，从而加速电池包进水等。

一般新能源汽车用动力电池箱的防水等级在 IP67 及以上级别，即电池底部到水面距离 1m，顶部到水面 0.15m 状态下，可浸泡 30min。防水 IP68 级则是更长时间的持续浸泡。在日常生活中的雨天涉水或短时间浸水等使用场景下没有问题，但是若电池箱的密封性未能达到防水要求或者电池箱长时间浸水，则极易使电池包进水，导致内部电芯短路引起电池着火。

6. 其他着火情况

还有一些因素会引起新能源汽车着火，如电气故障、违章操作、吸烟、遗留火种、放火等，这些原因并非新能源汽车的独有特性，且发生原因与新能源汽车构造无关，因而此处不再做讨论。

9.3 汽车火灾现场勘验与询问

汽车火灾原因比较复杂，但从火源来看，可分为外来火源和内部故障两种。在汽车火灾原因不明了时，必须要考虑电气设备的因素。

9.3.1 汽车火灾现场勘验

汽车火灾的现场勘验工作应当在汽车火灾发生地进行。但是有许多原因造成火灾调查人员无法在发生地完成勘验工作，比如在调查人员到达火灾现场之前汽车已被拖动等。所以在大多数情况下，只能在报废车停车场、汽车维修厂或仓库等地点进行现场勘验并完成勘验笔录。

1. 现场勘验的基本内容

（1）汽车基本信息的确定

通过寻找外部标志辨识车辆，如徽标、独特形状的车门，通过勘验，确定汽车的构造、类型、生产年代和其他识别标志，记录相关信息。此外，大部分汽车制造商会在发动机舱的侧壁上附加一个含有部分信息的车辆识别号码牌。车辆识别号码牌通常由铆钉固定，安装在发动机舱内右后壁上。汽车的车辆识别号码提供汽车制造商、产地、车身类型、发动机类型、生产年代、装配厂和生产序列号等信息。如果车辆识别号码牌在火灾中得以保留，可以通过车辆识别号码准确地对汽车进行鉴别。通过车辆的辨识使得灭火救援人员及火灾调查人员能够迅速了解该车的动力电池种类、容量及高压线路的布置等信息。

新能源汽车识别标志由电池图形、新能源汽车的英文缩写"EV"（Electric Vehicle）和"电动汽车"字样等元素组成，标志设置在车体两侧与车体后视面。混合动力汽车（HEV）是"Hybrid Electric Vehicle"的缩写，插电式混合动力车型（PHEV）是"Plug-in Hybrid Electric Vehicle"的缩写。随车配备的汽车服务手册、救援指南及张贴的危险警告，也应作为标识辨别的重要参考。新能源汽车内的高压线束通常采用醒目的红色或橘色，处置时应着重加以区别。

还要辨识新能源汽车电池的位置，乘用车动力电池一般安装在车厢底盘下面或后排座椅后方。纯电车底盘比较紧凑和空旷，且电池比较大，所以基本安装在汽车底盘，有的安在底盘副驾驶侧。而混合动力的汽车电池比较小，一般布置在行李舱或者后排座椅下面。箱式新能源货车的电池一般放置在车体两侧或车体后侧。重卡汽车的电池一般位于在驾驶室后侧。新能源公交车的电池一般布置在车顶、底部、后部及尾部。

此外，为便于比对勘验，还可以找到与发生火灾的汽车年代、构造、类型及装置相同的汽车，仔细进行比对或者查阅相关的维修手册，以获取相关信息。

（2）确认环境安全，防止发生二次事故

对于新能源汽车火灾，在没有排除锂电池发生热失控的前提下，进入现场进行勘验前应该确认燃烧已经终止，不会发生复燃现象。当发生锂电池热失控引起燃烧时，即使外部明火被扑灭，热失控反应依然持续进行，这样会大大增加锂电池火灾复燃的概率。为了防止发生复燃现象，即使火灾被扑灭，还应该持续向锂电池外部进行喷水，以降低锂电池外部温度和热失控反应效率，减小复燃的概率。同时，采用测温仪或热成像仪对锂电池的位置进行检测，以评估电池的安全性能。万一发生复燃，救援人员应在距离起火车辆约15m处进行灭火，以确保安全。

现场勘验前，应当利用气体检测仪，对新能源汽车周边的环境进行实时检测，如果出现有毒性气体或刺激性气体，应该使用排烟机正压排烟或将水枪调整成开花状态稀释气体，以防止气体积聚。

确保对车辆进行了断电操作，以防止触电。需要测定新能源汽车车辆外表的电压情况，待满足要求之后再进行勘验工作。在破拆过程中不要直接触碰锂电池高压组件，避免出现击穿情况。在做好绝缘保护的前提下，可以将车辆进行翻转并卸除掉锂电池，以消除火灾隐患，但注意翻转车体时应尽量避免振动。

新能源汽车没有发动机，听不到声音切不可认为车已熄火，如果在用档位为前进档或倒档，轻踩加速踏板也可导致车辆运动。因此，勘验前除要确认断电外，还应切换到驻车档，以保证在勘验过程中车辆不发生移动。

（3）原始现场的固定

应对原始火灾现场进行拍照，通过照片反映火灾现场全貌，包括周围的建筑物、公路设施、植被情况，以及其他汽车、轮胎留下的痕迹和脚印等。勘验并记录上述物体的烧损情况和燃料的流淌痕迹，有助于分析火灾蔓延的方向，同时记录已散落的汽车零部件和火灾现场残留物的位置及状况。将汽车拖走之后，可对汽车所在地面进行拍照，观察有无油迹（图9-3）、燃烧爆炸等痕迹。即使被汽车遮盖住的地面或路面没有明显的火灾烧损痕迹，也应当对这部分进行拍照，同时记录掉落的玻璃和残留物的位置。绘制简图并标注说明，使照片文

图 9-3　地面上的油迹

档更完善。

对汽车内部、外部的烧损和未烧损部位，都应当有针对性地进行拍照。汽车地板上的火灾残留物包括车内的物品、汽车钥匙和点火开关等，清理之前应对其进行拍照，以便记录各个物品的原始位置。

检查现场周围是否有盛装液体的容器或者打火机等，有的放火者在实施放火时因为紧张或者一些意外的原因，将盛装液体的容器遗留在车内或者汽车周围。

2. 汽车各部位的勘验

（1）发动机舱的现场勘验

发动机舱是汽车的核心部位，除发动机外，各种设备、管道、连接器错综复杂，事故状态下还会有油料和油气混合物。机舱空间小而相对封闭，此处发生的火灾往往是打开机舱盖后才迅速蔓延。勘验时，重点通过机舱盖、两侧舱板内外的漆面起泡变形变色痕迹，判断火势蔓延方向，即判断起火点位于机舱盖上方还是下方。如果机舱盖变色明显不均匀，存在燃烧轮廓，则可能为机舱上方起火。反之，为机舱内起火。对于机舱内的勘验，主要检查油路部分，分析是否存在漏油故障；检查电气系统，分析是否存在电气故障；检查润滑系统，分析是否存在摩擦等故障。

（2）驾驶舱的现场勘验

检查车玻璃破坏痕迹。如果火势从发动机舱向驾驶舱蔓延，前挡风玻璃会受热炸裂。由于火势来自玻璃的下部，会引起挡风玻璃从其下沿破裂，其炸裂程度会明显比上部更猛烈。当火灾发生在驾驶室内，且起火点距离玻璃有一定距离时，火灾发生后，会首先在车内顶部形成热烟气层，使车窗玻璃的上部首先炸裂。当起火点距离车窗较近时，会首先引起该处的车窗炸裂，其炸裂痕迹与其他车窗存在明显的差别。

车辆正常行驶状态下，如果汽车后部发生火灾，在气流的作用下，火势向前蔓延较慢，甚至有时候火灾局限在汽车后部。曾经有货车车厢货物被烧毁，而驾驶员没有发现的案例。反映到车身受热痕迹上，则会出现后重前轻的痕迹。车辆在停放状态下起火，如果起火部位位于驾驶室内，火势向两侧蔓延速度相当，在车门上会形成对称的受热痕迹，变色程度明显重于前、后两侧。

对于吸烟遗留火种引起的火灾，起火点多在驾驶室或车厢的可燃货物上，由于具有阴燃起火特征，往往造成驾驶室内一侧的窗玻璃烟熏严重且烧熔。起火后燃烧严重的部位是上部。驾驶舱内长时间的阴燃会产生大量的烟气，车窗玻璃的内侧、舱顶部会发现明显的烟熏痕迹。对于使用助燃剂放火的情况，在没有形成积炭前，迅速上升的温度通常使玻璃因不均匀的热膨胀而破碎，而且烟熏轻微。而火灾前玻璃破碎，车内玻璃残片下方无烟熏痕迹。

如果火灾发现较晚，驾驶舱燃烧程度严重，可以通过金属构件颜色和形状的变化、座椅弹簧及其他金属部件弹性的强弱、车窗玻璃熔融及其他物品的燃烧等痕迹，来确定高温区域，进而认定起火点。

查找明火点燃痕迹，勘验时注意鉴别门窗玻璃是受机械力破坏还是热作用炸裂，玻璃碎片形状和烟熏程度，是否有液体流淌的痕迹等来判断火源种类、火灾发展的速度，驾驶舱内的明火点燃痕迹大多与放火联系紧密。

另外，应该检查驾驶舱内是否有其他可燃物品残余痕迹，尤其是一次性打火机的残留痕迹。

（3）电气系统的现场勘验

在勘验开始前，应先取得起火汽车的电气图，掌握其基本原理和线路走向及作用。电气部分勘验一般遵照从电源系统入手，沿起动系统、点火系统、照明信号系统、显示警报系统、辅助电气系统到配电系统和电子控制系统的顺序进行。勘验重点是线路的被烧程度和绝缘状况，有无短路、过负荷、局部过热痕迹及线路上的各类熔痕和断点，必要时要分解拆卸，勘验内部有无电气故障痕迹。

1）起动电路勘验。汽车起动电路工作原理比较简单，即在起动发动机时，操作控制机构接通直流电动机电源，起动机即带动发动机旋转。发动机起动后，通过控制机构切断起动机电源。起动电路的主要火灾危险因素是起动电流大，一般汽车起动电流为400~600A，大型车的起动电流可达1000A。因起动电流很大，要求起动电路采用专用的蓄电池接线，必须保持足够的截面。另外，蓄电池的接线柱、起动机接线柱与蓄电池接线都要牢固接触。勘验汽车起动电路烧毁或由此而导致的汽车火灾时，应了解汽车起动状态和起动时的现象，如发现起动电动机绕组烧毁、蓄电池接线过热或烧毁，可认为火灾是起动电路故障或外因造成的起动机过载造成的。

2）点火电路勘验。从点火线圈引出经分电盘到各个火花塞的高压线的电压高达15000~20000V，如果绝缘破损，或者接触不好，或者其裸露部分与铁件过近，或者脱落，都能产生足以引燃汽油蒸气的电火花。高压电火花尽管电压很高，但总能量有限，因此无法直接确定是否有放电痕迹，只能检查高压线的绝缘、裸露部分与铁件距离及有否脱落，检查是否采取过"吊火"措施，看高压线与火花塞是怎样连接的、各高压线插入配电气上盖各座孔的深度和牢度，以及检查发动机的清洁情况和是否漏油等情况，来对点火电路进行勘验。

3）电源电路勘验。汽车电源电路与其他电气不同的是调节器。调节器的限压器、限流器、断流器不管哪一个出现故障或调整不当，都可能造成电源电路的不正常。限压器不能限压，可能造成线路和电气的损坏，还可能造成蓄电池的过度充电；限流器不能限流，可能造成线路及发电机的过载或烧毁；断流器故障，尤其是只能闭合不能断开时，其火灾危险性更大，许多停放的汽车火灾都是由于逆流切断器故障引起的。当怀疑火灾与调节器有关时，可将调节器送汽车检验部门检验其各个铁芯间隙、触点间隙、限压器的调节电压、限流器的限额电流、断流器的闭合电压及反向电流等参数是否符合技术要求。

4）蓄电池勘验。勘验蓄电池上表面烧损情况，以及用来固定蓄电池的夹具、蓄电池极柱与接线端子等处是否存在过热痕迹和电弧作用痕迹。

5）电气线路勘验。检查车上电气线路，查找是否存在熔痕。如果发现线路上存在熔痕，则分析是否为短路痕迹及短路痕迹种类，必要时送鉴定机构鉴定。

（4）燃油系统的现场勘验

燃油系统勘验重点是燃油箱和输油管路，主要鉴别其密封性是否完好，油料是否有泄漏现象。

1) 检查油箱和加油管状态。检查油箱是否破碎或局部渗漏。当怀疑油箱漏油时，可以取下油箱进行加水试验，检验油箱壁是否有漏水现象。加油管通常为两节，中间用橡胶管或高分子软管连接。部分汽车加油系统的橡胶或高分子衬管或衬垫深入到油箱内部。车祸导致连接管出现机械性破损，并出现燃油泄漏故障；外火也可烧毁连接管。汽车受到撞击之后，能造成加油系统的漏斗颈装置与油箱连接断开，并导致燃油泄漏。

2) 检查油箱盖状态。记录油箱盖是否存在，记录加油管尾端是否烧损或存在机械损伤。许多油箱盖含有塑料件或低熔点金属件，这些零件在火灾中能够被烧毁，并导致部分金属零件的脱落、缺失或掉进油箱。油箱受热或受火焰作用后，其外部能形成一条分界线，反映出起火时油箱内油面的高度。

3) 检查供油管和回油管状态。检查供油管和回油管是否破裂或被烧损。油管之间通常用一个或多个橡胶连接管或高分子软管连接，这些连接管处可发生燃油泄漏。检查并记录靠近催化转换器附近的油路管、靠近排气歧管的非金属油路管、靠近其他炽热表面的非金属油路管和容易受到摩擦的油路管的情况。

4) 检查机油等情况。检查机油、润滑油、传动油、转向油等容器及连接管路情况，是否有过热燃烧现象，或油液泄漏到排气管上，形成燃烧炭化痕迹残留在上面。

(5) 机械系统的现场勘验

汽车机械系统起火的主要原因是由于机件摩擦所致，一般集中在三个部位。一是发动机、传动系统的变速器、齿轮箱、各类轴承等；二是汽车的制动系统，重点部位是轮毂与制动装置；三是汽车的轮胎部分。

勘验发动机、传动系统时，重点检查是否有机械摩擦痕迹、润滑油中是否有金属碎屑等，这些痕迹是无法由外部火灾造成的，只能由机械摩擦造成。

勘验制动系统时，应该检查是否有剧烈摩擦痕迹、制动摩擦片灰尘、油迹的燃烧炭化或摩擦片破碎痕迹；制动鼓局部过热、变形痕迹；制动毂失圆、制动片变薄、铝钉外露与制动盘发生摩擦等痕迹，制动摩擦片破裂和烧蚀等痕迹。可将制动毂、轮胎、车轮和摩擦片与该车的其他车轮比较得出结论。

由于轮胎不易被引燃，且所处位置较低，一般情况下，轮胎容易残留下来。车内起火，一般处于下方的轮胎破坏不太严重。车厢着火，轮胎的上半部受热破坏严重，下半部破坏较轻。即使车胎被严重烧毁，其与地面接触的部分也可能会保留下来，如图9-4所示。从这些未烧毁的部分可以确定轮胎面的花纹与深度。如果轮胎严重烧毁，则应该检查是否存在轮胎过热起火的痕迹。轮胎起火时，会形成明显的由下向上蔓延痕迹。如前轮起火，火势蔓延方向从轮胎向上进入发动机舱或驾驶舱内，现场比较容易鉴别。严重烧毁的汽车，可能需要将轮胎逐个卸下，进行对比烧损破坏程度，来确认起火轮胎。重点勘验是否过载，车辆是否长时间行驶，特别是下坡长时间制动，使得制动鼓过热引起轮胎起火。检查轮胎和车厢体是否有摩擦痕迹，或是否存在轮胎充气不足、双轮胎货车其中一个轮胎爆裂的现象。若没有轮胎过热起火的痕迹，轮胎严重烧毁很可能是放火所致，应该认真分析轮胎烧毁原因，必要时提取轮胎下泥土及附近烟熏痕迹送检。

由于轮胎不易引燃，停放状态下如果轮胎部位严重烧毁，则存在外来可燃物的可能性较大。

（6）底盘的现场勘验

底盘是汽车机械系统集中的区域，存在诸多火源，如高温的催化转换器表面、排气管和火星、各类机械摩擦等。

勘验排气管或催化转化器是否引燃其他可燃物。要重点勘验车辆底盘下地面燃烧情况，是否有干草、树叶和其他可燃物夹带在排气管或催化转化器上，以及是否发生过热现象等情况。有时对汽车维修时，将抹布等易燃物遗忘在排气管或催化转化器表面。车辆在运行一段时间后，会引燃遗忘的抹布等易燃物。这时需要对车辆进行拆卸，仔细寻找局部高温引起的变形变色痕迹，并在相对应的位置寻找易燃物炭化灰化物，并对炭化灰化物进行鉴定。

图 9-4 烧毁轮胎贴地部位的花纹痕迹

3. 电池组专项勘验

当怀疑新能源汽车是由电池发生热失控引起火灾时，应对电池组进行专项勘验。通过底盘变色、变形痕迹判断底盘烧损较重的部位，根据情况对底盘进行拆解，观察内部烧损情况。对比同型号车辆，观察电池舱绝缘保护是否完好。观察电池外部是否有磕碰、穿刺、破裂等情况，并分析绝缘保护是否足够，判断是不是因为振动、接触不良、漏电引起的电池局部过热。

对电池包进行拆解，观察内部烧毁情况，从烧毁的严重程度确定起火电池组或者一组电池，烧毁严重的为起火点，然后对电池短路情况、物理破坏情况（如针刺、碰撞、破裂）、内部结构进行深入分析，确定起火电池单体。对电池单体的状态进行分析，初步确定起火原因。

利用 X 射线成像或 CT 三维成像技术，观察电池内部结构，判断电池热失控时气体流动，确定故障点，然后对电池拆解，分析故障点起火原因。

9.3.2 汽车火灾现场询问

1. 对驾驶员及乘务人员的询问

1）了解失火前车辆的技术状况。

① 汽车最后一次行驶的时间及行驶的距离。

② 汽车行驶的总里程数。

③ 汽车运转是否正常，如失速、电气故障。

④ 汽车最后一次维护的时间，如换油、维修等情况。

⑤ 汽车最后一次加油的时间及汽车的油量。

⑥ 汽车停车的时间、地点和周围环境及气象条件。

⑦ 最后离开汽车时的情况。

⑧ 汽车配置情况和自行加装电器情况等。

⑨ 汽车内是否存放私人物品（服装、工具等）。

2）了解发现起火的经过。一般行驶中发生的火灾，首先是局部冒烟或发出异味，着火点先出现明火并逐渐扩大蔓延，驾驶员容易察觉。尤其是新能源汽车电池发生故障起火时，一般会有气体泄漏产生爆炸，泄漏气体在高温下燃烧会出现火焰喷射的现象。因此，当新能源汽车发生火灾时，应对火势蔓延情况及火和烟雾的颜色进行询问，了解当时是否有泄漏现象及爆炸声，是否有火焰喷射的现象。

3）了解道路及自然气候情况。

4）了解车上所载物品性质，是否有易燃易爆品。

5）了解车内人员用火情况，是否吸烟、用火。汽车在行驶时，由于负压作用和向前行驶时气流流动惯性，使驾驶室后部形成涡流，很容易将抛出的烟头卷入汽车槽箱内，引燃可燃物。车速慢时烟头不易卷入后车厢；车速大于50km/h时，烟头易被卷入后车厢。

6）了解有无违规操作。一些驾驶员在汽车油路出现故障时，采用直接向化油器供油的办法违章行驶，极易引起化油器回火或漏油，导致火灾。

7）了解有无发生交通碰撞事故。汽车发生交通碰撞事故后，由于撞击产生火花引起火灾，或油箱破裂后燃油泄漏遇明火、高温热体而发生火灾。新能源汽车电池稳定性较差，发生碰撞后易发生电解质泄漏等引发火灾隐患。

2. 对最先发现人的询问

1）了解起火点和发现时间，最先起火的部位及证实起火时间和部位的依据等。

2）了解发现起火的详细经过，即发现者在什么情况下发现，起火前有什么征兆，发现时的主要燃烧物质，有什么声、光、味等现象。

3）了解发现起火后火、热变化情况，蔓延方向，燃烧范围，火焰和烟雾颜色变化情况。

4）了解发现火情后采取过哪些措施。

5）了解发生火灾时车上有哪些人，是否有可疑人员及可疑物品。

6）了解起火时的车辆行驶速度、气象等自然情况。

3. 对其他相关人员的询问

1）向与驾驶员熟悉的人询问。了解驾驶员近期状况是否有异常，是否与人有矛盾或发生争执，是否大量投保。

2）向与车辆有利益关系的人询问。是否有经济矛盾，如驾驶员与车主、承包人与雇主之间的关系等。

3）向保险公司相关人员询问，听取他们的意见，了解是否有骗保的可能。

4）向新能源汽车生产厂家询问电池管理系统信息，判断汽车是否出现过充、过放电、内部短路、局部过温等情况，询问了解电池充电状态、充电开始时间、设备使用情况，由此判断车辆的 SOC。如果 SOC 小于 50%，则电池不具备火灾危险性。

5）向灭火救援人员询问，灭火救援时所采用的方法，电池复燃情况及所采取的措施等。

9.4 汽车火灾原因的分析与认定

9.4.1 汽车火灾原因分析

从汽车火灾的起火过程和现场情况看，行驶中的汽车火灾具有发现早、目击证人多的特点；静止状态的汽车火灾有发现晚但现场状态保存较好的特点。据此，将汽车火灾分为动态与静态两种类型进行分析。分析时应区分不同情况，按人—现场—车的顺序各有侧重地进行。其中内在火源、热源是重要原因，但也不能忽视人为因素、外界环境所带来的影响。

1. 行驶中汽车火灾的分析

汽车在行驶过程中发生的火灾，排除撞车、吸烟引燃可燃物等显性因素，一般是由于汽车机械或电气线路故障等因素造成的，如机械摩擦、汽化器回火、漏油、电气线路故障、高温区放置易燃易爆品等引起火灾。

1）检查现场时若发现道路上晾晒稻草，则应考虑麦秸等杂物卷至转动部位摩擦起火或排气管烤燃起火的可能。

2）道路崎岖不平，则要考虑因车辆底盘过低摩擦地面或被凸物撞击引起油箱及油路损坏造成火灾。

3）若地上有汽油燃烧痕迹，则有可能是汽车油路漏油所致。

4）若车底部有撞击痕迹，则应考虑石块等物体飞击的可能。

2. 静态情况下汽车火灾的调查分析

静态与动态汽车火灾既有共同点也有不同之处。共同点是它们的机械结构和部件没有变化，各种故障和起火原因都存在。不同之处在于静止状态无振动因素。

静止状态的汽车发生火灾，可能是电气火灾，也可能是由于清洗汽车或零件时违反操作规程、检修汽车违章用火、遗留火种、放火、偷油、停放位置不当、外来火种（烟花、爆竹）等原因所致。如果怀疑为电气火灾，应该寻找电气故障点。如用汽油擦洗发动机，使用含金属的擦布或毛刷上的薄钢板碰到电源线，使用明火照明、吸烟或随意进行动火作业等。因为起火前现场有人员活动，可通过调查访问了解到有关情况。对于后几种情况，因缺少目击证人，工作中应注重现场勘验工作。

9.4.2 汽车火灾原因认定

1. 电气故障火灾原因的认定条件

1）根据火灾燃烧痕迹特征，经现场勘验和调查询问等工作，可以确定起火部位。起火点大多在发动机舱或仪表板附近，新能源汽车起火部位大多在电池组处。

2）在起火部位发现电气线路或电气设备发生故障，并提取到相关金属熔化痕迹等物证，且熔痕为一次短路痕迹。

3）结合火灾现场实际情况，能够排除其他起火因素。

2. 油品泄漏火灾原因的认定条件

1）一般情况下汽车处于行驶状态。发动机舱内油品燃烧后残留的烟熏痕迹较重，同时起火初期大多数情况下冒黑烟，且当事驾驶员反映汽车起火前动力有不正常现象。

2）起火部位可以确定在发动机舱内或底盘下面。在发动机舱内重点过热部位，如发动机缸体外壁、排气歧管、排气管等，发现有机油、柴油、传动液等油品燃烧残留物黏附在其表面，同时找到存在的泄漏点。泄漏的汽油一般不能被炽热的表面所点燃。

3）排除电气火灾的可能。经现场勘验，在发动机舱内未发现电气线路或电气设备的故障点，或者存在相关电气物证，物证鉴定结果均为二次短路熔痕等。

4）结合现场勘验和调查询问情况，可以排除放火等人为因素引发火灾的可能性。

3. 遗留火种火灾原因的认定条件

1）经现场勘验和调查询问，确定起火部位。起火部位绝大多数在驾驶室，对于货车，可能在储物舱内。

2）经现场勘验，在发动机舱内未发现有电气线路或电气设备的故障点，或者存在相关电气物证，物证鉴定结果均为二次短路熔痕等。

3）在起火部位存在阴燃起火特征，且有局部燃烧炭化严重现象。

4）可以排除人为因素，特别是放火骗取保险金的可能性。

5）要调查询问确定车内人员的吸烟习惯，确定是否遗留火种，从离开车辆至起火的时间数据等。

4. 放火的认定条件

1）根据火灾燃烧痕迹特征，经现场勘验和调查询问，确定的起火点可能有一个或一个以上，且大都在驾驶室内、发动机舱前部、前后轮胎、油箱附近等。

2）经调查询问等工作，发现存在骗保或报复放火的可能因素。

3）在起火部位附近有选择地提取相关物证，如窗玻璃附着烟尘、车体外壳附着烟尘、炭化残留物、地面泥土烟尘、可疑物品残骸及事发现场附近墙壁、树干、隔离带等表面附着烟尘等。经检测分析，结果为存在汽油、煤油、柴油和油漆稀料等助燃剂燃烧残留成分，且定量分析出样品量较大，并可排除汽车所使用燃油的干扰因素和其他可能的干扰因素。

4）经现场勘验，在起火部位未发现电气线路或电气设备可能的故障点，或者即使存在相关电气物证，经现场分析或专业技术鉴定均排除与火灾原因有关，且同时可以排除遗留火种等其他可能性的。

9.4.3 汽车火灾调查应注意的问题

1. 迅速赶赴现场，详细询问

调查人员应该迅速赶往火灾现场或维修厂开展工作，详细了解汽车火灾发生的经过、时间、乘客和货物情况，起火的具体状态，大致的起火部位，驾驶员的操作程序和驾驶过程中的异常情况，才能为调查提供线索、明确方向。由于汽车发生火灾往往是在行驶过程、修理过程中，当消防救援人员到达现场时，火灾一般已经发展到猛烈阶段，加之可燃液体或电池的大量存在，汽车火灾往往燃烧得较为充分。有些汽车火灾现场只有驾驶员一人，由于种种原因，驾驶员很难如实地反映火灾客观事实。为此，应及时迅速赶赴火场，展开火灾调查，可借助录音笔、录音机等工具，对现场人员及时、反复地询问，为进一步调查提供线索、创造条件。

2. 对照电气原理图，分析汽车电气现状

汽车的电气部分担负起动发动机、点燃混合气及提供各项照明、各种音响等工作。电气部分是引起汽车火灾的主要火源。为了准确认定汽车电气火灾，应对汽车的电气原理有所掌握。电气部分一般有电源电路、起动电路、点火电路、辅助用电设备等。其电路上用电设备均并联，线路连接多采用单线制，故可能因线路上的短路、断路、过载、接触不良等故障产生电火花，引燃泄漏的油料和车内的可燃装饰物。汽车发动机主要由冷却系统、润滑系统、燃料系统、气缸体、曲轴箱和点火器组成，其火灾危险因素在于发生电打火的可能性。同时，也要对主要电气有所掌握，在掌握汽车一般电气原理的基础上，针对着火汽车的具体电气原理图展开分析，熟悉电气设备及线路在汽车的具体位置，为开展现场勘验理清思路提供方向。

3. 仔细展开现场勘验，科学提取物证

对可疑的部位或机器部件可以进行拆解检查，勘验被烧毁的汽车残体时，始终要注意发现和收集火灾原因证据。例如，车辆内部供油系统出现漏油，则应查寻漏油点，提取断裂的油管、破裂的油封、松动的螺钉；内部电气设备引发火灾，则应寻找短路点，提取电熔痕；可燃液体或燃料油类因振动或摩擦产生的静电放电引燃等。对于具有骗保性质的毁车火灾，应将调查和现场勘验紧密结合起来，注意对当事人的证词进行验证。如果火灾起源于驾驶室，则应重点勘验车门的窗玻璃，根据玻璃的破坏特征、烟熏情况、落地部位来判断其破坏的原因、火源的种类、起火特征等。汽车火灾虽然具有很强的破坏性，但其主要火源是车本身的电源、热源，起火部位及各种燃烧痕迹比较集中，起火特征较为明显，这就为调查提供了有利条件。

4. 结合汽车运行情况，分析火灾隐患所在

对着火汽车的运行情况，一般情况下驾驶员最为熟悉，其维修保养的详细记录，显示着该车故障分布状况及故障多发点，这往往是该车的隐患所在。在调查工作中，驾驶员可能直接提供出起火部位。但汽车在静止状态下起火，因无人看管，发现人有时不能提供起火的准确部位，要在汽车移动前的原始位置确定起火点，详细勘验车底部的燃烧痕迹及地面的燃烧痕迹和遗留物，然后加以比较。对于行驶中的汽车着火，逆风燃烧是困难的，一旦停车或减速，火势才会迅速扩大。这就要求进一步查明交通道路情况、操作行驶时是否加速不良、起火时的气象情况、车速及电气线路、仪表是否发现过异常。蓄电池电源线和仪表电束经过的穿孔最容易造成短路，经常与导线摩擦的部件也是危险的地方，驱动加热器和空调系统风扇的容量虽小，但因风扇转子卡死而增加的电流量足以使绝缘材料熔化，并造成其他载有较强电流的导线短路而发生火灾。人为附加警灯、警报、中央门锁、高档音响，额外敷设了大量用电线路，处理不当也极易引发汽车电气火灾。

复 习 题

1. 燃油汽车和新能源汽车常见火灾原因有哪些？
2. 汽车火灾现场勘验的基本内容是什么？
3. 汽车电气系统现场勘验的要点是什么？
4. 汽车燃油系统现场勘验的要点是什么？
5. 行驶中与静止情况下汽车火灾有何异同？
6. 汽车电气故障引发火灾的认定条件是什么？
7. 汽车油品泄漏引发火灾的认定条件是什么？
8. 遗留火种引发汽车火灾的认定条件是什么？
9. 放火引发汽车火灾的认定条件是什么？

第 9 章练习题

扫码进入小程序，完成答题即可获取答案

第 10 章
爆炸火灾调查

爆炸是一种极为迅速的物理或化学能量的释放过程。在此过程中，空间内的物质以极快的速度把其内部所含能量以压力、热量、声光等形式释放出来，爆炸产生的巨大能量能使周围介质受到冲击、压缩、推移破碎、抛掷、燃烧和振动等多种破坏效应，对现场造成严重的人员伤亡和破坏。本章介绍爆炸的分类及不同类型的爆炸特性、事故破坏特征及其调查方法。

10.1 爆炸的分类

爆炸过程及其反应的进行速度不但与其所涉及材料的化学性质有关，还取决于这些材料的物料状态和环境条件（如容器状况）。按不同的标准分类如下：

1. 按爆炸物质在爆炸过程中性质变化分类

根据爆炸过程中是否发生化学反应，可分为物理爆炸和化学爆炸。

物理爆炸是指物理状态变化引起的爆炸，物质只产生能量转换和物态变化，物质不发生化学反应，没有新的物质产生。如锅炉爆炸、压力容器因内部介质超压破裂等。

化学爆炸是伴随放热化学反应的爆炸过程，其能量主要来自化学反应能。化学爆炸变化的过程和能量取决于反应的放热性、快速性和生成的气体产物。爆炸后，可燃物的基本化学性质发生根本的变化。

2. 按燃烧传播速度分类

燃烧速度是表征爆炸反应进行速率的重要参数。按爆炸反应燃烧区传播速度，可将爆炸分类为爆燃和爆轰。

爆燃是一种在空气中以亚音速传播的燃烧反应，反应传播速度一般为每秒数十米至百米，压力上升速率相对较慢。

爆轰是一种以超音速传播的燃烧反应，其传播是通过超音速的冲击波实现的，每秒可达数千米。这种冲击波能传播很远，具有很大的破坏力。

3. 按爆炸发生的场合分类

按爆炸发生的场合，可分为密闭空间内爆炸和开敞空间爆炸。前者是指介质的燃烧爆炸发生在封闭的空间之内，如压力容器或管道、厂房内的爆炸等；后者是指可燃介质在室外大气中集聚后发生的爆炸，如工厂罐区内由于可燃气体泄漏形成的气云爆炸、空间分布的聚乙烯粉体爆炸等。实际工业生产中还有很多半封闭空间内的爆炸，即某些方向有约束而另外一些方向没有约束的爆炸，如煤矿巷道内的瓦斯爆炸等。

4. 按现场特征分类

从火灾调查的角度，根据爆炸现场的特征可将常见的爆炸分为以下四种：

1）固体爆炸性物质爆炸，简称固体爆炸，是指具有爆炸性的固态危险物品（包括固态炸药及固态爆炸性物品）在生产、使用、储运及故意破坏等情况下所发生的爆炸。

2）可燃气体、液化可燃气体、易燃可燃液体蒸气爆炸，简称气体爆炸，泄漏到空间中的可燃气体、可燃蒸气与空气形成爆炸性混合气体，当混合物浓度处于爆炸极限范围内时，遇引火源而发生的爆炸。

3）粉尘爆炸，是指可燃粉尘与空气混合形成粉尘云，达到爆炸极限浓度，在引火源作用下，粉尘空气混合物快速燃烧，引起温度、压力急骤升高而发生的爆炸。

4）容器爆炸，是指金属、树脂等高强度的储运容器或反应容器，因材质强度降低、存在缺陷或内部压力升高突破容器承压极限时而发生的爆炸。

10.2 可燃气体爆炸调查

10.2.1 常见可燃气体及其爆炸特性

1. 常见的燃气种类

常见的燃气主要有天然气、人工煤气、液化石油气等。

（1）天然气

地下自然生成的以甲烷（CH_4）为主的一种可燃气体称为天然气。根据开采和形成的方式不同，天然气可分为五种：①纯天然气：从地下开采出来的气田气为纯天然气，其甲烷含量在 90% 以上；②石油伴生气：伴随石油开采一块出来的气体称为石油伴生气；③矿井瓦斯：开采煤炭时采集的矿井气；④煤层气：从井下煤层抽出的矿井气；⑤凝析气田气：含石油轻质馏分的气体。为方便运输，天然气经过加工还可形成压缩天然气或液化天然气。

（2）人工煤气

人工煤气根据制气原料和制气方法可分为三种：固体燃料干馏煤气、固体燃料气化煤气、油制气。固体燃料干馏煤气是利用焦炉、连续式直立炭化炉和立箱炉进行干馏所获得的煤气，甲烷和氢的含量较高。固体燃料气化煤气由于热值低且毒性大，所以不宜做城镇燃气。油制气是利用重油（炼油厂提取汽油、煤油、柴油和润滑油所剩的残油）制取的城镇燃气。

（3）液化石油气

液化石油气是开采和炼制石油过程中，作为副产品而获得的一部分碳氢化合物。液化石油气主要成分包括丙烷、丁烷及少量的丙烯和丁烯。液化石油气较高的密度会使它积聚在低洼地区，形成蒸气云，一旦遭遇燃烧源，就会发生爆炸，甚至形成后果更严重的沸腾气体扩展蒸气云爆炸。

2. 燃气爆炸特性

可燃气体发生爆炸必须要满足三个基本条件：①一定浓度的可燃气体；②一定浓度的助燃气体；③足够能量的点火源。

燃气泄漏到空气中，会发生扩散。其中，天然气和人工煤气比空气轻，在空气中可无限制地扩散，易与空气形成爆炸性混合物，并能够顺风飘荡，迅速蔓延和扩散。液化石油气比空气重，泄漏出来后，往往漂浮于地表、沟渠、隧道、厂房死角等处，长时间聚集不散，易与空气在局部形成爆炸性混合物，遇火源发生着火或爆炸。

燃气具有明显的压缩与膨胀性质，并遵循 $pV=nRT$ 定律。天然气通常以管道方式输配供气，压力为 $0.1\sim0.45$ MPa，家庭使用时一般应小于 0.01 MPa。家庭用液化石油气主要是瓶装方式，气瓶压力通常为 0.1 MPa 左右，当由液态变成气态时体积扩大约 250 倍，由于其压力较大，其危险性远大于管道燃气。

泄漏气体爆炸虽然属化学爆炸，但由于爆炸性气体混合物分布在大空间内，其中又含有大量不能燃烧的氮气，所以这种爆炸与固体爆炸相比，释放的能量密度小、爆炸压力较低，最佳条件下的混合气体爆炸一般不超过 1MPa 压力。爆炸性混合气体爆炸所放出的能量，可根据参与反应的可燃气体量和气体的燃烧热值直接计算：

$$E = V\Delta H_c \tag{10-1}$$

式中　E——化学性爆炸时的爆炸能量（kJ）；

V——参与爆炸反应的可燃气体（蒸气）在标准状态下的体积（Nm^3）；

ΔH_c——可燃气体（蒸气）的体积燃烧热（kJ/Nm^3）。

在调查爆炸事故时，查明爆炸物质的数量，对于确定事故性质、发生（泄漏）时间、分析事故原因均有重要意义。结合爆炸现场实际，气体爆炸泄漏量估算方法主要有根据安全阀动作程度和动作时间估算法及根据泄漏开口面积和泄漏时间估算法。

1）可燃气体或蒸气因安全阀开启从容器中泄漏出来，其泄漏量可用下式估算：

$$W = 10 A p C_0 X \sqrt{\frac{M}{ZT}} t \tag{10-2}$$

式中　W——安全阀排气量（kg）；

A——安全阀开启面积（cm^2）；

p——容器内气体绝对压力（MPa）；

C_0——流量系数，全启时为 0.60，调节圈微启时为 0.40，无调节圈微启时为 0.30；

X——介质特性系数，一般气体为 256，多原子气体（原子数>4）为 244；

T——气体温度（K）；

Z——气体在容器内温度和压力的作用下的压缩系数（常温或温度不太高的情况下 $Z=1$）；

t——安全阀动作时间（h）；

M——气体分子量。

2）易燃液体、液化气体因容器破裂或因开启阀门泄漏出来，其泄漏量可按下式估算：

$$V = 0.6At\sqrt{\frac{2p}{\rho}} \tag{10-3}$$

式中　V——液体泄漏量（m³）；

　　　p——容器内压力（Pa）；

　　　ρ——液体密度（kg/m³）；

　　　A——开口面积（m²）；

　　　t——泄漏时间（s）。

10.2.2　可燃气体泄漏的原因

1. 管道燃气泄漏的原因分析

供气管道系统的主要作用是用来输送和控制流体介质，通常由管道、门站、高压站、调压装置及管道上的附属设备组成管网体系。由于管道属隐蔽工程，随着时间的推移地面下陷、管道老化及其他不可预见原因都可造成空气进入管内，载体介质本身易燃易爆，并处于一定的压力状态，因此具有较大的火灾危险性。分析其原因主要有：

（1）燃气管道腐蚀严重穿孔

燃气管道通常为埋地管道，属隐蔽工程，无法经常挖出进行检测，容易出现长期未检测情况，当受到腐蚀、摩擦及外力作用时而导致器壁减薄或穿孔，不能及时察觉，极易造成大量燃气泄漏。

（2）安装质量问题

燃气设备在安装时常使用焊接工艺进行连接工作，而焊接质量不高，会产生焊缝尺寸不符合要求、咬边、烧穿、气孔、夹渣等缺陷，影响管道局部强度。

设备安装不当易导致法兰不同心、不同面、间距过大、过小，设备采用强制安装，管道长期受应力影响连接质量，易造成燃气泄漏。

施工质量低，如管沟深度不够，与其他电缆沟安全间距不够，与地面建筑、马路、构筑物的水平和垂直净距不足等。

（3）安全防护装置失效导致燃气泄漏

安全防护装置失效包括：安全阀、防爆阀、防爆片、泄压阀、报警系统等失效，危险区域防爆电器不防爆，静电接地不可靠，防雷装置失效等。

（4）内压上升引起破坏

由于外部环境温度变化，管道内气体摩擦等，引起的容器内气体体积膨胀、液体体积膨胀、蒸气压上升、物态变化、化学反应等，使容器内压力上升，造成容器破裂而泄漏。

（5）违章操作

违章操作导致泄漏事故在燃气管网的运行中占很大的比例，例如，新投运管网或管网检修时置换不到位造成管网内部形成爆鸣气体；流速未控制恰当引起爆燃或振动；没有竣工验收或停用的管线盲目投运或交接不清；用户使用不当，如私自改接管线，用气阀门不及时关闭等。

（6）设施老化或维护不及时

设施老化或维护不及时，如调压器失灵导致上级管网和下级管网直通，损坏管网和用气设施，燃气大量泄漏，燃气表炸裂，胶管脱落，接头漏气等。

（7）其他原因

其他单位的野蛮施工给燃气管道造成外部伤害，占管道损害事故60%。因自然灾害及其他原因造成管道悬空、变形、断裂、设施损坏等，从而产生泄漏。

2. 瓶装液化气泄漏的原因

瓶装液化石油气具有使用灵活、应用面广、重复灌装使用的特点。形成液化石油气泄漏的主要原因有以下几点：

1）储存液化石油器的设备质量低劣、钢瓶超期服役或缺乏必要的安全装置（液面计、安全阀、压力计、放空管等）导致泄漏。

2）储罐安全附件失效。液化石油气储罐的安全附件（压力表、液位计、温度计、安全阀、排污管等）失效易造成储罐超装或超压，导致罐体开裂引起泄漏；另外，如果安全附件与罐体的连接部位结合不严，阀门法兰的密封垫片老化，焊缝质量差，耐压强度低而发生破裂，易引发液化石油气泄漏。

3）钢瓶受严重腐蚀，导致瓶体破损漏气。液化石油气钢瓶在使用过程中因使用环境造成钢瓶瓶体腐蚀严重，钢瓶安全护具或配件缺失破损，形成事故隐患。

4）从业人员及用户的违章操作，使用过程中违反操作规程，放倒、加热液化石油气钢瓶、乱倒残液等。在使用燃气烧煮食物时忽视了监护，火被风或烧煮物扑灭、烧干锅、忘记关闭阀门等，造成燃气的泄漏。

10.2.3 燃气爆炸现场特点

1. 现场没有明显的炸点

一般混合气体爆炸的炸点根据起火源的位置确定。但若现场出现几个火源或者火源不明显，如静电火花、气体压缩、碰撞火花等，火源不易确定，炸点也不易确定。在这种情况下，只能根据现场情况，如抛出物分布，周围物体倾倒、位移、变形碎裂、分散等情况来分析引爆点，如图10-1所示。气体爆炸容易形成负压区，使建筑物向炸点方向倾倒和位移，因此，不能只根据某一方向上建筑物破坏的情况分析引爆点，应根据建筑物破坏的对称情况判断。某一半径周围上的建筑物无论倒向还是背向圆心，都指明了这个圆心就是爆炸中心。

2. 击碎力小，抛出物大、量少，抛出距离近

抛出物主要是指炸点及其周围物体被击碎抛出的碎片和残骸，由于固体爆炸释放出的能量高度集中，瞬间产生极高的压力和强度，这种能量可以把接触这种爆炸性固体的物体击碎、熔化或变形。抛出物在炸点附近细碎而多，在远一些位置则块大一些，而且量少。

由于空间气体爆炸释放的能量密度小，爆炸压力较低，气体爆炸能量分散，所以空间气体爆炸除能击碎玻璃、木板外，其物体很少被击碎，一般只能被击倒、击裂或破坏成有限的几块。其冲击波的破坏作用比固燃爆炸冲击波弱得多，只能产生推移性破坏，使墙壁外移、开裂，门窗外凸、变形等。击碎力弱，抛出的物体体积较大，数量较少、抛出距离近，如图10-2所示。

a) 墙体推移痕迹

b) 防盗门变形痕迹

图 10-1　气体爆炸痕迹

图 10-1 彩图

a) 窗框、玻璃等抛出物痕迹

b) 防盗窗抛出痕迹

图 10-2　气体爆炸现场抛出物痕迹

图 10-2 彩图

3. 冲击波作用弱，燃烧波作用范围广，致伤多

燃气爆炸的压力较小，但是燃气爆炸燃烧波作用范围广、伤害性大，在燃气弥散的广大范围内，只要有很小的空间联系，就能迅速燃烧。处在这个空间范围内的死伤者多是呼吸道被烧伤，衣服被烧焦或脱落，也有被冲击波机械损伤致死的。

4. 不产生明显的烟痕

燃气泄漏爆炸事故一般发生在其化学计量浓度以下，发生爆炸反应时，由于空气充足，燃烧完全，不会产生烟熏。只有含碳量高的可燃气体如乙炔、苯蒸气等，与空气混合比例大或混合不均匀情况下发生爆炸，可在部分物体上留下烟痕。

5. 易产生燃烧痕迹

可燃性气体没有泄尽，在空间爆炸后一般会在气源处发生稳定燃烧。可燃性液体的蒸气发生爆炸，爆炸后在泄漏液面表面燃烧。室内发生气体爆炸时，可使室内可燃物品燃烧，可能造成几个起火点。可燃性气体、蒸气泄漏量不大，接近爆炸下限时只能发生爆炸，有时不引起燃烧现象。

6. 破坏部位与燃气种类有关

如果泄漏气体量不能充满整个封闭空间，由于可燃气体的种类不同，其密度存在差异，其分布空间范围由密度决定。例如由于液化石油气的密度比空气大，所以泄漏后易聚集到低洼区域，发生爆炸和燃烧，泄漏的液化石油气易产生低位燃烧痕迹。天然气密度低于空气，泄漏后向上部扩散，易发生上部空间破坏更严重的现象（图10-3）。

图10-3 天然气泄漏爆炸，窗户的上方破坏严重

图10-3 彩图

10.2.4 燃气爆炸火灾原因调查的主要内容

1. 燃气爆炸火灾原因认定要点

气体爆炸起火，必须具备两个条件，一是在一定空间内形成有爆炸性混合气体，其浓度在爆炸极限范围内；二是要有点火源，其能量必须大于混合气的最小点火能量。气体爆炸，需有爆炸性气体或蒸气存在，并且要有造成高压气体的密闭容器（高压瓶），或使易燃气体与空气混合达到爆炸浓度的固定空间（如房间、地道、船舱、矿井、工具箱等），以及火源、高温等点燃条件下才能发生。因此，燃气泄漏爆炸火灾调查要紧紧围绕爆炸的形成条件及形成过程展开工作。具体如下：

1）燃气的来源。重点查明具体泄漏和泄漏原因。

2）点火源。一般在爆炸范围内存在的所有火源加以排除，用"排除法"确认。

3）注意获取气体形成爆炸浓度范围的客观条件和人为因素。

4）注意燃气泄漏点与火源位置关系。一些现场泄漏点、火源、爆炸点不在同一地点，甚至泄漏点与点火源的间隔达几百米，这种情况注意查明气流流入火源点的途径和条件。

5）查明气体的种类、性质及各种参数及弱小火源的点火能量和产生过程。

2. 燃气泄漏爆炸现场勘验的主要内容

（1）确定泄漏点

泄漏气体在外部空间爆炸时，泄漏点和泄漏容器较容易找到。如果外部空间和容器内部都发生爆炸，如地下管道或污水沟的泄漏气体爆炸，爆炸后容器将严重损坏，勘验时要仔细查找事故单位有史以来的设计、安装、生产、储存等情况的档案记录，并从调查询问中获取线索，分析泄漏点位置。

民宅泄漏气体爆炸,如果爆炸后泄漏点仍在燃烧,则泄漏点比较好找,但需要注意的是,存在爆炸后起火导致其他部位出现泄漏的可能,要在保证安全的情况下,通过现场询问、听声、辨味、视频资料等手段寻找泄漏点。具体检验方法有:

1)检查阀门等开关所处位置,判断燃气系统状态,可以分析泄漏原因及泄漏点位置。如燃气阀的状态、灶具开关状态等。

2)可用肥皂水涂在管路接头、附件和用具接头上等可能有泄漏嫌疑的地方。

3)用气体检测仪检查。气体检测仪,如可燃气体检测仪、易燃气体检测仪均可用来检测大气中逃逸燃气、烃类气体或蒸气的存在。许多仪器还能发现其他易燃气体或蒸气,如氨气、氧化碳等其他气体的存在。利用气体检漏仪可对气密性和泄漏速率进行检测。

4)U形压力计检测法,向被测件内充入一定压力的气体后与U形压力计连接,根据U形压力计中液面高度变化的速度判断被测件泄漏速率。可通过向管道内打入压缩空气的方法检验,如果压力下降,则说明输气系统有泄漏。

5)建筑物以外,路面上每个开口处的大气也应当检验,因为从主干或支干管道泄漏出来的燃气可能出现在这些地方。应沿着路面的裂缝、路缘线、检查孔和下水道开口、阀门及用户止水箱、集水槽、输气管的钻杆孔而进行检测。地下输气管线的位置可由公共事业管理单位的地图或通过使用电子定位仪来确定。

6)在建筑物内,输气管路的接头和连接件也要检测。泄漏气体可能聚集和形成空间气袋的地方也应当进行检查。应当记住燃气的相对蒸气密度,如果怀疑是比空气轻的天然气,应当检查建筑物房间的顶部;如果怀疑是比空气重的液化石油气,应当检查低处位置。

7)钻孔是用有重量的金属杆或钻孔机在地面或路面打孔。钻孔工作包括沿着地下气体管路两边等间距打孔及用气体检测仪进行地下气体检测试验。这些试验的结果可通过钻孔图表记录下来。每个钻孔的泄漏气体的百分读数的比较可以显示地下气体泄漏的位置。

(2)查明泄漏原因

具体而言,泄漏点主要集中在设备与设备,管道与管道,设备与管道,设备、管道与阀门、仪表等安装连接处;此外,材质选择不当或强度降低,在一定客观因素作用下出现空洞、脆裂;还有人为误操作引起泄漏,具体情况如下:

1)从设备、管道、阀门、仪表、各种开口等连接处查找泄漏点。

① 获取"连接处"各种固定装置松动痕迹。如螺栓"松口"、管道与管道连接用"活节"不到位等。

② 获取"连接处"垫圈老化或受高压运行振动而疲劳变形、开裂痕迹。

③ 获取"连接处"变形、撕裂、净脱移位的痕迹。

④ 异形接口处,用不同材质连接时连接不当。

2)查找因误操作引发燃气泄漏。

① 开错不应开启的阀门。

② 打开的阀门,由于故障关不上或关不紧,液化气体以气态输出时容易冻结,如图10-4所示。

图 10-4 车辆液化石油气接口处泄漏

图 10-4 彩图

③ 误认为打开的阀门已关闭。

④ 关闭不应关闭的阀门。

⑤ 阀门在操作中破坏,如果未关严阀门却用力扭动手轮,会使阀门轫铁或阀门压盖破坏。

3) 查找因材料本身原因造成泄漏的根据。由于构造材料及焊缝强度下降而引起的破坏有以下几种情况:

① 由于摩擦或腐蚀,器壁减薄或穿孔。

② 材料工作环境温度很低,发生低温脆裂。

③ 由于反复应力或静荷作用,引起材料疲劳破坏或者变形。

④ 材料受高温作用,强度降低。

4) 查找因外部荷载突变造成的破坏的根据。容器、管道等在异常外部荷载作用时,会产生裂纹、穿孔、压弯、折断等结构性破坏。

① 由于各种振源的作用,地基下沉。

② 油槽车、油轮运输故障、相撞或翻车。

③ 由于船舶晃动或者油槽车滑动、误开动等,使正在输送易燃易爆的化学物品的管道被打断、软管拉断。

④ 由于施工或者重载运输机械通过,引起埋设管道破坏。

5) 维修中造成泄漏。如带压检修输送泵、管路、阀门、仪表等引起的泄漏。

6) 民用燃气泄漏。主要集中在控制阀门与管道罐体连接处,输气管道连接处及胶管老化开裂、脱落部位。主要原因是安装使用不当引起。

总之,泄漏物质如果只有外部空间形成爆炸性混合气体,遇火源后在外部空间发生爆炸或火灾,这样的事故泄漏点比较容易找到,泄漏原因也好查明;若容器在泄漏气体爆炸后又发生爆炸,泄漏点已破坏或者泄漏气体来自埋设在地下的管道及污水沟内混有易燃性液体的蒸气,则这个开始的泄漏点就不易从现场实物中找到。这种情况下,只有仔细查明设备的设计、生产、安装、使用、质量等情况,并根据调查访问中所获得的线索,分析泄漏原因。

(3) 查明引火源

对于爆炸性混合气体在空间爆炸,从以下几个方面检查和分析火源点:

1) 持续性火源。对于工厂发生泄漏的可燃性气体爆炸,一般存在的持续性火源包括:

锅炉及加热炉的明火，高温高压蒸气管道，电加热器的电阻丝及燃气变配电室内的电火花等。同时要仔细检查这些火源的位置与存在泄漏可能性场所之间的关系。

2）临时性点火源。临时性点火源主要有焊接、切割金属作业时的火花、喷灯的明火、金属摩擦或撞击的火星、汽车排气管产生的火星等。吸烟、供暖、焚烧等活动中的明火也可能成为临时性火源。电气设备发生短路、漏电、接触不良及过负荷等故障，或继电器（如电冰箱温控继电器）产生电火花时，也有可能引起泄漏气体爆炸，此时要寻找和检查故障点，分析故障的时间及其与爆炸的关系。

3）绝热压缩火源。假若气体从容器、管道等设备中喷出后，立即爆炸或着火，则应考虑超音速喷气流和空气碰撞时的绝热压缩引起的着火。这种着火源在现场不会留下任何痕迹。不过，如果泄漏和着火之间多少存在一点时间间隔，这种火源应该被排除。

4）静电火花。在气流伴有雾滴和粉尘的情况下，也可能是与静电火花相关。这种着火或爆炸一般与泄漏也没有时间间隔。

如果喷出口有绝缘物（如法兰垫）也可因静电累积而在喷出气体几秒至几分钟后着火。静电火花可在放电金属上留下微小痕迹，可以看到像火山口形状的静电火花微坑现象。这种静电火花"微坑"与打击痕迹、腐蚀痕迹在显微镜下有明显区别。还要注意判明具有的点火能量是否大于可燃气体的最小点火能量。

5）低自燃点可燃气体接触空气起火。如果容器、管道或其他设备内的可燃性气体、液体、蒸气在其温度达到自燃点以上时，刚一泄漏，在与空气接触的瞬间就会着火，完全不需要另外的点火源。对于这种形式的泄漏物爆炸或火灾，要调查介质当时的温度，检查其成分，测定其自燃点。通过现场询问和现场勘验，查明爆炸前有效时间内可能存在的火源，如果几个引火源可能同时存在，则要根据火源性质、与泄漏点距离、气流方向及泄漏气体相对密度来确定引火源。

6）碰撞火花。如果容器或其他设备爆炸时，其碎片的冲击碰撞也容易成为火源。这种火源也很难找到痕迹。

最后，还应认真分析火源与泄漏点之间的位置关系。火源距离泄漏点近，爆炸发生早，危害小；火源距离泄漏点远，爆炸发生晚，危害大。持续性火源，气体泄漏后爆炸危害小；先泄漏，后出现火源，则爆炸危害大。几个火源同时存在，则要根据火源的性质、距泄漏点的距离、气流方向及泄漏气体比重来分析哪个火源是引爆火源。

（4）获取气体形成爆炸浓度极限和接触火源的根据

1）获取各种开口的状态（如门、窗开启等情况）。

2）获取通风情况。

3）注意获取地沟、空洞、缝隙等与火源部位贯通的根据。

4）根据气体比重等性质确定其主要流动、停留的部位。

（5）爆炸中心部位的分析

一般爆炸性混合气体爆炸没有明显的炸点。只能根据现场的实际情况来分析爆炸中心部位，可根据引火源情况、现场建筑物破坏倒塌痕迹、人员死伤情况及证人证言、视频资料等进行综合分析，认定燃烧爆炸的中心范围。

（6）提取痕迹物证，进行必要的技术鉴定

提取痕迹物证，包括各种烟痕、燃烧痕、金属熔化痕、击碎痕、容器开裂、变形、变色、抛出物、炸药原形物及容器残体、引爆装置残体、控制气体、液体容器的开关、阀门状态等。

对各种残留物（如现场表面散落的尘土、碎纸片、各种金属碎片、附有烟痕的抛出物、浸有液体的纤维物等）及时提取进行初步的分析试验并做必要的技术鉴定，以此作为认定的证据。

（7）查明爆炸过程和具体原因

按时间顺序查明爆炸过程（含引爆方法）和具体原因。

3. 燃气泄漏爆炸现场询问的主要内容

1）发生火灾时的现象及过程。
2）泄漏气体的种类、数量及泄漏设备。
3）泄漏的原因及泄漏后采取的措施。
4）爆炸前的生产储存、输送情况。
5）设备设计、施工、使用、检修情况。
6）附近都有哪几种火源，各在什么位置，火源的使用时间等。
7）查设备运行记录，如温度、压力等数值。
8）送气的时间和爆炸的时间。
9）以往发生泄漏的部位、处理过程和措施。

10.3 粉尘爆炸调查

粉尘爆炸是指悬浮于空气中的可燃粉尘触及明火或电火花等火源时发生的爆炸现象。爆炸冲击波在传播过程中，还会扰动原来处于静止沉积状态的粉尘，使原来不具备粉尘爆炸条件的地区和场所具备了粉尘爆炸的条件，它们在高温和火焰的环境作用下，立刻又会引起二次爆炸。

10.3.1 可燃性粉尘分类

可燃性粉尘是指在大气条件下能与气态氧化剂（主要是空气）发生剧烈氧化反应的粉尘、纤维和飞絮。可燃性粉尘种类繁多，常见的爆炸性粉尘有七类，见表10-1。

表10-1 常见的爆炸性粉尘

种类	常见粉尘
炭制品	煤、木炭、焦炭、活性炭等
肥料	鱼粉、血粉等
食品类	淀粉、砂糖、面粉、可可、奶粉、谷粉、咖啡粉等
木质类	木粉、软木粉、木质素粉、纸粉等
合成制品类	染料中间体、各种塑料、橡胶、合成洗涤剂
农产加工品类	胡椒、除虫菊粉、烟草等
金属类	Al、Mg、Zn、Fe、Mn、Sn、Si、硅铁、Ti、Ba、Zr（锆）等

粉尘中混入可燃气体和蒸气会增大粉尘与空气混合物的爆炸威力，甚至可燃气体浓度处于爆炸下限以下也可能发生爆炸，这种混合物称为杂混物。在某些情况下，即使气体浓度低于爆炸下限，粉尘浓度低于最小爆炸浓度，杂混物也能够发生爆炸。除此之外，杂混物还可以被某些弱火源引爆，而这些弱火源通常无法造成粉尘爆炸。常见的杂混物为甲烷、空气和煤粉的混合物。

10.3.2 粉尘爆炸发生的条件及爆炸特性

1. 粉尘爆炸发生条件

通过进行大量的实践及实验研究表明，粉尘发生爆炸必须同时具备以下五个条件：

（1）可燃粉尘

可燃粉尘用更宽泛的说法来讲就是能够被氧化的粉尘。

（2）氧化物

氧化物例如空气中的氧气等。参与粉尘爆炸的氧化剂一般是指空气中的氧气，一定含氧量是粉尘燃烧爆炸必要条件之一，通常以极限氧浓度来表征。当空气中的含氧量减少到一定浓度时，粉尘氧化反应速率降低，放热速率不足以维持火焰传播，粉尘爆炸不能继续维持。

（3）扩散分布

沉积的粉尘是不能爆炸的，只有当粉尘被卷扬起来呈悬浮状态并与空气充分进行混合时才能发生爆炸。粉尘在空气中能否及悬浮时间长短取决于粉尘的动力稳定性，主要与粉尘粒径、密度和环境温度、湿度等有关。悬浮的粉尘浓度处于爆炸极限范围之内才能发生爆炸。

（4）引火源

引发粉尘爆炸一般需要较多能量，粉尘最小点火能大致是 $10\sim100mJ$，比可燃气体的最小点火能大 $10^2\sim10^3$ 倍。根据相关统计，除了尚未明确引火源的事故外，机械火花、高温热表面、明火是引起爆炸最多的点燃源。

（5）空间的相对密闭性

粉尘燃烧处于密闭或半密闭的空间内，压力和温度才能急剧升高，继而发生爆炸。

2. 粉尘爆炸的特点

同气体爆炸一样，粉尘爆炸也是氧化物（如空气中的氧气）和可燃物的快速化学反应。但粉尘爆炸与气体爆炸的引爆过程并不相同，对于气体反应，其爆炸为分子反应，而对于粉尘爆炸，则是表面反应，这主要是因为粉尘粒子的大小要比分子大几个数量级。粉尘爆炸特点如下：

（1）具有隐蔽性

可燃粉尘由于重力沉降作用，需要借助外部作用力才能分散成粉尘云，形成爆炸性混合物。通常粉尘沉积在地面或设备表面呈层状或堆积状，因此粉尘加工车间很难通过粉尘浓度监测预警来预防粉尘爆炸事故的发生，使得粉尘爆炸具有一定的隐蔽性。

（2）点燃需要的能量相对较大

由于粉尘颗粒比气体分子大得多，且粉尘爆炸涉及分解、蒸发等一系列物理和化学过程，可燃粉尘的最小点火能一般高于可燃气体，可燃气体的最小点火能通常低于1mJ，而大部分可燃粉尘的最小点火能为10mJ至数百mJ。此外，可燃粉尘的着火诱导时间比可燃气体长。

（3）爆炸浓度

气体的爆炸浓度范围相对来说比较固定，而对于粉尘爆炸，爆炸极限难以严格确定，这是由于粉尘爆炸的浓度只能考虑悬浮粉尘与空气之比，而在工业生产实际中，悬浮粉尘的量是不断变化的。

（4）爆炸能量大、产生二次爆炸

可燃粉尘与空气的混合物的能量密度比可燃气体大，按照爆炸产生的能量计算，粉尘爆炸一般是气体爆炸的几倍，且燃烧温度较高，甚至能够达到2000℃以上。此外，初始爆炸产生的冲击波能够将环境中沉积的未燃烧粉尘扬起，形成可燃粉尘云参与当前的爆炸进程，引发更加猛烈的二次爆炸。

3. 粉尘爆炸特性

可燃粉尘爆炸的特性参数可以分为三类：一是表征爆炸性环境特征参数，包括爆炸极限和极限氧浓度；二是表征粉尘着火敏感性参数，如粉尘层或粉尘云最低引燃温度和粉尘云最小点火能等；三是表征爆炸后果特性参数，如最大爆炸压力、最大压力上升速率、爆炸指数等。

（1）粉尘爆炸极限

在空气中，遇火源能发生爆炸的粉尘最低浓度和最高浓度分别是爆炸下限和爆炸上限。粉尘的爆炸下限反映粉尘着火敏感度，爆炸下限越低，越容易形成爆炸性粉尘环境，粉尘爆炸危险性越大。一般工业粉尘的爆炸下限介于$15\sim60 g/m^3$，爆炸上限为$2000\sim6000 g/m^3$，通常认为粉尘爆炸上限为其下限的100倍。

（2）粉尘云最低引燃温度

粉尘云最低引燃温度是指粉尘云受热时，使粉尘云发生点燃的最低加热温度。

（3）粉尘云最小点火能

粉尘云最小点火能是指能够引起粉尘云和空气混合物燃烧或爆炸的最小点火能量，可以根据粉尘云最小点火能大小来判断粉尘爆炸的敏感性。

（4）最大爆炸压力和爆炸压力上升速率

爆炸压力、爆炸压力上升速率用于表征可燃粉尘、可燃气体或粉尘-气体混合物的爆炸强度。最大爆炸压力是指在爆炸过程中达到的相对于着火时容器中压力的最大超压值，最大压力上升速率是指爆炸过程中测得的爆炸压力随时间变化曲线的最大斜率。

4. 粉尘爆炸影响因素

粉尘爆炸作为一种表面反应，其影响因素较多，主要有以下几点：

（1）粉尘的物理化学性质

含可燃挥发性成分越多的粉尘，爆炸的危险性越大，且其爆炸压力和升压速度越高。这是由于这类粉尘受热时释放出较多的可燃气体，使得体系反应更加容易和猛烈。燃烧热高的粉尘受热释放的可燃气体较多，容易发生爆炸，且爆炸威力较大。另外，氧化速度快的粉尘，如镁、氧化亚铁等容易发生爆炸，最大爆炸压力值也较大。

（2）粉尘的粒径

通常粉尘最小点火能和爆炸浓度下限随粒径变小而降低，粒径越小就越容易发生爆炸，其危害后果也相应越大。若粉尘的粒径过大，可能会失去爆炸性能，但如果在大于爆炸临界粒径的粗粉尘中混入一定量的可爆细粉尘后，也可能成为可爆混合物。

（3）粉尘的浓度

可燃粉尘浓度处于爆炸浓度极限范围内才能发生粉尘爆炸，粉尘的爆炸下限浓度和粉尘的粒径密切相关，可燃粉尘最易被点爆的浓度一般高于完全燃烧的化学计量浓度。粉尘爆炸的最佳浓度通常远高于计量浓度，粉尘爆炸压力和压力上升速率的最大值也大约出现在3~4倍计量浓度。

（4）引火源的强度

可燃粉尘浓度处于爆炸浓度极限范围内，足够能量的引火源能够引发粉尘爆炸。引火源的形式各不相同，常见的包括：明火、引火物、发烟物、电弧、热灯丝、摩擦火花、静电火花或电火花、热表面、焊接或切割火焰等。粉尘爆炸事故的引火源一般可分为两种情况：一是整个粉尘悬浮物的温升，如环境温度高于粉尘云最低引燃温度时会发生爆炸；二是局部出现较高的能量输入，如电火花、明火等引燃粉尘产生爆炸。引火源温度越高、能量越大、接触时间越长，则可燃粉尘越容易发生爆炸。

（5）粉尘的爆炸环境条件

环境中的水分会削弱粉尘的爆炸性能，水分的这种削弱作用随着其含量增大而增强。另外，粉尘环境的温度和压力升高，粉尘爆炸的危害性会随之增加。

10.3.3 现场破坏特征

1. 炸点不明显

飘扬的粉尘爆炸时类似于气体爆炸，没有明显炸点；沉积的粉尘爆炸通常初起于粉尘局部表面部分，爆炸瞬间能量很小，其爆炸点下部和周围粉尘参与反应后，能量逐步呈链式递增，因此一般也没有较为明显的炸点。由于可燃粉尘在空间分布不均匀和二次爆炸的影响，破坏最严重的地点不一定是引爆点。

2. 击碎力小，抛出物大

与气体爆炸相比，粉尘爆炸的最高爆炸压力较小，但持续时间长，能击碎玻璃、木板等，一般只能被击倒、击裂或破坏成为有限的几块，且物块大、量少、抛出距离近。

3. 冲击波作用弱、燃烧波致伤多

粉尘爆炸压力不大，只产生推移性破坏，使墙体外移、开裂、破损，门窗外凸、变形、抛落，设备变形损坏等，造成人、畜呼吸道损伤，衣服、毛发被烧焦，皮肤容易被粉尘黏附烧伤。

4. 烟痕较为明显

与气体爆炸相比，粉尘爆炸过程温度较高，燃烧相对不充分，会产生大量固体氧化物，黏附在墙壁或设备上，存在明显的爆炸痕迹。粮食粉尘、铝粉爆炸烟熏痕迹如图10-5所示。

 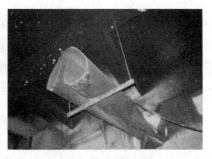

a) 粮食粉尘爆炸烟熏痕迹　　　　　　　b) 铝粉爆炸烟熏痕迹

图 10-5　粉尘爆炸烟熏痕迹　　　　　　　　　　　　　图 10-5 彩图

5. 二次爆炸对初次引爆点的查找存在干扰

二次爆炸的爆炸威力一般比初次爆炸剧烈，根据事故现场物体倾倒、位移、变形、碎裂、分散等破坏情况分析出的起爆范围可能是二次爆炸发生的位置。

10.3.4　粉尘爆炸火灾原因调查的主要内容

1. 爆炸中心和引火源的确定

（1）爆炸中心的确定

通常，物体距离爆炸中心越远，受力就越小，在远离爆炸中心处形成类球形痕迹。范围较大的宏观分析可帮助明晰爆炸中心区域或房间，如图 10-6 所示。工业场所粉尘爆炸事故的爆炸中心可以通过工艺设备破坏情况、建筑物墙体倒塌方向、门窗破坏变形情况和粉尘抛出方向、事故生还者笔录和视频资料等进行确定。常见的爆炸中心有：

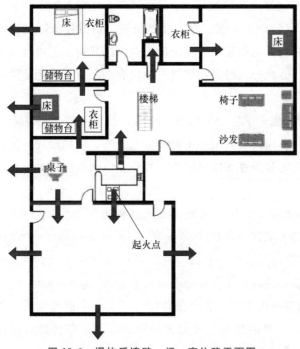

图 10-6　爆炸后墙壁、门、窗位移平面图　　　　　　图 10-6 彩图

1）粉尘生产和储存区域。粉尘生产和储存区域是粉尘爆炸事故的多发地点，也是粉尘爆炸事故调查的重要方向之一，通过调查粉尘生产和储存区域的建筑物损坏情况及工艺设备破坏情况能够较为清晰地判断爆炸中心的位置。

2）除尘系统。除尘系统内储存着一定量的粉尘，由于堆积粉尘自燃或机械火花等外在引火源进入除尘系统，会导致除尘器内粉尘发生爆炸。若除尘系统的隔爆或抑爆装置正常工作，粉尘爆炸被限制在除尘系统中，不会向其他区域传播。多起厂房内粉尘爆炸事故调查报告表明，粉尘爆炸事故的首爆点往往位于除尘系统中，如图10-7所示。当除尘系统的隔爆或抑爆装置失效时，爆炸冲击波沿着除尘管道进入粉尘加工车间，将车间内粉尘扬起，形成威力更大的二次爆炸，此时的爆炸中心将转移至粉尘加工厂房。

a) 除尘器被完全炸开

b) 除尘器管道爆开脱离

图10-7　除尘系统被爆炸损坏

图10-7 彩图

（2）引火源的确定

1）粉尘自燃。粉尘自燃一般发生在除尘系统的集尘桶、除尘管道弯道处、粉尘废渣存储点等粉尘较多且容易受潮的地方。

2）静电放电。粉尘生产和加工过程中可能会产生静电积累，如搅拌或倾倒过程中会在与之接触的绝缘体上积累静电。静电放电能量大于粉尘最小点火能且粉尘云浓度大于爆炸下限时，则可能会引发粉尘爆炸事故。此外，以镁粉和铝粉为代表的金属类粉尘受潮后产生少量氢气，很容易被静电火花引爆。

3）电火花。电火花是各类火灾爆炸事故中常见的引火源，接触不良、短路等情况均能引发电火花。一般情况下粉尘生产车间需要安装粉尘防爆电气设备，现场勘验时需要对电动机接线盒和配电柜等进行检查，查看是否存在电热熔痕，并查看电动机接线盒、设备控制箱和电柜是否存在内部爆炸的痕迹。

4）明火。粉尘爆炸事故现场条件下的明火可能有动火（如电气焊、切割）、吸烟，需查验现场是否存在电气焊残骸、过火痕迹和烟蒂等。

5）热表面。设备的转动部件润滑失效、设备的不正常发热等可能会产生热表面，引燃粉尘层使其持续阴燃，现场一般需要勘验机械设备是否存在上述情况。

6）机械火花。机械设备转动部件的摩擦、研磨设备进入石子和铁屑等杂质、铁质器具的使用碰撞能产出足够的引燃能量。事故现场应当着重勘验设备转动部件是否存在过度磨损、研磨装置是否进入杂质、工人是否违规使用发火工具，进而确定引火源的位置。

2. 现场物证提取

（1）粉尘物证提取

判定一起爆炸事故是否属于粉尘爆炸，首先需要提取事故现场的粉尘样品、检测粉尘样品是否属于可爆粉尘。进行粉尘物证提取时，需要在爆炸中心区域内、与爆炸区域具有相同功能且未发生爆炸的区域、除尘器料筒、除尘器管道等地点进行粉尘提取。

（2）引火源物证查找

查验除尘系统的集尘桶、除尘管道弯道处、粉尘废渣储存点等粉尘较多且容易受潮的位置是否具有自然痕迹并提取粉尘样品。

对电气设备、电动机接线盒和配电柜等进行勘验，查看是否存在过度磨损、研磨装置是否进入杂质、工人是否违规使用发火工具。对于除尘系统未能安装火花探测和熄除装置的事故企业，若除尘系统内发生爆炸，应当着重勘验除尘管道和集尘桶内是否存在高温热颗粒熔珠、铁屑氧化物等。

3. 粉尘爆炸原因分析

（1）判明爆炸的种类

粉尘爆炸性检测和判定是开展粉尘爆炸事故调查的主要环节，事故现场粉尘物证提取时应当重点提取爆炸区域的未发生反应的粉尘，以防止反应后的氧化物质对粉尘爆炸性质的影响。若爆炸区域较难提取，应当在爆炸事故企业中具有相同工艺或功能的厂房内提取未发生反应的粉尘样品。

（2）时间轴分析

判明是爆炸引起火灾，还是先起火后爆炸，通常火灾调查人员可采用时间顺序确定爆炸发生的经过，结合调查询问、视频监控、现场燃烧痕迹、烟痕和物品破坏情况、抛出物等判定爆炸发生的过程和原因。

（3）残留物和高温作用痕迹分析

爆炸的直接作用的实质是高温和高压的作用，呈现出物体粉碎、破裂的痕迹，纺织品上呈现粉碎性穿孔痕，甚至网状穿孔，同时物体、介质上产生更高温作用痕迹，如烧焦痕、烟痕、人体炸烧伤痕等。为此要分析爆炸残留物至爆炸中心之间的距离及破坏程度、高温作用痕迹的作用范围等，对现场进行重建和梳理。

10.4 固体物质爆炸调查

固体爆炸是指固态炸药及固态爆炸性物品在生产、使用、储运及故意破坏等情况下所发生的爆炸，其中炸药爆炸事故占大多数，此外集中堆放的烟花爆竹爆炸事故也较为常见。

10.4.1 炸药分类

按炸药的组成，可将炸药分为单质炸药和混合炸药。单质炸药为单一成分的爆炸物质，多数都是内部含有氧的有机化合物，如TNT、黑索金、雷汞等。混合炸药是由两种或两种以上独立的化学成分构成的爆炸物质，如硝铵类混合炸药、氯酸盐混合炸药等。

按照炸药的用途，可以将炸药分为起爆药、猛炸药、火药和烟火剂几大类。起爆药也称初始炸药，主要用于激发猛炸药的爆炸，一般感度高，爆速增长期短，如雷汞、叠氮化铅、斯蒂芬酸铅、二硝基重氮酚等。猛炸药与起爆药相比，具有更高的爆速和破坏力，如TNT、黑索金、硝铵类混合炸药等，国外也称次发炸药。火药是指不需要外界氧的参与，能够迅速有规律的燃烧，生成大量高温气体的物质，如黑火药、硝化棉等。烟火剂是由氧化剂和可燃剂及少量黏合剂混合而成，反应过程中有特殊的声、光、烟等效果，如照明剂、燃烧剂、曳光剂等。

10.4.2 现场破坏特征

爆炸产生的气体和热量在极短时间之内高度集中，具有极大的压力和密度，因而产生巨大的力量，对周围介质起到冲击、压缩、推移、破碎、抛掷和振动等破坏作用，同时，产生巨大的炸声或强烈的火光、烟雾、燃烧等现象。固体爆炸现场破坏特征主要有以下几方面：

（1）炸点明显

炸点就是发生爆炸的具体位置，一般近乎圆形或球形。凡是放置固态爆炸物品的部位都能形成炸点。固体爆炸物品在不同物体上爆炸可形成不同形式的炸点，在地面上或货堆上可以形成锅底形炸坑，在墙上形成炸洞，使被炸物体缺口、穿孔、截断、塌落，甚至炸成灰烬。炸点的形态、大小、炸痕颜色与爆炸固体的品种、数量、包装及被炸目标的相对位置等有关。有无炸点是确定固体爆炸的重要依据。炸点形态及其附近烟痕是判断爆炸物种类、数量和包装情况的主要依据。在极个别情况下，爆炸物品被悬空挂置，距离墙又有一定距离，爆炸后则无明显炸点痕迹。这时可由现场遗留物中是否有爆炸物品的包装物、引爆物的残留物等判断是否发生固体爆炸，由抛出物的分布情况确定炸点。

（2）抛出物细碎、量多、密集

抛出物主要是指炸点及其周围物体被击碎抛出的碎片和残骸。抛出物在炸点附近细碎而多，在远一些位置的则块大一些，而且量少。根据抛出物在现场分布情况，可以判断爆炸残留物（未反应的爆炸物颗粒、分解产物及包装等残骸）在现场的分布方位。一般抛出物多的地方，爆炸残留物也较多，但具体环境不同，有时爆炸残留物也可能分布在抛出物的反方向。

（3）冲击波强度大，传播速度快

冲击波是一种介质状态（压力、密度、温度等）突跃变化的强扰动传播，最常见的形式是空气冲击波，由爆炸产生的高温高压气体作用于空气而产生，其传播速度大于声速。

（4）烟痕

爆炸现场上有无烟痕及烟痕的分布、颜色的深浅变化情况等，也是判断爆炸物品种类、数量的重要依据之一。表10-2中列出了常见炸药爆炸后的烟痕颜色和气味。

表10-2 常见炸药爆炸后的烟痕颜色和气味

炸药名称	烟的颜色	烟痕的颜色	气味
TNT	黑色	炭黑色	苦味
苦味酸	黑色	黑色	苦味

(续)

炸药名称	烟的颜色	烟痕的颜色	气味
硝铵炸药	灰白色	灰色	涩味
黑索金	浅黄色	灰黑色	酸味
黑火药	灰白色	灰白色	硫化氢味

(5) 燃烧痕迹

有些爆炸物的爆炸高温作用到可燃物上,可引起可燃物燃烧。一般情况下,低爆速炸药,如黑火药爆炸时常引起燃烧;中爆速炸药,如硝铵炸药,不易引起燃烧;高爆速炸药,如黑索金、TNT 等,容易引起炸点处可燃物局部燃烧。

10.4.3 固体物质爆炸原因调查的主要内容

1. 炸点

炸点是爆炸现场上的重要痕迹,它是由爆炸产物直接作用所形成的,直径可以是几厘米到几米不等。当药包在介质表面爆炸时,反应生成热可使温度达到 2000~3000℃,此时压力剧增到 35 万个大气压左右,能量高度集中。常见炸点分为锥形炸点、穿孔炸点、塌陷炸点、悬空炸点和殉爆炸点。

1) 锥形炸点,也称锅形炸点或炸坑,由装在地面或埋入地内的炸药爆炸所形成。锥形坑由炸坑坑口、压缩区或粉碎区等组成。锥形炸坑测量时,除准确测量炸坑口直径和深度外,重点还要测量炸坑中部的压缩区或粉碎区的半径。

2) 穿孔炸点,由锥形装药爆炸而形成。这种装药爆炸后产物大部分集中于凹面内,使得爆炸能量大部分集中在同一方向,穿透被炸介质形成穿孔。孔的直径一般比药柱的直径略大。如果锥形装药配有金属药形罩或金属壳,在孔的底部和炸孔周围可找到金属物质或弹片。

3) 塌陷炸点,爆炸发生于地沟盖板上、楼房地板或屋顶上、墙壁上时,可形成塌口。对塌口的形状、大小要进行详细测量,结合现场其他具体条件,分析它们是否是真正的炸点。因为上述发生爆炸的部位坚固性较差,如果在爆炸产物作用范围内,即使不是炸点也可形成塌陷。对这类炸点勘验时,要注意塌陷物的厚度、材料质量及结构等。

4) 悬空炸点,爆炸物用一定物品支撑,离开地面和周围建筑物,爆炸后没有明显炸点痕迹。但仔细勘验现场后,根据抛出物方位和爆炸产物作用方向及爆炸痕迹的对角连线交叉法,可以找到悬空炸点。

5) 殉爆炸点,两个装药彼此相隔一定距离,由其中的一个爆炸引起另一个爆炸,称之为殉爆。第一个装药为主发药,其炸点称为主爆炸点;第二个装药为被发药,其炸点称为殉爆炸点。两个装药之间的最大距离为殉爆距离。现场勘验时要分清主爆炸点和被爆炸点,确定爆炸的先后顺序,这对于查清爆炸发生过程、爆炸发生原因、爆炸发生性质等都有重要作用。

2. 气味

炸药爆炸产物有不同气味,通过气味可以判断炸药种类。弥散在空气中的气味会很快消失,但爆炸物的微粒或气体成分容易侵入炸点部位的泥土及沙石或洞穴中,特别容易侵入和被吸附在比较松软的有孔隙的物质中,同时炸点底部的气味往往被一些爆炸后的尘土或其他物质覆盖,能保持相当长一段时间。

3. 烟痕

由于爆炸产物和爆炸热作用,在爆炸点和抛出物的表面上常会留下深浅不均匀、颜色不同的烟痕。研究现场上有无烟痕、烟痕的分布和烟痕颜色深浅变化等,是现场勘验中判断爆炸物品的种类、数量的重要方法。一般在炸点边缘的物体上容易发现烟痕,收集烟痕时要连同其载体一并提取。根据烟痕的气味和颜色可初步判断炸药种类。

4. 燃烧痕迹

爆炸时燃烧是爆炸产物直接作用到现场可燃物上引起的。根据燃烧痕迹特征可以大致判断爆炸物品类别。一般情况下,黑火药等低爆速炸药爆炸有比较明显的燃烧痕迹,硝铵炸药等中爆速炸药爆炸没有燃烧痕迹,黑索金、TNT等高爆速炸药爆炸仅有局部燃烧痕迹。

5. 爆炸作用范围

炸药爆炸现场破坏范围可分为三个地带,爆炸残留物在这三个地带的分布量是不同的。

1) 第一地带:爆炸产物直接作用的范围。炸药爆炸作用过程,首先由爆炸产物作用于介质形成压缩、粉碎区,接着形成抛掷区,随着爆炸气体产物进一步膨胀,其压力逐渐减弱,但其力量还可使介质质点发生位移,产生破裂、穿孔、剥离等痕迹。该范围的半径为装药半径的7~14倍,在这个距离范围内,爆炸产物温度高、压力大,所以扩散速度快。此处爆炸痕迹通常表现为形成炸点,爆炸中心周围介质被炸碎并抛散。通常情况下,这一地带的炸药残留物较少。在现场勘验时,可根据周围草地树木的烧焦状态,以及人员炸伤痕迹进行判断。准确勘验爆炸产物极限作用范围,对于判定炸药量、炸伤者与爆炸的关系等有重要作用。

2) 第二地带:爆炸产物和冲击波共同作用范围。该范围半径为装药半径的14~20倍,在这个距离范围内,爆炸产物和空气冲击波的作用大致相等。宏观爆炸痕迹通常表现为燃烧和高温作用现象。破坏介质可被抛散,但抛离距离比第一地带近。

3) 第三地带:冲击波作用范围。爆炸产生的高压气体产物作用于空气而产生冲击波。爆炸产物只在近距离起破坏作用,而冲击波在较远的距离都可起作用,该地带半径大于装药半径20倍。勘验冲击波破坏范围,可查明爆炸破坏程度,有时也可作为判定炸药量的依据,或为鉴别现场物证真伪提供依据。

6. 抛出物

建筑结构、压力容器、储罐等受到爆炸冲击波作用时会发生破裂,破裂的碎片在爆炸中可以被抛出非常远的距离,这种从炸点向四周抛射出去的物体(包括一部分爆炸残留物)就称为爆炸抛出物。抛出物是爆炸事故对周边造成破坏的主要方式,可以在距离爆炸中心较远的地方造成人员伤亡和财产损伤。在勘验时,应查清抛出物在现场的分布方位、密度、典型抛出物距炸点的距离,抛出物原来的位置与形状。对于较大块的抛出物要测量大小、称重、照相、绘图,并做好详细记录。检查并分析抛出物表面有无烟痕、燃烧痕、熔化痕、冲击痕及划擦痕迹，以判断爆炸物种类、数量、状态及破坏威力。

7. 残留物

1）爆炸物品原形物及其分解产物。原形物是指没有反应的爆炸物。固态爆炸物品爆炸后，还有少量原爆炸物未参与反应，而残留下来；同时，在爆炸过程中，爆炸物品产生的大量气体产物或部分固体养成物（如黑火药、烟火剂）也会残留在爆炸现场。爆炸物品原形物及分解产物通常用肉眼观察不到，需要用高倍显微镜或化学分析方法才能发现或鉴定。

爆炸原形物及其分解产物主要在炸点及其附近、抛出物体、包装物残片、爆炸尘土上。一般情况下，爆炸物原形物在现场分布密度以炸点为中心向周围呈马鞍形变化，第三地带含量一般最高，半径为装药半径的 20~30 倍。另外，在阻挡爆炸飞散物的墙面、地下，以及低洼避风处爆炸残留物也可能较多。

2）爆炸物品包装物残体及起爆物残体。包装物残体是指用于包装、盛装或捆绑爆炸物的物品碎片或残片。起爆物残体包括发火物、起爆物（如雷管）、导火索、电线和电池等残片。

现场中有无爆炸物包装和起爆物残体及其种类，是区分爆炸事故是否系人为的重要物证，是分析爆炸物品包装、引爆方法和原因的直接依据。这些物品在爆炸中被炸成碎片，四处飞散，混杂在倒塌物、抛出物、泥土之间，或射入木制物品、堆垛甚至尸体中，不易发现，需仔细查找。在露天空地上发现上述物品，需记录位置、形态后，原物收取，发现它们的碎片嵌入其他物体中，应酌情从中取出，或将嵌有碎片的物体一并采取。

8. 破坏及人员伤亡情况

以炸点为中心向四周勘验，由内到外查明建筑的倒塌、断裂、变形、移动等情况，房间内放置的物品被摧毁情况，炸点与倒塌的建筑之间的距离，测出不同破坏程度的半径，估算爆炸物的数量和爆炸能量。勘验伤亡人员的具体位置，受害者姿态、朝向、损伤部位及原因，衣服剥离、毛发被烧等情况，并提取送检。

9. 现场询问的主要内容

1）了解爆炸现象。由于爆炸的物质不同，爆炸后的现象也不一样。爆炸现象一般是指爆炸时产生的光、烟、火、味、声等，可通过发现人或现场附近人及事主了解。

光：爆炸时是否有人看见闪光现象。如有闪光，要查问光的颜色，在空气中的形象、亮度等。由化学反应引起爆炸有光，由物理变化引起爆炸无光。硝铵炸药爆炸呈橙色光，氯酸盐类炸药爆炸呈紫色光。

烟：炸药爆炸后，往往有烟尘升起。要了解烟的颜色、浓淡程度、升起高度、形态变化和扩散范围。

火：爆炸时如有起火现象，要了解爆炸刚发生时的火势，爆炸前是否有起火现象等。

味：爆炸发生后，现场附近人员或很快进入现场的人员常可嗅到一定气味。要了解气味的特点，如苦、酸、涩、臭味，或沥青味、大蒜味等，还要了解气味浓淡程度、刺激性大小。

声：了解爆炸声音的大小、沉重或轻浮，距离炸点多远的地方还可以听到，响声的次数及间隔时间。

2) 向爆炸发生时的在场人员了解爆炸发生的详细经过。包括爆炸发生的时间，爆炸发生前后听到、看到、感觉到的一切声响、振动现象等。

3) 了解现场爆炸前后的变化。如爆炸前现场物品的位置状态及其爆炸后变动变化的情况，爆炸后进入现场的人员对现场所做改变的情况。

4) 了解发生爆炸单位。包括事主及所在单位使用、接触爆炸物品的情况，爆炸物品的品种、保管情况，以及现场是否存放过爆炸物品。如果是爆炸品仓库爆炸，查清它们来源、生产、运输、储存情况及用火用电情况。

5) 了解事主的经济、政治和社会关系、生活作风等情况，以查明案件的因果关系。

10.5 容器爆炸火灾调查

10.5.1 压力容器分类

容器分为常压容器和压力容器。由于压力容器是盛装气体或者液体，承载一定压力的密闭设备，从安全使用管理角度而言，其爆炸危险性更大。压力容器按压力大小分级可分为四个压力等级：低压（$0.1MPa \leqslant p < 1.6MPa$）、中压（$1.6MPa \leqslant p < 10MPa$）、高压（$10MPa \leqslant p < 100MPa$）、超高压（$p \geqslant 100MPa$）。

压力容器主要为圆柱形，也有球形或其他形状。根据结构形式，可分为多层式压力容器、绕板式压力容器、型槽绕带式压力容器、热套式压力容器、锻焊式压力容器和厚板卷焊式压力容器等。

大多数压力容器由钢制成，也有的用铝、钛等有色金属和玻璃钢、预应力混凝土等非金属材料制成。

10.5.2 容器爆炸的原因

造成容器爆炸的直接原因多数是由于内部压力上升引起的，其原因除受物理或化学诱因导致容器内的压力超过了它的实际承载极限而超压引爆外，还包括紧急处理系统失效、容器的安全泄压装置不能有效泄压、容器材质、制造工艺、检测检验等。

1. 气体膨胀

大部分压力容器内的介质都是以气态存在的，即所谓永久气体。永久气体在容器破裂时，不产生物态变化，而仅仅是降压膨胀，这一过程是气体由容器破裂前的压力降至大气压力的简单膨胀过程。由于这一过程所经历的时间一般都很短，因此，不管容器内的工作介质与周围大气存在多大的温差，都可以认为容器内的气体与大气没有热量交换，即气体的膨胀是在绝热状态下进行的，所以永久气体容器的爆破能量也就是气体绝热膨胀所做的功。

2. 物态变化

液态物质由某种原因会发生迅速由液态转化为气态的相变，体积扩大几百倍以上，必然造成压力急剧上升，导致容器被极大破坏。因相变发生爆炸有如下三种情况：

(1) 临界相变

任何液体只要达到它的临界温度，都将由液态向气态转化，此时容器内压力将突变式地升高。

(2) 平衡破坏相变

平衡破坏相变是指带压容器内液相与蒸气相之间的平衡状态遭到破坏时，液相因立即成为过热状态而急剧沸腾发生的蒸气爆炸。在高压的密闭容器内，液体温度与蒸气压之间可维持平衡，如果容器气相部分的壳体发生破裂，高压蒸气喷出，容器内压急剧下降，使液相部分成为不稳定的过热状态。为了再次保持平衡，液体的一部分热量会转变为蒸发热，使部分液体变为常压沸点的蒸气，同时过热液体内部产生沸腾核，无数气泡增加，液体体积急剧膨胀，冲击器壁，出现液击现象。器壁在承受这种数倍于最初蒸气压力的冲击下，容器的裂缝继续开裂扩大，或发生破坏性爆裂，器内液体瞬间大量喷出，呈现爆炸现象。

被加热到其沸点以上高温下操作的反应液体，都存在着因容器破裂发生平衡破坏类蒸气爆炸的可能。反应容器受到来自外部的火焰烘烤或热辐射的加热，使容器内的液体温度升高，压力增大，形成过热液体或使过热液体温度进一步升高，当器壁气相部分出现裂纹时，会引起蒸气爆炸。

(3) 接触相变

从高温物体急剧地向与之接触的低温液体传递，使低温液体由液相瞬间转化成气相而引起的爆炸。低温液体与高温物体接触时，在接触面上进行膜态沸腾，随着高温液体温度的下降，温差变小，当其进入转移区域时，沸腾由膜态沸腾向核态沸腾转移。此时，接触边界上的蒸气膜迅速消失，两种物体的表面直接接触，大量的热量从高温部分流进低温部分，使低沸点液体的接触部分变为过热状态。这种过热状态在开始急剧核态沸腾时即发生蒸气爆炸。

如炼钢厂的熔融铁或高温炉渣等与水接触时就会引起水蒸气爆炸。在扑救高温加热炉、裂解炉的火灾中，盲目射水，特别是直流水，有引起蒸气爆炸的危险。

3. 化学反应

容器内若发生快速放热化学反应，产生大量的气体和热量，容器内原有的气体和新生的气体被迅速加热，体积膨胀，压力上升，则可能造成容器的爆炸或爆破。容器内由于化学反应引起爆炸主要有以下几种情况：

(1) 快速燃烧

由于容器内混入助燃性气体，产生了可燃气体或可燃性液体上部蒸气处于爆炸温度范围内等原因，使容器内部形成爆炸性混合气体或由于容器内的粉尘和喷雾与空气混合而发生爆炸。反应容器内可燃气体或易燃液体蒸气未置换或置换不彻底也是形成爆炸性混合气的重要原因。

由于爆炸性的混合气体爆炸属于均相反应，压力上升快，因此破坏性大，一般的安全装置起不到保护作用，因为泄压面积有限，无法快速泄压。

(2) 气体分解爆炸

有些气体浓度达到100%仍能发生爆炸，这是由于发生了放热的分解反应。如乙炔分解爆炸压力比乙炔快速燃烧形成爆炸的压力要大得多。容易产生分解爆炸的有机气体主要有乙炔、乙烯、环氧乙烷等。它们分解时不但产生热量，并且分子数量增多，因此在密闭的空间内容易导致爆炸事故。这些气体的压力越高、温度越高，越容易发生分解爆炸。

（3）单体聚合引起的爆炸

作为高分子原料的单体，化学稳定性差，而且有较强的聚合能力，在其储存和生产的容器中，如果阻聚剂失效，或沉淀，或有促进聚合作用的杂质混入，或其他原因使单体自动开始聚合反应，或聚合加速，则产生大量的聚合反应热。这种热量使液体蒸气压上升或使容器内的气体膨胀，最终可能导致容器破裂或爆炸。

4. 其他原因

（1）容器质量差

容器质量差主要表现在：反应容器设计不合理，结构形状不连续，焊缝布置不当等引起应力集中；设备材质选择不当，强度不足；制造容器时焊接质量不合要求及热处理不当等使材料韧性降低；结构缺陷，密封失效；容器壳体受到腐蚀介质的腐蚀，强度降低；高流速介质冲击磨损；反复应力作用等可能使容器在生产过程中发生爆炸。

（2）外来因素

外来因素也有多种，如外来飞行物打击、运载过程倾倒、施工破坏、强力拉断、基础下沉或倾斜、支撑变化、地震破坏等，最终导致容器破裂或爆炸。

（3）操作失误

如错误操作阀门，设备误敞开，操作过猛，充装过量，违反操作规程，设备带病运转等。

10.5.3 容器爆炸现场特点

（1）爆炸容器显而易见

爆炸容器或者被炸成几块，或者整体位移，在现场显而易见。

（2）抛出物块大、量少、距离不等

由于压力容器和反应器选用韧性大的钢材制造，爆炸物能量密度不高，其破坏力介于炸药爆炸和空气气体爆炸之间，容器内有一定空间缓冲作用，所以一般不会发生粉碎性破坏，这种爆炸抛出物数量不多、块大、距离不定，有时没有抛出物，有时容器整体抛出或位移。

容器内若装有液体或固体，在爆炸时将全部或部分抛出，其抛出内容物的方向，在容器炸裂或现行炸裂的一侧。

（3）冲击波有方向性

由于压力容器爆炸一般在某个部位先发生爆裂，或者只在某一个部分发生爆裂，所以其冲击波有明显的方向。若反应器内发生激烈的化学爆炸，容器被均匀粉碎，则冲击波和固体爆炸的冲击波相似，没有明显的方向性。

（4）没有烟痕

容器爆炸一般没有烟痕，尤其是因物态变化、体积膨胀发生的容器爆炸，根本不存在烟痕。

某些气体的分解爆炸,可在容器内壁发现分解的炭黑。

(5) 燃烧现象

容器爆炸尤其是发生物理性爆炸,一般没有燃烧现象。但是易燃液体、可燃气体容器爆炸后,溢出的大量气体、蒸气,在静电、明火及其他火源作用下往往发生二次爆炸或燃烧。

10.5.4　容器爆炸火灾调查的主要内容

1. 容器爆炸火灾现场勘验

(1) 检验容器本身破坏情况

首先要仔细检查失效部位、裂纹与碎片的名称、尺寸大小、形状。

1) 破裂断面。要及时检验,防止断口生锈和污损。用放大镜仔细观察断口截面及断口附近容器内外壁的颜色、光泽、裂缝、花纹,找出其断面特征,必要时取下一部分破裂口附近的材质,以备进行化学分析、力学性能检验和焊接质量鉴定。

2) 破坏形状。应测量裂口长、宽,容器裂口处的周长和壁厚,并和容器原来尺寸做比较,计算裂口处的圆周伸长率和壁厚减薄率,估算出容积变形率。

3) 碎片和抛出物。测定记录碎片及抛出物的形状、数量、重量、飞出方向和飞行距离。

抛出物的重量和飞行距离是判定、估算爆炸力的依据之一。根据大块抛出物或整体抛出物的重量及飞行距离,按下式计算其所需的能量:

$$E=\frac{mrg}{2\sin 2\theta} \qquad (10\text{-}4)$$

式中　E——抛出物体爆炸时获得的能量(kJ);
　　　m——抛出物体的质量(kg);
　　　r——飞行距离(m);
　　　g——重力加速度(m/s^2);
　　　θ——物体抛出时与地面的夹角。

容器被整体抛出时,所获得动能为爆炸总能量的 1/30~1/20。

4) 收集残留物。为了证明是否发生过误充装、误加料,反应器、储存期内是否缺少某种缓冲剂、稳定剂、阻聚剂、稀释剂或者它们失效及其他导致爆炸的原因,就要检验容器内的残留物,或寻找发现带有容器内容物喷溅痕迹的物体,记录残留物和喷溅物的形态、颜色黏度、数量和种类,并收集式样以备检验。

(2) 检验安全附件情况

1) 压力表。有否严重超压现象,有否长期失灵不准,如若压力表冲破,指针打弯,说明产生超压;若指针在正常工作点附近卡住,说明失灵。记录式压力表可查出事故发生时的记录数据。

2) 安全阀。检查有否开启过的痕迹,有否严重失灵现象。杠杆式安全阀的重锤是否被人无故动过。

对安全阀重新试验并拆开检查，查看其内部腐蚀情况，介质附着情况，阀门动作情况。

3）液位表。检查是否与主容器连接，有否假指示现象，通过印痕检查爆炸前液体数量，检查液位表的破坏情况。

4）泄爆装置的爆破片或爆破帽是否已经动作。

2. 技术鉴定

对现场收集的残留物运用科学技术进行鉴别和判断，为爆炸火灾原因综合分析提供科学依据和线索。常见的技术鉴定方法有以下几种：

（1）化学成分分析

化学成分分析包括可燃物化学成分分析和容器材料化学成分分析。容器材料化学成分分析主要分析对容器材料性能有影响的元素成分，以查明所用材料是否与原设计要求相符。容器材料化学成分分析常用方法有光谱分析、化学分析、电子探针、离子探针、俄歇电子能谱等。

（2）断口分析

断口分析是压力容器技术鉴定中经常使用的一种方法，是研究破坏现象微观机理的一种重要手段。因为不同的破坏原因会在断口留下不同的有代表性的宏观或微观形貌特征，通过断口分析可确定容器破坏的机理和原因。断口分析包括宏观分析和微观分析。断口宏观分析可以确定：

1）破坏的萌生点。
2）断口边沿形状或裂纹的形态、分布。
3）塑性或脆性断裂。
4）磨损或腐蚀失效。
5）产生破坏的受载方式。

微观分析可借助光学显微镜、透射电镜、扫描电镜了解更多的细节或对宏观分析加以验证。微观分析主要鉴定项目有：

1）断口边沿或裂缝内是否存在氧化物（或其他夹杂），裂缝两旁是否有诸如脱碳等现象。
2）表层缺陷包括过烧、氧化、腐蚀、表层脱碳等。
3）材料非金属夹杂物分布及其他内在缺陷。
4）晶粒大小，显微组织是否正常。

（3）金相分析

金相分析可以判别材料的组织是否正常及材料在冶炼、热处理加工过程中存在的缺陷。垂直于断口的金相分析可以揭示断裂途径与组织结构的关系。

（4）力学分析

力学分析是从容器应力状态分析破坏原因。力学分析的方法有计算法和实验测试法等。常用的计算方法有理论计算法、数值计算法，如有限元法、边界元法等。常用的实验测试法有电测法、云纹法、光弹法、激光全息法。

（5）无损检验

无损检验有时对失效研究和分析非常有用，可检查材料的内部缺陷或表面裂纹。常用的无损检验方法有超声波检验、X 射线检验、磁粉检验、渗透检验等。

在实际技术鉴定中一般需要同时运用两种或两种以上的方法。当然要根据爆炸火灾事故的具体情况合理选择，才能清楚地说明问题，又不至于浪费人力和物力。一般宜先从简单的鉴定方法入手，如有必要时才进一步采用费用高的和较复杂的鉴定方法。

3. 火灾现场调查访问

火灾现场调查访问是火灾原因调查工作的重要组成部分，是获取火灾案件有力线索和收集证据的重要来源。容器爆炸火灾现场调查访问应主要围绕以下内容进行：

（1）事故具体过程

事故过程调查访问内容为：

1）事故前的运行情况，如工艺条件是否正常合理，确认容器或设备内爆炸前内容物的种类、数量、比例，是否有错装、超标、少装等现象，有无异常及可疑迹象（压力波动、漏气、不正常响声等）。

2）事故发生经过，如发生起火时间，最初起火部位，听到爆炸声的时间等，若直接当事人已死亡，则应通过幸存或其他人员和可找到的一切资料（操作记录、车间日志等）了解发生事故的经过。

3）事故情况，要搞清发生事故时有关人员的人数、所在位置、所做事情及所看到和听到的情况，主要了解事故后的条件与状态的变化，以及有无异常现象，有无闪光、响声（一次响声、二次响声）。

（2）容器历史和使用情况

容器历史和使用情况调查访问内容为：

1）发生爆炸容器或设备的名称、用途、型号、生产厂家、出厂日期、使用年限、质量信誉等情况。

2）发生爆炸容器或设备的设计、施工、检修等情况。

3）操作人员的思想素质、情绪、精神状态、技术水平，对本岗位操作规程的熟悉程度、工作经历等。

4）容器的工作条件，包括操作压力、温度、介质组成等主要控制参数指示及实际执行情况。

5）安全泄爆装置的安装使用情况，例如压力表、减压阀、安全阀、液压表等安全附件工作是否正常，是否按期检修。

6）以前是否发生过类似事件，事故发生后采取了哪些安全措施。

4. 容器爆炸火灾原因认定要点

（1）确定起火源

在压力容器爆炸火灾中，常见的点火源有高温赤热表面、焊接火花、电器仪表电火花、明火、化工机器冲击摩擦火花、静电火花、雷电作用等。

（2）确定爆炸点或起火点

根据现场特点和痕迹，确定爆炸起火范围，合理解释起火、爆炸先后顺序，爆炸容器之间的先后顺序，确定第一爆炸点或起火点。

（3）综合分析

综合分析是将调查访问、现场勘验和技术鉴定取得的各种材料连贯起来，进行科学的分析和缜密的推理。排除缺乏事实的根据和与实际情况有出入的原因，肯定有确凿证据的原因。

（4）辨别容器破裂后是否发生二次爆炸

1）若破坏能量小于容器工作压力下爆炸所释放的能量，则容器为工作压力下破裂。

2）若其总破坏能量大于容器在工作压力下爆破能量，而小于其在计算破裂压力下的爆破能量，则为超压破裂。

3）若破坏能量远大于容器内爆炸反应引起容器破裂，要考虑有无"二次爆炸"所造成的现场破坏，另外，还应注意容器破裂的情况及周围环境有无二次爆炸的迹象。

总之，压力容器爆炸火灾原因复杂多样，根据调查访问、现场勘验及技术鉴定意见，综合分析后可采取排除法或逼近法，逐步缩小压力容器爆炸火灾原因的范围，最后结合几方面分析所得结果，找到压力容器爆炸火灾的真正原因。

复习题

1. 管道可燃气泄漏的主要原因有哪些？
2. 燃气爆炸现场特点有哪些？
3. 燃气爆炸现场勘验的主要内容有哪些？
4. 燃气爆炸现场询问的主要内容有哪些？
5. 粉尘爆炸的条件有哪些？
6. 粉尘爆炸现场特征有哪些？
7. 粉尘爆炸火灾原因调查认定的主要内容有哪些？
8. 固体可燃物爆炸现场特征有哪些？
9. 固体可燃物爆炸现场勘验的主要内容有哪些？
10. 固体可燃物炸现场询问的主要内容有哪些？
11. 容器爆炸的原因有哪些？
12. 容器常见破坏方式有哪些？
13. 容器爆炸现场特点有哪些？
14. 容器爆炸火灾原因认定要点有哪些？

第 10 章练习题

扫码进入小程序，完成答题即可获取答案

第 11 章
森林火灾调查

森林火灾调查是现代林火管理的一个重要组成部分,属于其灾后处置的重要环节。

森林火灾的起火原因调查不仅是森林火灾调查与统计的重要组成部分,也是森林火灾调查的核心内容。不仅有利于了解森林火灾的发生发展规律,提高防御森林火灾的能力,还将对查明森林火灾事故的原因和性质,依法处理森林火灾责任者或犯罪分子或火灾定案起重要作用。

森林火灾发生后,判断起火点,查找火源,是森林火灾案件查处的关键。一些森林火灾案件得不到查处,绝大部分是由于没能正确地判断火场的起火点,没有查找到火源。有些发生在省、地(盟、州)、县(旗)及乡、镇、村边界地带的森林火灾,因不能正确地判断火场的起火点,常引起争议,甚至引起纠纷或诉讼,严重地干扰了各级政府的正常工作和社会治安。

11.1 森林火灾的特点

11.1.1 我国森林火灾发生主要原因

森林火灾发生原因简称火因,用森林火源标示。起火原因和火灾成因构成了整个火灾原因。起火原因揭示火灾是怎么发生的,火灾成因解决火灾时如何发展蔓延成灾这个问题。起火原因是明确森林火灾责任的重要依据;火灾成因是判断指挥、扑救、阻隔、清理等措施是否采取得当与有效的重要依据。森林火源分为人为火、自然火和外来火三大类,各大类又包含若干森林火源种类,见表 11-1。

表 11-1 森林火灾发生原因一览表

生产用火							非生产用火											自然火			外来火
烧荒烧灰	炼山造林	烧牧场	烧隔离带	火车甩瓦	机车喷火	其他生产用火	野外吸烟	取暖做饭	祭祀用火	烧山驱兽	小孩玩火	痴呆弄火	家火上山	电线引起	其他非生产性用火	放火	外省烧入	雷击火	可燃物自燃	其他自燃火	外来火

注:1. 烧荒烧灰,是指农垦烧荒、烧灰积肥、烧田埂草、烧秸秆等引起的森林火灾。
2. 火车甩瓦,是指火车车闸瓦脱落引起的森林火灾。
3. 机车喷火,是指汽车、拖拉机等机动车辆喷火引起的森林火灾。
4. 祭祀用火,是指烧纸钱、焚香、燃放鞭炮、燃蜡烛等引起的森林火灾。
5. 放火,是指除小孩玩火和痴呆弄火之外,行为人为了达到一定的违法犯罪目的,在明知自己的行为会发生火灾的情况下,希望或放任火灾发生的行为。
6. 外省烧入,其他省、自治区、直辖市烧入本省、自治区、直辖市的森林火灾。
7. 外来火,是指由国境外烧入我国境内的森林火灾。

11.1.2 森林燃烧的特点

1）森林燃烧是在开放性的生态系统中的自由燃烧，不受氧气的限制，因为森林里到处都有空气供氧。

2）森林燃烧是一种固体燃烧。固体燃烧过程与液体、气体燃烧过程不同，可分为有焰燃烧和无焰燃烧。

3）森林燃烧能量变化很大。森林可燃物的种类千差万别，森林燃烧在不同的森林群落中各具特点，表现很不一致。森林燃烧的地域变化也很大，其可燃物在地域分布上差别明显，或多或少，或均匀或密集，或连续或断续。

4）森林燃烧时释放出大量的能量（图 11-1）。森林火灾其实就是把森林植物固定的太阳能在短时间内以热能、光能的形式释放出来，这种方式会对森林、环境造成巨大的影响。

图 11-1 森林火灾

图 11-1 彩图

5）林火作为一个生态因子，对森林生态系统的影响具有双重性，既有毁灭作用，也有促进作用。双重性的关键是燃烧强度，高强度的火往往带来破坏性的一面，而控制性的低强度的火则带来有利的一面。

11.1.3 森林火灾的分类

1. 根据火灾损失分类

《森林防火条例》（2009 年 1 月 1 日起施行）规定，按照受害森林面积和伤亡人数，森林火灾分为一般森林火灾、较大森林火灾、重大森林火灾和特别重大森林火灾：

1）一般森林火灾。受害森林面积在 1hm^2 以下或者其他林地起火的，或者死亡 1 人以上 3 人以下的，或者重伤 1 人以上 10 人以下的。

2）较大森林火灾。受害森林面积在 1 公顷以上 100hm^2 以下的，或者死亡 3 人以上 10 人以下的，或者重伤 10 人以上 50 人以下的。

3）重大森林火灾。受害森林面积在 100hm^2 以上 1000hm^2 以下的，或者死亡 10 人以上 30 人以下的，或者重伤 50 人以上 100 人以下的。

4）特别重大森林火灾。受害森林面积在1000hm²以上的，或者死亡30人以上的，或者重伤100人以上的。

2. 根据火势蔓延部位分类

可划分为地下火、地表火和树冠火。

（1）地下火

在泥炭层或腐殖质层燃烧蔓延的林火。多发生在长期干旱有腐殖质层或泥炭层的林中。这种火在地表看不见火焰，只有烟，蔓延速度十分缓慢，温度高，持续时间长，很难扑救，破坏力极强。

（2）地表火

地表火也称为地面火，沿地表蔓延，火焰高度在树冠以下，烧毁地被物，危害幼树、灌木、下木，烧伤大树干基和露出地面的树根。

（3）树冠火

地表火遇到强风或针叶幼树群、枯立木、风倒木、低垂树枝时，火就烧到树冠，并沿树冠蔓延和扩展，称为树冠火。

11.1.4　森林火灾的影响因素

影响森林燃烧的因素很多，影响机制很复杂。随着对森林火灾机理认识的加深，影响因素逐渐集中到可燃物、地形、气象因素等方面。

1. 可燃物

可燃物（图11-2）是森林燃烧的物质基础条件，影响着林火蔓延速度和强度。实时并快捷掌握不同林型的可燃物状态，可为有效地开展森林火灾的防范工作提供依据。可燃物的物理、化学性质影响着森林火行为。

图11-2　森林可燃物　　　　　　　　图11-2 彩图

（1）可燃物类型

可燃物类型是指在一定的面积内，种类、特征相同的可燃物，并与其他区域中的可燃物有明显的区别。它表示不同可燃物的分布位置，是一个区域火险大小的标志。首先，燃料本身被细分为两部分：地面燃料和空中燃料。地面燃料包括所有位于地面上的可燃物或者直接长在地面上的可燃物。这些物质包括腐烂的落叶堆、含泥煤的土壤、树根、落叶、松球堆、草、死树、树桩、大的枝干、低矮的树枝及小树苗等。空间燃料包括森林中高层所有的绿色植物和枯死的植物，主要的空间燃料是树枝、树冠、残秆、苔藓和一些高的灌木丛。

可燃物类型不同，燃烧性也各异。其特征包括负荷量、密实度、堆密度或容积密度数、水平连续性、垂直分布、水分含量、化学成分等。按照种类的不同，将森林可燃物分为以下七种：

1）地衣。地衣是一种容易燃烧的可燃物，着火温度低，是森林中的引火物。地衣湿度变化较大，在降雨后，很快失去水分而易燃。在降雨时，地衣湿度可达272.2%，雨后第二天为40%~50%，再经5~7天，湿度降低到7.3%。地衣与死地被物混合燃烧时，火焰温度可达250~500℃，火焰高度可达20~40cm。附在树枝条的长松萝和节松萝，容易引起树冠火。

2）苔藓。苔藓多生长在阴湿的密林下，吸湿性强，不易着火，只有在连续干旱的年代才能燃烧。苔藓的燃烧性随着立地条件不同而异，生长在沼泽地上的泥炭藓，一般不易燃。生长在树皮、树枝上的藓类，较干燥，也易燃，如树毛和平藓，有引起树干火和树冠火的危险。相较于地衣杂草，藓类燃烧持续时间长，蔓延速度慢，特别是着生在树根和树干附近的苔藓，一旦着火，对树根、树干的危害较大。苔藓燃烧火焰高度不超过50cm，温度在300℃左右。

3）草本植物。在生长季节，体内含水量高，一般不易燃。在非生长季节，干枯易燃。在我国东北林区，在春季雪融后，新草尚未萌发，遗留的干枯杂草，是最容易引起森林火灾的。生长在不同立地条件下的杂草，易燃程度不同。生长在无林地或疏林地的杂草，大多为阳性杂草，植株高大，生长密集，体内含纤维多，如禾本科、莎草科和菊科，枯黄后非常易燃。即使生长在沼泽地的杂草，枯死后也极易燃。生长在肥沃潮湿的林地的杂草，植株矮小，叶多为肉质，含水分少，如酢浆草科、虎耳草科、百合科等植物，枯死后仍不易干燥，不易燃。

4）蕨类。蕨类是我国南方森林主要地被。一般来说，一年生蕨类易燃，多年生不易燃；阳性蕨类易燃，阴性蕨类不易燃。我国南方常见易燃的蕨类是蕨和铁芒萁。

5）灌木。为多年生木本植物，体内含水量较多，不易燃烧。常绿灌木更不易燃。有些灌木落叶后，上部枝条常枯死，如胡枝子，这类灌木易燃。有些灌木枯叶不落，如柞树，这类灌木易燃。还有些针叶灌木，体内含有大量树脂和挥发性油类，如兴安桧含脂量为23.45%，高山桧为49.16%，因此这些灌木非常易燃。灌木的生长状态和分布不同，影响燃烧状况。通常丛状灌木比单株散生灌木更利于林火蔓延，与杂草混生灌木林燃烧更强烈。

6）藤本植物。藤本植物是热带雨林中重要组成部分，一般不易燃，但在特别干旱的季节里，常常引燃树冠火。

7）乔木。乔木植物是最不易燃的种类。以上植物易燃性的顺序（从易到难）是：地衣、苔藓、草本、灌木、藤本和乔木。乔木的燃烧性与年龄、郁闭度、林分组成和林分层次等有关。

(2) 可燃物载量

可燃物载量是指单位面积上可燃物的烘干质量，包括所有活的、死的有机物，其大小影响森林火灾的燃烧强度，载量越大，火强度越大，产生的热量也就越高。可燃物载量是估测潜在能量释放大小的参数。不同可燃物类型的潜在能量不是固定不变的。在确定气象和环境的条件下，载量的大小明显影响着森林火灾的发生、发展，可以据此建立林火行为量化模型，计算潜在火行为，达到森林火险预报、林火发生规律预报、林火行为预报和地表可燃物管理的目的。

(3) 可燃物含水量

含水量影响可燃物燃烧的容易程度和剧烈程度，对林火蔓延速度、有效辐射率均有重大影响，含水量的变化直接影响发热量的大小。

(4) 可燃物的分布

可燃物的分布对林火行为也有很大的影响。疏松分布的可燃物比紧密分布的可燃物更有利于燃烧；而紧密分布的可燃物则相反，由于紧密可燃物面积小，因此热辐射的作用也小。通过改变可燃物的分布，特别是梯形可燃物的结构，能够改变林火行为，降低地表火和潜在的树冠火的发生。

(5) 可燃物的年龄

可燃物的年龄是一个很重要的影响林火行为的因素。可燃物的年龄一般可分为幼龄、中龄和老龄。老龄（20年以上）可燃物燃烧时温度高，蔓延速度较快，释放的热量大，常常会超过人员和设备所能承受的程度。

(6) 可燃物的堆积

可燃物的堆积是由于植被长期的生长发育过程，造成生长着的及枯死的生物的大量堆聚。可以通过采伐、清理采伐现场，或其他土地管理活动来减少可燃物的数量，如计划烧除或施用化学除草剂等方法。具有空间结构的可燃物，如枯立木是导致树冠火及飞火的根源。

2. 地形

地形起伏变化，不仅影响植被分布和可燃物的类型，而且影响生态因子的重新分配，使火灾环境有明显的差异，从而影响到热量的传播和林火蔓延。由于地形不同，可燃物的种类、数量、立地条件和生态因子等均不一样。高山与沼泽地，阴坡与阳坡，火灾行为都不一样。高山的阳坡，火灾的蔓延速度、火强度等要比阴坡快而且高得多，但火一旦蔓延到沼泽地就会熄灭。尤其在山脊的陡坡，往往会形成高强度的火。高能量的火可直接由此山头跳跃到另一个山头，例如高海拔（2400~3000m）森林树冠火，飞火很普遍。

坡度是影响林火蔓延的主要因素之一。火势沿山坡向上蔓延与顺风蔓延的情况相似，上坡火火焰随坡度的变化呈现为小坡度的缓慢燃烧、随坡度增加的火焰的抖动及大坡度时的贴壁剧烈燃烧，而沿山坡向下蔓延的情况则与逆风相似。林地坡度的变化使林火蔓延过程呈现出突变形态。当火强度很大时，火场会产生与火蔓延方向相反的风，因而又会减缓火的蔓延。尽管山地森林火灾存在很多不确定的致灾因素，但充分掌握火场的状态和趋势，了解地形和山地条件下的林火形态特点，特别是林地坡度变化对林火发生发展过程的影响，能够有效指导林火管理。

峡谷或山脊地形发生的森林火灾容易造成大量的伤亡（图 11-3），如 1994 年美国科罗拉多州西部南大峡谷森林火灾，有 14 名消防员死亡；2019 年我国木里森林火灾，31 名森林火灾处置人员死亡。火引起的对流因地形曲率和火的加速而得到加强，伴随着峡谷火，会引起火爆（由于高强度森林火灾向其前部未燃可燃物通过辐射或对流，输送大量热能，使得某一空间积聚大量的可燃混合气，当这些可燃混合气体达到一定的温度时，就会形成类似于建筑火灾中的轰燃，产生爆炸式的燃烧）。由于烟囱效应，火势蔓延速度持续增加。

图 11-3　峡谷森林火灾　　　　　　图 11-3 彩图

3. 气象因素

气象因素是变化的因子，如气温、相对湿度、风速和降水等，对林火行为有很大的影响。气温高，风大，相对湿度小，天气干燥，可燃物的含水量就小，易燃、蔓延快，林火强度大；相反，则林火强度小。如果空气的相对湿度较高，那么植物就会吸收其中的水分而不易点燃，或者说空气中的水分可以减缓火灾进程中的火势蔓延速率。长期干旱的大风天，很容易爆发高强度的森林大火。在森林燃烧过程中，气象因素随时在变化，很难掌控，应及时进行观测，全程为森林火灾扑救提供技术参数，以免造成伤亡事故。

风对森林火灾的扩展和蔓延起决定作用，不仅决定蔓延速度，而且决定蔓延面积和方向（图 11-4）。风不仅加快可燃物的水分蒸发，使其变干、易燃，同时不断补充氧气，增加燃烧区的助燃条件，加速燃烧过程，而且还能改变热对流的状态和高度，增加热平流，加速火的蔓延。另外，风越大，大气湍流越强，常有飞火产生。

图 11-4　风对森林火灾的影响

森林火灾的蔓延方向和形状，主要取决于风向、风速和地形。在平坦而又无风时，火向四周等速蔓延，其蔓延形状为圆形，风向比较稳定时，火蔓延的长轴与风向平行，其形状为长椭圆形；有些开始顺风蔓延较快，后由于风向突然转变，侧风变为主风，形状常呈 L 形。

极端天气对森林火灾也有影响。2008 年南方冰雪灾害后，火灾次数、过火面积和人员伤亡人数的异常增高，超出了气温和降水对森林火灾发生的正常影响范围，林木受害后主要表现为地表可燃物载量急剧增加，不同可燃物、不同受害程度增加的量有很大不同。

4. 其他因素

人为因素是影响森林燃烧的因素之一，特别是对于中小面积的火灾，人为扑救对于火灾的蔓延会起重要作用。人为的各种处置措施，如人工开设的防火线、防火隔离带、道路、人工经营的生物防火林带等，对阻止森林火灾的蔓延能够起到一定的作用。可燃物的处理，包括机械处理、计划烧除和计划烧除后的机械措施，已成为降低火险的常用措施。如 1987 年大兴安岭"5·6"大火的东部火场南界表现出与其他自然火场边界显著不同的特征。一方面由于东部火场的南界有铁路线作为依托，便于实施扑火措施（主要是打防火隔离带或点逆风火），人类影响易于见效；此外，南部分布较多的重要城镇，除东部火场南界扑火效果明显外，其余地域火场基本按其自然规律扩展，扑火没有起到多大作用。

11.1.5 特殊火行为现象

在实际的扑火过程中，一些特殊的火行为往往导致人员的伤亡，特殊火行为的产生依赖于特殊的火环境及天气过程，如何结合可燃物的实际状况，分析特殊火行为的发生与发展，便于森林火灾起火点的查找与调查。

1. 对流柱

森林燃烧时产生热空气垂直向上运动，四周空气补充产生热对流，在燃烧区的上方形成一个对流柱。由于对流柱产生一种空气幕围绕它本身，更有利于对流柱的发展。对流柱类似烟囱，使林火更激烈。由于林火产生对流柱，因此林火具有三维结构。少数火灾可以人工将其直接扑灭，其火头前沿释放出来热量较少，在火焰上空热气形成的是烟云，对流仅在火焰边缘起作用。有些火由于温度太高，热气流辐射和气流湍动使火焰上空形成浓烟滚滚的活性对流柱直冲云霄。产生对流柱的火向环境中释放能量，使环境发生了重大变化，造成自己的小气候，波及数百米或数千米之广，形成特有的特征。

美国物理学家勃兰姆（Byram）研究了对流柱的形成过程。他认为对流柱的形成过程是热能转化为动能的过程。森林大火一般都有强大的对流柱，在不同的天气状况下形成不同形状的对流柱。当高空气温较暖时，对流柱的上升受到限制，对流柱上部形成弥散区；当高空气温较低时，对流柱可以伸向更高的高空。在大火中对流柱的发展迅速，由于浮力的作用，常常携带大量正在燃烧着的可燃物，它们被带入火焰前方未燃的可燃物，引起飞火。当同时产生多处飞火时即可产生火爆。火爆现象一旦形成就可能产生火旋，即高速旋转的热气流，转速可达每分钟上万转之多，水平风速可达 10m/s 以上。

2. 飞火

飞火是由于上升气流将正在燃烧的燃烧物带到空中，而后飘散到其他地区的一种火源。

燃烧着的物质所携带能量越多，飞火越多，则预示火行为越猛烈。飞火现象在各国火灾史记录上是经常出现的。飞火飘移的距离可达数十米、数百米，甚至数千米、十几千米或更远。在旋风的作用下，还出现大量飞散的小火星，大多数吹落在火头前方数十米以至数百米处，可引燃细小可燃物，这种现象称之为火星雨。飞火将可燃物的燃烧余烬携带的热量传播到火头前方，有人把它看成是第四种热量传递的方式。它在森林火灾中是使火灾蔓延的一种重要途径。

所有高能量火都产生飞火。强大的对流柱是形成飞火的良好条件。如果对流柱倾斜，被对流气流卷扬起来的燃烧物，在风力和重力的作用下做抛物线运动。根据昌特莱尔等人的意见，当火线强度超过300~500kW/m时，就会产生飞火。飞火是热量传递带着大量燃烧着物质飞越到未燃可燃物区，引起新的燃烧区。所以，飞火的飞越距离与燃烧物质携带的能量和周围风场的情况有关，而前者直接与火烧强度密切相关，后者与风速大小有关。被卷扬起来的燃烧物移动的距离能否成为飞火，直接取决于风速和燃烧物的重量及燃烧物燃烧的持续时间。只有那些重量较轻，而燃烧持续时间很长的燃烧物，才是形成飞火的危险可燃物，如鸟窝、蚁窝、松球果等。

3. 火旋风

由于同一平面气流的流速不一致而产生的水平涡流，称为旋风。旋风一般是受地形变化的影响和受热的影响而生成的。由森林燃烧造成热的不平衡产生的旋风，称为火旋风。火旋风是高能量火的主要特征之一，它直接危及扑火人员的安全。实际上，火旋风是飞火严重发展的直接结果。火旋风的大小不一，小的直径仅有50cm左右，大的直径甚至超过100m，或更大些。由火旋风而形成的旋转火苗或火柱，称为火旋。在森林火灾中，常常遇到类似的火旋。

常见的火旋风有地形火旋风、林火初始期的火旋风和林火熄灭期的火旋风。林火越过山头，在山的背坡会产生地形火旋风。火旋风加速了林火的蔓延，特别是熄灭期的火旋风，可使死火复燃造成新的灾害。火旋风波及的面积和强度的变化范围较广，有直径小于1m的小火旋风，也有大到面积和强度与小型龙卷风相似（地面直径达数百米）的大火旋风。火旋风能量很大，就是小火旋风也有高速旋转运动和上升气流，足以抬升一定质量的可燃物。

4. 火爆

火爆是由于高强度林火向其前部的未燃可燃物，通过辐射或对流输送大量的热能，使得某一空间积聚大量的可燃混合气，当这些可燃混合气达到一定的温度时，会出现爆炸式燃烧，形成类似于建筑火灾中的轰燃现象。火爆的火焰类型，属于预混火焰，其实质是预混合气体的燃烧。当两个火头或多个火头相遇，地形条件合适时，由于辐射与对流的作用，会在火头所包围的局部空间形成大量的预混可燃混合气，从而引起爆炸式燃烧。由于能量释放过速，产生强大的抬升力，使燃烧着的可燃物碎片四处飞溅。

火爆是高强度火的重要特征之一。火爆与移动的火头不同，前者相对后者是静止的，但是它的燃烧速度极快，在一个较大空间范围内形成一个强烈的内吸气流的巨浪，能席卷起重型可燃物，并进行强烈燃烧。1987年大兴安岭的特大森林火灾中，曾发现空中升起的大大小小的火团，就是火爆现象。

5. 高温热流

大面积燃烧发生时，火头会互相影响，它们可以极快的速度烧成一片，形成高温区，几百亩地在几分钟内被大火烧毁是很普通的。在陡峭的峡谷或盆状峡谷中，这种燃烧更可能发生。高温热流是大面积的林火在风力作用下形成的。这种高温热流，看不到火光，但却可以感觉到高温，它可以灼伤动植物和人体，甚至可以引燃可燃物，使其全面燃烧。

11.2 森林火灾痕迹特征

森林火灾痕迹记录火灾发生和发展过程中许多有用的信息，只要认真查找，准确地理解和把握森林火灾燃烧痕迹和残留物特征，就能较真实地"再现"火场的概貌，准确快速地了解起火的原因。

11.2.1 地表可燃物的燃烧程度

对于同一种类的森林可燃物而言，可以假设局部区域的燃烧环境条件基本一致。在这种假设前提下，地表可燃物的燃烧程度大小，或者说地表可燃物消耗量的多少，主要取决于森林火灾的停留时间，即森林火灾在此处持续燃烧的时间（简称林火延烧时间）。

森林火灾在某一区域延烧时间越长，地表可燃物燃烧就越彻底，消耗量就越大，燃烧的程度越重；如果森林火灾的蔓延速度很快，仅仅是一扫而过（延烧时间很短），过火区域的地表可燃物可能仅仅是最上层的一小部分细小可燃物被烧掉，甚至会出现较高的花脸率（是指未过火面积同整个火场面积的比例）。所以，通常可以通过勘验地表可燃物的燃烧程度，特别是同相邻区域地表可燃物燃烧程度的比较，来分析、判断、推测森林火灾经过某一区域时的情况。

1. 蔓延速度与燃烧程度

通常，蔓延速度的大小顺序是：火头>火翼>火尾；顺风火>侧风火>逆风火；上山火>下山火。

同等条件下，地表可燃物的烧损程度、"花脸率"与蔓延速度的排序相反，即：火头<火翼<火尾；顺风火<侧风火<逆风火；上山火<下山火。

2. 地形与燃烧程度

地形主要通过坡度、坡向、坡位及地形风对林火蔓延产生影响，进而影响燃烧程度。

坡度主要从影响地表可燃物积存的数量、可燃物含水量及林火蔓延过程中热量的再分配等方面影响林火蔓延，进而影响燃烧程度。

坡度越陡，土壤越干燥、瘠薄，植被生长越差，地表可燃物积存的数量就越少，枯枝落叶层中细小可燃物所占的比例越高，地表植被特别是地被物就越难以吸附水分，地表可燃物的含水率就越低，因此也就越容易发生燃烧。更重要的是，坡度越陡，热对流和热辐射会沿着坡面平行的方向形成复合向前的热流，上山风加速了热流的传播，使火头前方的可燃物迅速被烘干或直接被点燃。

随着坡度的增加，上山火速度加快，但火对树木的损害程度则逐渐降低。表 11-2 为中国林业科学研究院在四川林区的调查材料中有关火灾后不同坡度林木死亡率的统计。

表 11-2　火灾后不同坡度林木死亡率的统计

坡度（°）	15	25	35	45
林木死亡率（%）	46.4	31.4	15	4.2

坡向不同，接受阳光的照射不同，温度、湿度及土壤和植被都有差异，直接影响火灾的蔓延速度。一般是南坡的温度高于北坡，西坡高于东坡，西南坡高于东北坡。尤以西南坡接受阳光的时间长，温度最高，湿度最低，土壤和植被较干燥，容易发生火灾，并在火灾发生后蔓延速度较快。

白天，单位体积空气吸收的热量多，升温快，山顶上空气与四周大气的热交换较畅通，所以，山谷和山坡上的气温比山顶低。夜间，尤以山谷的辐射冷却快，加上山顶和山坡上冷空气的下沉，使山谷成为"冷潮"；山顶由于有大气的热量补充，所以温度下降不多，气温比山谷高；山坡中部，冷空气不易堆积，绝大部分都下沉到山谷，又有周围大气的热量补充，因此，山坡中部夜间气温比山顶、山谷都高，成为山地的"暖带"。坡位对火蔓延速度的影响，还不能完全按照上述温度分布特点进行分析，因为不同坡位的可燃物类型、载量、含水率等因素的影响不同，特别是风向、风速的影响更大。例如，白天发生在山顶的火，主要向山下蔓延形成下山火（逆风火）；发生在半山腰的火可分为向上、下两个方向蔓延，既有上山火（顺风火），也有下山火（逆风火）；发生在山脚的火，主要是上山火（顺风火）。它们各自的燃烧特征又可分别参考上山火和下山火的特征。

依据植被类型的不同、林火的蔓延速度不同，地表可燃物的燃烧程度大致可归纳为以下几个方面，见表 11-3。

表 11-3　不同植被类型与地表可燃物的燃烧程度

地表火（蔓延速度）	燃烧程度			备注
	轻	中	重	
快→慢	草地	灌木林	乔木林	灌木丛除外
	稀疏乔木林	中密度乔木林	乔木密林	
	落叶阔叶林	针阔混交林	常绿针叶林	
	未郁闭乔木幼林	过熟乔木林	成熟乔木林	

除了植被类型不同、林火的蔓延速度不同、燃烧程度不同外，植被的分布格局也会影响森林火灾的燃烧程度。植被的分布格局包括植被的水平分布和垂直分布。

植被的水平分布分为连续和间断两大类型。连续状况有同类型植被的连续和不同类型植被的连续。在不同植被类型的林地，森林火灾蔓延的速度有快有慢，燃烧的程度受植物的燃烧性、含水量等因素影响较大。例如在初春，同样是地表可燃物，有早春植物分布的区域地表可燃物不易燃烧，花脸率高；没有早春植物分布的区域以死地被物为主，易燃烧，火强度可能较大；在秋末冬初，耐寒植物分布的区域地表火的烧损率较低。

水平植被间断又分为大面积的间断和小面积的间断。大面积的间断可使火蔓延中断，阻火带利用的就是人为隔断可燃物的分布。小面积的间断是造成较高花脸率的主要原因之一。

植被的垂直分布是森林火灾能否形成树冠火的关键因素。如果中幼林的枝条与地被物相隔很近或几乎相接，就很容易形成树冠火。如果成过熟林树干下部枯枝很多，树干及下部枯枝上有很多地衣、苔藓、蕨类、藤本等附生物、寄生物，也容易形成树干火和树冠火。如果草本植物层、灌木层、地上的倒木等杂乱物和乔木层很完整，虽然不容易发生森林火灾，但是一旦火蔓延到这类林分中不能很快控制住的话，则很容易转变成树冠火，烧损率就很高。

3. 森林可燃物的自燃

自燃又有自热自燃和受热自燃两种。

（1）自热自燃

引起可燃物燃烧的热量是森林可燃物自身的热效应，所以又称为自热自燃。例如，当森林枯枝落叶层堆积过厚时，由于其中的微生物在呼吸繁殖过程中会不断产生热量，加上过分堆积的可燃物散热性很差，热量的不断积累使得可燃物达到自燃点而自行燃烧，这就是典型的自热自燃。自热自燃的特点是从可燃物的内部向外燃烧，最初向四周蔓延的速度差不多，通常表现为地下火（暗火，阴燃，无焰燃烧）。实践中，有些地表火转变为地下火不能称为可燃物自燃，两者所留下的痕迹也是有区别的。真正的可燃物自燃引起的地下火，地表上层可燃物的烧损程度看似不很明显，黑色的燃烧痕迹不如明火（有焰燃烧）高，从地表上层向下，燃烧痕迹越来越明显；而由地表火转变成的地下火，自上而下燃烧的痕迹则是越来越轻。自热自燃通常不会表现出明显的"点"状起火点，只有当一定面积的可燃物堆积到一定的厚度时，这种自身的热效应才能产生燃烧现象。

（2）受热自燃

这是由于外界热源的引入使得可燃物温度升高至燃点而发生自行燃烧的现象，这是使森林着火最普遍的一种方式。受热自燃与自热自燃相比较，两者被引燃过程中有两点不同：一是自热自燃将自身释放出的热量积聚在四周以使自身达到燃点，受热自燃则要从外部吸收热量使自身达到燃点；二是自热自燃从一开始就是从内向外蔓延，而受热自燃最初是从可燃物的外部向内燃烧，自身被引燃后所释放的多余热量才供给四周的可燃物，开始由内向外蔓延。受热自燃的热源差异较大，但最常见的是随手丢弃的烟头、火柴梗，野外用火中飞落到草丛中的火星，篝火的余烬，点燃的香，隐藏着暗火的鞭炮，导火索残屑，火山爆发，山坡滚石碰撞产生的火花，刮风引起树枝摩擦发热，射击、爆破所产生的高温物体等，这些都会成为自燃火源。

受热自燃最初受热源体（火源）的影响较大，如果热源体提供的热量较多，可燃物吸热快，引起燃烧的时间短，很快便能看到明火；相反，如果热源体提供给可燃物的热量少，引起燃烧的时间长，甚至不能引起燃烧，有时即使局部已经燃烧，若还没有出现明火，此时外部热源体的热量又已经耗尽，刚刚燃烧的可燃物也有可能自行熄灭。所以，受热自燃最初的可燃物燃烧并不彻底，烟色浓，周围的树木、岩石等物体上留有明显的烟痕，但以起火点为中心常能形成一个较小范围的炭化区。

自热自燃和受热自燃的共同特点是起火慢，受热自燃有的长达几个小时后才能看到明火，自热自燃很多情况下根本就看不到明火，只在地下燃烧。

引燃就是可燃物与火焰（火源）直接接触而燃烧，并且在火源移去后仍然能保持燃烧的现象，也称为明火起火。

林火蔓延就是火头前方森林可燃物依次连续被点燃的过程，各类野外用火不慎跑火均属此类。其特点是，火势来得猛烈，突然就起火，烟色不浓，蔓延快，（起火处）可燃物烧得彻底，起火点的炭化区范围小而且不明显，蔓延痕迹十分明显。

不论是自热自燃还是受热自燃，燃烧刚一开始都会留下与周围物体明显不同的燃烧痕迹和燃烧特征。但是等到转变成明火之后，特别是随着蔓延速度的加快，局部区域与四周的燃烧痕迹和燃烧特征将越来越模糊。所以，研究森林火灾最初的蔓延特征是很必要的。

11.2.2 树干受火作用痕迹

在燃烧床上做燃烧试验，可以明显地看到顺风蔓延的火灾木柱的背风面形成旗状上升火苗，这种现象称为片面燃烧。这是因为木柱拉伸了蔓延的火焰，并在木桩的背风面形成火旋，使木柱背风面受热加强，在上升气流的作用下，形成这样一种燃烧现象。这种现象不仅在森林火灾中产生，在城镇的建筑火灾中木柱燃烧时也是这样。

对于正在燃烧的木柱而言，当风向与火灾蔓延方向相反时，木柱的背风面也会产生片面燃烧。顺风所产生的片面燃烧与逆风所产生的片面燃烧两者相比较，后者烧损的程度要比前者严重得多。

由于片面燃烧，过火林地树木的背风面的烧黑高度总是高于迎风（火）面，据此可以判断森林火灾的蔓延方向，如图 11-5 所示。应该注意的是，如果没有发生片面燃烧，地表火的火焰会引燃迎火面树干基部的树皮或附生物，留下烧黑或烧焦痕迹，这种情况下，树干下烧黑痕迹明显的一侧指示的则是来火方向（迎火面）。所以，在根据树干上的烧黑痕迹判断林火蔓延方向时，一定要注意区别是片面燃烧的烧黑痕迹，还是地表火造成的烧黑痕迹。

图 11-5 上山火树干熏痕

图 11-5 彩图

第 11 章 森林火灾调查

在森林火灾调查中，树干上的痕迹有两种描述指标，即熏黑高度和烧黑高度。熏黑高度是指森林可燃物燃烧所释放的烟雾颗粒附着在树干上的高度；烧黑高度则是指地表可燃物燃烧的火焰致使树干上的附生物及树皮等燃烧后，留下的痕迹所达到的高度。绝大多数情况下，熏黑高度比烧黑高度要高。

调查中，常出现根据熏黑痕迹和烧黑痕迹判断的林火蔓延方向不一致的情况。这是因为烟熏痕迹很容易受旋风或火的涡旋影响，而树干燃烧的痕迹则相对稳定。因此，以大多数树干的烧黑痕迹用来判断林火的蔓延方向更为准确。

11.2.3 山地树干基部的火疤

在山坡上生长的树木，特别是较粗的树干与坡面形成的夹角通常可以阻滞较多的枯枝落叶，当地表火由下向上蔓延时（上山火），火焰受到树干的阻挡，会绕到大树的树干背火面形成"涡旋"，加上此处枯枝落叶较厚且含水量低，"涡旋"很快就变成了"火涡"，并在树干背火面形成痕迹明显的"火疤"，严重者甚至可以烧出一个黑洞，如图11-6所示。

11.2.4 树冠被烧（焦）痕迹

当地表火焰高度较高或者地表火开始上树，且有转变为树冠火的趋势时，最初（即来火方向一侧）的树冠被烧（焦）高度较低，可能只有过火一侧下部的部分树冠枝叶被烧（或烤焦），随着火势的蔓延和发展，蔓延方向上的树冠被烧高度逐渐增高，如图11-7所示。

图 11-6 树干基部的火烧特征　　图 11-6 彩图　　图 11-7 树冠的火烧特征　　图 11-7 彩图

11.2.5 灌木、幼树枝条的倾斜方向，倒木、树桩过火痕迹

灌木和幼树过火后，没有被烧断的枝条朝着火灾蔓延方向倾斜、弯曲。这是因为这些弯

曲的枝条本身并未蔓延着火，而是枝条上的叶子在燃烧的同时受到风的作用，驱使枝条朝着顺风方向弯曲；火烧过后，弯曲的枝条内部水分很少，表皮干裂，失去了恢复"伸直"的拉力（大树树冠被烧后留下的许多枝条也如此），如图11-8所示。

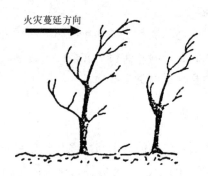

图11-8　幼树枝条朝着火灾蔓延方向倾斜

倒木或树桩过火后，通常只有一侧被烧，留下"鱼鳞疤"。被烧的一侧指示来火的方向。这一点和树干片面燃烧痕迹及树干基部的火疤指示的方向刚好相反。

11.2.6　杂草倒伏的方向，杂草丛、灌木丛被烧痕迹

杂草过火后，绝大部分被烧断，如果没有全部被烧毁的话，被烧断的草梗大多朝着来火的方向倒伏，如图11-9所示。

图11-9　草梗朝来火方向倒伏

如果火强度低，丛状分布的杂草和灌木通常不会全部被烧毁，一般只能烧毁一簇杂草或灌木丛的一侧，而留下另一侧，被烧毁残留的杂草、灌木茬呈斜锥状，斜面朝向来火的方向，通常被烧毁的一侧便是来火的方向。

11.2.7　岩石被熏黑痕迹、其他残留物痕迹

孤立的、露出地面的岩石（但不是一面石崖或石壁）过火后，通常有一侧会被烟熏黑。

熏黑的一侧指示的是来火方向（类似于伐根）。

火烧迹地内残留的烟盒、包装袋、罐头瓶子及其他玻璃制品等物，或多或少，或轻或重，都会留下火烧的痕迹。通常，来火方向的一面被烧程度重于其他面。例如，玻璃制品朝向来火方向的一侧，被火烧烤后会产生棕色的痕迹。

11.3 森林火灾起火点的查找方法和步骤

11.3.1 初步确定起火范围

将起火点缩小到一定范围，有助于找到起火点，确定的范围越小，越有利于起火点的查找。如果火灾发现早，起火点的范围就更容易确定。如果火灾发生后很长时间才发现，起火点的范围查找难度就会很大，特别是在偏远的山区更是如此。

如何尽可能缩小起火点的查找范围，其关键在于即时性。

我国95%以上的森林火灾都是人为火。火灾刚发生时，群众义愤大，知情人没有顾虑，肯直言，信息也易传播，便于了解真实情况。有时肇事者也在扑火行列中，因为肇事者和知情者基本上都是本村人、亲友、熟人等，知情人易产生顾虑，回避不说，肇事者有可能选择回避、出逃、外出打工，甚至多年不归家。另外，如果不及时查找，若下雨或清理现场时容易破坏现场，难以取得第一手资料。所以，边扑救边派人查找起火点，是快速、高效的办法。

当然，注重知情人反映的情况的同时，更要注重现场勘验，不可图省事，仅凭知情人的指认、肇事者口供为依据的做法是不可取的。

11.3.2 确定起火点

询问最先发现起火的人，由其指明最初的起火点，查出最先出现火焰的地点或火从此向别处蔓延的地点，根据起火时的风向、风力查找起火点。森林火灾是顺风蔓延的，应当从逆风方向查找起火点。

根据火灾现场周围环境查找起火点。烧荒烧炭引起的森林火灾一般在农耕地附近；烧牧场引起的森林火灾一般在经常放牧的地方；上坟烧纸引起的森林火灾应在坟地附近；烤火、煮饭、吸烟引起的森林火灾一般在野外生产作业的地方和林道两旁及人们歇脚的地方。

森林火灾刚刚燃烧的时候，由于所释放的热量有限，从起火点向外各个方向蔓延的燃烧痕迹、残留物特征都比较明显。而林火蔓延方向的改变，是某一个方向或少数几个方向热量分配的突然加强，由非火头变成了火头，并非各个方向上都出现了热量的突然加强、蔓延速度的突然加快，这种个别方向上的变化所留下的燃烧痕迹、残留物特征，与原来蔓延方向上所留下的痕迹和特征具有传承性。或者说，以"起火点"为中心，可以找到向四周发散的林火蔓延痕迹和残留物特征，依据林木烧伤的情况查找起火点。森林火灾有一个明显的迹象，就是树干向起火点一面烧焦的高度明显高于树干背向起火点的一面。发现四周树干烧焦较高的一面朝向某一点时，这里很可能就是起火点。应当仔细勘验、拍照、分析、验证，确定起火点。

初步确定的起火范围因发现火情的早晚而异，有些可能很明确，如上坟烧纸、焚香、放鞭炮引发的森林火灾；也有些初步确定的起火范围较广，如一面山坡、一条沟、一个山坳等，这时就需要调查人员采用适当的方法进一步确认、缩小起火范围。

11.3.3 分析火灾蔓延特征

尽管在森林火灾发生发展的过程中风向、火行为是多变的，但是，在火烧迹地上火蔓延痕迹会被真实地"记录"下来。不要被复杂的表面现象迷惑、难倒，要认真观察、分析任何一个可疑点，反复比较。

分析林火蔓延特征要紧紧抓住林火蔓延速度和燃烧程度两个方面的辩证关系，因为查找起火点最关键的一环是确定林火的蔓延方向及变化，只有准确地判断林火蔓延速度，才能推断出森林火灾在发生发展过程中的蔓延方向及变化。

在火场中，受地貌、植被、风向、风力等因素影响，森林火灾向四周蔓延的速度不同，据此可以把火的蔓延区分为顺风火、侧风火和逆风火，把一个完整的火场区分为火头、火尾和火翼几个特征各异的部分。

确定林火蔓延速度不是目的，还要把它与燃烧程度联系起来进行判断、分析。表面上看燃烧程度难以区分，也难以和蔓延速度联系起来，但实际上，在假定除了蔓延速度在变化而其他条件都不变的情况下，不难得出这样的结论：蔓延速度越快，燃烧程度越轻；蔓延速度越慢，燃烧程度越重。

森林火灾向四周蔓延是渐进的过程，人们看到的火烧迹地则是这个渐进过程的总结果，从总结果中是难以区分出渐进过程所表现出的差异的。所以，如果把整个火烧迹地区分成许多小的区域，这些区域分得越细，这些细小区域上的可燃物状况、火环境条件差异就越小，可以近似看作是一致的。因此，在这些小区域上的火蔓延速度和燃烧程度的关系就可以解析出来，而后把这些小区域进行放大或者相互叠加，林火蔓延及其变化过程也就不难"复原"了。

11.3.4 起火点查找应重点观察的对象

查找起火点时，除了重点观察燃烧痕迹和残留物特征外，还要注意观察火烧迹地周围的地物、环境等，特别是要重点查看以下几方面：

1）火场附近是否有寺庙，是否是坟墓区，是否有坟头，以判断森林火灾是否是由烧香或燃放鞭炮引起的。

2）查看火场附近是否有道路，以便判断起火点是否在路边，是否是机动车辆喷火漏火，是否是某些人员在路边点火。

3）查看火场附近是否有农田、果园、牧场等，以便判断起火地点是否在地边或果园，是否是烧田埂、烧秸秆或烧牧场等引起的。

4）查看火场附近是否有工矿作业点，如烧炭、烧窑、采石场等，判断起火地点是否在工矿作业区。

5）查看火场附近是否有新鲜的罐头盒、饮料瓶、篝火堆等野炊活动痕迹，以便判断起火地点是否在野炊点。

6）查看火场附近是否有高压线，判断起火地点是否在高压线断开点或是否是高压线短路引起的森林火灾。

7）查看火场附近是否有树干或树枝被劈裂，结合天气状况，判断是否是雷击引起森林火灾。

通过反复比较和排查，确定一个最小的起火范围，保护好这个区域，禁止任何人盲目进入该区域，然后在这个最新范围中查找火源证据。总之，火烧迹地周围的地物、环境、人的活动情况或残弃物等都要作为重点勘验的对象，以便迅速找出起火原因。

11.4 森林火灾原因认定

11.4.1 火源证据的查找与鉴别

起火点的最小范围确定后，关键是找出火源的证据。

森林火灾不同于城市火灾，它发生在一个开放的森林生态系统中，一旦起火就会向外蔓延，一般不会驻留在同一个地方燃烧，并且森林火灾都有滞后时间，扑救时对起火点的影响较小，许多情况下谈不上破坏。所以，大多数起火点的地表面或多或少都会留下未燃尽的引火物，有些引火物即使已经被烧尽，其灰烬也能完好地保留在起火点的地表面上并保持特征。例如，未燃尽的纸堆、锯末堆、燃尽的烟头、篝火堆、爆竹等。

比较严谨的查找方法步骤是：

1）在确定起火点的最小范围后，选择1个"起点"，并划定查找路线。

2）使用2块木板、胶合板等可以承载1个人体重的硬板（规格为0.5~1.5m²，长方形或正方形），大小适中，既便于携带又便于在林下移动、摆放。

3）首先仔细搜寻"起点"，若没有发现引火物遗留的痕迹，将硬板铺在搜寻过的"起点"上，人蹲在硬板上仔细搜寻硬板前方，看有没有所需要的证据；若没有，将第2块硬板紧贴第1块硬板平铺下去，人随后蹲上去继续寻找，之后再把第1块硬板移至第2块硬板前，依此类推，直到找到第一个证据为止。

4）对找到的证据进行提取、拍照。

5）以第一个证据发现处为新的起点，重复上述过程直至在划定的最新范围内找出所有证据为止。如果第一个证据附近还有其他能互相印证的证据，可以以这个新起点为中心，进一步缩小搜索范围。

火源的证据有些可能是清晰的，有些则是模糊的。因为森林火灾的火源证据大部分是引火物的残留物，有些残留物还保留着部分的引火物原有特征，有些残留物的辨认特征和引物的原有特征已经毫不相干。这就要求在找到的残留物痕迹被作为火源证据之前，使用排除法进行仔细鉴别，确定这些痕迹是哪类火因，是哪类火源才能产生的痕迹。

起火点确定后，应精心收集能够证明起火原因的物证，如火柴梗、打火机、香烟头、篝火余烬、机车甩出的瓦片、炉渣及汽油瓶、煤油瓶、山草、废纸、刨花等引火物及其灰烬。肇事嫌疑人遗失在火灾现场的物品是重要的证据，也要仔细收集。

11.4.2 物证的提取

1. 物证提取常备工具

物证提取常备用具、器械包括：地形图、林相图、照相机、摄像机、录音设备、罗盘仪、指南针、皮尺、小袋子、盒子、小瓶子、小铲刀、刀具、笔记本、笔录纸、笔、绘图用具、成形剂或固形剂等。

提取火源证据要细心，尽量保持原状，切莫再损坏、变形，如果需要长期保存，可以使用成形剂或固形剂等。

2. 绘制现场图

起火点的现场图一般采用平面示意图，野外可以制作草图。制图时应标明起火点位置、方位、周围环境、火烧痕迹特征、残留物名称、种类、数量，注意残留物之间的距离、相互间的位置与联系等。多个起火点还应注明相互间的位置、距离与联系。

3. 充分利用证人证言

起火点火源证据并不是孤立的，除了起火点现场收集到的证据外，还应注意收集与此相关的物证和人证的调查询问。调查询问是查明森林起火基本情况，发现线索，取得证人证言，甄别当事人陈述及其他证据真伪的重要措施，要做到及时、全面、细致。调查询问的主要对象是火灾发现人、报案人、知情人、当事人、护林员和附近群众。通过调查，弄清起火时间、地点，起火前后人为活动情况，从中找出起火原因的重要线索。同时弄清发现火灾时间、报警时间、出动扑火时间、扑火人员到达火场的时间，以及扑灭火灾的时间等森林火灾全过程，这些对于确定起火原因和总结经验教训都是极为重要的信息。两者的调查可以同时进行，物证的采集与起火点火源证据的采集相类似，人证的取得主要依靠个别访问。

个别访问要特别注意访谈、调查对象的选择，例如：

1) 若发现火烧迹地附近有被遗弃的烟纸、烟头、火柴杆之类，森林火灾极有可能是路人吸烟所引起的。这些遗留物除了可以采集来用作实物旁证外，还要重点向知情人调查起火前有什么人从此路过、停留，以便取得人证。

2) 若起火点发现有余柴、灰炭、引火物、罐头盒、食品盒（袋）、垃圾、篝火堆、脚印、车迹等，有可能是路人、拾柴、割草、打猎者所致，走后余火未熄，遇风燃起。

3) 若森林火灾现场发现有新鲜的牛羊粪便等，要重点调查放牧人。

4) 若起火点靠近墓地坟茔，现场留有香灰、残香、鞭炮皮、供品等，特别是清明、寒食（阴历十月初一）前后及亡者祭日，就有可能是上坟人焚香、烧纸引起的。

这些证言的取得方法和火源直接证据的取得方法是一致的。但在调查人为放火时应注意区分儿童玩火，痴呆、精神病人点火与犯罪嫌疑人放火的区别。若起火地点比较偏僻，起火原因莫名其妙，就要考虑是否有对社会不满者放火，更要注意少数以报复、泄愤为目的嫁祸于人的放火案件的取证。

11.5 雷击火的调查

11.5.1 雷击火的概念

雷击火是由雷暴形成的"连续电流"接触地面具备燃烧条件的可燃物而引发的森林火灾。干旱、干雷暴、地表枯死可燃物和地下可燃物丰富等是有利于雷击火发生的火环境条件。大兴安岭是我国雷击火的集中分布区，呼中林业局是雷击火发生最多的林业局之一。雷击火主要发生在夏季的6~8月，其中6月是雷击火发生最多的月份，如2022年6月15日黑龙江大兴安岭发生雷击火就引发了地下火。

雷击火发生时的特殊火环境，如降水少、长期干旱、腐殖质层和泥炭层深厚且含水率低等，也都为雷击火引发地下火创造了有利条件。大兴安岭常年冻土表层融化，露出地表下干燥的腐殖质层，因此夏季雷击火发生概率最大，引发地下火的概率也最大，所以在夏季雷击火的调查中，一定要密切关注地下火蔓延趋势的分析。

11.5.2 雷击火的痕迹特征

雷击火发生后，有的雷击痕迹比较容易发现，如建筑物的破坏，木材的劈裂，雷击穿洞及尸体等。它们既易被发现，又易被辨认，这类痕迹可直观鉴定。如遇雷击痕迹不明显的火场，应首先访问群众，让目睹者指出雷击的方向、区域和落雷点。如果没有人发现，则可按地形特点和地面设施情况寻找雷击痕迹。

1. 根据地形寻找雷击痕迹

雷击起火一般发生在土壤电阻率较小的地方、不良导体和不良导体的交界区、有金属矿床的地区、河岸、地下水出口处、山坡与稻田接壤的地方等。

2. 根据雷击木寻找雷击痕迹

雷击木是调查起火原因时认定或排除雷击火的重要物证之一，对于森林火因的鉴定有着至关重要的作用。根据内蒙古大兴安岭北部原始林区2008~2017年127起雷击火的现场勘验经验和相关资料，对雷击木的树种与劈型进行收集、归纳和统计，结果显示雷击点均位于海拔770~1000m，雷击木为枯立木的占2.5%（其中，落叶松占60%，樟子松占40%）；老龄木占13.3%（其中，落叶松占35.1%，樟子松占53.2%，桦树占11.7%）；病腐木占17.3%（其中，落叶松占36%，樟子松占55%，桦树占9%），正常林木占66.9%（其中，落叶松占22%，樟子松占66%，桦树占12%）。树木被雷击的部位距离地面高度为1~7m的占62.3%，其余的占37.7%。雷击痕迹为螺旋线状雷击痕迹的占14.7%，竖立线状雷击痕迹的占29.6%；树干折断的占23.6%，树干开裂的占

19.6%，树干折断开裂的占12.5%。上述统计数据说明，乔木类植物的雷击概率高于灌木类植物和枯草，乔木类植物中针叶类树木雷击概率高于阔叶类树木。雷击木中正常林木遭受雷击概率远高于枯立木、病腐木和老龄木。从统计的雷击木劈型来看，出现了螺旋线状与竖立线状雷击痕迹，以及树干或树根断裂、开裂的状态。雷击木一般不会形成火灾，只有少部分细小可燃物丰富的地段，被雷击后会蔓延到林下形成持续燃烧。另外，实地观察到一般情况下被雷击的树木是一棵树，但较少场合也会出现雷击多棵树的情况；雷击从树根部到树顶部都有，以树干部位遭雷击居多。根据这些认识，在现场勘验时，就可以有针对性地进行排查，有效提高工作效率。

雷击木的雷击痕一般可分为线性劈痕和非线性劈痕。其中，线性劈痕分为螺旋线状雷击痕迹与竖立线状雷击痕迹，非线性劈痕包含树干折断、树干开裂、树干折断开裂及炸裂的痕迹等。

（1）线性痕迹

相较于非线性劈痕，线性痕迹更为隐蔽，疤痕不深，在勘验过程中常易与树缝相混淆。

1）竖立线状痕迹。竖立线状雷击痕迹出现频率较高，一般均为正常生长的树木，其含水量高，树杈均匀，木质细密结实，木纹笔直，雷击时沿着木纹笔直向下形成竖立线状痕迹。

2）螺旋线状痕迹。螺旋线状痕迹的形成比较特殊，雷击点均在树干的树瘤、树疖子等树干凸出部位上。由于凸出部位的存在，改变了树木纹路，使其由直线变曲线。在雷击时产生的高热能遇水气化产生的机械能，沿着树木凸出部位的线路劈裂，就产生了雷击树的螺旋线状痕迹。

（2）非线性劈痕

相较于线性劈痕，非线性劈痕更为明显，劈痕更深，甚至使树木折断，对树木伤害性大，在勘验过程中易于发现。

1）树干折断。在非线性雷击痕中，树干折断的现象是很常见的。树干折断的雷击树可以出现在各类林木中。因为雷电力量大，且雷击部位含水量丰富，所以出现因机械能过大而致树干被折断的现象。特殊情况下，在现场一颗被劈断的树干旁边可见其他雷击树。

2）树干开裂及树干折断开裂。在非线性雷击痕中，树干开裂及树干折断开裂的现象同样很常见。树干开裂的雷击树，多出现在老树与病树上，树体内有死木质，有空心积水。电击释放的热量使水气化，气体剧烈膨胀，因而在被击物体内部出现了强大的机械力，使树木出现树干开裂及树干折断开裂。

3）树干炸裂。在非线性雷击痕迹中，树干炸裂的现象出现较少，主要出现在老树与病树上。因这些树体内有大量死木质，树干空心严重，且空心内存有大量的水，电击热量使水气化，树体内压力急剧增加，最终使树体产生炸裂的现象。

复 习 题

1. 森林火灾的燃烧特点及影响因素有哪些？对火灾调查有什么影响？
2. 森林火灾的分类与其他火灾的分类有什么不同？
3. 森林火灾调查的目的、意义与基本程序是什么？
4. 森林火灾燃烧的痕迹特征有哪些？
5. 怎样查找、判断森林火灾的起火点？
6. 怎样认定森林火灾的起因？

第 11 章练习题

扫码进入小程序，完成答题即可获取答案

第 12 章
火灾物证鉴定

在火灾现场勘验中，如果无法直观鉴定痕迹物证的本质特征和证明作用，火灾调查人员应将物证送往依法设立的物证鉴定机构，委托或聘请有关专家进行检验鉴定。

火灾物证鉴定是火灾物证鉴定机构的人员利用专门的仪器设备、技术手段及鉴定人员的知识和经验，按照相关的鉴定标准和技术规程，对火灾物证的物理、化学特性做出鉴定意见的过程。随着现代科技的进步和火灾调查工作的发展需要，火灾物证技术鉴定逐步完善，为火灾调查工作提供了有力的技术支持。

12.1 火灾物证鉴定的程序

火灾物证技术鉴定工作是火灾调查工作的重要环节，是形成科学认定结论的基础。火灾物证技术鉴定工作的基本原则有：先宏观后微观、先无损后有损、先有机后无机、先定性后定量、由简到繁、由易到难、由小到大，运用多种技术手段和检验方法，对检材进行鉴定。火灾事故调查中，需要对现场提取的物证进行技术鉴定时，火灾调查人员应该根据物证类别及鉴定要求，选择依法设立的火灾物证鉴定机构。火灾物证鉴定程序就是从物证鉴定委托到取得鉴定结果的工作流程。

12.1.1 火灾物证鉴定的委托

火灾物证鉴定的委托是火灾调查人员将现场提取的物证及相关材料送到物证鉴定机构，委托鉴定机构对物证进行鉴定的过程。

火灾调查人员将物证送到鉴定机构后，应该根据程序委托鉴定机构进行物证鉴定。首先，送检人员应填写火灾物证鉴定委托书，写明委托单位名称，送检人的姓名、职务、工作单位、联系电话、通信地址，火灾的基本情况、检验要求及检材和比对样品清单、鉴定目的等。其中，鉴定目的要具体、明确、合理，样品清单上应注明每个物证的来源。如系复核，则应在委托书上标明复核的原因和目的，同时附送原鉴定单位对该物证的鉴定书或检验报告，并说明原始检材的耗用量和变异情况，以及送检的检材是否可以全部用完等情况，供复核时参考。鉴定委托书格式示例如图 12-1 所示。

送检人应熟悉案情，了解现场勘验和物证采集的全过程。在委托鉴定时，送检人应详细介绍火灾现场的各种情况及重要情节，说明物证的发现和提取过程，物品种类、数量及烧毁

鉴定委托书

编号：

委托鉴定单位	名称	（单位盖章）		
	地址		邮政编码	
	联系人		联系电话	
起火单位名称			火灾损失	
起火时间			伤亡人数	
案（事）件简况				
检材样本	编号	名称		备注
	1			
	2			
	3			
	4			
	5			
样品提取时间				
相关约定	是否同意本鉴定机构所使用的检验方法　□是　□否			
鉴定目的			检验方式	
原鉴定情况				
残留检材处理	□放弃　□保留3个月　□寄回		送检方式	□邮寄　□交接
送检人（签字）			送检时间	年　月　日
证件（号码）			电话	

图 12-1　鉴定委托书格式示例

情况、干扰物的影响情况、起火部位起火点的位置、建筑结构形式、电气系统的使用情况及可能存在的故障等，以及样品是否被破坏或改变的情况，以便鉴定人员确定委托检材是否具备鉴定条件，以及鉴定的数量和进行鉴定所采用的方法。

如果鉴定人需要的话，可以要求提供与鉴定有关的相关材料，包括现场照片、视频资料、现场图、生产工艺流程、设备原理图或现场线路布置图等。

12.1.2　火灾物证鉴定的受理和实施

火灾物证鉴定工作一般由专门的鉴定机构和人员进行，必要时也可聘请具有相关专业知识的人员协助鉴定。鉴定人必须坚持实事求是的原则，忠实于事实真相，运用科学的方法，不受任何外界因素的影响，客观公正地进行鉴定工作。

1. 火灾物证鉴定的受理

鉴定机构可以受理下列委托鉴定：

1）公安系统内部委托的鉴定。

2）人民法院、人民检察院、国家安全机关、司法行政机关、军队保卫部门，以及监察、海关、工商、税务、审计、卫生等其他行政执法机关委托的鉴定。

3）金融机构保卫部门委托的鉴定。

4）其他党委、政府职能部门委托的鉴定。

鉴定机构受理鉴定的程序如下：

1）查验委托主体和委托文件是否符合要求。

2）听取与鉴定有关的案（事）件情况介绍。

3）查验可能具有爆炸性、毒害性、放射性、传染性等危险的检材或者样本，对确有危险的，应当采取措施排除或者控制危险。

4）核对检材和样本的名称、数量和状态，了解检材和样本的来源、采集和包装方法等。

5）确认是否需要补送检材和样本。

6）核准鉴定的具体要求。

7）鉴定机构受理人与委托鉴定单位送检人共同填写鉴定事项确认书，一式两份，鉴定机构和委托鉴定单位各持一份。

2. 制定鉴定方案

根据送检单位要求和检材的具体情况，结合初步判断的结果、实验设备的特点和鉴定人员的特长，确定检材的数量、采用的鉴定方法和程序。消耗性的检材要注意留存，以备复检。检材过少无法留存的，应事先征得送检单位同意，并在委托登记表中注明。

3. 鉴定的实施

鉴定的实施应当由两名以上具有本专业鉴定资格的鉴定人负责。鉴定机构应当在受理鉴定委托之日起十五个工作日内做出鉴定意见，出具鉴定文书。法律法规、技术规程另有规定，或者侦查破案、诉讼活动有特别需要，或者鉴定内容复杂、疑难及检材数量较大的，鉴定机构可以与委托鉴定单位另行约定鉴定时限。需要补充检材、样本的，鉴定时限从检材、样本补充齐全之日起计算。火灾物证的鉴定包括预检、分别检验、比对检验、综合评断。每个程序都应做出详细的客观记录。

（1）预检

预检是对检材的准备过程。现场提取的各种物证在检验前必须进行适当地预处理，才能使其符合检验条件。例如，检材的选择与截取，所选取的检材必须是能够反映火场信息量最多的部位，而且具有一定的代表性；又如检材的提取和净化，由于火灾的热作用，可燃材料的原始成分保存甚少，有时浓度低于检测仪器的检测极限，需要对试样进行提取和富集。另外，如果检验会对物证外貌造成破坏，应在检验前进行拍照。

（2）分别检验

分别检验是对检材采用多种分析方法，通过各种参数的测定，从各个侧面进行分析鉴定的过程。分别检验采用仪器分析方法时，应注明所用仪器的型号、规格和分析操作条件。分别检验鉴定的结果是综合评断的客观依据。

（3）比对检验

比对检验是将待检试样与标准试样放在相同鉴定条件下，比较其痕迹特征，或者测定比较其某些性能参数，以认定其同一性，检验中应注意操作条件的一致性，以确保检验结果的可比性。

（4）综合评断

综合评断是根据各种理化检验结果，在对各种测试结果给出合乎逻辑解释的基础上，结合现场情况，做出综合鉴定意见的过程。综合评断应采取谨慎负责的态度，客观、辩证地分析各种检验结果，做出符合事实的科学结论。结论用语应简明扼要、客观准确，不应模糊不清或模棱两可。例如，比对检验的结论，一般是"不相同""相同"或"同一"。当检材与标样之间的主要成分或主要特征一致，而外部一些特征的差异可根据火场的情况做出合理的解释时，可做"相同"的结论；若检材与标本之间的一个或几个主要特征存在本质的差异，即使外部有些特征偶尔相符，也应视为"不相同"；如果检材与标样之间的成分、理化性质相同，其他的特征（如特殊的杂质、痕迹等）也相符时，可做"同一"的结论。鉴定中遇有重大疑难问题或鉴定意见有分歧时，可邀请有关人员进行鉴定"会诊"。

4. 鉴定文书

鉴定文书是火灾调查的证据之一，是火灾物证鉴定机构对送检物证鉴定意见的最终确定。公安机关鉴定机构及其鉴定人依法出具的鉴定文书，可以在刑事司法和行政执法活动，以及事件、事故、自然灾害等调查处置中应用。

鉴定文书中一般应包括以下基本内容：送检单位（名称、联系人、地址、邮编等）、起火单位（地址）名称、发现（或报警）时间、送检样品名称、送检时间和方式、鉴定使用标准和鉴定仪器及鉴定意见。其中，鉴定意见是通过对所发现的检材特征、数据进行综合评判而得出的，应附相关鉴定数据、谱图等。鉴定文书由鉴定人签名，并加盖"火灾技术鉴定专用章"。

鉴定结束后，如果送检单位有要求的话，应将剩余检材发还送检单位。鉴定单位需要留用进行研究时，应征得送检单位的同意，并商定留用时限和保管、销毁的责任。

12.1.3 物证送检应注意的问题

送检之前，火灾调查人员应该及时与有关鉴定机构联系，就物证鉴定的事项进行咨询，主要根据物证的种类、数量、鉴定目的等咨询有关鉴定人员，这种物证送检后能否达到鉴定目的。应该根据专家的意见决定物证是否送检，而不要贸然前往，避免所送检材无法鉴定，或者不符合鉴定要求而耽误工作进展。在送检时，应该注意以下问题：

(1) 送检要及时

在火灾现场中提取的物证，可能会因为时间的流逝而发生变化，给鉴定带来困难。如果确定物证可以送检，应该尽快将检材送往相关机构，避免因为时间过长而引起物证破坏。

(2) 要善于正确地向鉴定人员提出问题和要求

需要鉴定的物证往往是关键证据，对于认定火灾事实比较重要。因此，送检人员应该就物证的一些客观情况与鉴定人员沟通，在介绍火灾现场情况时，不得带有自己的主观判断和分析，更不能引导、暗示或误导鉴定人。在委托鉴定时，送检人员应该正确地向鉴定人员介绍案情，并提出合理的鉴定要求。物证鉴定只能对检材负责，而不可能对火灾的某个事实进行鉴定。例如，可以鉴定现场提取的导线熔痕是一次短路熔痕或二次短路熔痕，但是不能鉴定是否短路引起的火灾。

12.1.4 鉴定意见的审查

在取得鉴定意见后，火灾调查人员应该对鉴定意见进行审查，以确定是否采用。对鉴定意见的审查应该从以下几个方面进行：

(1) 审查鉴定意见的合法性

鉴定意见的合法性包括：主体合法、形式合法、内容合法及取得的手段和方法合法。具体应当审查：委托的物证鉴定机构是否为有关部门登记许可，是否具有鉴定资格，鉴定项目是否在核准的范围之内；鉴定人是否经过审核登记，具有鉴定能力和资质；受理鉴定的法律程序与法律文件是否完整齐全、是否有应当回避的法定情况；鉴定意见是否由两名以上鉴定人员进行，是否由具有高级技术职务的人员复核、鉴定机构负责人签发并加盖鉴定专用章；鉴定意见内容是否为火灾调查需要解决的专门性问题，而不是对火灾事实的评价和判断，不能出现涉及起火原因的意见和判断等。

(2) 对鉴定客体方面的审查

1) 检材与样本的真实性、合法性。可以结合现场勘验笔录、实验记录、痕迹的数量质量与形态进行综合分析判断，以证明被提供鉴定的客体客观真实，提取和收集程序合法，与火灾事实有内在联系。

2) 客体是否具备同一认定条件。审查作为鉴定意见的那些特征是否真实可靠，是否为客体自身固有的。审查所依据的特征从质和量两个方面是否构成特定性，足以将鉴定对象与其他相似客体相互区分。最后，审查所依据的特征是否具有足够的稳定性，确定是否发生过变化而影响鉴定。

3) 在鉴定过程中发现的差异点有哪些。对差异点的解释是否科学，是否有理有据。

4) 鉴定意见同论证之间是否一致。论证时论据是否充分，能否合乎逻辑地证明结论的真实性。

(3) 审查鉴定意见同其他证据的关系

在认定火灾事实时，鉴定意见并不是唯一的证据，而是证据链条中的一个环节。因此，在运用鉴定意见时，必须和其他证据相互对照。首先，应该明确鉴定意见证明的内容是什么，确定鉴定意见在证据体系中的地位和作用；其次，审查鉴定意见所证明内容与火灾事故的关联性；再次，审查鉴定意见证明的内容与其他证据之间的关系，如果相互一致，说明该结论具有证明作用。如果相互矛盾，则应该采取复核或调查的方法排除虚假，分析鉴定意见是否存在问题。鉴定意见是否作为证据使用，要依据鉴定内容的客观性、科学性、可靠性和准确性确定。运用鉴定意见时，既不能不加分析地盲目信从，也不能无根据地怀疑否定，在进行审查核实并对调查获得的全部证据进行综合分析后，如果确定火灾物证鉴定意见与诸多证据相一致，能够成为证据链中的一环，则可以作为认定火灾事实的证据。

火灾物证鉴定是一项客观公正、科学严谨的工作，要求鉴定人员要具有胸怀祖国、服务人民的爱国精神，勇攀高峰、敢为人先的创新精神，追求真理、严谨治学的求实精神，淡泊名利、潜心研究的奉献精神，集智攻关、团结协作的协同精神，甘为人梯、奖掖后学的育人精神。请扫码观看"精神的追寻——中国共产党人精神谱系之科学家精神"。

中国共产党人精神谱系之科学家精神

12.2 电气火灾物证鉴定

在电气系统发生故障时，由于电热作用，会使电气系统中的导线等部件受热，留下相应的痕迹。根据电气故障原理，分析故障痕迹的微观特征，可以判断故障的种类。

12.2.1 金相分析法

金相分析法是利用金属学原理，根据火灾现场中金属熔痕，特别是铜、铝导线上熔痕呈现的金相组织特征，鉴别熔痕类别的一种方法。无论是火灾热作用还是短路电弧高温使金属熔化，对于金属或铜、铝导线除全部烧失外，一般均能查找到残留的熔痕，可提取相应的熔痕进行鉴定。

1. 样品制备

金相试样最适宜的尺寸是直径为 12mm、高为 12mm 的圆柱体或底面的面积为 12mm×12mm、高为 12mm 的方柱体。对于这种形状和尺寸合适的试样，可直接进行磨光、抛光操作。但是，在火灾现场中提取的试样，形状往往是不规则的，尺寸也过于细小，在磨光和抛光过程中不易握持，这就需要镶嵌成较大尺寸，便于操作。软的、易碎的、需要检验边缘组织的试样，以及为了便于在自动磨光的抛光机上研磨的试样，都需要镶嵌。

试样在镶嵌时，有直立和水平两种放置方式。直立镶嵌的试样，主要用于观察熔痕的显微组织；水平镶嵌的试样，主要用于观察熔痕与导体过渡区的显微组织。具体的镶嵌方式有热压镶嵌和浇注镶嵌。热压镶嵌是把试样和镶嵌料一起放入钢模内加热加压，冷却后脱模。金相试样进行热压镶嵌时要使用镶嵌机。镶样之前，所镶嵌的金相试样必须去掉油渍，并进行干燥。浇注镶嵌是指对于不能加热的或不能加压的试样，大的形状复杂的试样和多孔性试样，可以用各种硬化塑料浇注镶嵌。浇注镶嵌时，将试样置于模具中，把一定量的树脂和固化剂彻底混合后，注入模中进行浇注，固化后脱模即可进行下道工序操作。在目前情况下，由于金相分析主要用于电气火灾物证技术鉴定,而电气火灾物证中尤以铜、铝导线居多,由于冷镶嵌操作方便,不需专用镶嵌机,因此,浇注冷镶嵌比热压镶嵌应用得更为广泛。

金相试样经金相砂纸粗磨、细磨后再进行机械抛光,必要时可进行手工精抛。经抛光后的金相试样应选择适当的侵蚀剂在室温下侵蚀。侵蚀后的金相试样先用清水冲洗并用酒精擦拭,再用吹风机吹干。火灾物证金相分析常用的侵蚀剂见表12-1。

表12-1 火灾物证金相分析常用的侵蚀剂

名称	成分	适用范围
硝酸酒精溶液	HNO_3 (1~5) mL 酒精 100mL	显示碳钢及低合金的组织
氯化铁盐酸水溶液	$FeCl_3$ 5g HCl 100mL H_2O 100mL	显示纯铜及铜合金的组织
氢氧化钠水溶液	NaOH 10g H_2O 100mL	显示铝及铝合金的组织
氢氟酸水溶液	HF 0.5mL H_2O 99.5mL	显示铝及铝合金的组织
硝酸盐酸混合液	硝酸 10mL 盐酸 30mL	显示高合金钢、不锈钢的组织

2. 金相检验

采用金相显微镜观察试样。显微检验时应首先通观整个金相试样的表面,然后按所需视场对其显微组织进行观察分析,观察金相试样中熔痕、熔化过渡区及导线基体等部位的显微组织特征。选择合适的视场、放大倍数和显微组织特征进行显微拍照。

3. 熔痕的金相组织特征

火灾现场中,除了导线短路可以产生熔痕外,火灾热作用下导线上也可能出现熔化痕迹。而短路熔痕产生时,由于一次短路和二次短路产生时的环境温度不同,凝固后产生的金相组织也存在差别。

(1)火烧熔痕的金相组织特征

火烧熔痕是导线在火灾热作用下熔化,然后冷却而成。由于火灾高温持续时间较长,熔化金属凝固时过冷度低,冷却速度慢,晶粒可充分长大。同时,在熔化过程中溶入金属的气体有充分的时间溢出,使火烧熔痕的金相组织中几乎没有气孔存在。所以火烧熔痕的显微组织呈现粗大的等轴晶或共晶组织,试样磨面无孔洞,如图12-2所示,个别熔珠磨面有极少的缩孔,多股铜导线熔痕的试样磨面有未熔的孔隙。

(2)一次短路熔痕的显微组织特征

一次短路熔痕属于瞬间电弧高温熔化,具有熔化范围小、冷却速度快的特点。一次短路熔痕产生时,周围为环境正常温度。液态金属从熔化温度直接降低到环境温度,过冷度大,冷却速度快,产生大量的细小晶粒。同时,熔化时溶入金属的气体来不及溢出,在金属内部形成气孔。一次短路熔痕的金相组织为铸态组织,晶粒由细小的胞状晶或柱状晶组成;金相试样磨面内的孔洞尺寸较小，孔洞数量较少，孔洞形状较整齐；在熔珠与导线衔接的过渡区处金相组织的分界线明显；熔珠的晶界较细，孔洞周围铜和氧化亚铜的共晶组织较少且不明显；对于铜导线，用偏振光观察时，熔珠孔洞周围及洞壁的颜色暗淡，不鲜明。图 12-3 所示为铜导线一次短路熔痕的金相组织。

图 12-2　铜导线火烧熔痕的金相组织（50×）

（3）二次短路熔痕的金相组织特征

同一次短路一样，二次短路熔痕属于瞬间电弧高温熔化，具有熔化范围小的特点。不同的是，二次短路发生在火灾过程中，周围环境温度高，熔痕凝固时的过冷度小于一次短路熔痕。二次短路熔痕的金相组织呈现为铸态组织，晶粒由较多粗大的柱状晶或粗大的晶界组成，晶粒被很多孔洞分割；金相试样磨面内的孔洞尺寸较大、数量较多、形状不规整；在熔珠与导线衔接的过渡区处显微组织的分界线不明显；熔珠的晶界较粗大，孔洞周围铜和氧化亚铜的共晶组织较多且较明显；对于铜导线，用偏振光观察时，熔珠孔洞周围及洞壁的颜色鲜艳明亮，呈鲜红色或橘红色。图 12-4 所示为铜导线二次短路熔痕的金相组织。

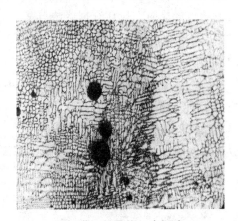

图 12-3　铜导线一次短路熔痕的金相组织（100×）

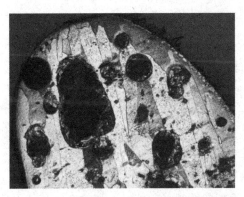

图 12-4　铜导线二次短路熔痕的金相组织（100×）

图 12-4 彩图

一次短路熔痕和二次短路熔痕的金相组织特征区别，除了冷却速度引起的晶粒大小差别外，还存在气孔和铜导线共晶组织差别。气体在金属中的溶解通常分为三个阶段进行，即吸附、离解、扩散，其溶解速度主要取决于气体的扩散速度。金属的温度越高，气体与金属接触的时间越长，溶解的气体就越多。当液态纯铜的温度从1300℃下降到其熔点1083℃时，气体的溶解度将从9.4%~10.2%下降到5.17%，凝固完成后再降到1.9%。因此，当液态纯铜从高温冷却到凝固温度直至结晶完成，每100g铜中有8cm³气体逸出。如果冷却速度足够慢，所有溶于金属的气体将逸出。冷却速度快，凝固时间短，则被过饱和溶于金属的气体就越多。对于熔痕来说，由于表面首先凝固，逸出的气体在熔痕内部形成气孔。由于一次短路熔痕凝固时的冷却速度大于二次短路熔痕，逸出的气体少，形成的气孔小而少。二次短路熔痕冷却速度慢，气体逸出得多，且环境中存在烟尘和水蒸气，形成的气孔大而多。由于二次短路熔痕形成时的高温时间较长，铜导线中氧和铜会发生氧化反应，所形成铜和氧化亚铜共晶体多于一次短路熔痕。

12.2.2　微观形貌分析法

对电气火灾物证的微观形貌分析，是利用扫描电子显微镜（SEM），观察分析熔痕微区形貌，根据形貌特征判断痕迹形成的原因，可用来鉴定短路熔痕、白炽灯残骸、断口等。电线电缆上的熔痕，应观察其内部组织形态和孔洞的微观形貌特征；接插件和接地金属构件，应观察表面熔化区的微观形貌特征；照明灯具中利用灯丝作为发光源的发光体，应观察灯丝熔痕和玻璃壳内表面金属黏附物的微观形貌特征；熔断器绝缘底座或套管，应观察熔体喷溅的微观形貌特征；发热或限流电子电阻器件残骸，应观察表面金属膜断裂和烧伤痕迹等微观形貌特征。

在利用扫描电子显微镜对导线熔痕样品进行微观形貌特征观察时，应重点观察熔珠与基体（杆）的衔接处（过渡区）的断面，这是因为熔珠在形成的过程中过渡区处（应尽量靠近熔珠）也经历了熔化和结晶的过程，而且这个部位相对强度较低，比较容易断开。另外，熔珠外表面也是熔痕样品重点观察部位之一。因此，在制备熔痕样品时，应该选择熔珠与基体（杆）的衔接处（过渡区）和熔珠外表面进行制样。在制备样品断面时，首先一定要找准过渡区，然后在尽量不破坏其断面熔痕与熔珠外表面的前提下，将熔珠从过渡区处取下。

1. 一次短路熔痕

铜导线一次短路熔痕断面和基体杆端断面的微观形貌呈抛物线卵形花样，暗灰色，光泽性不强，气孔均匀细密且比较规则，无集中缩孔，如图12-5所示，在高倍像下可以看到气孔内壁比较光滑，粗糙纹迹甚少，气孔底部有裂纹、有放射状花样，卵形内有少量且分散的块状物；熔珠外表面比较平整，有少量较小的气孔。

2. 二次短路熔痕

二次短路熔痕的微观形貌特征为熔珠断面和基体杆端断面多呈蜂窝状花样，浅灰色，光泽性较强，气孔大小不均匀，且数量明显增多，有的大孔内有小孔，有缩孔存在，如图12-6所示。在高倍像中气孔底部有平行花纹，内壁表面上有小的缩孔、斑块状裂缝、卵石状颗粒和灰尘；熔珠外表面粗糙，有较大气孔。在较大短路电流作用下，所产生的爆发力将熔化的铜喷出，铜发生强烈的氧化反应，因此有喷溅的小熔珠附着在熔珠表面上。

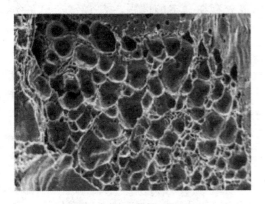

图 12-5　铜导线一次短路熔痕微观形貌（500×）

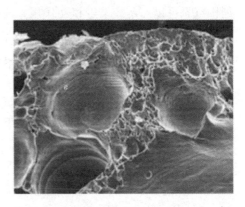

图 12-6　铜导线二次短路熔痕微观形貌（500×）

3. 火烧熔痕

铜导线火烧熔痕的微观形貌特征为熔珠断面和基体杆端断面大多数比较平整，光泽性不强；熔痕断面形貌局部为网格状花样，无明显的气孔和缩孔，局部为礁石状断口，如图 12-7 所示，可以看到火烧熔珠外表面平整，无气孔，有明显金属氧化痕迹，一般无喷溅痕，有金属熔融形成的流淌痕迹。

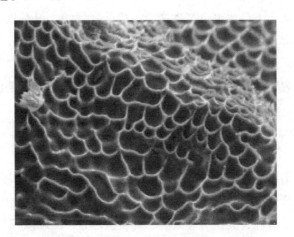

图 12-7　铜导线火烧熔痕微观形貌（800×）

12.2.3　成分分析法

成分分析法是对电气火灾物证中金属熔化痕迹进行组成元素、成分定性定量分析的方法。主要利用的仪器设备有 X 射线能谱仪、电子探针、俄歇电子能谱仪等。其中，能谱仪的镜筒部分的构造大体上和扫描电子显微镜相同，只是在检测器部分使用的是 X 射线能谱仪，以此来对微区的化学成分进行分析。因此，往往将扫描电子显微镜与能谱仪组合在一起，使仪器兼有形貌分析和成分分析两个方面的功能。

短路痕迹形成时的周围环境气氛不同,火灾前产生的一次短路,周围为正常空气环境,火灾中产生的二次短路,周围为火灾现场环境。由于短路熔痕的产生是熔化和结晶的过程,周围气氛可以与熔痕发生相互作用,使熔痕的表面成分存在一定的区别。表 12-2 给出了实验测得的铜导线不同短路熔痕成分分析。

表 12-2 铜导线不同短路熔痕成分分析

熔痕种类	熔痕表面成分(%)			熔痕断面成分(%)		
	Cu	C	O	Cu	C	O
一次短路	66.25~77.83	9.75~22.33	7.35~11.73	29.39~51.97	15.83~23.73	22.24~40.56
二次短路	18.26~55.19	24.03~57.09	16.91~41.78	36.07~52.31	22.56~43.57	12.15~25.15

从成分分析结果可以看出,由于二次短路熔痕产生时周围火场环境中存在较多的燃烧产物,如 CO、CO_2、碳微粒等,所以表面的碳元素含量较高。同时,由于冷却速度较慢,表面氧化比较严重,氧元素的含量明显高于一次短路熔痕。

12.2.4 剩磁检测法

1. 基本原理

由于电流的磁效应,在电流流经的周围空间产生磁场,处于磁场中的铁磁体受到磁化,当磁场消失后铁磁体仍保持一定磁性,称为剩磁。剩余磁感应强度与电流和距离有关。通常导线中的电流在正常状态下虽然也会产生磁场,但其强度小,留在铁磁体上的剩磁也有限。当线路发生短路、雷击或建筑物遭受雷击时,将会产生异常大电流,从而出现相当强的磁场,铁磁体也随之受到强磁化作用,产生较强的剩磁。

在火灾调查中,为确认导线短路或雷击引发火灾,而在火灾现场中未发现或提取不到短路熔痕或雷击熔痕时,则采用对短路或雷击区(点)周围铁磁体进行剩磁检测的方法,依据剩磁数据的有无或大小判定是否出现过短路或雷击现象,为认定起火原因提供技术依据。

2. 检测方法

剩磁检测使用的仪器为特斯拉计或剩磁测试仪。测量对象包括:火灾现场上的钢钉、钢丝、钢筋或具有磁性的金属构件;穿线钢管;白炽灯和荧光灯灯具上的铁磁性材料;配电盘上的铁磁性材料;设备器件及其他具有磁性的金属材料等,但以体积小者为宜。

样品提取时尽量选择钉类、细长的铁件及电器铁件,样品应尽可能未被火烧过;对于低压线路,应尽可能在线路附近取样检测,但不宜超过 20mm;取样时应详细记录样品与线路的具体位置、角度,并拍照;取样时不得敲打或拉弯样品,应要将样品远离强磁场;取样时还应在现场其他部位尽量多提取一些与样品相同的比对样品;可以检测远离短路点的铁磁性物质,以免受到火场中高温的影响;如不便提取时,可以在试样的原位置进行检测。

当发生短路时,从短路点直至配电箱之间的导线都要承受大电流的冲击,而且导线周围的磁场是沿导线分布的,即使远离短路点的位置,只要是短路导线的经过处,均会存在磁场,因此可以测量这些未被火烧或温度较低位置的剩磁。

3. 判据

试样为钢钉和钢丝等，测量的剩磁数据小于 0.5mT，不作为发生短路或雷击的判据；测量的剩磁数据大于 0.5mT 而小于 1.0mT，作为判定发生短路或雷击的参考值；测量的剩磁数据大于 1.0mT，作为发生短路或雷击的判据。

试样为钢管和钢筋等，测量的剩磁数据小于 1.0mT，不作为发生短路或雷击的判据；测量的剩磁数据为大于 1.0mT 而小于 1.5mT，作为判定发生短路或雷击的参考值；测量的剩磁数据大于 1.5mT，作为发生短路或雷击的判据。

试样若为导线附近的钢棒、角钢、具有磁性的金属等杂散件，测量的剩磁数据大于 1.0mT，可作为发生短路或雷击的判据。

应该注意的是，剩磁检测只能用来判断现场是否发生过短路或雷击，不能证明发生短路或雷击的时间。

12.3 易燃液体物证鉴定

放火案件中，使用易燃液体作为助燃剂的案件占有很大的比例。同时，在失火火灾中，有时起火物也是易燃液体。因此，鉴定现场是否存在易燃液体，在分析认定火灾原因时非常重要。

12.3.1 检材提取及处理方法

1. 现场检材提取方法

现场勘验时，如果怀疑存在易燃液体燃烧，应该在起火点及其附近提取检材送检。根据目前易燃液体鉴定技术，可以提取可能存在易燃液体的残留物和烟尘送检。

（1）地面检材的提取

起火点处的水泥地面、木地板接头、泥土等处，可能存在未燃烧的易燃液体，可以提取燃烧轮廓内此类物体送检。

（2）燃烧烟尘的提取

易燃液体燃烧产生大量烟尘，这些烟尘中存在热分解产物。需要收集烟尘进行鉴定时，应该在起火点附近提取。提取部位包括：窗台上的玻璃碎块，残留在框上的玻璃，最下层的玻璃碎片；门外墙、门沿、窗外墙、窗沿、吊顶；室内陶瓷、缸瓦、茶具等盛装粮食或水的器具；吸附性强的墙面等。烟痕浓密的可以用竹片、瓷片轻轻刮取；对于烟痕稀薄的，可用脱脂棉擦取；烟尘或爆炸物烟痕浸入物体内部，可将烟尘连同物体一并采取。

对于燃烧后期门窗外墙附着烟尘和室内长时间燃烧后的烟尘、大空间屋顶的烟尘等，因为鉴定价值不大，不宜提取。

2. 实验室检材处理方法

为制取分析试样，在分析鉴定之前，必须对检材进行处理。

（1）溶剂提取法

溶剂提取是指用有机溶剂对火灾现场中的易燃液体残留物进行提取，也就是用溶剂浸泡或用脱脂棉蘸取溶剂擦拭检材，将检材中所含的易燃液体残留物成分有效地溶解出来，再经抽提、过滤、浓缩等步骤，得到仪器分析的待测试样。有机溶剂根据被测易燃液体残留物性质选定，常用的有苯、石油醚、乙醚、二硫化碳、正己烷等，推荐试剂纯度为色谱纯。

溶剂提取法的步骤为：

1）空白检验。对所选用的溶剂在使用前先在分析仪器上做空白检验，以确定所用溶剂是否对被测试样有干扰。

2）盛装。可选用烧杯、广口瓶或不锈钢罐等容器盛装检材，推荐使用比检材体积大两倍的容器。

3）抽提。主要有以下四种方式：①浸泡，多数检材可以采用溶剂浸泡，溶剂用量以浸没检材为宜，时间不短于5min；②擦拭，对固体表面附着的烟尘检材，建议使用浸有溶剂的脱脂棉反复擦拭；③冲洗，光滑表面的检材推荐使用溶剂冲洗；④萃取，对液体类检材推荐使用萃取方式。

4）过滤。多数检材可以使用玻璃漏斗加定性滤纸过滤，含非常细小颗粒的检材推荐使用有机滤膜过滤，对泥土、碎石类容易吸附溶剂的检材，推荐使用布氏漏斗进行抽滤。

5）浓缩。主要采用以下三种浓缩方式将滤液浓缩至约1mL：①加热蒸发，体积量较大的滤液推荐使用缓慢加热蒸发方式，加热温度宜控制在60℃以下；②自然挥发，对于体积量大或含低沸点易燃液体残留物的滤液推荐使用在空气中自然挥发方式；③气体吹扫，对于体积量大又含低沸点易燃液体残留物的滤液推荐使用气体吹扫方式，通过控制气体流速对滤液进行吹扫，保留低沸点组分，缩短浓缩时间。

6）密封。将浓缩得到的液体置于试管或样品瓶中进行密封。

7）检测。将提取得到的试样按照《火灾技术鉴定方法》（GB/T 18294）的规定进行检测。

（2）活性炭吸附法

活性炭吸附法是目前鉴定未燃烧易燃液体的常用方法，又称为动态顶空法。处理时，将现场提取检材放入特定容器中，将容器加热，使检材中残留的易挥发成分蒸发，进入容器的顶部空间。容器内的蒸气被一个低真空泵抽出，并通过一个含有活性炭或其他分子捕获剂的过滤器。经过20~45min后提取完成，可用二硫化碳或其他溶剂清洗解吸，所得溶液可用气相色谱仪进行分析。

（3）吹扫捕集法

吹扫捕集法是用高纯氮气等惰性气体以一定的流量持续吹扫检材，吹出的易燃液体残留物成分被吸附在捕集阱中，将捕集阱快速加热，使易燃液体残留物成分脱附，并以高纯氮气反吹进入气相色谱仪或气相色谱-质谱仪进行检测。

吹扫捕集法的特性是：①不破坏检材的外观形态；②适合对体积大的检材进行提取；③适合对易燃液体残留物成分含量低的检材进行提取；④不适合机油等高沸点物质的提取。

（4）顶空进样法

顶空进样法是指将检材放入密闭容器装置中，保持一定的温度让检材在气-液相之间形成相间平衡，然后用注射器或自动进样器直接抽取上方气体组分进行仪器分析的方法。对于火灾现场易燃液体残留物检测而言，顶空加热温度设置宜在60~150℃范围，加热时间不低于30min。

顶空进样法具有以下特性：①能提取的检材的数量取决于密闭容器装置的大小；②适用于沸点低的易燃液体的提取，不适用于沸点较高的易燃液体的提取；③当检材中同时含易挥发和不易挥发的组分时，由于易挥发的组分浓度高并产生较大的压力，会抑制不易挥发性组分的提取；④经顶空进样法处理过的检材，还可以用溶剂提取法再次提取。

(5) 固相微萃取法

固相微萃取法（SPME）是一种用固相微萃取装置在检材或在检材上部空间中萃取出分析物质成分的方法。固相微萃取法的具体做法是将检材放进密闭的容器中，将固相微萃取装置内涂有固定相的纤维头深入密闭的容器顶部空间中。检材内可能的易燃液体残留物成分在一定温度下会挥发出来并充入容器顶部空间内，并被该处的纤维头所吸附。在经过一定时间的吸附后，把该纤维头插入气相色谱或气相色谱-质谱进样口中进行热解吸，解析出的成分通过气相色谱或气相色谱-质谱进行检测。

固相微萃取法的特性是：①不适用于提取机油等高沸点物质；②不破坏检材的外观形态，可从检材中提取微量易燃液体残留物并且可反复进行提取；③适用于从含水的检材中提取易燃液体残留物；④经固相微萃取处理过的检材，密封保存后还可以用溶剂法再次提取。

(6) 裂解气相色谱

裂解气相色谱（PyGC）是在热裂解和气相色谱两种技术基础上发展起来的。所谓热裂解是在热能的作用下，物质发生的化学降解过程。虽然高分子聚合物的结构和组成不尽相同，但在一定的条件下，分子量大或沸点高的有机物遵循一定的规律裂解，即特定的样品能够产生特征的裂解产物及产物分布，裂解产物一般为高聚物单体或二聚体。每种高聚物裂解产物的色谱图都具有各自的特征，称为指纹图。据此可以对样品进行表征。应用PyGC，可以使一些分子量较大、结构复杂、难挥发的物质得到分离和鉴定。在火灾物证鉴定领域，PyGC经常应用于含助燃剂的不同木材、纤维等燃烧残留物的分析，以及油漆、塑料、橡胶等燃烧残留物烟尘中助燃剂的分析。

PyGC的具体做法是：待测样品置于裂解器中，在严格控制的条件下快速加热，使之迅速分解成为可挥发的小分子产物，然后将裂解产物送到色谱柱中进行分离分析，通过对裂解产物的定性和定量分析，以及和裂解温度、裂解时间等操作条件的关系，可以研究裂解产物和原样品的组成、结构及物化性能的关系，还可以研究裂解机理和反应动力学。

由于PyGC是把样品的裂解和高效气相色谱相结合，所以它具有以下的特点：

1) 分离效率高、灵敏度高。它可以对复杂的裂解产物进行有效的分离，尤其是高分子化合物之间的微小差异，聚合物材料中的微量组分，都能在裂解谱图上灵敏地反映出来。

2) 分析速度快，信息量大。典型的分析周期为0.5h，当裂解产物很复杂时，一个多小时也可完成一次分析。

3) 适用于各种形态样品，样品不需要预处理。无论是黏稠液体、粉末、纤维及弹性体,还是固化的树脂、涂料、硫化橡胶等,都可以直接进样分析。

4)设备简单,便于普及,可以联用。把裂解器和气相色谱仪组合在一起就可以进行 PyGC 分析,此外,凡是可以和 GC 在线连接的仪器都可以与 PyGC 在线连接,使用最多的是 PyGC-MS,近年 PyGC-FTIR 的联用也逐渐增多。

当然,作为一种分析手段,PyGC 也有其局限性,首先是对大量裂解产物的鉴定比较麻烦,其次是谱图特征不能完全反映样品的组成和结构,因色谱柱流出的产物只是热稳定的、分子量相对小的一些碎片,这在研究结构和降解机理时往往导致重要信息的丢失,因此,只有将 PyGC 与其他适当的分析技术配合使用,才能充分发挥其作用。

12.3.2 易燃液体鉴定方法

1. 薄层色谱法

薄层色谱法是现代化学分离技术的基础,在许多领域得到了广泛的应用。在火灾物证鉴定中,薄层色谱法是易燃液体鉴定方法中最简单、最快速的方法。一次可以对多个检材进行分析,可在 20min 内得知鉴定结果。其基本原理是,易燃液体及其燃烧残留物特征成分由于在薄层色谱固定相和流动相的吸附系数不同而分离后,依次进行荧光显色、碘蒸气显色和水显色,会在一定位置呈现特征大小和颜色的斑点,将火场样品薄层色谱图与易燃液体及其燃烧残留物标准样品谱图进行比对,即可鉴定试样种类。

(1)预处理

鉴定时,采用溶剂提取方法对检材进行预处理,具体操作如下:

1)对火场残留炭化物检材,应采用石油醚多次提取、过滤除去杂质,在空气中自然挥发浓缩或缓慢加热浓缩后密封待用。

2)对墙皮、玻璃、地面附着烟尘,用浸有石油醚的脱脂棉反复擦拭后,再用适量的石油醚提取、过滤,将滤液放在空气中自然挥发浓缩或缓慢加热浓缩后密封待用。

3)对尸体气管、肺叶上附着的烟尘,将气管、肺叶放入石油醚中浸泡并不断搅动,过滤除去杂质,自然挥发浓缩或缓慢加热浓缩后密封待用。

4)对水泥地面检材,要砸成小块浸入石油醚中并不断搅动,过滤除去杂质后放在空气中自然挥发浓缩或缓慢加热浓缩后密封待用。

(2)展开及显色

1)展开。用点样器将试样点在距离薄层板一端 1.5~2.0cm 处,点样量视分离效果而定,一般为 2~3mL。在层析缸内放入 10mL 展开剂,将点好试样的薄层板斜浸入(液面应低于点样处 5mm 左右),接着密封层析缸进行展开,当展开液上升到距板上端 1.5cm 处时将薄层板取出晾干。展开剂推荐使用三氯甲烷-正己烷或三氯甲烷-石油醚。展开剂的用量根据层析缸的大小而定,一般在实验条件中不规定展开剂的用量,而是限定层析缸的尺寸。

2)显色。显色过程为:先荧光显色,后碘显色,再水显色,显色顺序不可逆。荧光显色是用紫外灯照射,汽油及其燃烧残留物的荧光显色情况为:未燃烧汽油不出现荧光斑点;汽油燃烧残留物的荧光斑点特征由原点向上依次呈现浅黄色、浅蓝色、深蓝色、浅橘黄色、浅绿蓝色、浅蓝色、浅黄色、暗橘黄色。碘显色是指以封闭式碘蒸气熏蒸法进行显色。汽油及其燃烧残留物的碘蒸气显色情况为：未燃烧汽油碘显色出现3个黄色斑点；汽油燃烧残留物碘显色由原点向上依次呈现棕黄色、黄色、深棕黑色等5~8个斑点。斑点颜色深浅与斑点中物质含量多少有关。将碘蒸气显色后的薄层板全部浸入水中后，立刻取出、晾干，观测其斑点颜色变化。汽油及其燃烧残留物的颜色变化情况为：未燃烧汽油出现2个白色斑点；汽油燃烧残留物出现2个红色小斑点和3个白色斑点，随晾干时间推移红色小斑点会依次变成蓝色、绿色、紫色。

（3）鉴定

用刻度尺测定每个斑点的R_f值（薄板点样展开后的斑点中心至原点的距离与展开剂前沿至原点距离的比值），两次测试结果的R_f值之间的误差应小于0.05。取两次试验测试数据的平均值作为测试结果。将火场样品薄层色谱图与易燃液体及其燃烧残留物标准样品谱图进行比对，比对内容包括：各斑点大小、颜色的比对；各斑点R_f值。根据比对结果鉴定试样种类。

2. 紫外吸收光谱法

紫外吸收光谱法也称紫外分光光度法。其基本原理是，含有双键或其共轭体系的物质能够发生电子能级跃迁，从而产生位于紫外光范围的特征吸收。这是根据分子或离子对紫外光区的吸收情况来鉴定物质组成的方法。紫外吸收光谱法操作简单、快速，抗干扰性强。但此法不能测定易燃液体中的烷烃。

（1）鉴定仪器

紫外吸收光谱法所用仪器为紫外光谱仪，包括紫外光谱系统和数据处理系统。测定易燃液体特征峰波长范围推荐为200~400nm；透光率0~100%T或光密度（ABS）0~2；测光精确度0.5~1.0ABS；透光长度为10mm石英样品池。

（2）鉴定方法

采用标准辛烷值的汽油、标准凝点的柴油及不同的油漆稀释剂等作为未烧易燃液体标准样品。进行受热挥发、放置及燃烧等模拟实验，提取各自的残留物，进行预处理后，得到的试样作为易燃液体挥发燃烧残留物标准样品。采用紫外光谱仪分析，得到易燃液体标准样品UV谱图库。对火灾现场提取的检材进行预处理，样品量推荐为5μL，采用紫外光谱分析，得到现场样品的UV谱图。采用全扫描图比对和特征峰比对的方法将两者进行比对，判断样品种类。

（3）常见易燃液体残留物的UV谱图特征

汽油中主要包括烷烃、烯烃、芳香烃和稠环芳烃等物质，其UV特征峰因汽油种类而异。例如，未燃烧乙醇汽油的特征吸收峰为272nm、268nm、265nm、260nm、254nm、248nm；乙醇汽油燃烧残留物的特征吸收峰为295nm、287nm、265nm、256nm、250nm、240nm。

柴油中主要包括C9~C23的烷烃、烯烃、芳香烃和稠环芳烃等。例如，未燃烧0号柴油的特征吸收峰为273nm、253nm；0号柴油燃烧残留物的特征吸收峰为253~258nm、270nm、380nm、360nm、287nm。

油漆稀释剂种类很多,其中主要包含苯、甲苯、二甲苯、三甲苯等芳香烃成分及醛类、酮类、酯类等。油漆稀释剂中的烷烃成分很少,所以和汽油、柴油燃烧的色谱峰相比,燃烧后生成的多环芳烃成分更多,并且这些多环芳烃成分苯并芘的比例和汽油、柴油燃烧后的比例明显不同,其他的芳烃成分和汽油、柴油燃烧后的成分相类似。例如,未燃烧 X4 油漆稀释剂的特征吸收峰为 285nm、272nm、264nm;XS 油漆稀释剂燃烧残留物的特征吸收峰为 287nm、263nm、255nm、250nm、240nm。

3. 气相色谱法

气相色谱法(GC)是采用气体作为流动相的一种色谱法,所用仪器为气相色谱仪。其基本原理是,气体流动相携带混合物流过色谱柱中,与柱中的固定相发生作用,并在两相中进行分配。由于不同组分在性质和结构上存在差异,在固定相中的滞留时间不同,从而按照先后不同次序从固定相中析出。在色谱柱的另一侧设置检测器,对流出的组分进行检测、记录,得到色谱图。

鉴定易燃液体时,一般采用内径 0.25~0.35mm、长 25m 以上的石英毛细管色谱柱,色谱载气采用氮气,也可选用氢气、氦气、氩气等,检测器主要采用氢火焰离子检测器。因为火灾现场提取的样品中有时含有高沸点的组分,如易燃液体燃烧后产生的多环芳烃化合物,为保证所测组分处于气态,色谱柱需要一定的温度环境。采用程序控制柱温升温,以达到良好的分离效果。理想的色谱条件为起始温度 60~80℃,采用不同程序升温至 280℃ 为止。

4. 气相色谱-质谱法

气相色谱-质谱法(GC/MS)是利用气相色谱的高分离能力将混合物中的组分分离,采用质谱仪对分离出的组分进行定性和定量分析的方法。其基本原理是,被检测样品经气相色谱仪分离,进入质谱仪内转化为离子后,检测离子流得到总离子流色谱图,辨别特征谱峰来定性地判定物质种类。这种方法具有定性能力高、灵敏度高、抗干扰能力强、简单方便等特点。具体做法是将经实验室预处理后得到待分析试样,注射到气相色谱-质谱联用仪中,经过一根对分析试样具有良好分离效果的毛细管色谱柱后进入质谱,得出总离子流色谱图,利用总离子流色谱图和提取离子流色谱图辨别特征谱峰来定性判定易燃液体的特性。总离子流色谱图(TIC)是指在设定的色谱分析条件下,易燃液体通过毛细管色谱柱,经质谱连续扫描得到的各组分的总离子流强度随扫描时间变化的图谱。提取离子流色谱图(EIC)是指由总离子流色谱图中筛选出的易燃液体特征离子峰组成的图谱。

气相色谱-质谱法分析助燃剂类物证时,色谱柱建议使用非极性或弱极性毛细管柱,要求对烷烃、芳香烃和稠环芳烃有很好的分离效果;进样口温度、分流比、柱箱升温程序等条件能够将上述物质完全分离;推荐程序为:50℃ 恒温 2min,以 10℃/min 的速率升温至 260℃,260℃ 恒温 15min,满足易燃液体残留成分及其燃烧残留物的全范围分离。质谱条件主要包括:离子源温度、传输线温度的选择应满足易燃液体各组分对质谱部分污染较小原则;扫描时间和扫描间隔适当;设置适当的溶剂延迟时间,以切除溶剂峰,推荐为 3min;

根据被测定的组分的质谱碎片质荷比（m/z）大小选择适当的质谱分析范围，推荐 35～400AMU（atomic mass unit，原子质量单位）。

图 12-8 所示为 92 号汽油原样的总离子流图，图 12-9 所示为 92 号汽油在丁苯橡胶上燃烧后的残留物总离子流图，图 12-10 所示为 0 号柴油燃烧残留物的总离子流图。

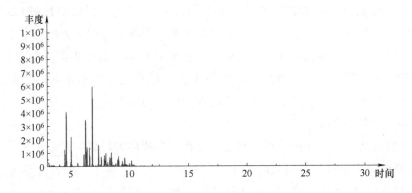

图 12-8　92 号汽油原样的总离子流图

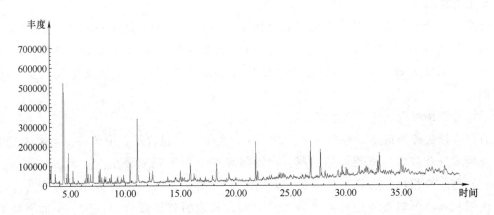

图 12-9　92 号汽油在丁苯橡胶上燃烧后的残留物总离子流图

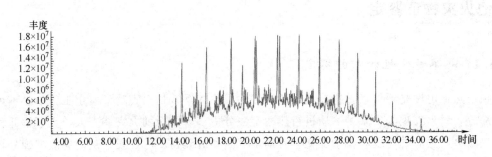

图 12-10　0 号柴油燃烧残留物的总离子流图

根据《火灾技术鉴定方法　第 5 部分：气相色谱-质谱法》（GB/T 18294.5），常见易燃液体残留物的 GC/MS 谱图特征如下：

(1) 汽油残留物谱图特征

汽油中主要包括烷烃、烯烃、芳香烃和稠环芳烃等物质。当汽油经挥发和过火后，其中烷烃和烯烃成分发生了较大的变化，而芳香烃［苯（m/z：78）、甲苯（m/z：91）、C2乙苯（m/z：106）、C3苯（m/z：120）和C4苯（m/z：134）］和稠环芳烃［萘（m/z：128）、甲基萘（m/z：142）和二甲基萘（m/z：156）］等成分保留得比较好，特别是C3苯比苯、甲苯、乙苯减少相对较少，而萘、甲基萘和二甲基萘等稠环芳烃稳定不变。

汽油燃烧时发生了多种化学反应，生成了一些新的物质，其中大部分是多环芳烃物质，主要为芴、蒽、菲、荧蒽、芘、苯并蒽、苯并荧蒽、苯并芘、二苯并蒽、二苯并芘等。其中，荧蒽、芘、苯并蒽、苯并荧蒽、苯并芘的成分所占的比例大。

(2) 柴油残留物谱图特征

柴油中主要包括C9～C23的烷烃、烯烃、芳香烃和稠环芳烃等，其中，苯、甲苯、二甲苯、C3苯等单核的芳香烃含量与烷烃相比相对较少，萘、甲基萘、二甲基萘含量比汽油中的含量要相对增多，柴油中还包含一些多核芳烃，如蒽、芴等。当柴油经挥发和过火后，除保留一些原有的烷烃之外，还生成了一些更高碳数的长链烷烃，其他成分的变化和汽油过火后的变化类似。

柴油由于沸点较高，燃烧不完全，谱图中还包含一些未燃烧柴油的特征。同时，柴油中的大量烷烃在燃烧后又生成了一些更高碳数的烷烃。和汽油相比，柴油的正构烷烃成分要相对多一些。另外，柴油新生成的多环芳烃成分和汽油燃烧生成的多环芳烃相类似。

(3) 油漆稀释剂残留物谱图特征

油漆稀释剂种类很多，根据其型号的不同，其中主要包含苯、甲苯、二甲苯、三甲苯等芳香烃成分及醛类、酮类、酯类等。油漆稀释剂中的烷烃成分很少，所以和汽油、柴油燃烧的色谱峰相比，燃烧后生成的多环芳烃成分更多，并且这些多环芳烃成分中苯并芘的比例和汽油、柴油燃烧后的比例明显不同，其他的芳烃成分和汽油、柴油燃烧后的成分相类似。

12.4 其他火灾物证鉴定

12.4.1 热不稳定性物质的鉴定

物质热稳定性是评价某种物质火灾危险性的重要依据，是火灾物证鉴定工作中必不可少的一部分。对火灾现场中某种物质进行热稳定性分析，可以帮助火灾调查人员，了解此种物质受热时会产生何种物理和化学变化，有助于判断和解读物质的性质，从而更加准确分析发生燃烧的可能性，掌握痕迹特征形成规律。分析物质热稳定性通常方法是借助热分析技术，如热重分析（TG）、差热分析（DTA）、差示扫描量热（DSC）等，在程序温度条件下，分析物质各种理化性质与时间或温度关系。热分析法作为一种通用分析技术，仪器设备成熟，分析精度高，数据处理便捷，在科学研究、产品开发、材料分析中得到了广泛的应用。

1. 热重分析法

热重分析是在程序控制温度下测量物质的质量与温度关系的一种技术。热重分析是最早的一种热分析技术，也是应用最广泛的一种热分析技术，主要用于研究材料的热稳定性、分解过程、脱水过程、解离、氧化、还原等变化过程，广泛应用于塑料、橡胶、涂料、药品、无机材料、金属材料等各领域的研究开发、工艺优化和质量监控等方面，同时也是火灾物证技术鉴定中检验鉴定物质热稳定性常用技术方法。图 12-11 所示为典型的 TG 和 DTG 曲线。

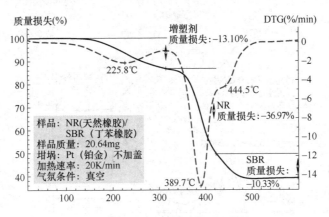

图 12-11　典型的 TG 和 DTG 曲线

2. 差热分析法

差热分析是在程序控制温度下，测量样品与参比物（一种在测量温度范围内不发生任何热效应的物质）之间的温度差与温度关系的技术。在分析过程中，可将样品与参比物的温差作为温度或时间的函数连续记录下来，从而分析样品发生吸热、放热反应过程。该方法广泛用于测定物质在热反应时的特征温度及吸收或放出的热量，包括物质的相变、分解、化合、凝固、脱水、蒸发等物理或化学反应，只要被测物质在所规定的温升范围内，具有热活性，产生温度差值，就会被记录下来，从而反映特定物理或化学变化。图 12-12 所示为典型 DTA 曲线。

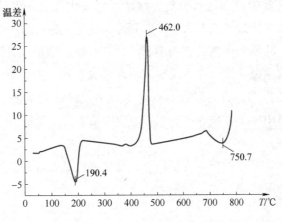

图 12-12　典型 DTA 曲线

3. 差示扫描量热法

差示扫描量热法是在程序控制温度下，测量样品与参比物的功率差与温度关系的方法。在这种方法中，样品在加热过程中发生的热量变化，可由及时输入的电能得到补偿，因此通过记录电功率的大小，得到 DSC 曲线，就可以知道吸收或放出的热量。图 12-13 所示为坩埚加盖与不加盖的条件下，一水合草酸钙 TG/DSC 曲线。

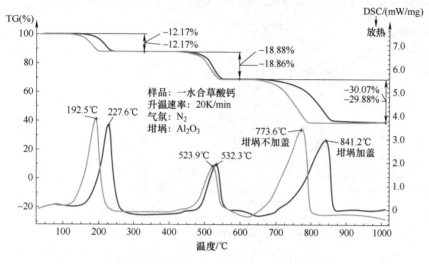

图 12-13　一水合草酸钙 TG/DSC 曲线

图 12-13 彩图

在火灾物证鉴定中，常常用热重法判断物质受热后发生自燃倾向的大小，用差热分析法或差示扫描量热法判断物质自燃点、物质在对应温度下放热速率及放热量，最后综合评价物质的自燃性能。

12.4.2　失效分析

在生产和生活中，有时可能由于某种部（零）件发生失效而引发火灾。认定这种火灾时，需要对相关物证失效的原因进行分析，判断是否发生失效、失效的原因及能否引发火灾。特别是怀疑机械系统失效且引起火灾，必须分析确定机械故障产生的原因。例如，如果是主动轴或齿轮失效，其原因可能是使用不当、过载、缺乏维护或者设计缺陷；液压系统失效可能产生可燃液压油泄漏，导致火灾发生或引起火灾蔓延。在失效分析前，应该了解失效零件在机器中的部位和作用、材料种类，以及失效零件的制造工艺、使用条件及使用情况等。在分析时，一般采用以下方法。

1. 宏观分析

利用放大镜等对失效部件的外观进行检查，观察部件是否存在变形、变色、开裂、摩擦痕迹，分析是否存在宏观缺陷。

2. 成分分析

鉴定零部件原材料是否符合要求，有无用错材料或者材料不合格情况。当存在腐蚀的可能性时，也应分析腐蚀物成分。可以采用化学分析的方法，也可以利用能谱仪进行微区成分分析。

3. 断口分析

对于断裂失效的零部件，可以通过断口分析的方法分析断裂的特征及原因。断口分析时，先用肉眼或体视显微镜观察断口表面特征，然后用电子显微镜观察断口微观形貌。

4. 其他检测

必要时，可以用金相显微镜、电子显微镜观察失效零部件的金相组织，分析材料的内在缺陷对失效的影响。也可以进行一些力学性能测试，校验该样品的性能是否符合要求。

12.4.3 爆炸物鉴定

有些爆炸事故会引起火灾，在火灾调查中，需要对爆炸物物证进行鉴定。

1. 无机爆炸物鉴定方法

如果怀疑现场为无机物发生爆炸，可从定性分析、热谱（DTA-TG）、水分与pH值测定、杂质测定四个方面进行鉴定。可利用化学分析法、X射线衍射法、离子色谱法或红外光谱法等，目的是确定物证种类，以及物证发生爆炸的条件及原因。

2. 有机爆炸物鉴定方法

对于可能的有机爆炸物，可以有以下鉴定方法：利用红外光谱法对爆炸物及其生成物的组成进行结构定性分析；利用气相色谱法对爆炸物的纯度及杂质含量进行定量分析；利用气相色谱-质谱联用法对爆炸物的成分进行定性定量分析；利用紫外光谱法对爆炸物中的杂质或添加剂种类进行定性定量分析。

3. 气体爆炸物鉴定方法

对于气体爆炸物，可以采用检气管法、试纸比色法、可燃气体检测器法进行现场检测、鉴定，也可用气相色谱法或气相色谱-质谱联用法、红外光谱法对现场提取的检材进行鉴定。

复 习 题

1. 火烧熔痕的显微组织特征是什么？
2. 一次短路熔痕的显微组织特征是什么？
3. 二次短路熔痕的显微组织特征是什么？
4. 简述不同熔痕的微观形貌特征。
5. 易燃液体鉴定实验室检材处理方法有哪些？
6. 易燃液体常用的鉴定方法有哪些？
7. 火灾物证送检应注意哪些问题？
8. 如何审查鉴定意见？

第12章练习题
扫码进入小程序，完成答题即可获取答案

参 考 文 献

[1] NFPA. 火灾调查员 [M]. 张金专, 李阳, 等译. 北京: 中国人事出版社, 2020.

[2] DEHAAN J D. 柯克火灾调查: 原著第八版 [M]. 刘义祥, 等译. 北京: 化学工业出版社, 2021.

[3] 胡建国, 等. 火灾调查 [M]. 北京: 中国人民公安大学出版社, 2014.

[4] 应急管理部消防救援局. 火灾调查与处理 [M]. 北京: 新华出版社, 2021.

[5] 蒋军成. 事故调查与分析技术 [M]. 北京: 化学工业出版社, 2009.

[6] 杨玲, 等. 火灾安全科学与消防 [M]. 北京: 化学工业出版社, 2011.

[7] 陈莹. 工业火灾与爆炸事故预防 [M]. 北京: 化学工业出版社, 2010.

[8] 傅智敏. 工业企业防火 [M]. 北京: 中国人民公安大学出版社, 2008.

[9] 马良. 石油化工生产防火防爆 [M]. 北京: 中国石化出版社, 2005.

[10] BABRAUSKAS V. SFPE Handbook of Fire Protection Engineering: Electrical Fires [M]. 5th ed. London: Springer New Yorker Heidelberg Dordrecht London, 2016.

[11] 路俊攀, 李湘海. 加工铜及铜合金金相图谱 [M]. 长沙: 中南大学出版社, 2010.

[12] 张金专. 专项火灾调查 [M]. 北京: 中国人民公安大学出版社, 2019.

[13] 刘振海, 徐国华, 张洪林, 等. 热分析与量热仪及其应用 [M]. 北京: 化学工业出版社, 2011.

[14] ICOVE D J, DEHAAN J D, HAYNES G A. Forensic Fire Scene Reconstruction [M]. London: Pearson Education, 2017.

[15] PRATHER K R, MCGUFFIN V L, SMITH R W. Effect of Evaporation and Matrix Interferences on the Association of Simulated Ignitable Liquid Residues to the Corresponding Liquid Standard [J]. Forensic Science International, 2012, 222 (1-3): 242.

[16] 刘振刚. 汽车火灾原因调查 [M]. 天津: 天津科学技术出版社, 2008.

[17] 甄学宁, 李小川. 森林消防理论与技术 [M]. 北京: 中国林业出版社, 2010.

[18] 张思玉. 林火调查与统计 [M]. 北京: 中国林业出版社, 2006.

[19] 刘玲. 火灾物证技术鉴定 [M]. 北京: 中国人民公安大学出版社, 2018.

[20] 胡海清. 林火生态与管理 [M]. 北京: 中国林业出版社, 2005.

[21] 田保中, 徐少辉. 爆炸痕迹检验 [M]. 北京: 中国人民公安大学出版社, 2014.

[22] 齐宝欣, 阎石. 基于ANSYS/LS-DYNA操作平台火灾爆炸作用下建筑结构倒塌分析 [M]. 北京: 中国建筑工业出版社, 2019.